材子考研系列丛书

材料科学基础

复习全书

主编 材子考研　　副主编 枣子学长

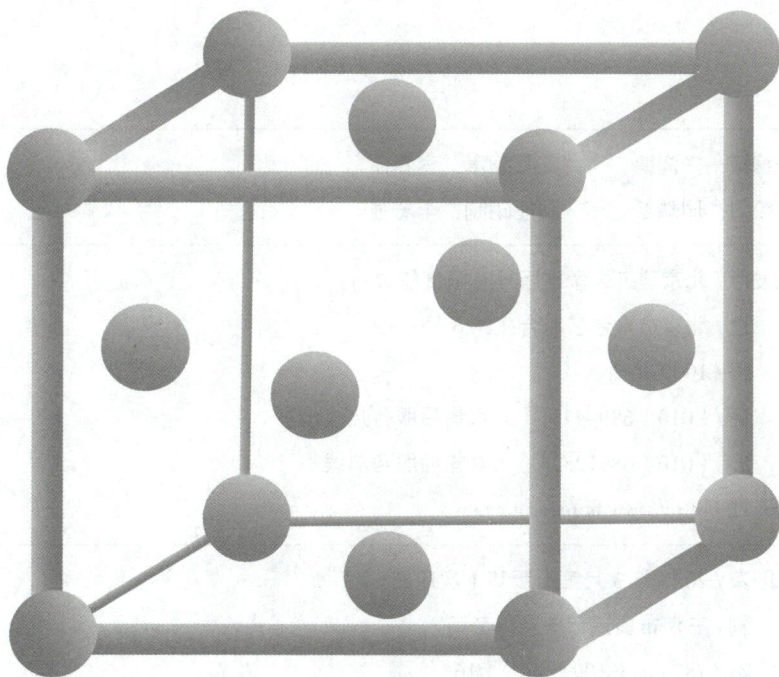

北京理工大学出版社
BEIJING INSTITUTE OF TECHNOLOGY PRESS

图书在版编目（CIP）数据

材料科学基础复习全书 / 材子考研主编 . -- 北京：
北京理工大学出版社 , 2025. 3.
ISBN 978-7-5763-5241-2

Ⅰ . TB3

中国国家版本馆 CIP 数据核字第 2025UC7785 号

责任编辑：多海鹏　　文案编辑：李春伟
责任校对：周瑞红　　责任印制：李志强

出版发行 / 北京理工大学出版社有限责任公司

社　　　址 / 北京市丰台区四合庄路 6 号

邮　　　编 / 100070

电　　　话 /（010）68944451（大众售后服务热线）
　　　　　　（010）68912824（大众售后服务热线）

网　　　址 / http://www.bitpress.com.cn

版 印 次 / 2025 年 3 月第 1 版第 1 次印刷

印　　　刷 / 三河市良远印务有限公司

开　　　本 / 787 mm×1092 mm　1/16

印　　　张 / 22.75

字　　　数 / 568 千字

定　　　价 / 69.80 元

前　言

近年来，材料科学与工程专业的研究生入学考试报考比例不断攀升，许多高校的考研现状已接近全员化。鉴于此，材料科学基础的系统学习显得尤为重要。本书以目前应用最广泛的上海交通大学出版社出版的《材料科学基础（第三版）》教材为蓝本，结合多所高校研究生考试的考研真题进行编排，力求帮助考生高效掌握核心知识点，提高应试能力。

本书共包括十章，内容安排如下：

第一章：原子的结构和键合。该章摒弃了大量的高中基础知识，以研究生入学考试的要求为导向，对五大键合进行了系统归纳和总结。

第二章：固体结构。该章以考研难度为标准，系统编排了大量计算方法与解题技巧，尤其在晶体学基础部分，结合一些典型习题进行分析。该章最难的当属晶体的对称性，该部分内容需要考生做好图文理解。

第三章：晶体缺陷。该章难度最大，如汤普森四面体、位错交割等内容。本章聚焦于常见的晶体缺陷类型，删去大部分高校考试要求之外的次要内容（如离子晶体中的位错等），并针对考研高频考点进行了深入梳理。

第四章：固体中原子及分子的运动。本章围绕扩散现象展开，以菲克两大定律为核心，结合考研题目的特点，对扩散规律、机制及应用进行了系统化整理。

第五章：材料的形变和再结晶。本章内容作为材料专业研究生入学考试的重点，其涵盖材料的变形机制、金属的回复与再结晶等，系统归纳了单晶、多晶、固溶体及合金的塑性变形特点。其中，金属材料的四种强化方式及其相应机制是该章学习的核心内容。

第六章：单组元相图和纯晶体的凝固。本章重点介绍纯晶体的凝固过程，围绕形核与生长的基本原理展开，系统梳理了均匀形核与非均匀形核、晶粒生长的典型方式等内容，并总结了晶粒细化的主要方法。

第七章：二元相图和合金的凝固与制备原理。本章以铁碳相图为核心，系统分析二元相图的基本规律，并重点探讨各种铁碳合金的凝固过程以及组织组成计算。合金凝固部分侧重于正常凝固、成分过冷以及凝固组织缺陷分析，其中成分过冷难度较大，学习时应特别注意图文结合。

第八章：三元相图。鉴于三元相图难度较大，大部分高校在考研中对此部分的考查有所弱化，但中南大学、东南大学、华南理工大学、西北工业大学等高校对此部分内容仍保持较高考查要求。

第九章：固态相变。本章系统介绍固态相变的分类、固溶体脱溶分解产物、马氏体转变、贝氏体转变等内容。相比于液态相变，固态相变的复杂性更高，涉及多种过渡相，考生需重点掌握 Al-Cu 合金的时效过程。

第十章：高分子材料。本章对高分子材料的基础知识进行系统归纳，涵盖高分子物理的基本理论，结合考研常见考点，突出关键概念的理解与应用。

此外，本书各章配备了对应的习题及参考答案，以便考生在复习过程中进行针对性练习和巩固。

在此，衷心感谢清华大学孙彦东，北京科技大学康志飞，河北科技大学杨浩宇，西安交通大学黄启宏（第一章、第二章），西北工业大学陈涛（第三章、第六章），华南理工大学刘玲（第四章、第八章），重庆大学刘建超（第五章），东北大学刘天福（第七章、第九章），西北工业大学李偲淰（第十章）对本书内容的审阅及宝贵建议，也感谢时代云图对本书出版的大力支持。

最后，衷心祝愿使用本书的考研学子均能取得材料考研专业课高分。

材子考研

目　录

第一章

▼

原子的结构和键合

第一章　原子的结构和键合

本章复习导图

```
                          ┌─ 物质的组成 ──┬─ 分子
                          │               └─ 原子
                          │
                          │               ┌─ 金属键 ── 自由电子与原子核相互作用
                          │               ├─ 离子键 ── 正负离子间的静电吸引作用
  原子的结构和键合 ───────┼─ 原子间的键合 ─┼─ 共价键 ── 通过共用电子对成键
                          │               ├─ 范德华力 ── 分子间作用力
                          │               └─ 氢键 ── 氢原子核与极性分子间的引力
                          │
                          │                              ┌─ 主量子数 n
                          │               ┌─ 四个量子数 ─┼─ 轨道角动量量子数 lᵢ
                          │               │              ├─ 磁量子数 mᵢ
                          └─ 原子的电子结构 ─┤              └─ 自旋角动量量子数 sᵢ
                                          │              ┌─ 泡利不相容原理
                                          ├─ 电子排布的三个准则 ─┼─ 能量最低原理
                                          └─ 电负性              └─ 洪德定则
```

原子的电子结构的量子数：主量子数 n、轨道角动量量子数 l_i、磁量子数 m_i、自旋角动量量子数 s_i。

本章章节重点

✿ 1.1　物质的组成

在化学中，物质是指任何有特定分子标识的有机物质或无机物质，包括：

（1）由化学反应产生的物质或者天然存在的任何化合物。

（2）任何元素或非化合的原子团。化学物质涵盖单质、化合物（包括添加剂、杂质）、副产物、反应中间体和聚合物。

物质的组成包括：

分子：能独立存在，且保持物质化学特性的一种微粒。

原子：化学变化中的最小微粒。

✿ 1.2　原子间的键合

原子间的五种键合类型及其特点如表 1.1 所示。

表 1.1　原子间的五种键合类型及其特点

结合键类型	作用力来源	键强度	实例	形成晶体的特点
离子键	原子得（失）电子后形成负（正）离子，正负离子间的库仑引力	最强	LiCl NaCl KCl	无方向性和饱和性、高配位数、高熔点、高强度、高硬度、低膨胀系数、塑性较差、固态不导电、熔态离子导电
共价键	原子间通过共用电子对形成	强	C Si Ge Sn	有方向性和饱和性、低配位数、高熔点、高强度、高硬度、低膨胀系数、塑性较差、即使在熔态也不导电
金属键	自由电子与正离子之间的库仑引力	较强	Li Na K	无方向性和饱和性、密堆结构、配位数高、塑性较好、有光泽、良好的导热性和导电性
范德华力	原子间瞬时电偶极矩的感应作用	最弱	Ne Ar	无方向性和饱和性、结构密堆、低熔点、绝缘
氢键	氢原子核与极性分子间的库仑引力	弱	冰 HF	有方向性和饱和性

⚛ 1.2.1　金属键

定义：金属键是由金属正离子与自由电子之间的较强作用力所形成的化学键。

特点：电子共有化；既无饱和性，又无方向性；形成低能量密堆结构。

性质：良好的导电、导热性能，延展性好。

⚛ 1.2.2　离子键

离子键示意图如图 1.1 所示。

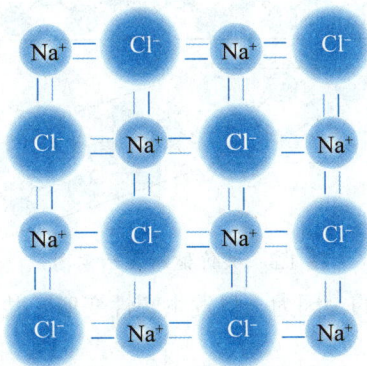

图 1.1　离子键示意图

定义：正、负离子依靠静电引力而产生的键合。

特点：无方向性和饱和性。

性质：结合键强，离子晶体熔点、硬度高，为良好的电绝缘体。

1.2.3 共价键

共价键示意图如图 1.2 所示。

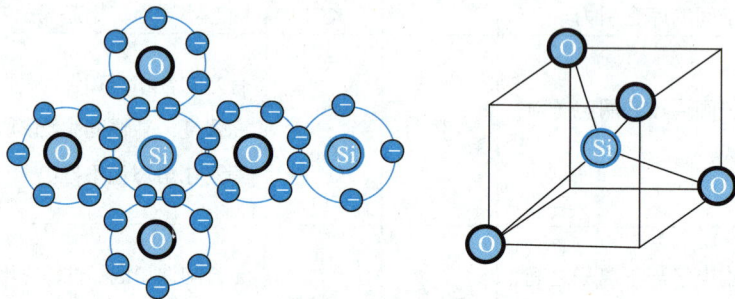

图 1.2 共价键示意图

定义：由两个或多个电负性相差不大的原子间通过共用电子对所形成的化学键。根据共用电子对在两成键原子间是否偏离或偏近一个原子，共价键分为非极性键和极性键两类。

特点：共价键具有方向性和饱和性。

方向性：在形成共价键时，为使电子云达到最大限度的重叠，共价键具有方向性。键的分布严格服从键的方向性。

饱和性：当一个电子和另一个电子配对以后，就不再和第二个电子配对了，成键的共用电子对数目是一定的。

性质：共价键晶体通常键能较大、熔点高、强度和硬度都较大，且一般是绝缘体，导电能力差。

共价键断裂示意图如图 1.3 所示。

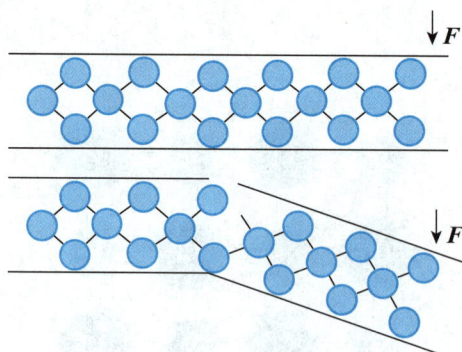

图 1.3 共价键断裂示意图

通过共价键结合的材料是脆性的，因为一旦发生塑性变形，共价键就会断裂。

1.2.4 范德华力

范德华力示意图如图 1.4 所示。

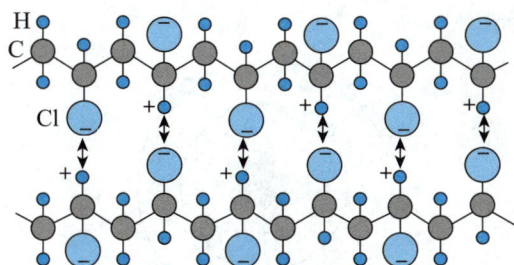

图 1.4 范德华力示意图

定义：范德华力是一种分子间的相互作用力，作用能比化学键低 1 ～ 2 个数量级，作用范围为 0.3 ～ 0.5 nm。

特点：无方向性与饱和性。

范德华力包括静电力、诱导力（极性分子特有）和色散力。对物质的性质（如熔点、沸点等）影响很大。

1.2.5 氢键

氢键示意图如图 1.5 所示。

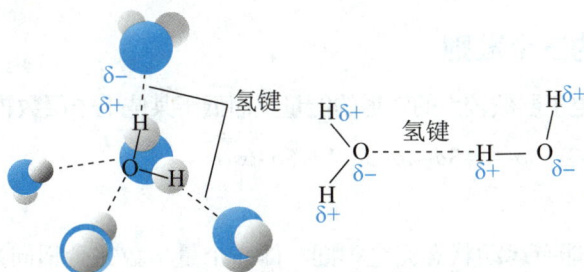

图 1.5 氢键示意图

定义：氢键是强极性键（A—H）中的氢原子与另一电负性较高且含孤电子对的原子（B）之间的静电作用力。这种作用力介于化学键与范德华力之间，对物质的结构和性质具有显著影响，常见于含氟、氧、氮等元素的分子间或分子内。

特点：具有方向性和饱和性。

方向性：只有 X—H ··· Y 三个原子在同一直线上时，作用最强烈，氢键相对稳定。

饱和性：X—H 中的 H 原子，能与一个 Y 原子形成一个氢键，不能形成第二个。

性质：Y 原子电负性越大，氢键越强；Y 原子的半径越小，氢键越强。

1.3 原子的电子结构

1.3.1 四个量子数

1. 主量子数 n

主量子数 n 决定原子中电子能量以及与核的平均距离，即表示电子所处的量子壳层。

原子壳层结构如图 1.6 所示。

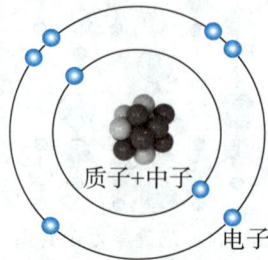

图 1.6　原子壳层结构

2. 轨道角动量量子数 l_i

轨道角动量量子数 l_i 给出电子在同一量子壳层内所处的能级。

3. 磁量子数 m_i

磁量子数 m_i 给出每个轨道角动量量子数的能级数或轨道数。

4. 自旋角动量量子数 s_i

自旋角动量量子数 s_i 反映电子不同的自旋方向。

m_i 对电子的能级几乎没有影响；s_i 对电子的能级只有非常小的影响。

1.3.2　电子排布的三个准则

能级交错：是指某些电子层数较大的轨道的能量反而低于某些电子层数较小的轨道的能量的现象。

能级排序：$1s–2s–2p–3s–3p–4s–3d–4p–5s–4d–5p–6s\cdots\cdots$。

1. 泡利不相容原理

在同一原子中，不可能有运动状态完全相同（即 4 个量子数完全相同）的两个电子存在，即在同一原子轨道中，最多只能容纳两个自旋方向相反的电子。各能级中电子分布的第 n 层，最多容纳 $2n^2$ 个电子。

2. 能量最低原理

电子优先占据能量最低的轨道，使原子处于最低能量状态。

3. 洪德定则

同一亚层的电子排布总是尽可能分占不同的轨道，且自旋方向相同。

1.3.3　电负性

电负性元素在性质上属于非金属，它们在化学反应中获取电子形成负离子（或阴离子）。电负性用来描述一个原子获得电子的能力。化合物 AB 中离子键比例可近似地表示为

$$离子键比例 = \left[1 - e^{-\frac{1}{4}(x_A - x_B)^2}\right] \times 100\%$$

式中，x_A 和 x_B 分别为 A 和 B 元素的电负性值。

本章精选习题

一、填空题

1. 原子的结合键有离子键、_____、金属键、氢键和范德华力。

2. 材料中原子的结合键越强，则材料的熔点_____，弹性模量_____，热膨胀系数_____。

3. 金属键的主要特点是_____，离子键的主要特点是_____，共价键的主要特点是_____。

4. 石墨晶体中原子的结合键有_____和_____。

5. 根据主要化学键的不同，固体材料一般分为_____、_____、_____。

二、选择题

1. 原子结合键中，既有饱和性又有方向性的是（　　）。

　　A. 金属键　　　　　　B. 共价键　　　　　　C. 离子键　　　　　　D. 范德华力

2. NaCl 晶体的原子间键合方式是（　　）。

　　A. 金属键　　　　　　B. 离子键　　　　　　C. 氢键　　　　　　D. 混合键

3. 下列关于共价键的说法，不正确的是（　　）。

　　A. 共价键具有方向性　　B. 共价键具有饱和性　　C. 共价键无方向性　　D. 以上都对

4. 金属氧化物、碱金属等的化学键类型属于（　　）。

　　A. 金属键　　　　　　B. 共价键　　　　　　C. 离子键　　　　　　D. 范德华力

5. 氢分子中两个氢原子的结合是（　　）。

　　A. 金属键　　　　　　B. 共价键　　　　　　C. 离子键　　　　　　D. 氢键

6. 不属于陶瓷材料主要成键方式的是（　　）。

　　A. 共价键　　　　　　B. 离子键　　　　　　C. 范德华力　　　　　　D. 离子 - 共价键

7. 金刚石晶胞中的 C—C 键属于（　　）。

　　A. 离子键　　　　　　B. 共价键　　　　　　C. 金属键　　　　　　D. 氢键

8. 下列不属于化学键的是（　　）。

　　A. 金属键　　　　　　B. 氢键　　　　　　C. 离子键　　　　　　D. 共价键

三、判断题

（　　）1. 在 NaCl、$BaCl_2$、$MgCl_2$、AgCl 中，键的离子性程度由高到低的排列为 NaCl>$BaCl_2$>$MgCl_2$>AgCl。

（　　）2. 石墨晶体是由石墨烯结构单元以共价键作用力构成的。

（　　）3. 金属和合金中主要为金属键，但有时还含有少量的其他键。

（　　）4. 石英（SiO_2）的结合键是单一的共价键。

精选习题参考答案

一、填空题

1. 共价键。

2. 越高；越大；越小。

3. 电子的共有化；以离子而不是以原子为结合单元；共用电子对。

4. 范德华力；共价键。

5. 金属材料；无机非金属材料；高分子材料。

二、选择题

1.【答案】B

【解析】只有共价键和氢键具有饱和性和方向性。

2.【答案】B

【解析】NaCl 晶体为典型的离子晶体。

3.【答案】C

【解析】共价键具有饱和性和方向性。

4.【答案】C

【解析】金属氧化物晶体为典型的离子键晶体。

5.【答案】B

【解析】氢分子中的两个氢原子依靠共用电子对成键。

6.【答案】C

【解析】陶瓷材料中的化学键可以是离子键、共价键、二者混合键，无分子键。

7.【答案】B

【解析】金刚石晶胞中的 C—C 键依靠共用电子对成键。

8.【答案】B

【解析】氢键不是化学键。

三、判断题

1.【答案】×

【解析】金属和非金属离子电负性差越大，离子键越强。

2.【答案】×

【解析】石墨烯是二维晶体，石墨是三维晶体。

3.【答案】√

【解析】金属和合金中主要为金属键，但电负性不同时，可能还含有少量的其他键。

4.【答案】√

【解析】金刚石、石英、SiC 等是典型的共价键晶体。

第二章

▼

固体结构

第二章 固体结构

本章复习导图

固体结构
├── 晶体学基础
│   ├── 空间点阵和晶胞
│   │   ├── 七大晶系
│   │   └── 14 种布拉维点阵
│   ├── 立方晶系的晶向指数和晶面指数
│   │   ├── 晶向
│   │   └── 晶面
│   ├── 六方晶系的晶向指数和晶面指数
│   │   ├── 晶向
│   │   └── 晶面
│   ├── 晶带和晶带定律
│   │   ├── $[uvw] \cdot [hkl] = 0$
│   │   ├── 判断三晶面是否共带
│   │   ├── 求两个晶面的交线
│   │   └── 求两个相交晶向确定的平面
│   ├── 晶面间距计算
│   ├── 晶面夹角计算
│   ├── 晶向夹角计算
│   ├── 晶体堆垛方式
│   │   ├── 面心立方结构的 (111) 面——$ABCABCABC\cdots\cdots$
│   │   └── 密排六方结构的 (0001) 面——$ABABAB\cdots\cdots$
│   ├── 晶体投影
│   │   ├── 意义、应用、方法
│   │   └── (001) 标准投影图
│   └── 晶体的对称性
│   ├── 宏观对称性
│   └── 微观对称性
└── 典型的金属晶体结构
    ├── 致密度计算
    │   ├── 体心立方
    │   ├── 面心立方
    │   └── 密排六方
    ├── 典型金属晶体结构总结
    │   ├── 简单立方
    │   ├── 体心立方
    │   ├── 面心立方
    │   └── 密排六方
    ├── 间隙大小及计算
    │   ├── 八面体间隙
    │   └── 四面体间隙
    └── 晶体的同素异构转变
        ├── 白锡、灰锡
        ├── 金刚石
        └── $\alpha\text{-Fe}$、$\gamma\text{-Fe}$、$\delta\text{-Fe}$

固体结构
├─ 合金相结构
│ ├─ 固溶体
│ │ ├─ 置换固溶体
│ │ └─ 间隙固溶体
│ ├─ 固溶体的微观不均匀性 ── 有序、无序、偏聚
│ ├─ 固溶体的性质 ── 点阵常数改变、固溶强化、物理化学性能的变化
│ └─ 中间相
│   ├─ 定义
│   ├─ 正常价化合物
│   ├─ 电子化合物
│   ├─ 受原子尺寸因素控制的化合物
│   └─ 超结构（有序固溶体）
├─ 离子晶体
│ ├─ 离子晶体的结构规则
│ │ ├─ 鲍林第一规则
│ │ ├─ 鲍林第二规则（电价规则）
│ │ ├─ 负离子多面体共用顶、棱和面的规则
│ │ ├─ 多面体间连接规则
│ │ └─ 节约规则
│ ├─ 典型的离子晶体结构
│ │ ├─ CsCl 型
│ │ ├─ NaCl 型
│ │ ├─ 闪锌矿型
│ │ ├─ 六方 ZnS 型
│ │ ├─ CaF_2 型
│ │ ├─ $CaTiO_3$ 型
│ │ └─ TiO_2 型
│ └─ 硅酸盐的晶体结构
│   ├─ 孤岛状结构
│   ├─ 组群状结构
│   ├─ 链状结构
│   ├─ 层状结构
│   └─ 架状结构
├─ 共价晶体
│ ├─ 金刚石
│ ├─ 石墨
│ └─ 硒和碲
└─ 非晶态结构
   ├─ 玻璃
   ├─ 玻璃的生成条件
   └─ 玻璃陶瓷和金属玻璃

本章章节重点

✿ 2.1 晶体学基础

晶体：物质中的质点，如原子、离子或分子等在三维空间中呈周期性重复排列，即具有长程有序的固体。例如，层状结构硅酸盐、石墨。

非晶体：质点分布散乱或仅局部区域为短程规则排列。

二者性能的主要区别：晶体有固定熔点，非晶体无固定熔点；晶体具有各向异性，非晶体具有各向同性。

晶体的性质：

①自限性：在适当条件下自发形成几何多面体。

②均一性：晶体各部分的物化性质一致。

③各向异性：不同方向原子的排列方式不相同，因而其表现的性能也有差异。

④对称性：在晶体的外形上常有相等的晶面、晶棱和角顶重复出现。

⑤最小内能性：晶体与同种物质的非晶体相比，内能最小。

⑥稳定性：晶体比非晶体稳定。

⚛ 2.1.1 空间点阵和晶胞

阵点：将实际晶体结构看作完整无缺的理想晶体，并将其中的每个质点抽象为规则排列空间的几何点。

空间点阵：阵点在三维空间呈周期性规则排列得到的阵列图形。

每个阵点不一定代表一个原子，但每个阵点的性质和周围环境必须相同，即点阵的阵点都是等同点。

空间格子：按一定规律人为地将阵点用一系列平行直线连接起来，形成一个三维的空间格架。

晶胞：从点阵中选取的一个能够完全反映晶体特征的最小基本单元。晶胞在三维空间重复堆砌可构成整个空间点阵。晶胞大小与形状用 a、b、c 及 α、β、γ 表示。a、b、c 也称为晶格常数或点阵常数。

晶胞选取原则：

（1）选取的平行六面体应能反映出整个空间点阵的最高对称性。

（2）选取的平行六面体棱与角相等的数目应最多。

（3）选取的平行六面体棱与棱之间的直角关系应最多。

（4）选取的平行六面体的体积应最小。

晶体结构与空间点阵的关系为晶体结构 = 空间点阵 + 结构基元。

示例1：空间点阵相同，晶体结构不同（见图2.1）。

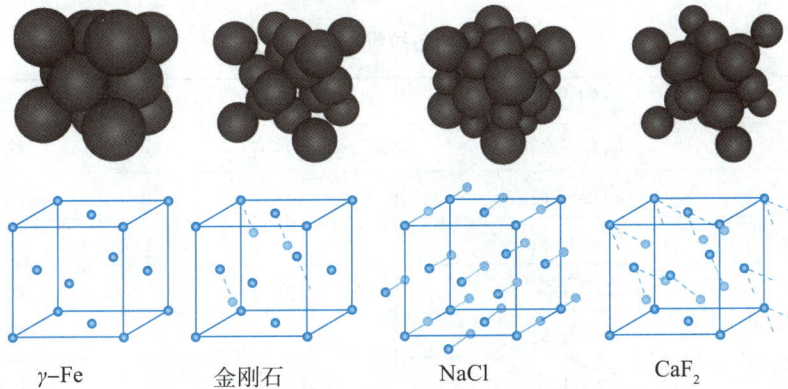

| γ-Fe | 金刚石 | NaCl | CaF₂ |

图 2.1 面心立方点阵的晶体结构

示例2：晶体结构相同，空间点阵不同（见图2.2）。

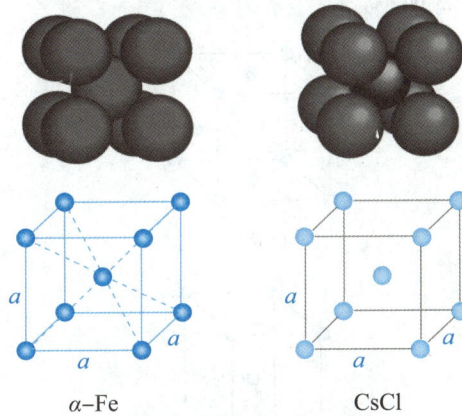

α-Fe   CsCl

图 2.2 体心立方点阵的晶体结构

晶系：按点阵参数间的相互关系，将全部空间点阵归属于七大晶系（见表2.1）。

表2.1 七大晶系及其特点

晶系	特点
三斜	$a \neq b \neq c$，$\alpha \neq \beta \neq \gamma \neq 90°$
单斜	$a \neq b \neq c$，$\alpha = \beta = 90° \neq \gamma$ 或 $\alpha = \gamma = 90° \neq \beta$
斜方（正交）	$a \neq b \neq c$，$\alpha = \beta = \gamma = 90°$
四方	$a = b \neq c$，$\alpha = \beta = \gamma = 90°$
立方	$a = b = c$，$\alpha = \beta = \gamma = 90°$
六方	$a = b \neq c$，$\alpha = \beta = 90°$，$\gamma = 120°$
菱方	$a = b = c$，$\alpha = \beta = \gamma \neq 90°$

布拉维点阵：根据阵点在单位平行六面体上的分布特征以及平行六面体的划分原则，布拉维推导出能够反映空间点阵全部特征的单位平行六面体，共14种，这14种空间点阵就称为布拉维点阵。

14 种布拉维点阵及其分类见表 2.2。

表 2.2　14 种布拉维点阵及其分类

晶系	空间点阵	晶系	空间点阵
三斜	简单三斜	六方	简单六方
单斜	简单单斜	四方	简单四方
	底心单斜		体心四方
正交	简单正交	菱方	简单菱方
	底心正交	立方	简单立方
	体心正交		体心立方
	面心正交		面心立方

14 种布拉维点阵结构如图 2.3 所示。

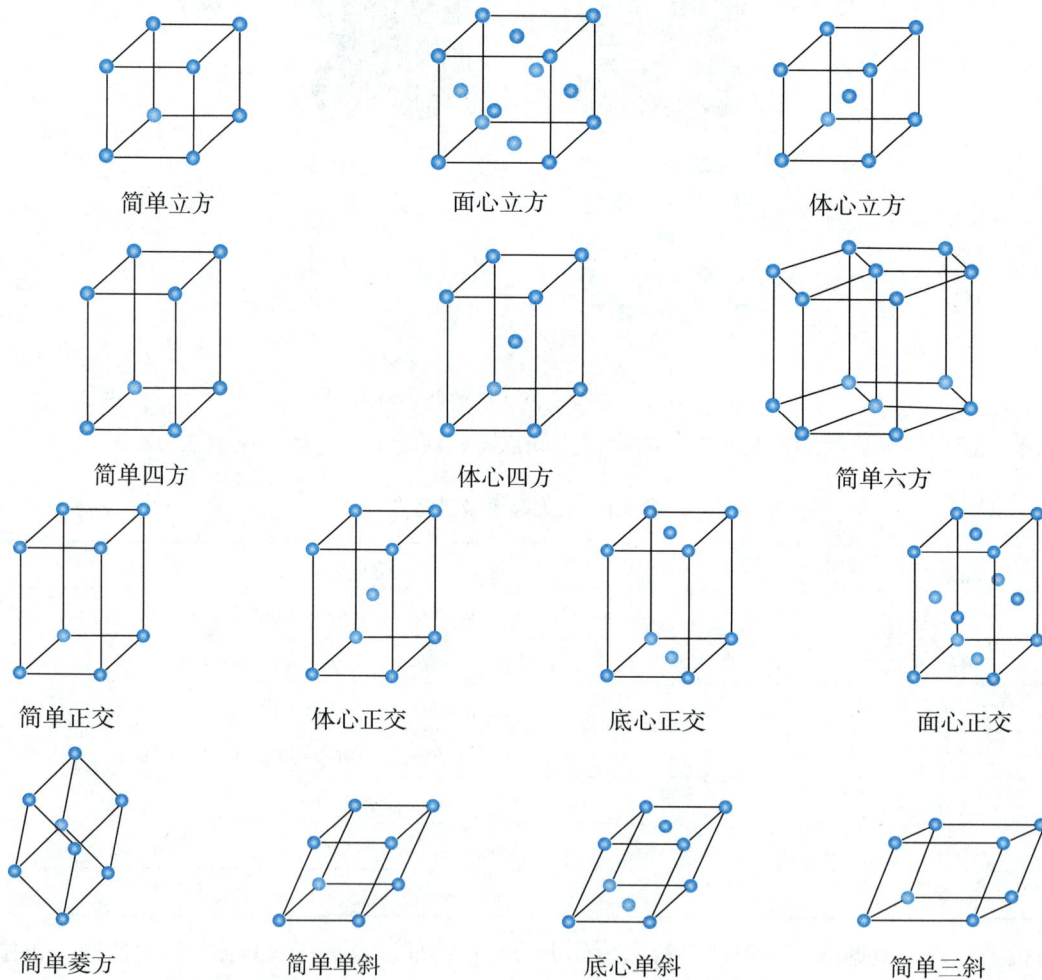

图 2.3　14 种布拉维点阵结构

简单立方　　面心立方　　体心立方

简单四方　　体心四方　　简单六方

简单正交　　体心正交　　底心正交　　面心正交

简单菱方　　简单单斜　　底心单斜　　简单三斜

2.1.2 立方晶系的晶向指数和晶面指数

晶向：任意两个原子之间连线所指的方向。

晶面：晶体中由一系列原子所组成的平面。

1. 立方晶系晶向指数的确定

（1）**建立坐标系：**以晶胞的某一阵点 O 为原点，三基矢为坐标轴，并以点阵基矢的长度作为三个坐标轴的单位长度。

（2）**作直线：**过原点 O 作一直线 OP，使其平行于待标定的晶向 AB，这一直线必定会通过某些阵点。

（3）**写坐标：**在直线 OP 上选取距原点 O 最近的一个阵点 P，确定 P 点的坐标值。

（4）**化简：**将此值乘以最小公倍数化为最小整数 u、v、w，加上方括号，$[uvw]$ 即为 AB 晶向的晶向指数。

注：若 u、v、w 中某一数为负值，则将负号标注在该数的上方。

不同晶向示意图如图 2.4 所示。

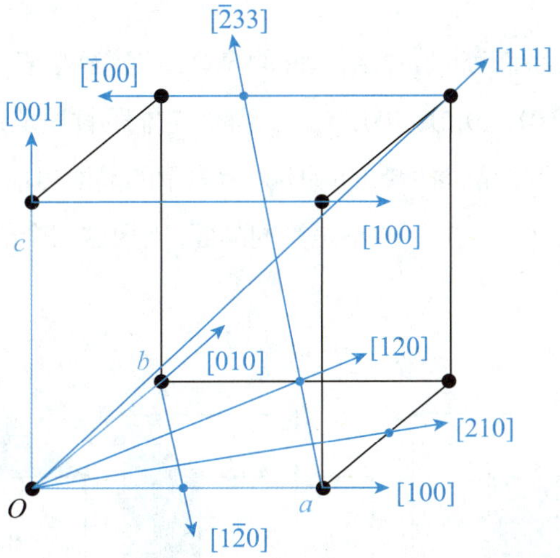

图 2.4　不同晶向示意图

2. 立方晶系晶向族

晶向族：晶体中因对称关系而等同的各组晶向的集合，用 $<uvw>$ 表示。

例如，对立方晶系来说，[100]、[010]、[001] 三个晶向，它们的性质是完全相同的，用符号 $<100>$ 表示。

注：如果不是立方晶系，改变晶向指数的顺序，所表示的晶向可能不是等同的。

例如，对于正交晶系 [100]、[010]、[001]，这三个晶向并不是等同晶向，因为这三个方向上的原子间距分别为 a、b、c，沿着这三个方向，晶体的性质并不相同。

3. 立方晶系晶面指数的确定

（1）**建立坐标系：**对晶胞作晶轴 x、y、z，以晶胞的边长作为晶轴上的单位长度。

（2）**求截距：**求出待定晶面在三个晶轴上的截距，若该晶面与某轴平行，则截距为∞。

（3）**取倒数**：取这些截距的倒数。

（4）**化简**：将上述倒数化为最小的简单整数，并加上圆括号，即表示该晶面的指数，一般记为 (hkl)。

注：若 h、k、l 中某一数为负值，则将负号标注在该数的上方。

不同晶面示意图如图 2.5 所示。

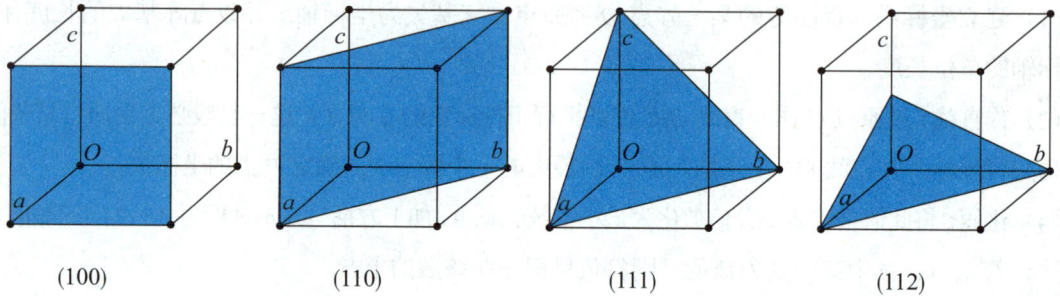

(100) (110) (111) (112)

图 2.5　不同晶面示意图

4. 立方晶系晶面族

晶面族：晶体中因对称关系而等同的各组晶面的集合，用 $\{hkl\}$ 表示。

例如，对立方晶系来说，(100)、(010)、(001) 三个晶面，它们的性质是完全相同的，用符号 $\{100\}$ 表示。

注：如果不是立方晶系，改变晶面指数的顺序，所表示的晶面可能不是等同的。

例如，正交晶系 (100)、(010)、(001) 并不是等同晶面，因为这三个晶面上的原子排列方式均不同，故晶体的性质不相同。

示例（见图 2.6）：

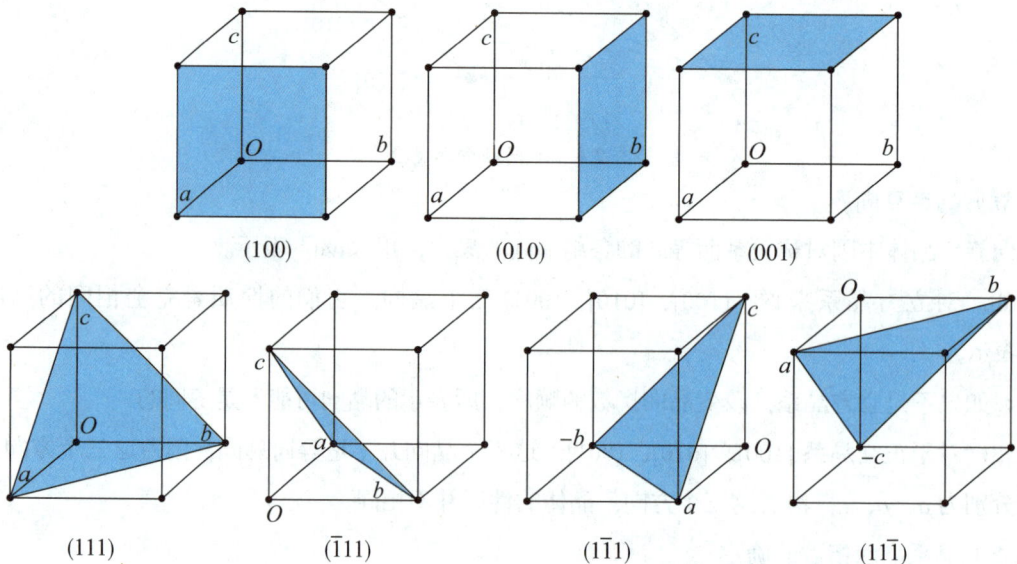

(100) (010) (001)

(111) ($\bar{1}$11) (1$\bar{1}$1) (11$\bar{1}$)

图 2.6　不同晶面族

2.1.3　六方晶系的晶向指数和晶面指数

1. 六方晶系晶向指数的确定

（1）**建立坐标系：**对晶胞作晶轴 a_1、a_2、c，以晶胞的边长作为晶轴上的单位长度（删掉 a_3 即可）。

（2）**平移晶向：**将已知晶向一端平移至原点。

（3）**作晶向另一端的平行投影：**此处是以六边形为基准作 3 个坐标轴的平行投影得到 $[UVW]$。

（4）**化简：**根据公式将三指数晶向化简为四指数 $[uvtw]$。

注：u、v、t、w 中必须满足 $u+v=-t$（确保晶向的唯一性）。

换算公式：

$$[uvtw] \rightarrow [UVW]$$

$$U=u-t$$

$$V=v-t$$

$$W=w$$

$$[UVW] \rightarrow [uvtw]$$

$$u=\frac{1}{3}(2U-V)$$

$$v=\frac{1}{3}(2V-U)$$

$$t=-(u+v)$$

$$w=W$$

示例 1：

六方晶向如图 2.7 所示。

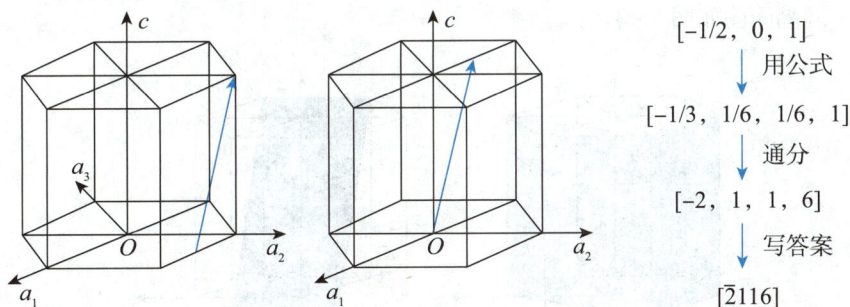

$[-1/2，0，1]$

↓ 用公式

$[-1/3，1/6，1/6，1]$

↓ 通分

$[-2，1，1，6]$

↓ 写答案

$[\bar{2}116]$

图 2.7　六方晶向

（1）**建立坐标系：**a_1、a_2、c（删掉 a_3 即可）。

（2）**平移晶向：**将已知晶向一端平移至原点。

（3）**作晶向另一端的平行投影：**以六边形为基准作 3 个坐标轴的平行投影得到 $[-1/2，0，1]$。

（4）**化简：**将三指数晶向化简为四指数。

示例 2：

六方晶向标记如图 2.8 所示。

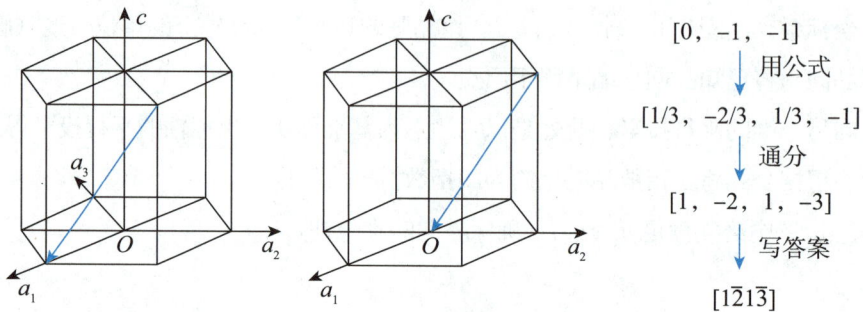

$$[0,\ -1,\ -1]$$
↓ 用公式
$$[1/3,\ -2/3,\ 1/3,\ -1]$$
↓ 通分
$$[1,\ -2,\ 1,\ -3]$$
↓ 写答案
$$[1\bar{2}1\bar{3}]$$

图 2.8　六方晶向标记

(1) **建立坐标系：** a_1、a_2、c。

(2) **平移晶向：** 将已知晶向一端平移至原点。

(3) **作晶向另一端的平行投影：** 以六边形为基准作 3 个坐标轴的平行投影得到 $[0,\ -1,\ -1]$。

(4) **化简：** 将三指数晶向化简为四指数。

2. 六方晶系晶面指数的确定

(1) **建立坐标系：** 对晶胞作晶轴 a_1、a_2、a_3、c，以晶胞的边长作为晶轴上的单位长度。

(2) **求截距：** 求出待定晶面在三个晶轴上的截距，若该晶面与某轴平行，则截距为 ∞。

(3) **取倒数：** 取这些截距的倒数。

(4) **化简：** 将上述倒数化为最小的简单整数，并加上圆括号，即表示该晶面的指数，一般记为 ($hkil$)。

注： h、k、i、l 中必须满足 $h+k=-i$（确保晶面的唯一性）。

示例：

六方晶系不同晶面图如图 2.9 所示。

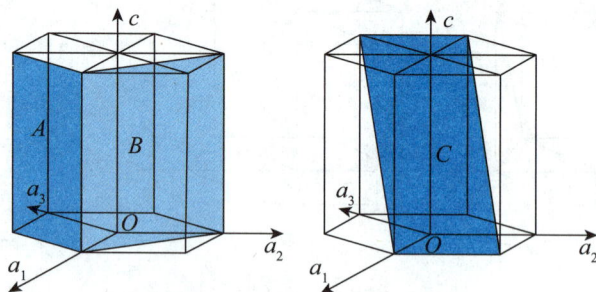

图 2.9　六方晶系不同晶面

不同晶面指数的确定见表 2.3。

表 2.3　不同晶面指数的确定

步骤	晶面 A	晶面 B	晶面 C
建立坐标系	四轴系	四轴系	四轴系

续表

步骤	晶面 A	晶面 B	晶面 C
求截距	1、–1、∞、∞	1、1、–0.5、∞	1、∞、–1、0.5
取倒数	1、–1、0、0	1、1、–2、0	1、0、–1、2
化简	$(1\bar{1}00)$	$(11\bar{2}0)$	$(10\bar{1}2)$

3. 六方晶系晶向指数的绘制

（1）**建立坐标系**：a_1、a_2、c，以晶胞的边长作为晶轴上的单位长度。

（2）**四轴指数转化为三轴指数：**

$$[uvtw] \rightarrow [UVW]$$

$$U=u-t$$

$$V=v-t$$

$$W=w$$

（3）**归一化**：将三指数晶向最大的数化为 1。

（4）**画晶向**：以原点为起点画晶向。

示例：画出六方晶向 $[11\bar{2}6]$。

六方晶向绘制示意图如图 2.10 所示。

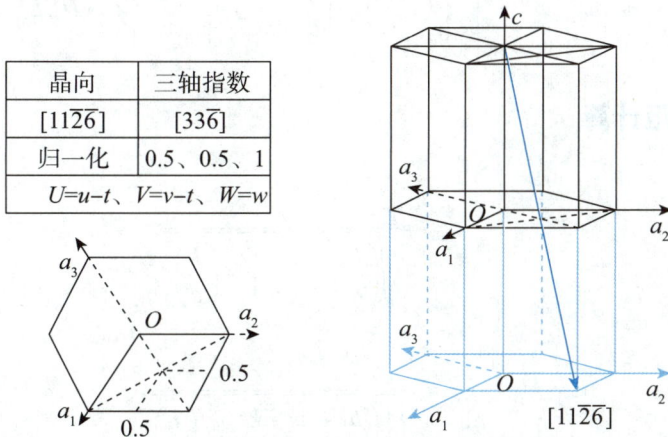

晶向	三轴指数
$[11\bar{2}6]$	$[33\bar{6}]$
归一化	0.5、0.5、1
$U=u-t$、$V=v-t$、$W=w$	

图 2.10　六方晶向绘制示意图

2.1.4　晶带和晶带定律

1. 晶带和晶带定律

晶带和晶带轴：所有相交或平行于某一晶向直线的晶面的组合称为晶带，此直线叫作它们的晶带轴。属于此晶带的晶面称为共带面。

晶带定律：晶带轴 $[uvw]$ 与该晶带的晶面（hkl）之间的关系为

$$hu+kv+lw=0 \quad （向量内积为 0，也即 [hkl] \cdot [uvw]=0）$$

凡满足此关系的晶面都属于以 $[uvw]$ 为晶带轴的晶带，故此关系式也称作晶带定律。

2. 晶带定律应用

（1）已知三个晶带轴 $[u_1 v_1 w_1]$、$[u_2 v_2 w_2]$ 和 $[u_3 v_3 w_3]$，若

$$\begin{vmatrix} u_1 & v_1 & w_1 \\ u_2 & v_2 & w_2 \\ u_3 & v_3 & w_3 \end{vmatrix} = 0$$

则三个晶带轴同在一个晶面上（三个向量线性相关）。

（2）已知三个晶面 $(h_1 k_1 l_1)$、$(h_2 k_2 l_2)$ 和 $(h_3 k_3 l_3)$，若

$$\begin{vmatrix} h_1 & k_1 & l_1 \\ h_2 & k_2 & l_2 \\ h_3 & k_3 & l_3 \end{vmatrix} = 0$$

则三个晶面同属一个晶带（三个向量线性相关）。

（3）求解两个晶面交线。

$$\boldsymbol{l} = \begin{vmatrix} \mathbf{i} & \mathbf{j} & \mathbf{k} \\ h_1 & k_1 & l_1 \\ h_2 & k_2 & l_2 \end{vmatrix} = \begin{vmatrix} k_1 & l_1 \\ k_2 & l_2 \end{vmatrix}\mathbf{i} - \begin{vmatrix} h_1 & l_1 \\ h_2 & l_2 \end{vmatrix}\mathbf{j} + \begin{vmatrix} h_1 & k_1 \\ h_2 & k_2 \end{vmatrix}\mathbf{k} = [UVW]$$

（4）求解两个晶向确定的平面。

$$\begin{vmatrix} \mathbf{i} & \mathbf{j} & \mathbf{k} \\ u_1 & v_1 & w_1 \\ u_2 & v_2 & w_2 \end{vmatrix} = \begin{vmatrix} v_1 & w_1 \\ v_2 & w_2 \end{vmatrix}\mathbf{i} - \begin{vmatrix} u_1 & w_1 \\ u_2 & w_2 \end{vmatrix}\mathbf{j} + \begin{vmatrix} u_1 & v_1 \\ u_2 & v_2 \end{vmatrix}\mathbf{k} = (HKL)$$

2.1.5 晶面间距计算

1. 正交晶系

$$d_{hkl} = \frac{1}{\sqrt{\left(\dfrac{h}{a}\right)^2 + \left(\dfrac{k}{b}\right)^2 + \left(\dfrac{l}{c}\right)^2}}$$

2. 六方晶系

$$d_{hkl} = \frac{1}{\sqrt{\dfrac{4}{3}\left(\dfrac{h^2 + hk + k^2}{a^2}\right) + \left(\dfrac{l}{c}\right)^2}}$$

3. 立方晶系

$$d_{hkl} = \frac{a}{\sqrt{h^2 + k^2 + l^2}}$$

上述公式仅适用于简单晶胞，且要注意晶面间距的考试陷阱（附加面的存在）。

对于体心立方结构：满足 $h+k+l=$ 奇数，计算晶面间距要多乘以 0.5。

对于面心立方结构：hkl 不全为奇数或不全为偶数时，计算晶面间距要多乘以 0.5。

对于密排六方结构：满足 $h+2k=3$ 的倍数，且 l 为奇数，计算晶面间距要多乘以 0.5。

2.1.6　晶面夹角计算

设立方晶系中有两个晶面$(h_1k_1l_1)$和$(h_2k_2l_2)$，它们之间的夹角为θ，即它们各自法线$[h_1k_1l_1]$和$[h_2k_2l_2]$之间的夹角，故可得

$$\cos\theta = \frac{|h_1h_2 + k_1k_2 + l_1l_2|}{\sqrt{h_1^{\,2} + k_1^{\,2} + l_1^{\,2}}\cdot\sqrt{h_2^{\,2} + k_2^{\,2} + l_2^{\,2}}}$$

2.1.7　晶向夹角计算

设立方晶系中的两个晶向为$[u_1v_1w_1]$和$[u_2v_2w_2]$。由矢量数量积得

$$[u_1v_1w_1]\cdot[u_2v_2w_2] = |[u_1v_1w_1]||[u_2v_2w_2]|\cos\theta$$

故两晶向间夹角θ可由其余弦值求得

$$\cos\theta = \frac{u_1u_2 + v_1v_2 + w_1w_2}{\sqrt{u_1^{\,2} + v_1^{\,2} + w_1^{\,2}}\cdot\sqrt{u_2^{\,2} + v_2^{\,2} + w_2^{\,2}}}$$

2.1.8　晶体堆垛方式

晶体堆垛方式如图 2.11 所示。

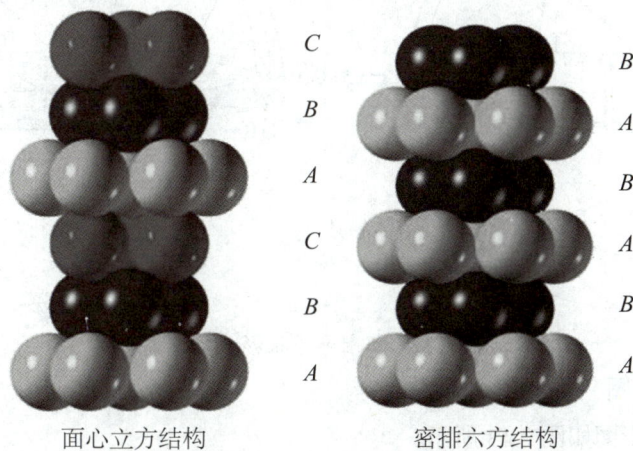

面心立方结构　　　　　　　　密排六方结构

图 2.11　晶体堆垛方式

面心立方结构的 (111) 面：$ABCABCABC\cdots\cdots$

密排六方结构的 (0001) 面：$ABABABAB\cdots\cdots$

2.1.9　晶体投影

1. 晶体投影的意义

在平面上表示晶体中晶面之间的位向关系以及晶体的对称元素。

现有方法存在的问题：

（1）透视图：很难精确表示。

（2）数学符号和关系：复杂，难以理解和熟练应用。

（3）立体图：复杂，难以达到要求。

2. 极射赤面投影应用

（1）确定晶体的位向；

（2）当需要沿某一特定的晶面切割晶体时定向；

（3）确定滑移面、孪晶、形变断裂面、侵蚀坑等表面标记的晶体学指数；

（4）解决固态沉淀、相变和晶体生长等过程中的晶体学问题；

（5）多晶体的择优取向；

（6）确定晶体中一些有方向性的力学或物理性质，如弹性模量、屈服点和导电率等。

3. 极射赤平投影方法

极射赤平投影示意图如图 2.12 所示。

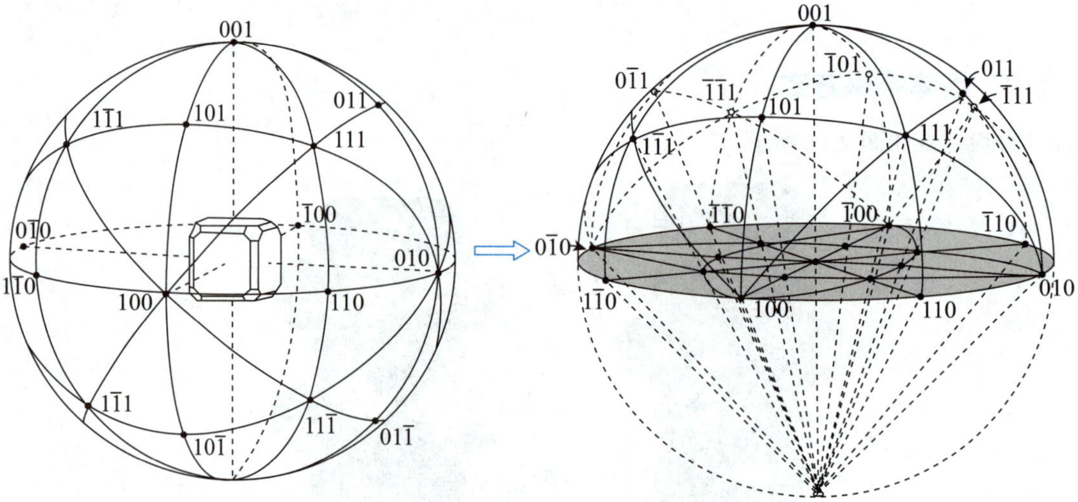

图 2.12　极射赤平投影示意图

4. （001）标准投影图

立方晶系的标准投影图如图 2.13 所示。

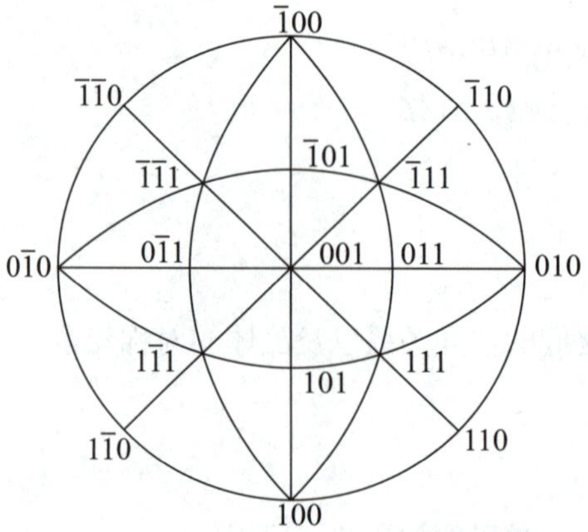

图 2.13　立方晶系的（001）标准投影

⚛ 2.1.10 晶体的对称性

晶体结构中结构基元的规则排列，使晶体除了具有由空间点阵所表征的周期性外，还具有重要的对称性。

对称的定义：通过一定的动作，使物体发生变动，变动前后物体相对于观察者的位置和形态跟动作前毫无差别（称为规律重复或复原），则称这样的物体具有对称性。这个动作称为对称操作或对称变换；施加对称变换凭借的几何元素称为此对称操作的对称元素。

对称操作是用来揭示物体或图形的对称性的手段。晶体的对称操作可以分为宏观（4 种）和微观（3 种）两类。宏观对称元素是反映晶体外形和其宏观性质的对称性，而微观对称元素与宏观对称元素配合运用就能反映出晶体中原子排列的对称性。

宏观：对称面（反映）、对称轴（旋转）、对称中心（反演）、旋转－反演轴。

微观：平移轴、螺旋轴、滑移面。

1. 宏观对称性

宏观对称性：可以从其有限大小的外形反映出来。

宏观对称变换：若物体的对称性可以通过在有限大小的空间实施某一对称操作得到反映，则称此对称操作为宏观对称变换。

（1）对称面（反映）（见图 2.14）。

若晶体内存在平面，并且在平面的一方存在一个结点，则在平面的另一方必定存在和平面等间距的结点，这种对称性称为反映。这个面称为对称面或镜面，用符号"P"表示。

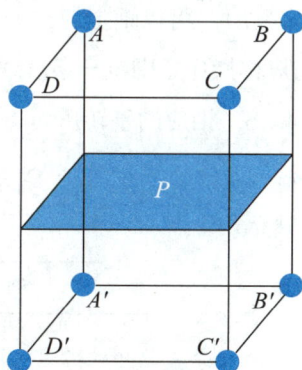

图 2.14 对称面

（2）对称轴（旋转）（见图 2.15）。

将晶体中一根固定直线作为旋转轴，若整个晶体绕它旋转角度为 $360°/n$ 后能完全复原，则称晶体具有 n 次对称轴。重复时所旋转的最小角度称为基转角 α。n 与 α 之间的关系为 $n=360°/\alpha$（$n=1$、2、3、4、6；$\alpha=360°$、$180°$、$120°$、$90°$、$60°$）。

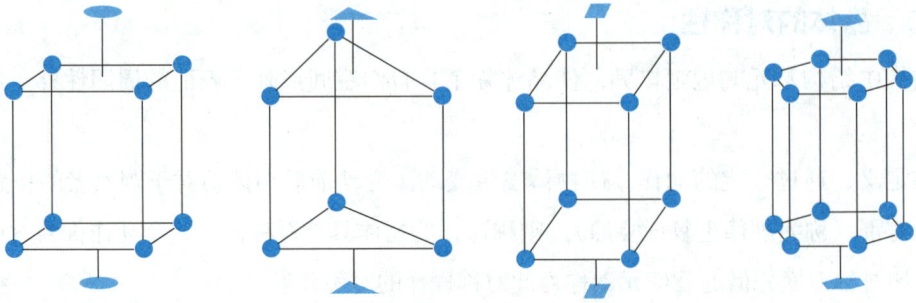

图 2.15　对称轴

注： 晶体中不可能出现 5 次及 6 次以上对称轴，因为它们与晶体结构的周期性相矛盾。

（3）对称中心（反演）（见图 2.16）。

若晶体中所有的点在经过某一点反演后能复原，则该点就称为对称中心，用符号"C"表示。对称中心必然位于晶体的几何中心。晶体中若存在对称中心，则其晶面必然是两两平行且相等。

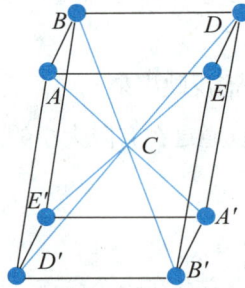

图 2.16　对称中心

（4）旋转－反演轴（见图 2.17）。

若晶体绕某一轴旋转一定角度（$360°/n$），再以轴上的一个中心点作反演之后能得到复原，则此轴称为旋转－反演轴。旋转－反演轴的对称操作是围绕一条直线旋转和对此直线上的一点反演。

旋转－反演轴的符号为 1、2、3、4、6，相应的基转角为 360°、180°、120°、90°、60°。

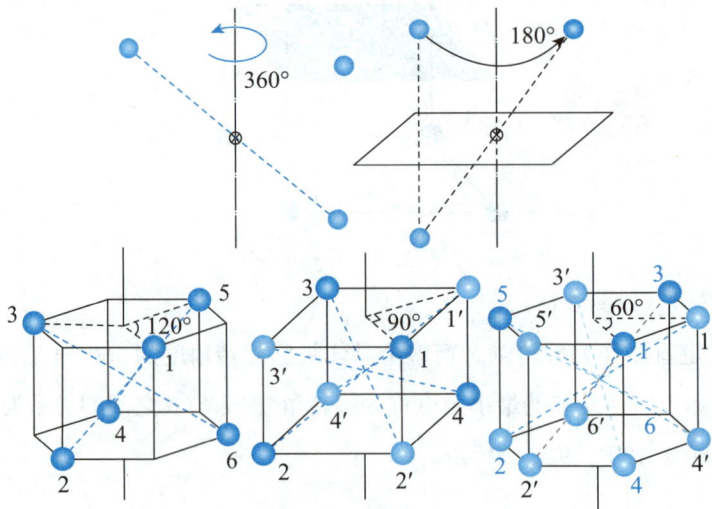

图 2.17　旋转－反演轴

2. 微观对称性

微观对称性：微观对称操作加平移操作，必须在无穷大空间进行。

晶体的宏观对称性与微观对称性的区别：宏观对称操作至少要求有一点不动，而微观对称操作要求全部点都动。

（1）平移轴。

平移轴属于晶体内部对称要素，为晶体结构中一条假想的直线，相应的对称操作为沿此直线的平移。

（2）螺旋轴（见图 2.18）。

螺旋轴也是假想的直线，晶体内部的相同部分绕其周期性转动，并且沿轴向平移。螺旋轴是一种复合的对称要素，其辅助几何要素为一条假想的直线及与之平行的平移方向。相应的对称变换为围绕此直线旋转一定的角度和沿此直线方向平移的联合。螺旋轴的轴次 n 只能等于1、2、3、4、6，其平移距离应等于沿螺旋轴方向结点间距的 s/n，其中，s 为小于 n 的自然数。螺旋轴的国际符号为 n_s。

旋转轴根据其轴次和平移距离的不同，可分为 2_1、3_1、3_2、4_1、4_2、4_3、6_1、6_2、6_3、6_4、6_5，共11种螺旋轴。螺旋轴根据其旋转方向，可分为左旋旋转轴、右旋旋转轴和中性旋转轴。

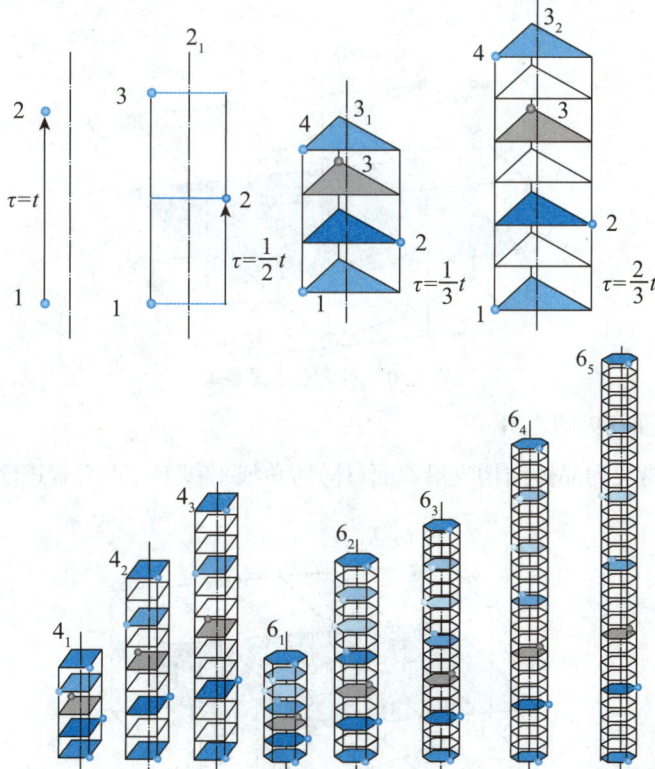

图 2.18　螺旋轴

（3）滑移面（反映－平移）。

滑移面是假想的平面，晶体内部的相同部分沿平行于该面的直线方向平移后再反映而得到重复。滑移面也是一种复合的对称要素，其辅助对称要素有两个：一个是假想平面，另一个是平行于此平面的某一直线方向。相应的对称变换为对此平面的反映和沿此直线方向平移的联合，其平移的距离等于该方向行列结点间距的一半。根据平移成分 τ 的方向和大小，滑移面一般可分为三类：轴向滑移面、对角滑移面和金刚石滑移面。

①轴向滑移面（见图2.19）。

用 a、b、c 表示，其具体含义为沿 a、b、c 方向平移 $a/2$、$b/2$、$c/2$ 后反映而得到重复的滑移机制。

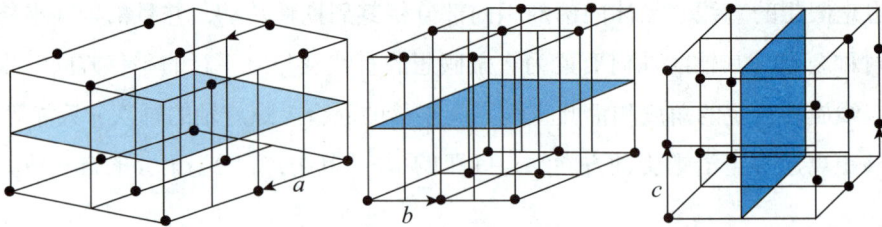

图 2.19　轴向滑移面

②对角 (n) 滑移面（见图2.20）。

用 n 表示，其具体含义为晶体结构先沿着面（体）对角线平移一半，再沿着该面反映并能与之前重合。

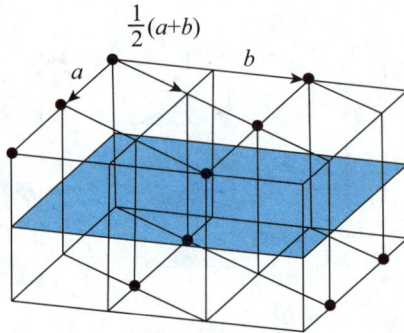

图 2.20　对角 (n) 滑移面

③金刚石 (d) 滑移面（见图2.21）。

用 d 表示，其具体含义为晶体结构先沿着面（体）对角线平移 $1/4$，再沿着该面反映并能与之前重合。

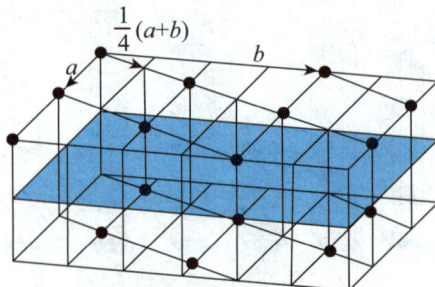

图 2.21　金刚石 (d) 滑移面

注：反演、四次旋转－反演轴在进行对称操作时都要求有一点不动，所以只有平移一个周期才能使晶体规则复原，然而平移一个周期相当于不动，所以反演和四次旋转－反演轴均不能与平移结合而形成新的微观对称元素。

3. 32 种点群（见表 2.4）

晶体的宏观外形可以只有一种对称元素独立存在，也可以有若干对称元素同时存在。由八种对称元素（1，2，3，4，6，i，m，$\bar{4}$）的不同组合就可以组成形形色色晶体的各种宏观对称性，但是晶体除了对称性，还必须具有周期性的特点，因此这些对称元素的组合不能是任意的，必须遵循对称元素的组合规律，使对称元素之间相互制约而又相互协调，利用数学方法可以导出这八种宏观对称元素可能有的组合为 32 种，构成了晶体 32 种宏观对称类型，即 32 种点群。例如，两个对称面相交，其交线必是对称轴，转角 $=360°/n$，不能任意。

表 2.4　32 种点群

晶系	三斜	单斜	正交	四方	菱方	六方	立方
对称元素	1 $\bar{1}$	m 2 $2/m$	$2\quad m\quad m$ $2\quad 2\quad 2$ $2/m\ 2/m\ 2/m$	$\bar{4}$ 4 $4/m$ $\bar{4}\quad 2\quad m$ $4\quad m\quad m$ $4\quad 2\quad 2$ $4/m\ 2/m\ 2/m$	3 $\bar{3}$ $3m$ $3\quad 2$ $\bar{3}\quad 2/m$	$\bar{6}$ 6 $6/m$ $\bar{6}\quad 2\quad m$ $6\quad m\quad m$ $6\quad 2\quad 2$ $6/m\ 2/m\ 2/m$	$2\qquad 3$ $2/m\qquad \bar{3}$ $\bar{4}\quad 3\quad m$ $4\quad 3\quad 2$ $4/m\ \bar{3}\ 2/m$
特征对称元素	无	1个2或 m	3个互相垂直的2或2个互相垂直的 m	1个4或 $\bar{4}$	1个3或 $\bar{3}$	1个6或 $\bar{6}$	4个3

4. 230 种空间群

晶体外形的对称分类用点群来说明，而晶体内部结构——原子、离子、分子类别和排列的对称分类则用空间群来说明。这种微观的对称性不仅包括了所有宏观对称元素，而且还多出三类微观对称元素：平移轴、螺旋轴以及滑移面。导致这种差异的根本原因是晶体内部结构具有特有的平移对称性。

把宏观对称元素的点群与微观对称元素的螺旋轴、滑移面结合作为一部分，将其与平移再组合而形成的对称群称为空间群。很显然，宏观对称元素和微观对称元素在三维空间中可能的组合排列有很多，经过申夫利斯和费多罗夫的精确分析，晶体最多可能有 230 种空间群。

⬡ 2.2 典型的金属晶体结构

⚛ 2.2.1 致密度计算

致密度 K 的计算公式：

$$K = \frac{nv}{V}$$

其中，K 为致密度，n 为晶胞的原子数，v 是一个原子的体积，V 是晶胞的体积。

各晶体结构的致密度计算如表 2.5 所示。

表 2.5 致密度计算

结构类型	晶体结构	致密度 K 的计算
体心立方结构（BCC）		$K = \dfrac{2 \times \frac{4}{3}\pi\left(\frac{\sqrt{3}}{4}a\right)^3}{a^3} = 0.68$
面心立方结构（FCC）		$K = \dfrac{4 \times \frac{4}{3}\pi\left(\frac{\sqrt{2}}{4}a\right)^3}{a^3} = 0.74$
密排六方结构（HCP）		$a^2 = \left(\dfrac{c}{2}\right)^2 + \left(\dfrac{2}{3} \times \dfrac{\sqrt{3}}{2}a\right)^2$ $\dfrac{c}{a} = \sqrt{\dfrac{8}{3}} \approx 1.633$ $K = \dfrac{6 \times \frac{4}{3}\pi\left(\frac{a}{2}\right)^3}{3 \times \frac{\sqrt{3}}{2}a^2 c} = \dfrac{6 \times \frac{4}{3}\pi\left(\frac{a}{2}\right)^3}{3 \times \frac{\sqrt{3}}{2}a^2 \times \sqrt{\frac{8}{3}}a} = 0.74$

⚛ 2.2.2 典型金属晶体结构总结

晶体结构对比如表 2.6 所示。

表 2.6　晶体结构对比

晶体结构	晶胞参数与原子半径关系	单位晶胞原子数	配位数	致密度	举例
简单立方	$a = 2r$	1	6	0.52	Po
BCC	$a = \dfrac{4}{\sqrt{3}}r$	2	8	0.68	Cr、α–Fe
FCC	$a = \dfrac{4}{\sqrt{2}}r$	4	12	0.74	Cu、Au、Ag、γ–Fe
HCP	$a = 2r$ $c \approx 1.633a$	6	12	0.74	Mg、Zn、Cd

❉ 2.2.3　间隙大小及计算

定义：在任何的晶体结构中，原子之间通常有些小孔洞，较小（最大极限）的原子可以放入这些孔洞中，这些位置被称为间隙。

1. 八面体间隙（见表 2.7）

表 2.7　八面体间隙计算

晶体间隙示意图		
间隙位置	棱心＋面心（BCC）	棱心＋体心（FCC）
间隙个数计算	12 × (1/4)+6 × (1/2)=6（个）	12 × (1/4)+1=4（个）
间隙大小计算方法	$r_x + r = \dfrac{a}{2}$，$r = \dfrac{\sqrt{3}}{4}a$	$r_x + r = \dfrac{a}{2}$，$r = \dfrac{\sqrt{2}}{4}a$
	$\dfrac{r_x}{r} = \dfrac{a}{2r} - 1 = \dfrac{2}{\sqrt{3}} - 1 \approx 0.155$	$\dfrac{r_x}{r} = \dfrac{a}{2r} - 1 = \sqrt{2} - 1 \approx 0.414$

2. 四面体间隙（见表 2.8）

表 2.8　四面体间隙计算

晶体间隙示意图		
间隙位置	面中线的 1/4 和 1/3 处	体对角线的 1/4 和 3/4 处
间隙个数计算	$6 \times (1/2) \times 4 = 12$（个）	8 个
间隙大小计算方法	$r_x + r = \sqrt{\left(\dfrac{a}{4}\right)^2 + \left(\dfrac{a}{2}\right)^2} = \dfrac{\sqrt{5}}{4}a$ 且 $r = \dfrac{\sqrt{3}}{4}a$ $\dfrac{r_x}{r} = \dfrac{\sqrt{5}}{4r}a - 1 = \dfrac{\sqrt{5}}{\sqrt{3}} - 1 \approx 0.291$	$r_x + r = \dfrac{\sqrt{3}}{4}a$ 且 $r = \dfrac{\sqrt{2}}{4}a$ $\dfrac{r_x}{r} = \dfrac{\sqrt{3}}{4r}a - 1 = \dfrac{\sqrt{3}}{\sqrt{2}} - 1 \approx 0.225$

3. 密排六方晶体的八面体和四面体间隙（见表 2.9）

表 2.9　密排六方晶体的八面体和四面体间隙

晶体间隙示意图		
类型	八面体	四面体
间隙个数	内部 6 个 6 个	中间上下各 1 个 + 三角分布上下各 3 个 + 6 个外棱上下 12 个（1/3） $2 + 3 \times 2 + 6 \times 2 \times \dfrac{1}{3} = 12$（个）

注：由于 HCP 和 FCC 密排面原子排列完全相同，二者仅仅是密排面堆垛次序不同，四面体和八面体间隙正好位于两层密排面之间，所以二者间隙大小完全一致。

晶体间隙总结（见表 2.10）

表 2.10　晶体间隙总结

结构特征			晶体结构类型		
			面心立方（FCC）	体心立方（BCC）	密排六方（HCP）
间隙	四面体间隙	数量	8	12	12
		大小	$0.225r$	$0.291r$	$0.225r$
	八面体间隙	数量	4	6	6
		大小	$0.414r$	$0.155r <100>$ $0.633r <110>$	$0.414r$

2.2.4　晶体的同素异构转变

有些固态金属在不同的温度和压力下具有不同的晶体结构，即具有多晶型性，转变的产物称为**同素异构体**。由于不同晶体结构的致密度不同，当金属由一种晶体结构变为另一种晶体结构时，将伴随有质量体积的跃变，即体积的突变。晶型转变示意图如图 2.22 所示。

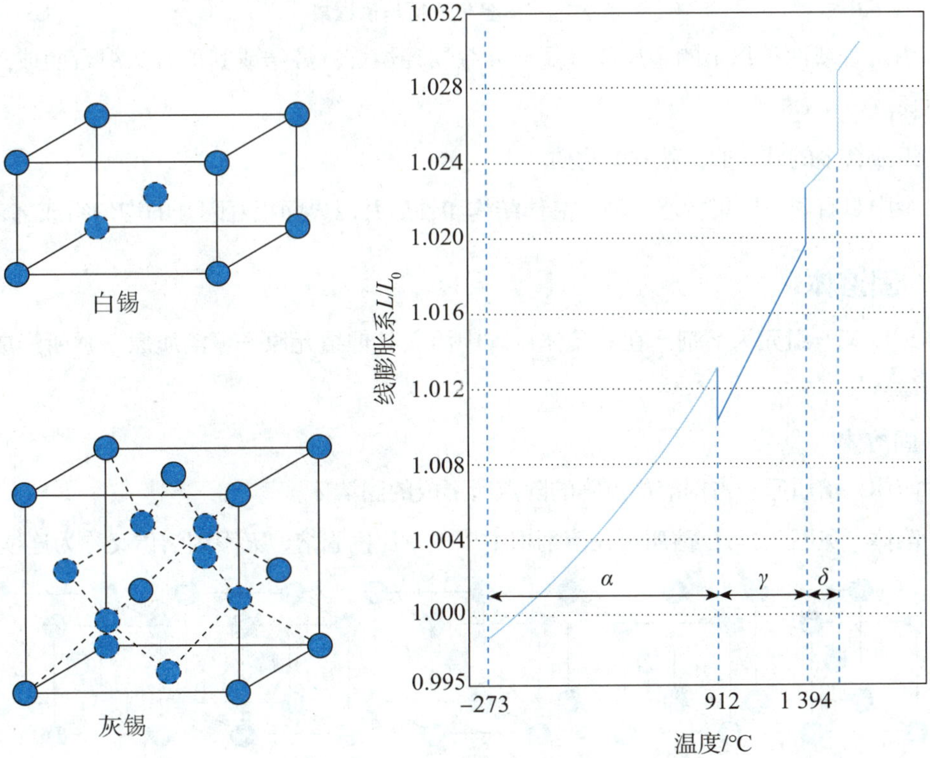

图 2.22　晶型转变示意图

纯铁在不同温度下的转变：Fe 在 912 ℃ 以下为 BCC 结构，称为 α-Fe；在 912 ℃ ～ 1 394 ℃ 为 FCC 结构，称为 γ-Fe；在 1 394 ℃ ～ 1 538 ℃ 又变成 BCC 结构，称为 δ-Fe。

Sn 在不同温度下晶体结构不同：低温下为金刚石结构；高温下为体心四方结构。

2.3 合金相结构

合金相结构知识框架如图 2.23 所示。

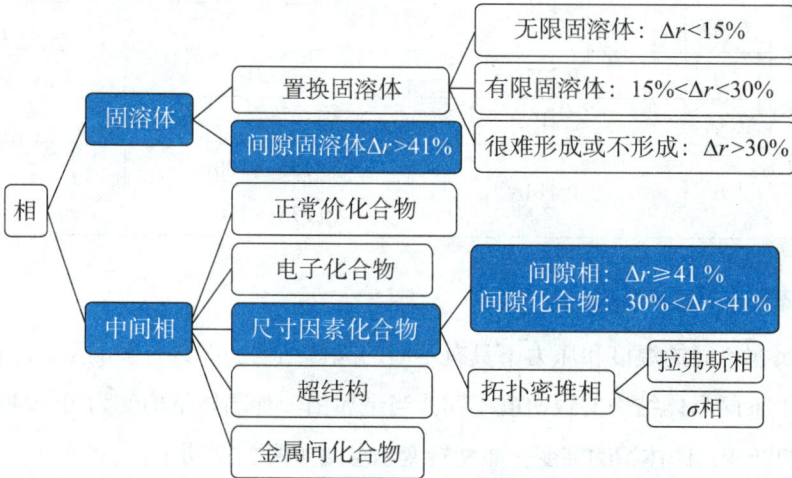

图 2.23 合金相结构知识框架

合金：由两种或两种以上的金属或金属与非金属经熔炼、烧结或其他方法组合而成，并具有金属特性的物质。

组元：组成合金的基本的、独立的物质。

相：合金中具有同一聚集状态、同一晶体结构和性质并以界面相互隔开的均匀组成部分。

2.3.1 固溶体

固溶体：以某一组元为溶剂，在其晶体点阵中溶入其他组元原子（溶质原子）所形成的均匀混合的固态溶体。

1. 置换固溶体

置换固溶体：溶质原子占据溶剂点阵的阵点所形成的固溶体。

无限固溶体（见图 2.24）：溶质可在溶剂相中以任意比例固溶。无限固溶体又称为连续固溶体。

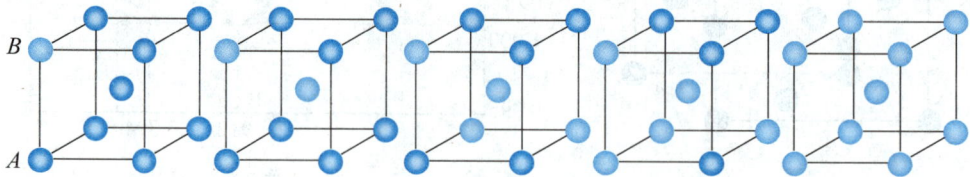

图 2.24 无限固溶体

有限固溶体：溶质在溶剂相中只有部分固溶。

2. 置换固溶体溶解度的影响因素

（1）晶体结构类型。

溶质与溶剂晶体结构相同，是形成连续固溶体的**必要条件**，两者结构类型相同，有利于提高溶解度。形成有限固溶体时，溶质元素与溶剂元素的结构类型相同，溶解度通常也较不同结构时大。

（2）原子尺寸。

相互替代的原子尺寸愈相近，固溶体愈稳定。

① $\Delta r = \left| \dfrac{r_{质} - r_{剂}}{r_{剂}} \right| < 15\%$ 时，溶质与溶剂之间有利于形成无限固溶体；

② $15\% < \Delta r < 30\%$ 时，溶质与溶剂之间形成有限固溶体；

③ $\Delta r > 30\%$ 时，溶质与溶剂之间很难或不能形成置换固溶体。

影响的原子尺寸因素主要与溶质原子的溶入所引起的点阵畸变及其结构状态有关。Δr 愈大，溶入后点阵畸变程度愈大，畸变能愈高，结构的稳定性愈低，溶解度则愈小。

（3）电负性。

溶质与溶剂元素之间的化学亲和力愈强，即合金组元间电负性差愈大，倾向于生成化合物而不利于形成固溶体；生成的化合物愈稳定，则固溶体的溶解度就愈小。电负性相近有利于形成固溶体，电负性相差很大时将形成中间相或化合物。

（4）原子价（电子浓度）。

电子浓度指合金相中各组元价电子总数与原子总数之比，即

$$\frac{e}{a} = \frac{A(100 - x) + Bx}{100}$$

式中，A 为溶剂价电子数目，B 为溶质价电子数目，x 为摩尔分数。

极限电子浓度：合金在最大溶解度时的电子浓度。超过此值时，固溶体就不稳定而要形成另外的相。极限电子浓度与溶剂晶体结构类型有关。对一价金属溶剂而言：晶体结构为 FCC 时，极限电子浓度为 1.36；晶体结构为 BCC 时，极限电子浓度为 1.48；晶体结构为 HCP 时，极限电子浓度为 1.75。当原子尺寸因素较为有利时，在某些以一价金属（如 Cu、Ag、Au）为基的固溶体中，**溶剂不变，溶质原子价越高，溶解度越低**。

（5）温度。

固溶度还与温度有关，在大多数情况下，不同温度下溶解度不同，而对于少数含有中间相的复杂合金，情况则相反。

3. 间隙固溶体

若溶质原子比较小，$\Delta r \geqslant 41\%$ 时，它们能进入溶剂晶格的间隙位置内，这样形成的固溶体称为**间隙固溶体**。

原子半径较小（<0.1 nm）的 H、C、B 元素容易进入晶格间隙中形成间隙固溶体。例如，钢就是碳在铁中的间隙固溶体。溶质原子一般比晶格间隙的尺寸大，间隙固溶体都是有限固溶体，而且溶解度很小。

4. 间隙固溶体固溶度的影响因素

（1）溶质原子的大小：添加的溶质原子越小，越易形成间隙固溶体。

（2）溶剂晶体结构中间隙的形状与大小。

例如，C 在 γ–Fe 中的最大溶解度为质量分数 $w(C)=2.11\%$，而在 α–Fe 中的最大溶解度仅为质量分数 $w(C)=0.021\ 8\%$。这是因为固溶于 γ–Fe 和 α–Fe 中的碳原子均处于八面体间隙中，而 γ–Fe 的八面体间隙尺寸比 α–Fe 的大。另外，α–Fe 为体心立方晶格，而在体心立方晶格中四面体和八面体间隙均是不对称的，尽管在 <100> 方向上八面体间隙比四面体间隙的尺寸小，仅为 $0.155R$，但它在 <110> 方向上却为 $0.633R$，比四面体间隙 $0.291R$ 大得多。因此，当 C 原子挤入时只要推开 Z 轴方向的上下两个铁原子即可，这比挤入四面体间隙要同时推开四个铁原子较为容易。

2.3.2　固溶体的微观不均匀性

溶质原子取何种分布主要取决于原子间的结合能：

$$E_{AA} \approx E_{BB} \approx E_{AB}（完全无序）$$

$$\frac{E_{AA}+E_{BB}}{2} < E_{AB}（偏聚）$$

$$\frac{E_{AA}+E_{BB}}{2} > E_{AB}（部分或完全有序）$$

固溶体中溶质原子分布示意图如图 2.25 所示。

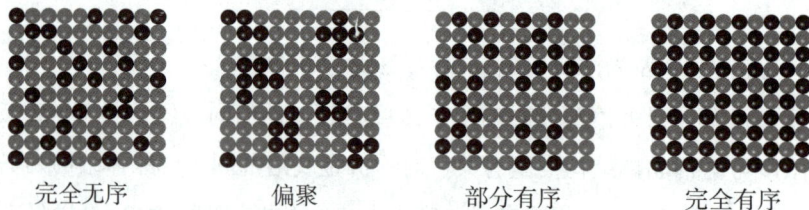

| 完全无序 | 偏聚 | 部分有序 | 完全有序 |

图 2.25　固溶体中溶质原子分布示意图

2.3.3　固溶体的性质

1. 点阵常数改变

B 溶于 A 形成置换固溶体：

当 $r_B>r_A$ 时，溶质原子周围点阵膨胀，平均点阵常数增大；

当 $r_B<r_A$ 时，溶质原子周围点阵收缩，平均点阵常数减小。

对间隙固溶体而言：点阵常数随溶质原子的溶入总是增大的，对点阵常数的影响比置换固溶体大得多。

2. 产生固溶强化

溶质原子的溶入使固溶体的强度和硬度升高。

间隙式溶质原子的强化效果一般要比置换式溶质原子更显著。这是因为间隙式溶质原子往往择优分布在位错线上，形成间隙原子"气团"，将位错牢牢地钉扎住，从而造成强化。

相反，置换式溶质原子往往均匀分布在点阵内，虽然溶质和溶剂原子尺寸不同，造成点阵畸变，从而增加位错运动的阻力，但这种阻力比间隙原子"气团"的钉扎力小得多，因而强化作用也小得多。

溶质和溶剂原子尺寸相差越大，固溶强化越显著，单位浓度溶质原子所引起的强化效果越大。

3. 物理和化学性能的变化

光学性能：白宝石（Al_2O_3）添加 Cr 离子或者 Ti 离子会改变颜色，变为红宝石和蓝宝石。

电学性能：非计量化合物成为半导体。

热学性能：加工硬化后金属点缺陷浓度大大增加，不利于导热。

抗腐蚀性能：不锈钢中，金属 Cr 元素的加入提高阳极极化电位，抗腐蚀性提高。

2.3.4 中间相

中间相知识框架如图 2.26 所示。

图 2.26 中间相知识框架

中间相（见图 2.27）：由两种或多种组元形成晶体结构与构成其的组元均不相同的新相。该新相在二元相图上的位置总是位于中间，故称为中间相。

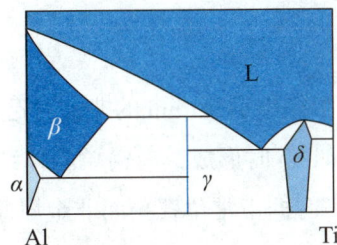

图 2.27 中间相

中间相可以是化合物或以化合物为基的固溶体（称为第二类固溶体或二次固溶体）。

中间相的原子间结合方式属于金属键与其他典型键（如离子键、共价键和分子键）相混合的一种结合方式。

1. 正常价化合物（A_2B、AB_2、A_3B_2）

构成：一些金属元素与电负性较强的ⅣA、ⅤA、ⅥA族的一些元素按照化学上的原子价规律所形成的化合物。

结构：正常价化合物的晶体结构通常对应于同类分子式的离子化合物结构，如 NaCl 型、ZnS 型、CaF_2 型等。

稳定性：与组元间电负性差有关。电负性差愈小，化合物愈不稳定，愈趋于金属键结合；电负性差愈大，化合物愈稳定，愈趋于离子键结合。

正常价化合物的成分可用分子式表达，一般为

A_2B 型：如 Mg_2Pb、Mg_2Sn、Mg_2Ge、Mg_2Si 等。

AB 型：如 NaCl 型、立方 ZnS 型、六方 ZnS 型等。

AB_2 型：如 CaF_2 型、反 CaF_2 型等。

规律：随电负性差的下降由离子键、共价键到金属键，熔点依次下降。MnS、Al_2O_3、TiN、ZrO_2 等的结合键为离子键；SiC 是共价键；Mg_2Pb 是金属键。

2. 电子化合物（休姆 – 罗瑟里相）

电子浓度是决定晶体结构的主要因素。凡具有相同的电子浓度，则相应的晶体结构类型相同。电子浓度不同，其对应的晶体结构的类型也就不同。常见的电子浓度值有 21/14、21/13、21/12。相应的化合物分别称为 β 相、γ 相、ε 相。除电子浓度影响外，尺寸因素和电化学因素对结构也有影响。

对含有过渡族元素的电子化合物，过渡族元素的价电子数看作零（d 层的电子未被填满）。

构成：电子化合物大多是以第ⅠB族或过渡族金属元素与第Ⅱ至第Ⅴ族金属元素结合而成。它们的结合键以金属键为主，具有明显的金属性质。

3. 受原子尺寸因素控制的化合物

当两种原子半径相差很大的元素形成化合物时，倾向于形成间隙相与间隙化合物，而中等程度差别时，则倾向于形成拓扑密堆相。

（1）间隙相与间隙化合物。

通常是由过渡族金属原子与原子半径小于 0.1 nm 的非金属元素氮、氢、碳、硼所组成。

①**间隙相：**当 $r_X/r_M < 0.59$（$\Delta r \geqslant 41\%$）时形成具有简单晶体结构的化合物，其中，r_X、r_M 分别表示非金属和金属原子半径（金属原子占据正常位置，而非金属原子规则地分布于晶格间隙中）。如 FCC、BCC、HCP 或简单立方，通常称它们为间隙相，相应的分子式也较简单，如 M_4X、M_2X、MX、MX_2 等。

间隙相的成分可在一定范围内变化，可视为以化合物为基的固溶体。间隙相不仅可溶解其组成元素，而且间隙相之间还可以互溶，如 TiC–ZrC、TiC–VC 形成无限固溶体。

间隙相中原子的结合键为共价键和金属键，**几乎全部具有高熔点和高硬度（最硬的）的特点，是合金工具钢和硬质合金中的重要组成相。**

②**间隙化合物：** 当 $r_X/r_M>0.59(30\%<\Delta r<41\%)$ 时，形成的化合物的晶体结构较复杂，通常称它们为间隙化合物，相应的分子式也较复杂，通常是过渡族金属与碳元素形成的碳化物，如钢中常见的 Fe_3C、Cr_7C_3、$Cr_{23}C_6$ 等。

间隙化合物中原子间的结合键为**共价键和金属键**，具有较高熔点和高硬度（不如间隙相）的特点，是钢的主要强化相。

间隙化合物中的金属常被其他金属置换形成以化合物为基的固溶体，如 Fe_3C 中溶入一定的 Mn 形成合金渗碳体 $(Fe, Mn)_3C(B)$。Fe_3C 中的 Fe 原子可以被 Mn、Cr、Mo、W、V 等置换而形成合金渗碳体，而且渗碳体中的 C 原子可以被 B 原子置换，但 N 不能。

钢中只有在周期表中位于 Fe 左边的过渡族金属元素才能形成碳化物（包括间隙相和间隙化合物），而且其 d 层电子越少，与碳的亲和力越强，形成的碳化物越稳定。

间隙固溶体与间隙化合物的异同如表 2.11 所示。

表 2.11　间隙固溶体与间隙化合物的异同

类别		间隙固溶体	间隙化合物
相同点		一般都是由过渡族金属与原子半径较小的 C、N、H、O、B 等非金属元素所组成	
不同点	晶体结构	属于固溶体相，保持溶剂的晶格类型	属于金属化合物相，形成不同于其组元的新点阵
	表达式	用 α、β、γ 等表示	用化学分子式 M_3C 等表示
	机械性能	强度、硬度较低，塑性、韧性好	高硬度、高熔点，塑性、韧性差

（2）拓扑密堆相（TCP 相）。

定义：由两种大小不同的金属原子所构成的一类中间相，其中大小原子通过适当的配合构成空间利用率和配位数都很高的复杂结构，具有拓扑特点。

同种类的等直径原子球堆垛，配位数最大为 12，最大致密度为 0.74。如果都是金属原子（性质接近），尺寸尽管有一定的相差，但只要以大小原子的一定比例搭配（固定的原子比），形成的新相配位数大于 12，或致密度大于 0.74，则统称为**拓扑密堆结构相**。属于这类结构的有拉弗斯相、σ 相、μ 相、R 相、P 相等。

结构特点：

①由配位数（CN）为 12、14、15、16 的配位多面体堆垛而成。配位多面体是以某一原子为中心，将其周围紧密相邻的各原子中心用一些直线连接起来所构成的多面体。

②呈层状结构。原子半径小的原子构成密排面，其中嵌镶有原子半径大的原子，由这些密排层按一定顺序堆垛而成，从而构成空间利用率很高，只有四面体间隙的密排结构。

a. 拉弗斯相。

许多金属之间形成金属间化合物属于拉弗斯相。以 $MgCu_2$ 为例，$MgCu_2$ 是复杂立方结构，在高度合金化不锈耐热钢、铁基高温合金和镍基高温合金中均有发现，呈针状析出于基体，对性能通常不利，但在 Mg 合金中它是重要的强化相。

b. σ 相。

通常存在于过渡族金属元素组成的合金中，其分子式可写作 AB 或 A_xB_y，如 FeCr、FeMo。也可以是以化合物为基的固溶体，对合金性能有害。在 Cr 系不锈钢中出现的 σ 相会引起钢的脆性。

4. 超结构（有序固溶体）（见图 2.28）

有序固溶体：溶质原子与溶剂原子分别占据固定位置，每个晶胞中溶质和溶剂原子之比都是一定的。例如，在 Cu–Al 合金中，Cu 与 Al 原子比是 1:1 或 3:1 时，在液态缓冷条件下可形成有序的超点阵结构，用 CuAl 或 Cu_3Al 来表示。

在某些成分接近于一定的原子比（如 AB 或 AB_3）的无序固溶体中，当它从高温缓冷到某一临界温度以下时，溶质原子会从统计随机分布状态过渡到占有一定位置的规则排列状态，即发生有序化过程，形成有序固溶体。

特点：长程有序的固溶体在其 X 射线衍射图上会产生外加的衍射线条，称为超结构线，所以有序固溶体通常称为超结构或超点阵。

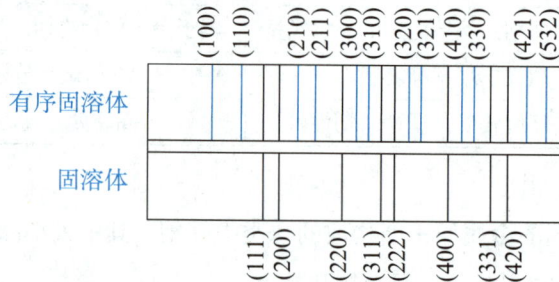

图 2.28　超结构的 X 射线衍射

固溶体有序化的条件：

（1）异类原子间结合能小于同类原子；

（2）成分为一定比例；

（3）有序化温度以下（温度低于有序–无序转变线）。

从无序到有序的转变过程是依赖于原子迁移来实现的，即存在形核和长大过程。当合金缓冷经过某一临界温度时，各个核心慢慢独自长大，直至相互接壤。通常将这种小块有序区域称为**有序畴**。当两个有序畴同时长大相遇时，如果其边界恰好是同类原子相遇而构成一个明显的分界面，称为**反**

相畴界（见图 2.29），反相畴界两边的有序畴称为**反相畴**。

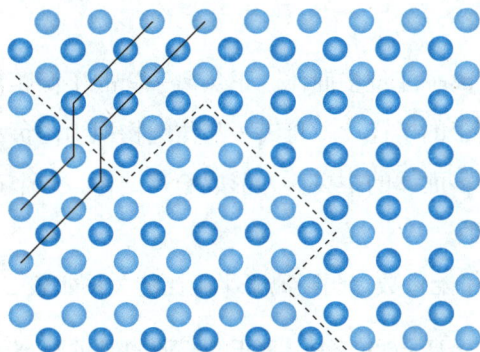

图 2.29　反相畴界

影响有序化的因素有温度、冷却速度和合金成分等。温度升高，冷速加快或合金成分偏离理想成分，均不利于得到完全的有序结构。

5. 金属间化合物的性质和应用

（1）具有超导性质，如 Nb_3Ge、Nb_3Al、Nb_3Sn 等。

（2）具有特殊电学性质，如 InTe–PbSe、GaAs–ZnSe 等半导体材料。

（3）具有强磁性，如稀土元素（Ce、Y 等）和 Co 的化合物，具有特别优异的永磁性能。

（4）具有贮氢能力，如 $LaNi_5$、FeTi 等。

（5）具有耐热特性，如 Ni_3Al、NiAl、TiAl、Ti_3Al、FeAl 等，不仅具有很好的高温强度，并且在高温下具有比较好的塑性。

（6）具有耐蚀性，如某些金属的碳化物、硼化物、氮化物和氧化物等。

（7）具有形状记忆效应、超弹性和消振性，如 TiNi、CuZn、CuSi、MnCu、Cu_3Al 等，已在工业上得到应用。

⬡ 2.4　离子晶体

陶瓷材料是由金属与非金属元素通过离子键或兼有离子键和共价键的方式结合起来的。陶瓷的晶体结构大多属于离子晶体。

典型结构：典型的离子晶体是碱金属元素与卤族元素之间形成的化合物晶体。

形成条件：为形成稳定的晶体还必须有某种近距的排斥作用与静电吸引作用相平衡。这种近距的排斥作用归因于泡利原理引起的斥力。当两个离子进一步靠近时，正负离子的电子云发生重叠，此时电子倾向于在离子之间作共有化运动。由于离子都是满壳层结构，故共有化电子必倾向于占据能量较高的激发态能级，使系统的能量增高，即表现出很强的排斥作用。这种排斥作用与静电吸引作用相平衡就形成稳定的离子晶体。

2.4.1 离子晶体的结构规则

1. 鲍林第一规则

在正离子周围形成一个负离子配位多面体，正负离子间的平衡距离取决于离子半径之和，而正离子的配位数则取决于正负离子的半径比。将离子晶体结构视为由负离子配位多面体按一定方式连接而成，正离子则处于负离子多面体的中央。为形成稳定结构，一个正离子趋向于以尽可能多的负离子为邻，即尽可能大的配位数。

负离子配位多面体和正离子配位数与阴阳离子半径比的关系如表 2.12 所示。

表 2.12 负离子配位多面体和正离子配位数与阴阳离子半径比

R^+/R^-	正离子配位数	负离子配位多面体的形状		实例
0.000~0.155	2	哑铃状		CO_2
0.155~0.225	3	三角形		B_2O_3
0.225~0.414	4	四面体		SiO_2、GeO_2
0.414~0.732	6	八面体		$NaCl$、MgO
0.732~1.00	8	立方体		CaF_2、$CsCl$
1.00	12	最密堆积		Cu、Ag、Au

2. 鲍林第二规则（电价规则）

在一个稳定的离子晶体结构中，每个负离子的电价 Z_- 等于或接近等于与之邻接的各正离子静电键强度 S 的总和。静电价规则：

$$Z_- = \sum_i S_i = \sum_i \left(\frac{Z_+}{n}\right)_i$$

式中，Z_- 为负离子电价，S_i 为第 i 种正离子静电键强度，Z_+ 为正离子电荷，n 为其配位数。

由于静电键强度实际是离子键强度，也是晶体结构稳定性的标志。因此在具有大的正电位的地方，放置带有大负电荷的负离子，将使晶体的结构趋于稳定，这就是鲍林第二规则所反映的物理实质。

3. 负离子多面体共用顶、棱和面的规则

在配位结构中，共用棱特别是共用面的存在，会降低这个结构的稳定性。对电价高、配位数低的正离子来说，此效应尤为显著。

从几何关系得知，两个四面体中心间的距离，在共用一个顶点时设为 1，则共用棱和共用面时，分别等于 0.58 和 0.33；在八面体的情况下，分别为 1、0.71 和 0.58。根据库仑定律，同种电荷间的斥力与其距离的平方成反比，这种距离的显著缩短，必然导致正离子间库仑斥力的激增，使结构稳定性大大降低。

4. 不同种类正离子配位多面体间连接规则

在含有两种以上正离子的离子晶体中，一些电价较高、配位数较低的正离子配位多面体之间，有尽量互不结合的趋势。这一规则总结了不同种类正离子配位多面体的连接规则。

5. 节约规则

在晶体中，本质上不同组成的结构单元的数目，趋向于最少。在同一晶体中，同种正离子与同种负离子的结合方式应最大限度地趋于一致。因为在一个均匀的结构中，不同形状的配位多面体很难有效地堆积在一起。

2.4.2 典型的离子晶体结构

1. CsCl 型化合物结构（见表 2.13）

表 2.13 CsCl 型结构

CsCl 型		
晶体结构	简单立方点阵	
负离子配位多面体	正六面体	
CN^+	8	
CN^-	8	
单位晶胞离子数	正	1
	负	1
晶体常数与离子半径关系	$R^+ + R^- = \frac{\sqrt{3}}{2}a$	
同型化合物	CsBr、CsI	

● Cs^+ ● Cl^-

2. NaCl 型化合物结构（见表 2.14）

表 2.14　NaCl 型结构

NaCl 型		
晶体结构	面心立方点阵	
负离子配位多面体	正八面体	
CN^+	6	
CN^-	6	
单位晶胞离子数	正	4
	负	4
晶体常数与离子半径关系	$R^+ + R^- = \dfrac{a}{2}$	
同型化合物	氧化物 MgO、CaO、SrO、BaO、CdO、MnO、FeO、CoO、NiO；氮化物 TiN、LaN、ScN、CrN、ZrN；碳化物 TiC、VC、SsC 等；所有的碱金属硫化物和卤化物 (CsCl、CsBr、CsI 除外)	

● Cl⁻　　◎ Na⁺

3. 立方 β-ZnS（闪锌矿）型化合物结构（见表 2.15）

表 2.15　立方 β-ZnS（闪锌矿）型结构

立方 β-ZnS（闪锌矿）型		
晶体结构	面心立方点阵	
负离子配位多面体	正四面体	
CN^+	4	
CN^-	4	
单位晶胞离子数	正	4
	负	4
晶体常数与离子半径关系	$R^+ + R^- = \dfrac{\sqrt{3}}{4}a$	
同型化合物	Be、Cd 的硫化物，硒化物，碲化物	

◎ Zn²⁺
● S²⁻

4. 六方 ZnS（纤锌矿）型化合物结构（见表 2.16）

表 2.16　六方 ZnS（纤锌矿）型结构

六方 ZnS（纤锌矿）型		
晶体结构	简单六方点阵	
负离子配位多面体	四面体	
CN^+	4	
CN^-	4	
单位晶胞离子数	正	2
	负	2
同型化合物	超硬材料密排六方氮化硼，结构材料 AlN，氧化物 BeO、ZnO 以及化合物 ZnS、ZnSe、AgI 等	

Zn^{2+}　S^{2-}

$2S^{2-}$: $(0,0,0)$；$\left(\dfrac{2}{3},\dfrac{1}{3},\dfrac{1}{2}\right)$

$2Zn^{2+}$: $\left(0,0,\dfrac{5}{8}\right)$；$\left(\dfrac{2}{3},\dfrac{1}{3},\dfrac{3}{8}\right)$

立方 ZnS 和六方 ZnS 是非常重要的两种晶体结构。已投入使用的半导体除 Si、Ge 单晶为金刚石型结构外，Ⅲ–Ⅴ 族和 Ⅱ–Ⅵ 族的半导体晶体都是 ZnS 型，且以立方 ZnS 型为主。

例如：GaP、GaAs、GaSb、InP、InAs、InSb、CdS、CdTe、HgTe。

5. CaF₂（萤石）型化合物结构（见表 2.17）

表 2.17　CaF_2（萤石）型结构

CaF_2（萤石）型		
晶体结构	面心立方点阵	
负离子配位多面体	[FCa₄] 正四面体	
CN^+	4	
CN^-	4	
单位晶胞离子数	正	4
	负	8
晶体常数与离子半径关系	$R^+ + R^- = \dfrac{\sqrt{3}}{4}a$	
同型化合物	SrF_2、CeO_2、VO_2、HgF_2	

Ca^{2+}
F$^-$

6. $CaTiO_3$（钙钛矿）型化合物结构（见表2.18）

表2.18　$CaTiO_3$（钙钛矿）型结构

CaTiO₃（钙钛矿）型		
晶体结构	简单立方点阵	
负离子配位多面体	$[OTi_2Ca_4]$ 八面体	
CN^+	$[CaO_{12}]$ 多面体 $[TiO_6]$ 八面体	
CN^-	$[OTiCa_4]$ 八面体	
单位晶胞分子数	1	
晶体常数与离子半径关系	$R_{Ca}+r_O=\dfrac{\sqrt{2}}{2}a$ $R_{Ti}+r_O=\dfrac{a}{2}$	
同型化合物	$SrTiO_3$、$SrZrO_3$ $BaTiO_3$、$BaZrO_3$ $PbTiO_3$、$PbZrO_3$ $CaZrO_3$	

7. TiO_2（金红石）型化合物结构（见表2.19）

表2.19　TiO_2（金红石）型结构

TiO₂（金红石）型		
晶体结构	简单四方点阵	
负离子配位多面体	$[OTi_3]$ 三角形	
CN^+	$[TiO_6]$ 八面体	
CN^-	$[OTi_3]$ 三角形	
晶胞体积	$V=a^2c$	
同型化合物	GeO_2、VO_2 SnO_2、FeF_2 PbO_2、MgF_2 MnO_2、MnF_2	

2.4.3　硅酸盐的晶体结构

硅酸盐晶体结构特点：

（1）基本结构单元是硅氧四面体。

（2）结构中 Si—O—Si 键为键角 145°的折线。

（3）每一个 O^{2-} 最多只能连接 2 个硅氧四面体。

（4）硅氧四面体间只能**共顶**连接，而不能共棱和共面连接。$[SiO_4]^{4-}$ 四面体是硅酸盐的基本构造单位，可孤立存在，也可以角顶相连形成多种复杂的络阴离子，即各种形式的硅氧骨干，再与金属阳离子结合形成多种硅酸盐矿物。

桥氧结构示意图如图 2.30 所示。

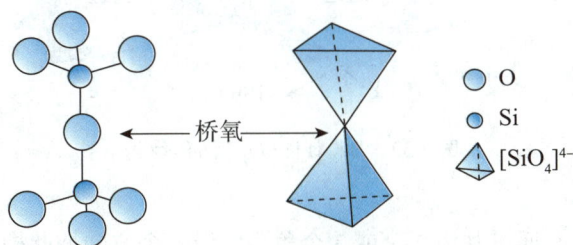

图 2.30　桥氧结构示意图

活性氧（非桥氧）：$[SiO_4]^{4-}$ 四面体中与 1 个 Si 相连的 O。

惰性氧（桥氧）：$[SiO_4]^{4-}$ 四面体中与 2 个 Si 相连的 O，其电荷已中和。

1. 孤岛状结构

特点：$[SiO_4]^{4-}$ 四面体在结构中不直接连接，而是靠 $[MO_6]$ 连接起来的，即 $[SiO_4]^{4-}$ 四面体被 $[MO_6]$ 八面体隔离。

络阴离子：$[SiO_4]^{4-}$。

晶体代表：$Zr[SiO_4]$（锆英石）、$Mg_2[SiO_4]$（镁橄榄石）（见图 2.31）、$(Mg, Fe)_2[SiO_4]$（橄榄石）。

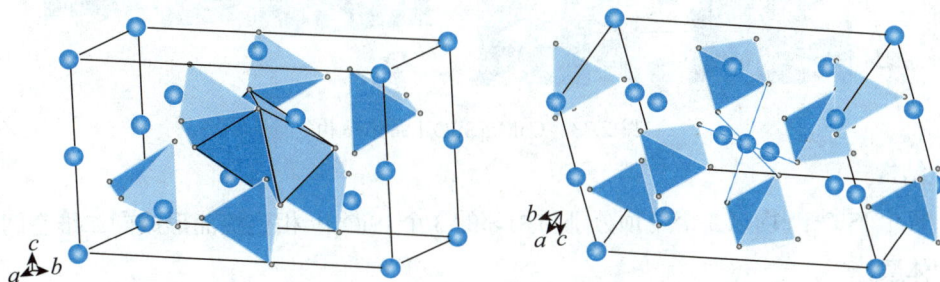

图 2.31　$Mg_2[SiO_4]$ 晶体结构

2. 组群状结构

特点：$[SiO_4]^{4-}$ 四面体是以 2 个、3 个、4 个和 6 个通过公共氧连接而成的四面体群体，这种群体被视为一个结构单元。结构单元在结构中不直接连接，而是靠 $[MO_6]$ 连接起来的。

络阴离子：$[Si_2O_7]^{6-}$、$[Si_3O_9]^{6-}$、$[Si_4O_{12}]^{8-}$、$[Si_6O_{18}]^{12-}$。

晶体代表：绿柱石 $Be_3Al_2[Si_6O_{18}]$（见图 2.32）。

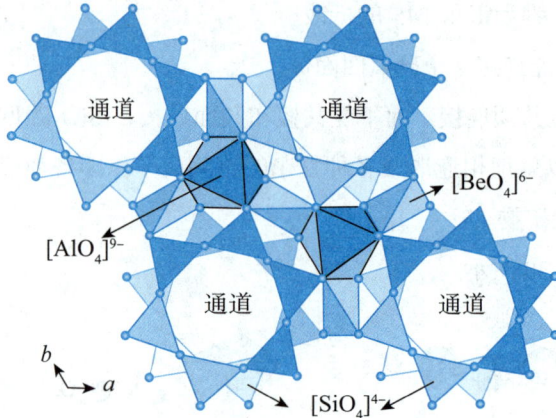

图 2.32　$Be_3Al_2[Si_6O_{18}]$ 晶体结构

3. 链状结构

特点：无数个 $[SiO_4]^{4-}$ 间通过共用 2 个或 3 个角顶，沿一个方向彼此相连，无限延伸成链。链间为其他金属阳离子相连接。

络阴离子：单链 $[Si_2O_6]_n^{2n-}$、双链 $[Si_4O_{11}]_n^{6n-}$。

晶体代表：透辉石 $CaMg[Si_2O_6]$（见图 2.33）、透闪石 $Ca_2Mg_5[Si_4O_{11}]_2(OH)_2$。

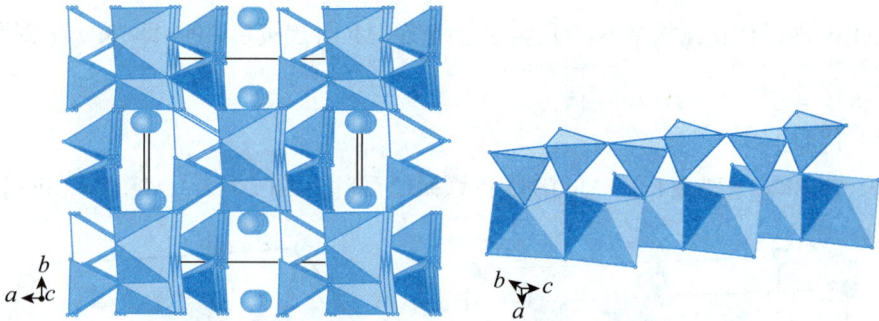

图 2.33　$CaMg[Si_2O_6]$ 晶体结构

4. 层状结构

特点：每个 $[SiO_4]^{4-}$ 均以 3 个角顶分别与相邻的 3 个 $[SiO_4]^{4-}$ 相连接而形成向二维空间无限延展的硅氧四面体层。

络阴离子：$[Si_4O_{10}]^{4-}$。

晶体代表：$Mg_3[Si_4O_{10}](OH)_2$（滑石）、$Al_4[Si_4O_{10}](OH)_8$（高岭土）（见图 2.34）。

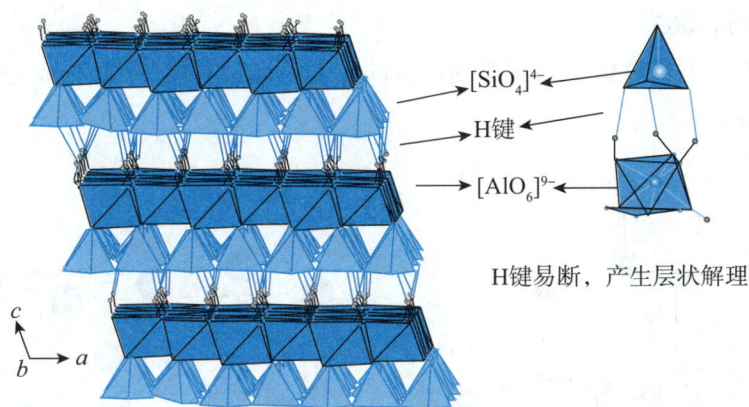

图 2.34　$Al_4[Si_4O_{10}](OH)_8$ 晶体结构

5. 架状结构

特点：硅氧四面体四个顶点均与相邻硅氧四面体的顶点相连，并向三维空间延伸的架状结构。

络阴离子：$[SiO_2]$。

晶体代表：石英 SiO_2、$K[AlSi_3O_8]$（钾长石）、$Na[AlSi_3O_8]$（钠长石）。

架状硅酸盐晶体结构特征是 $[SiO_4]^{4-}$ 四个顶角氧都与相邻的 $[SiO_4]^{4-}$ 共有，$[SiO_4]^{4-}$ 排列成具有三维空间的网络结构。石英就属于架状硅酸盐晶体结构，β–方石英的晶体结构如图 2.35 所示，Si^{4+} 的排列方式与金刚石结构完全相同，在距离最近且完全等距离的每 2 个 Si^{4+} 之间插入 O^{2-}，就构成了 β–方石英的晶体结构。在架状结构的硅氧四面体中，有部分 Si^{4+} 被 Al^{3+} 取代，形成由硅氧四面体和铝氧四面体组成的架状结构。Si^{4+} 被 Al^{3+} 取代，使得结构中 O^{2-} 电价未被饱和，必须与其他正离子（K^+、Na^+、Ca^{2+}、Ba^{2+} 等）结合，用以饱和 O^{2-} 的负电。

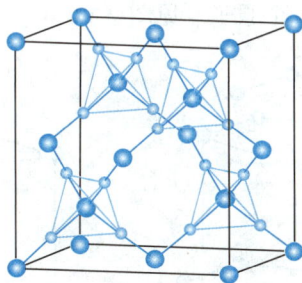

图 2.35　β–方石英的晶体结构

2.5　共价晶体

元素周期表中IV、V、VI族元素及许多无机非金属材料和聚合物都是共价键结合。共价晶体的共同特点是配位数服从 $8-N$ 法则，N 为原子的价电子数，这就是说结构中每个原子都有 $8-N$ 个最近邻的原子。这一特点就使共价键结构具有**饱和性**。

1. 金刚石（见图 2.36）

金刚石是最典型的**共价键晶体**, 其键长为 0.154 nm, 单位晶胞内有 8 个原子, 晶胞如图 2.36(b) 所示。C 原子配位数均为 4。

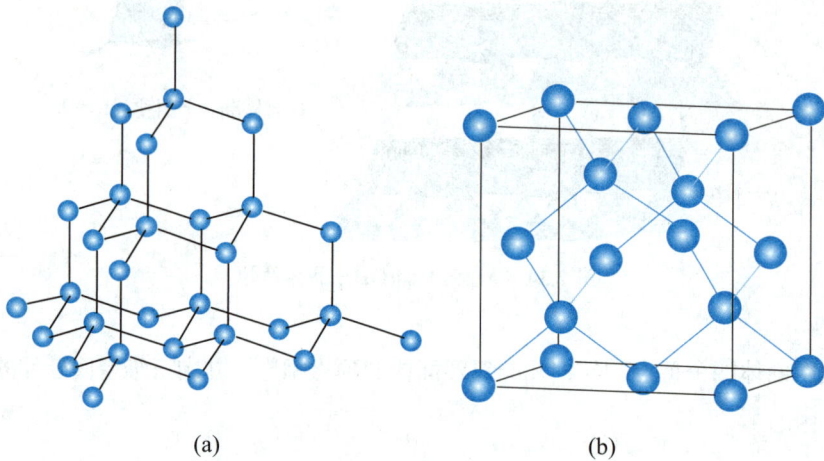

(a)　　　　　　　　(b)

图 2.36　金刚石结构

具有金刚石型结构的还有 Si、Ge、α-Sn。另外, SiC、β-ZnS（闪锌矿）等晶体结构与金刚石结构也完全相同, 只是在 SiC 晶体中硅原子取代了复杂立方晶体结构中位于四面体间隙中的碳原子, 即原有的一半碳原子占据的位置被 Si 原子取代; 而在 β-ZnS（闪锌矿）中, S 离子取代了 FCC 结点位置的碳原子, Zn 离子则取代了 4 个四面体间隙中的碳原子。

2. 石墨 ［见图 2.37(a)］

配位数为 3。共价键形成层状结构, 层间具有金属键, 层间二次键合易断, 所以具有良好的润滑性。简单六方点阵, 石墨每个晶胞里面有 4 个原子 ［见图 2.37(b)］。

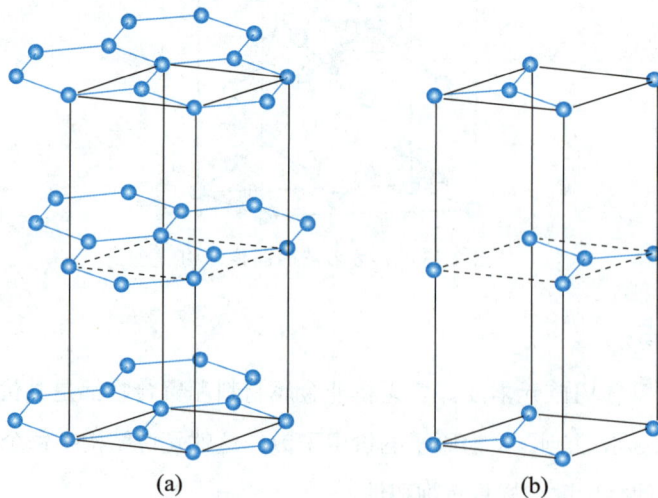

(a)　　　　　　　　(b)

图 2.37　石墨结构

3. 硒和碲（见图 2.38）

配位数为 2，三角晶体结构。原子组成呈螺旋形分布的链状结构。

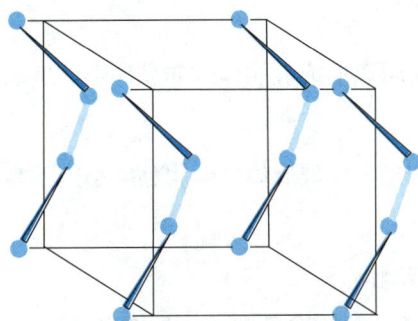

图 2.38　硒和碲的晶体结构

✿ 2.6　非晶态结构

晶体结构的基本特征是原子在三维空间呈周期性排列，即存在长程有序；而非晶体中的原子排列却**无长程有序**的特点。

非晶态物质包括玻璃、凝胶、非晶态金属和合金、非晶态半导体、无定型碳及某些聚合物等。

1. 玻璃

熔体在冷却过程中黏度逐渐增大而得到的不结晶的固体材料，称为玻璃。晶体与非晶体区别如图 2.39 所示。

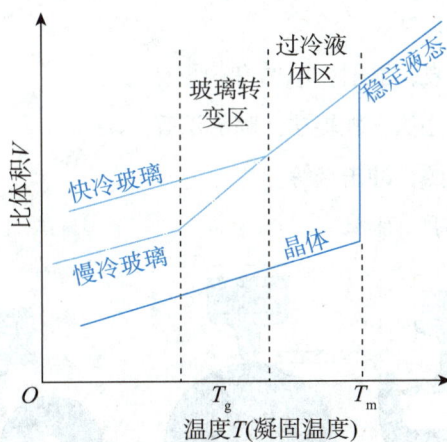

图 2.39　晶体与非晶体区别

玻璃包括非晶态金属和合金（也称金属玻璃），实际上是从一种过冷状态液体中得到的。金属材料由于其晶体结构比较简单，且熔融时黏度小，冷却时很难阻止结晶过程的发生，故固态下的金属大多为晶体。但如果冷速很快时，能阻止某些合金的结晶过程，此时过冷液态的原子排列方式保留至固态，原子在三维空间则不呈周期性的规则排列。随着现代材料制备技术的发展，通过蒸镀、溅射、激光、溶胶凝胶法和化学镀法也可以获得玻璃相和非晶薄膜材料。

玻璃化温度： 熔体随着温度下降，过冷液体的黏度迅速增大，原子间的相互运动变得更加困难，所以当温度下降到某一临界温度以下时，即固化成玻璃。此临界温度称为玻璃化温度。

2. 玻璃的生成条件

同样成分的无机物质，冷却时可以形成玻璃体或非晶体形成玻璃体的条件：

（1）黏度。

接近熔点时，液体的黏度大则易形成玻璃体，金属黏度小则不容易形成玻璃体。

（2）冷却条件。

冷却速度越高，越容易形成玻璃体。

玻璃生成的两个条件都和原子扩散的难易有关，黏度大，原子不易扩散；冷却速度快，原子来不及扩散，所以容易形成玻璃体。

3. 玻璃陶瓷和金属玻璃

（1）玻璃陶瓷。

玻璃陶瓷实际上是玻璃体（非晶体）与大量细晶（陶瓷）的混合物，也叫微晶陶瓷。

制备方法：热处理，加热（形成稳定的晶核），保温（长成晶体），用于一些高技术产品。例如，Li_2O–Al_2O_3–SiO_2 玻璃：强度高、耐磨损、耐腐蚀、膨胀系数小，用于望远镜、高级轴承、特种管道等。

MgO–Al_2O_3–SiO_2 玻璃：强度高、电学特性好，用于微波外壳、火箭前锥体等。

（2）金属玻璃（非晶态金属）。

从气相得到非晶的方法：蒸发、溅射、PVD 等。

从液相得到非晶的方法：离心法、轧辊法、喷雾法等。

从固相得到非晶的方法：辐照、冲击波等。

金属玻璃制备方法如图 2.40 所示。

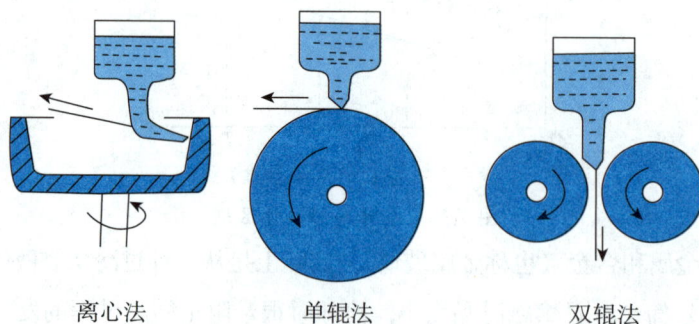

离心法　　　　单辊法　　　　双辊法

图 2.40　金属玻璃制备方法

特性：强度高、韧性好、耐磨损，用于轮胎（纤维）、管道（高技术领域）；磁学性能（导磁率、磁感应强度）好，用于变压器铁心、磁头等；耐腐蚀，用于电池电极、海底电缆屏蔽等。

本章精选习题

一、选择题

1. 在金属中能够完整地反映出晶格特征的最小几何单元叫（　　）。

    A. 晶胞　　　　　　　　　　B. 晶格　　　　　　　　　　C. 晶体

2. 单晶体的性能特点是（　　）。

    A. 各向同性　　　　　　　　B. 各向异性　　　　　　　　C. 无规律

3. 体心立方晶胞原子数、原子半径、致密度分别是（　　）。

    A. 2、$\frac{\sqrt{3}}{4}a$、0.68　　　　B. 4、$\frac{\sqrt{3}}{4}a$、0.74　　　　C. 2、$\frac{\sqrt{2}}{4}a$、0.68

4. 符号 $\{hkl\}$ 表示（　　）。

    A. 晶面族　　　　　　　　　B. 晶向族　　　　　　　　　C. 晶面

5. 立方晶系中，晶格常数是指（　　）。

    A. 最近邻原子间距　　　　　B. 最近邻原子间距的一半　　C. 晶胞棱边长度

6. 体心立方晶格原子密度最大的晶面族和晶向族分别是（　　）。

    A.{111}、<110>　　　　　　B.{110}、<111>　　　　　　C.{100}、<111>

二、判断题

（　　）1. 金属键无方向性及饱和性。

（　　）2. 晶格中每个结点都具有完全相同的周围邻点。

（　　）3. 密排六方晶胞共有 6 个原子。

（　　）4. 空间点阵相同的晶体，它们的晶体结构不一定相同。

（　　）5. 体心立方晶胞体心位置上原子的配位数比角上原子的配位数大。

三、问答题

1. 试证明四方晶系中只有简单四方和体心四方两种点阵类型。

2. 为什么密排六方结构不能称为一种空间点阵？

3. 在立方晶系中写出 {123} 晶面族和 <221> 晶向族中的全部等价晶面和晶向的密勒指数。

4. 画出 $[11\bar{2}0]$、$[\bar{1}2\bar{1}1]$、$(11\bar{2}0)$、$(\bar{1}012)$。

5. 从晶体结构的角度，试说明间隙固溶体、间隙相以及间隙化合物之间的区别。

6. 在立方点阵晶胞中点阵常数为 1，写出 SC、BCC、FCC 每个阵点的最近邻原子数和次近邻原子数，并求出相应距离。

7. 讨论晶体结构和空间点阵之间的关系。

精选习题参考答案

一、选择题

1.【答案】A

　　【解析】晶胞是能够完整地反映出晶格特征的最小几何单元。

2.【答案】B

　　【解析】单晶体各个方向原子排列致密度不同，性能也不同。

3.【答案】A

　　【解析】该题目属于常识类习题，结合图形记忆比较好。

4.【答案】A

　　【解析】晶面族用｛　｝表示。

5.【答案】C

　　【解析】立方晶系的晶格常数 = 晶胞棱长。

6.【答案】B

　　【解析】密排面和密排方向属于晶体学常识。

二、判断题

1.【答案】√

　　【解析】略。

2.【答案】√

　　【解析】略。

3.【答案】√

　　【解析】略。

4.【答案】√

　　【解析】略。

5.【答案】×

　　【解析】体心立方顶角和原子配位数相同。

三、问答题

1.【解析】可作图加以证明。如图所示，四方晶系表面上也可含简单四方、底心四方、面心四方和体心四方结构，然而根据选取晶胞的原则，晶胞应具有最小的体积，尽管可以从 4 个体心四方晶胞中勾出面心四方晶胞，从 4 个简单四方晶胞中勾出 1 个底心四方晶胞，但它们均不具有最小的体积。因此，四方晶系实际上只有简单四方和体心四方两种独立的点阵。

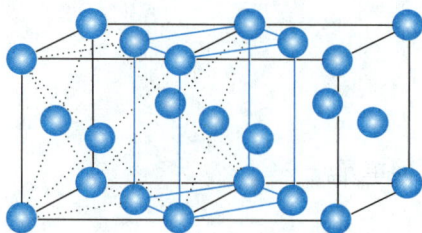

面心四方可连出体心四方点阵   底心四方可连出简单四方点阵

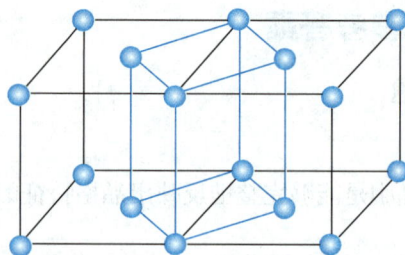

2.【解析】空间点阵中每个阵点应具有完全相同的周围环境，而密排六方晶胞内的原子与晶胞角上的原子具有不同的周围环境。如图所示，在 A 和 B 原子连线的延长线上取 $BC=AB$，然而 C 点却无原子。若将密排六方晶胞角上的一个原子与相应的晶胞内的一个原子共同组成一个阵点（$(0,0,0)$ 阵点可视作由 $(0,0,0)$ 和 $\left(\dfrac{2}{3},\dfrac{1}{3},\dfrac{1}{2}\right)$ 这一对原子所组成），这样得出的密排六方结构应属于简单六方点阵。

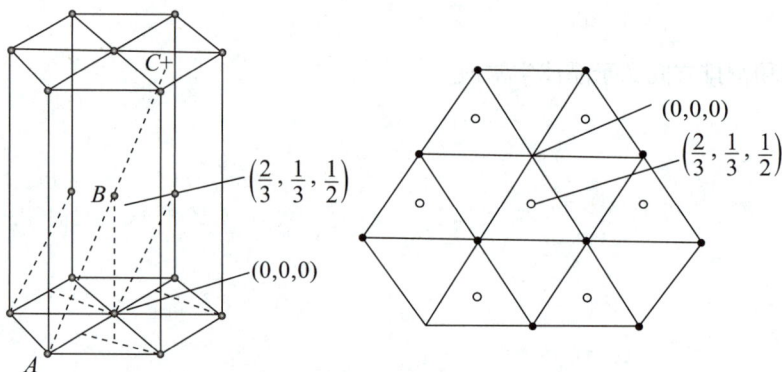

3.【解析】$\{111\}=(111)+(\overline{1}11)+(1\overline{1}1)+(11\overline{1})+(\overline{1}\,\overline{1}\,\overline{1})+(1\overline{1}\,\overline{1})+(\overline{1}1\overline{1})+(\overline{1}\,\overline{1}1)$。

计算 $\{hkl\}$ 晶面族或 $<uvw>$ 晶向族中所包含的全部等价晶面或晶向数目时，可根据以下规则判断。

在立方晶系中，等价晶面指数计算方法为

$$\frac{24}{2^m\cdot n!}\ (m\ 为\ 0\ 的个数，n\ 为数字相等的个数)$$

注意指数相同面符号相反的两个晶面为一组，如（111）和（$\overline{1}\,\overline{1}\,\overline{1}$）为一组。因此，

晶面族：$\{123\}=(123)+(132)+(213)+(231)+(321)+(312)+(\overline{1}23)+(\overline{1}32)+(\overline{2}13)+(\overline{2}31)+(\overline{3}21)+(\overline{3}12)+(1\overline{2}3)+(1\overline{3}2)+(2\overline{1}3)+(2\overline{3}1)+(3\overline{2}1)+(3\overline{1}2)+(12\overline{3})+(13\overline{2})+(21\overline{3})+(23\overline{1})+(32\overline{1})+(31\overline{2})$。

晶向族：$<221>=[221]+[212]+[122]+[\overline{2}21]+[\overline{2}12]+[\overline{1}22]+[2\overline{2}1]+[2\overline{1}2]+[1\overline{2}2]+[22\overline{1}]+[21\overline{2}]+[12\overline{2}]$。

4.【解析】画出 $[11\overline{2}0]$、$[\overline{1}2\overline{1}1]$、$(11\overline{2}0)$、$(\overline{1}012)$，如图所示。

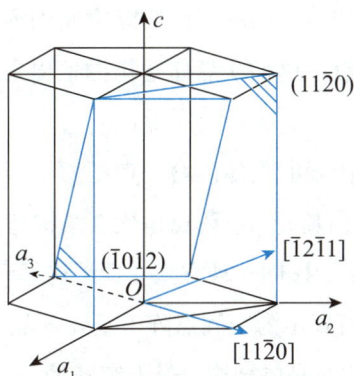

5.【解析】溶质原子分布于溶剂晶格间隙而形成的固溶体称为间隙固溶体。形成间隙固溶体的溶质原子通常是原子半径小于 0.1 nm 的非金属元素，如 H、B、C、N、O 等。间隙固溶体保持母相（溶剂）的晶体结构，其成分可在一定固溶度极限值内波动，不能用分子式表示。

间隙相和间隙化合物属于原子尺寸因素占主导地位的中间相。它们显然也是原子半径较小的非金属元素占据晶格的间隙，然而间隙相、间隙化合物的晶格与组成它们的任一组元晶格都不相同，它们的成分可在一定范围内波动，但组成它们的组元大致都具有一定的原子组成比，可用化学分子式来表示。

当 $\dfrac{r_X}{r_M} < 0.59$ 时，形成间隙相，其结构为简单的晶体结构，具有极高的熔点和硬度；

当 $\dfrac{r_X}{r_M} > 0.59$ 时，形成间隙化合物，其结构为复杂的晶体结构。

6.【解析】晶体结构和相关系数如图和表所示。

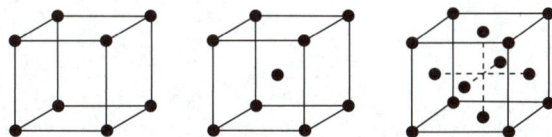

项目	SC		BCC		FCC	
种类	最近邻	次近邻	最近邻	次近邻	最近邻	次近邻
数量	6	12	8	6	12	6
距离	1	$\sqrt{2}$	$\sqrt{3}/2$	1	$\sqrt{2}/2$	1

7.【解析】晶体结构是指晶体内部原子实际的排列方式。晶体以其内部原子、离子、分子在空间作三维周期性的规则排列为其最基本的结构特征。任一晶体总可以找到一套与三维周期性对应的基向量及与之相应的晶胞，因此可以将晶体结构看作由内含相同的具有平行六面体形状的晶胞按前、后、左、右、上、下方向彼此相邻"并置"而组成的一个集合。

晶体结构的几何特征是其结构基元（原子、离子、分子或其他原子集团）呈一定周期性的排列。通常将结构基元看成一个相应的几何点，而不考虑实际物质内容。这样就可以将晶体结构抽象成一组无限多个作周期性排列的几何点。这种从晶体结构抽象出来的，描述结构基元空间分布周期性的几何点，称为晶体的空间点阵。

在晶体的点阵结构中每个阵点所代表的具体内容，包括原子或分子的种类和数量及其在空间按一定方式排列的结构，称为晶体的结构基元。点阵点是代表结构基元在空间重复排列方式的抽象的点。如果在晶体点阵中各点阵点位置上，按同一种方式安置结构基元，就得到整个晶体的结构。

晶体结构和空间点阵之间的关系可表示为空间点阵＋基元＝晶体结构。空间点阵只有 14 种，基元可以是无穷多种，因此构成的具体的晶体结构也是无穷多种。

第三章

▼

晶体缺陷

第三章　晶体缺陷

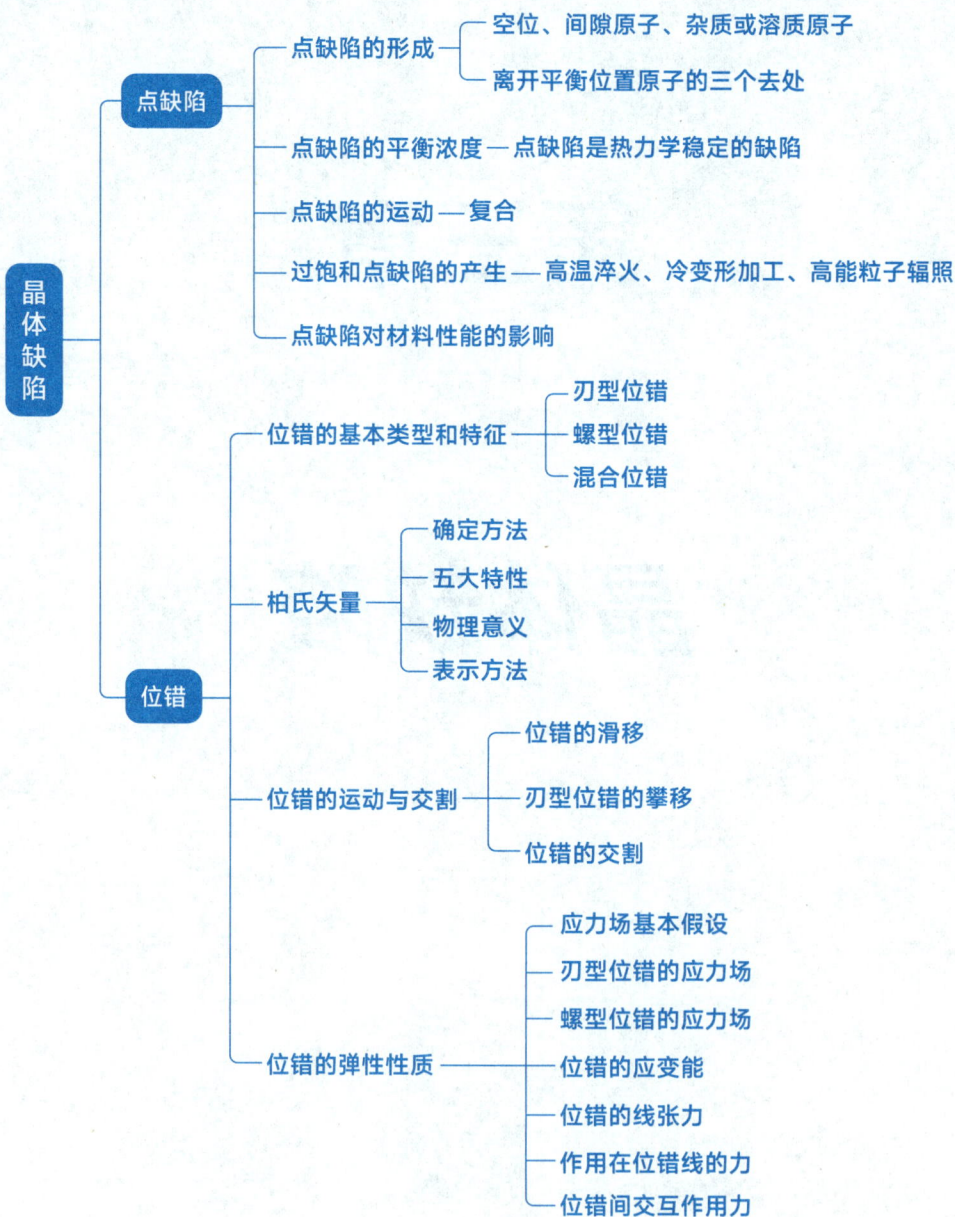

晶体缺陷
- 点缺陷
  - 点缺陷的形成
    - 空位、间隙原子、杂质或溶质原子
    - 离开平衡位置原子的三个去处
  - 点缺陷的平衡浓度 — 点缺陷是热力学稳定的缺陷
  - 点缺陷的运动 — 复合
  - 过饱和点缺陷的产生 — 高温淬火、冷变形加工、高能粒子辐照
  - 点缺陷对材料性能的影响
- 位错
  - 位错的基本类型和特征
    - 刃型位错
    - 螺型位错
    - 混合位错
  - 柏氏矢量
    - 确定方法
    - 五大特性
    - 物理意义
    - 表示方法
  - 位错的运动与交割
    - 位错的滑移
    - 刃型位错的攀移
    - 位错的交割
  - 位错的弹性性质
    - 应力场基本假设
    - 刃型位错的应力场
    - 螺型位错的应力场
    - 位错的应变能
    - 位错的线张力
    - 作用在位错线的力
    - 位错间交互作用力

```
                                        ┌─ 位错的密度
                        ┌─ 位错的生成与增殖 ─┼─ 位错的生成
                        │                └─ 位错的增殖
                ┌─ 位错 ─┤
                │       │                ┌─ 位错柏氏矢量
                │       │                ├─ 堆垛层错
                │       └─ 实际晶体中的位错 ─┼─ 不全位错
                │                        ├─ 位错反应
                │                        └─ 面心立方晶体中的位错
      晶体缺陷 ─┤
                │       ┌─ 界面分类
                │       │
                │       ├─ 晶界和亚晶界 ── 三维点阵的晶界具有 5 个自由度
                │       │
                │       │             ┌─ 小角度晶界
                │       ├─ 晶界分类 ────┼─ 亚晶界
                └─ 表面及界面 ─┤        └─ 大角度晶界
                        │
                        │             ┌─ 来源
                        │             ├─ 小角度晶界的界面能
                        ├─ 晶界能 ─────┼─ 大角度晶界的界面能
                        │             └─ 孪晶界的界面能
                        │
                        │             ┌─ 共格相界
                        └─ 相界 ───────┼─ 半共格相界
                                      └─ 非共格相界
```

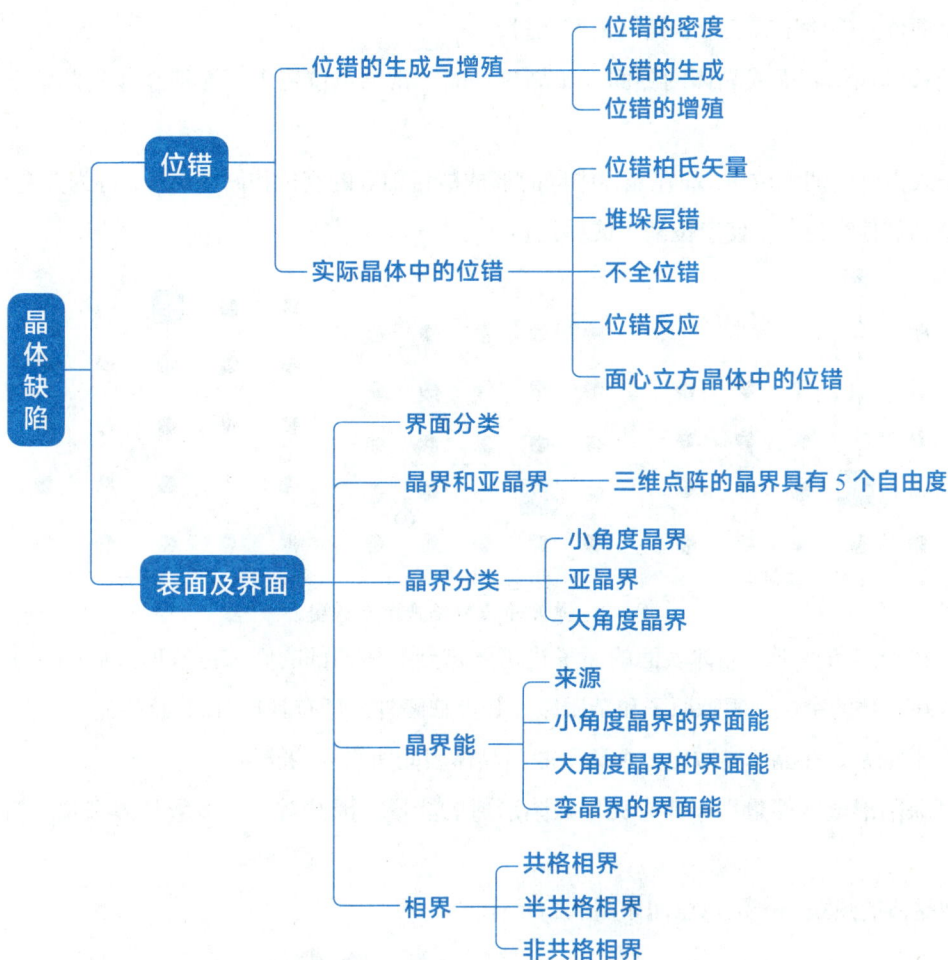

本章章节重点

3.1 点缺陷

3.1.1 点缺陷的形成

点缺陷：在结点上或邻近的微观区域内偏离晶体结构正常排列的一种缺陷，包括空位、间隙原子、杂质或溶质原子。

空位：当某一原子具有足够大的振动能，便会跳离其原来的位置，在点阵中形成空结点。

热平衡缺陷：由于热起伏使得原子脱离点阵位置而形成的点缺陷。

过饱和点缺陷：晶体中的点缺陷还可以通过高温淬火、冷变形加工和高能粒子（如中子、质子、α 粒子等）的辐照效应等形成。这时，晶体中的点缺陷浓度往往超过了其平衡浓度。

离开平衡位置的原子有三个去处（见图 3.1）：

（1）迁移到晶体表面或晶体内界面（如晶界）的正常结点位置上，而使晶体内部留下空位，称为肖特基缺陷。

（2）挤入点阵的间隙位置，而在晶体中同时形成数目相等的空位和间隙原子，称为弗仑克尔缺陷。

（3）跑到其他空位中，使空位消失或移位。

肖特基缺陷　　　　弗仑克尔缺陷　　　　间隙原子

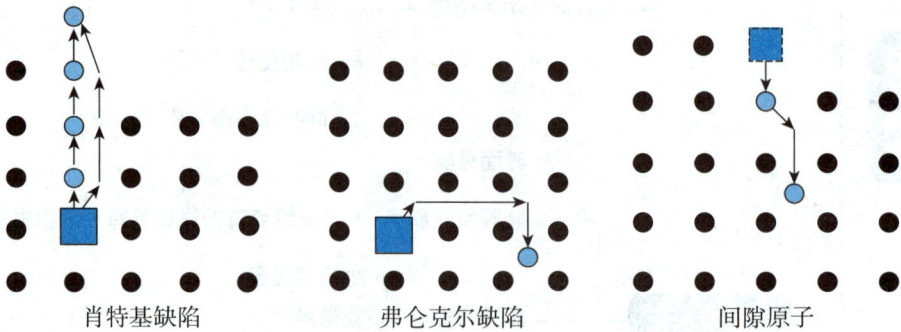

图 3.1　单质中点缺陷产生示意图

另外，在一定条件下，晶体表面的原子也可能跑到晶体内部的间隙位置形成间隙原子。高分子晶体除了存在上述的空位、间隙原子和杂质原子等点缺陷外，还有其特有的点缺陷。

空位形成能 E_v：在晶体内取出一个原子放在晶体表面所需要的能量。

肖特基缺陷形成的能量小于弗仑克尔缺陷形成的能量，因此对于大多数晶体来说，肖特基缺陷是主要的。

MX 型晶体的热缺陷产生示意图如图 3.2 所示：

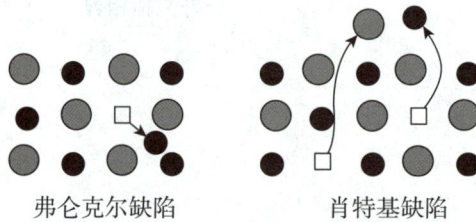

弗仑克尔缺陷　　　　肖特基缺陷

图 3.2　MX 型晶体的热缺陷产生示意图

✧ 3.1.2　点缺陷的平衡浓度（见图 3.3）

图 3.3　自由能随点缺陷的变化示意图

点缺陷可以导致：

（1）点阵畸变，使晶体的内能升高，进而**降低了晶体的热力学稳定性**。

（2）增大了原子排列的混乱程度，并改变了其周围原子的振动频率，引起组态熵和振动熵的改变，使晶体熵值增大，**增加了晶体的热力学稳定性**。这两个相互矛盾的因素使晶体中的点缺陷在一定的温度下有一定的平衡浓度，该平衡浓度可根据热力学理论求得。

在平衡条件下，金属单质的点缺陷浓度：

$$C_{\Psi} = \frac{n}{N} = A\exp\left(\frac{-E_v}{kT}\right) = A\exp\left(\frac{-Q_f}{RT}\right)$$

式中，n 为空位个数，N 为原子数，A 为常数，$R = 8.31\,\mathrm{J/(mol \cdot K)}$ 为气体常数，$k = 1.23 \times 10^{23}\,\mathrm{J/K}$ 为玻尔兹曼常数。

空位平衡浓度主要取决于温度 T 和空位形成能 Q_f，一般估计 A 值在 $1 \sim 10$ 之间，E_v 的减小和 T 的增大将引起空位平衡浓度以指数形式增大。

同理，可求得间隙原子的平衡浓度：

$$C'_{\Psi} = \frac{n'}{N'} = A'\exp\left(\frac{-E'_v}{kT}\right)$$

式中，N' 为间隙位置总数，n' 为间隙原子数，E'_v 为形成一个间隙原子所需要的能量（约为 E_v 的 $3 \sim 4$ 倍）。所以，在同一温度下，间隙原子的平衡浓度比空位的平衡浓度低得多。

通常情况下，相对于空位，间隙原子可以忽略不计，但是在高能粒子辐照后，晶体会产生大量的弗仑克尔缺陷，这时间隙原子就不能忽略不计了。

结论：空位是一种热力学平衡的缺陷，在一定的温度下，晶体中总是会存在一定数量的空位，这时体系的能量处于最低的状态，也就是说，具有空位平衡浓度的晶体比理想晶体在热力学上更为稳定。

⚛ 3.1.3　点缺陷的运动

复合：在一定温度下，晶体中达到统计平衡的空位和间隙原子的数目是一定的，而且晶体中的点缺陷处于不断的运动过程中。在运动过程中，当间隙原子与一个空位相遇时，它将落入该空位，而使两者都消失。

正是由于空位和间隙原子不断产生与复合，晶体中的原子才不停地由一处向另一处作无规则的布朗运动，这就是晶体中原子的自扩散，是固态相变、表面化学热处理、蠕变、烧结等物理化学过程的基础。

⚛ 3.1.4　过饱和点缺陷的产生

1. 高温淬火

晶体中点缺陷的热平衡浓度随温度下降而以指数级减小。如果使晶体迅速冷却，即进行淬火处理，那么高温下形成的高浓度点缺陷将被"冻结"在晶体内，形成过饱和点缺陷。

2. 冷变形加工

塑性变形的物理本质是晶体中位错的大量滑移。位错滑移运动中的交截过程和其他位错的非保守运动，都可能产生大量空位和填隙原子。如果温度过低，不能发生明显的固态扩散过程的话，这些点缺陷则处于非热平衡态。

3. 高能粒子辐照

高能粒子辐照是用高能粒子轰击材料将其嵌入近表面区域的一种工艺。高能粒子辐照晶体中可以产生大量点缺陷：注入组分离子，产生空位和填隙离子；注入杂质原子，产生空位或填隙杂质。在半导体器件工艺中，高能粒子辐照是引入掺杂层的有效途径。在制备某些合金材料时，不溶的合金元素只有借助高能粒子辐照技术才能实现合金化。

⚛ 3.1.5　点缺陷对材料性能的影响

（1）空位的存在及其产生的点阵畸变使金属的电阻增大（使离子晶体的导电性改善），体积膨胀，密度减小。

（2）空位、间隙原子对力学性能的影响，主要通过过饱和空位以及空位和位错的交互作用体现，可以提高金属的屈服强度。

（3）金属中的扩散、化学热处理、均匀化处理、退火与正火、时效、沉淀、回复均与点缺陷密切相关。点缺陷的存在还可以提高材料的高温蠕变速率，其中高温蠕变是金属在一定温度和恒定的应力下发生缓慢而又连续的一种形变。

⬡ 3.2　位错

位错的模型得到了电子显微镜的证实，如图 3.4 所示。

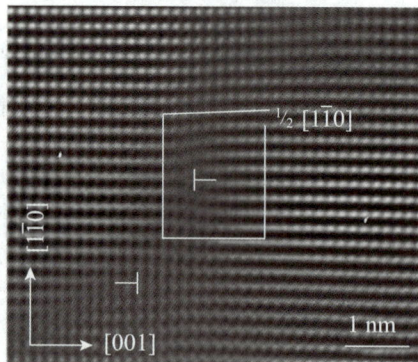

图 3.4　InSe 晶体中的刃型位错

3.2.1 位错的基本类型和特征

1. 刃型位错（见图3.5）

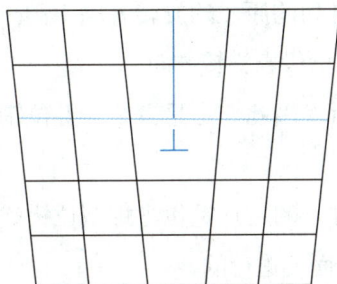

图3.5 刃型位错

刃型位错的特征：

（1）刃型位错有一个额外的半原子面。

（2）刃型位错线可理解为晶体中已滑移区与未滑移区的边界线。不同形状的刃型位错如图3.6所示，它不一定是直线，也可以是折线或曲线，但它必然与滑移方向相垂直，也垂直于滑移矢量。

（3）滑移面必定是同时包含位错线和滑移矢量的平面，在其他面上不能滑移。由于在刃型位错中，位错线与滑移矢量互相垂直，因此，由它们所构成的平面只有一个。

（4）晶体中存在刃型位错后，位错周围的点阵发生弹性畸变，既有切应变，又有正应变。就正刃型位错而言，滑移面上方点阵受到压应力，下方点阵受到拉应力；负刃型位错与此相反。

（5）在位错线周围的过渡区（畸变区）每个原子具有较大的平均能量。但该区只有几个原子间距宽，畸变区是狭长的管道，所以刃型位错是线缺陷。

图3.6 不同形状的刃型位错

2. 螺型位错（见图3.7）

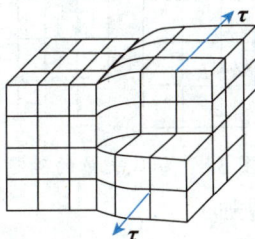

图3.7 螺型位错

螺型位错的特征：

（1）螺型位错无额外半原子面，原子错排是轴对称的。

（2）根据位错线附近呈螺旋形排列的原子的旋转方向不同，螺型位错可以分为右旋和左旋螺型位错。以拇指代表旋进方向，其他四指代表旋转方向。

（3）螺型位错线与滑移矢量平行，因此一定是直线，且位错线的移动方向与晶体滑移方向互相垂直。

（4）纯螺型位错的滑移面不是唯一的。凡是包含螺型位错线的平面都可以作为它的滑移面。但实际上，滑移通常是在那些原子密排面上进行的。

（5）螺型位错线周围的点阵也发生了弹性畸变，但是，只有平行于位错线的切应变而无正应变，所以不会引起体积膨胀和收缩，且在垂直于位错线的平面投影上，看不到原子的位移，看不出有缺陷。

（6）螺型位错周围的点阵畸变随离位错线距离的增加而急剧减少，因此它也是包含几个原子宽度的线缺陷。

3. 混合位错

混合位错指位错线与滑移方向相交成任意角度的位错。

位错性质：一根位错线不能终止于晶体内部，而只能露头于晶体表面（包括晶界）。若它终止于晶体内部，则必然与其他位错线相连接，或在晶体内部形成封闭线。形成封闭线的位错称为**位错环**。

⚛ 3.2.2 柏氏矢量

1. 柏氏矢量的确定（见图 3.8）

（1）首先选定位错线的正方向。

（2）在实际晶体中，从任一原子出发，围绕位错（避开位错线附近的严重畸变区）以一定的步数作一右旋闭合回路 $MNOPQ$（称柏氏回路）。

（3）在完整晶体中按同样的方法和步数作相同的回路，该回路并不封闭，由终点 Q 向起点 M 引一矢量 b，使该回路闭合，这个矢量 b 就是实际晶体中位错的柏氏矢量。

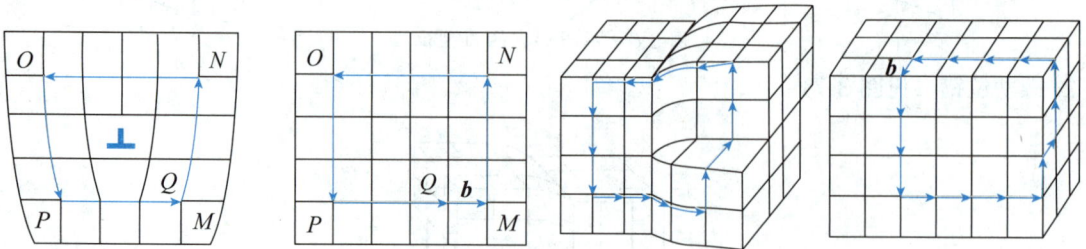

图 3.8 柏氏矢量的确定

位错的柏氏矢量方向的确定（右手法则）：

刃型：右手法则（见图 3.9）。

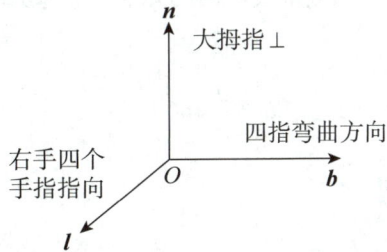

图 3.9　确定多余半原子面方向的右手法则

螺型：_l_ 和 _b_ 同向右螺，反向左螺（见图 3.10）。

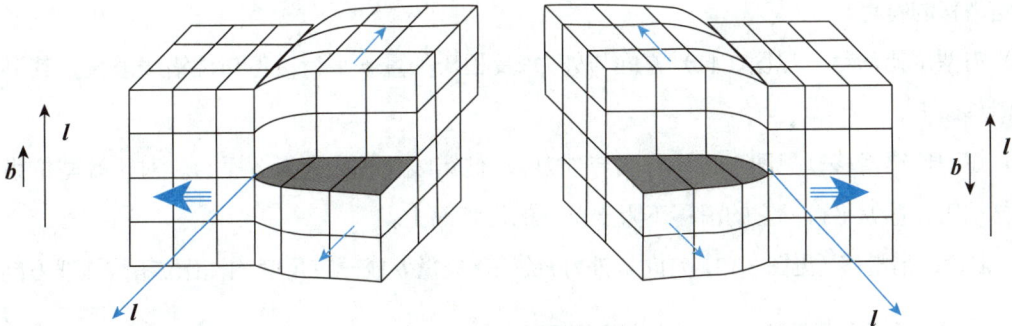

图 3.10　左右螺位错的确定

2. 柏氏矢量的特性

柏氏矢量的方向表示位错的性质和位错的取向，即位错运动导致晶体滑移的方向。

（1）**强度性：**矢量的模表示了畸变的程度，即位错的强度。

（2）**守恒性：**柏氏矢量与回路的起点及其途径无关，只要不和其他位错线相遇，不论回路怎么扩大、缩小或任意移动，由此回路确定的柏氏矢量都是唯一的。

（3）**唯一性：**一根位错线有唯一的柏氏矢量。

（4）**分解性：**位错可以分解，但分解后柏氏矢量之和不变，强度不能大于分解前的强度。

（5）**连续性：**位错可以结成环，终止于其他位错、晶界或晶体表面，但不能终止于晶体内部。

3. 柏氏矢量 _b_ 的物理意义

（1）表征位错线的性质。根据 _b_ 与位错线 _l_ 的取向关系可确定位错线性质。

（2）_b_ 表征了总畸变的积累。当围绕一根位错线的柏氏回路任意扩大或移动时，回路中包含的点阵畸变量的总和不变，因而由这种畸变总量所确定的柏氏矢量 _b_ 也不改变。

（3）_b_ 表征了位错强度。同一晶体中 _b_ 较大的位错具有严重的点阵畸变，能量高且不稳定。位错的许多性质，如位错的能量、应力场、位错受力等，都与 _b_ 有关。

4. 柏氏矢量的表示方法

在立方晶体中，可用同向的晶向指数来表示柏氏矢量，记为 $b = \dfrac{a}{n} <uvw>$，式中 n 为正整数。

位错强度：

$$|\boldsymbol{b}| = \frac{a}{n}\sqrt{u^2 + v^2 + w^2}$$

3.2.3 位错的运动与交割

1. 滑移（守恒运动）

位错的滑移是在外加切应力的作用下，通过位错中心附近的原子沿柏氏矢量的方向在滑移面上不断地作少量的位移（小于一个原子间距）而逐步实现的。

位错滑移的特点：

（1）刃型位错滑移（见图 3.11）方向与外力 τ 及柏氏矢量 $\boldsymbol{b}$ 平行，但与位错线垂直。其滑移限于单一的滑移面上。

（2）螺型位错滑移（见图 3.12）方向与外力 τ、位错线及柏氏矢量 $\boldsymbol{b}$ 垂直。对于螺型位错，由于位错线与柏氏矢量 $\boldsymbol{b}$ 平行，它的滑移不限于单一的滑移面上。

（3）混合位错滑移（见图 3.13）方向与外力 τ 及柏氏矢量 $\boldsymbol{b}$ 成一定角度（即沿位错线法线方向滑移）。

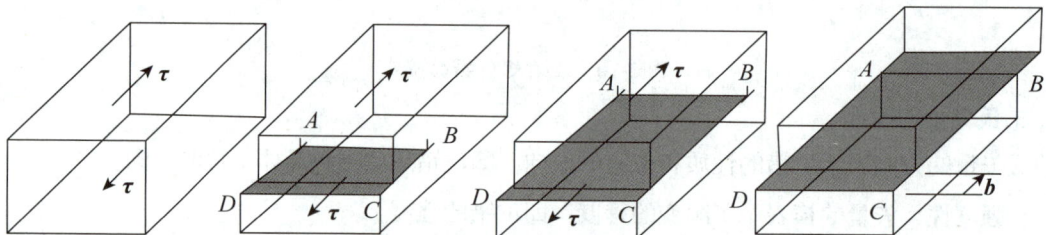

图 3.11　刃型位错滑移

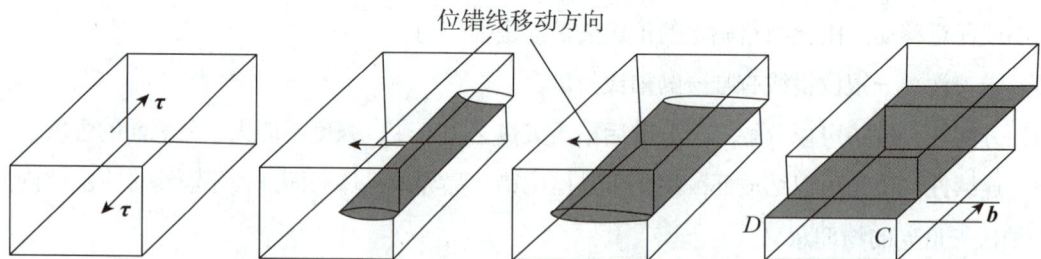

图 3.12　螺型位错滑移

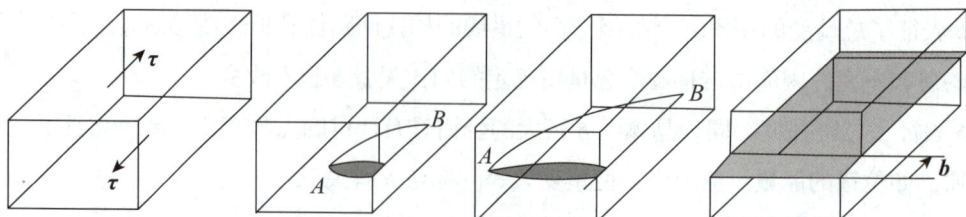

图 3.13　混合位错滑移

各位错类型及其特点如表 3.1 所示。

表 3.1 位错类型及其特点

类型	b 与位错线的关系	位错线运动方向	滑移面个数	τ 和位错线的关系	τ 和 b 的关系
刃型位错	⊥	位错线法线	1 个	⊥	//
螺型位错	//	位错线法线	多个	//	//
混合位错	一定角度	位错线法线	1 个	一定角度	//

交滑移（见图 3.14）：当某一螺型位错在原来的滑移面上运动受阻时，有可能从原来的滑移面转移到与之相交的另一滑移面上继续滑移。

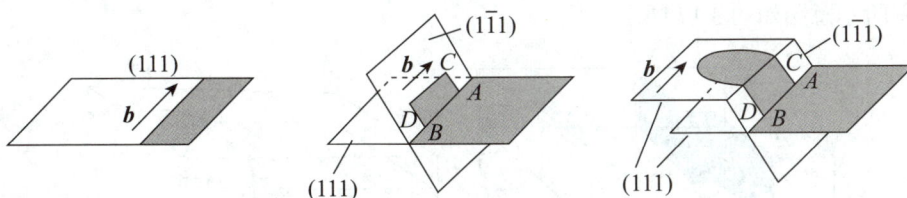

图 3.14 交滑移示意图

双交滑移：交滑移后的位错再转回和原来滑移面平行的滑移面上继续滑动。最新研究表明：双交滑移可以增强金属或者合金的韧性。

位错运动的 $l \times b$ 规则以及位错环的滑移示意图如图 3.15 所示。

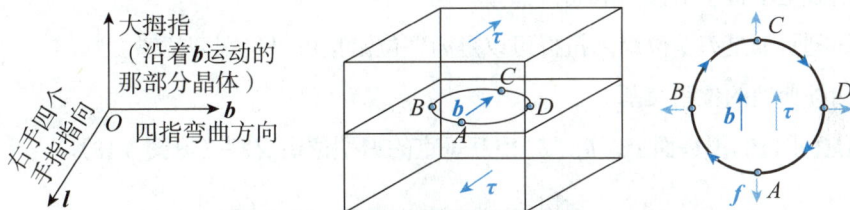

图 3.15 位错运动的 $l \times b$ 规则以及位错环的滑移示意图

2. 攀移（刃型位错特有；非守恒运动；割阶沿位错线的逐步推移）

位错的攀移（见图 3.16）指在热缺陷或外力作用下，刃型位错在垂直于滑移面的方向上运动，结果导致晶体中空位或间隙质点的增殖或减少。刃型位错除了滑移外，还可进行攀移运动。攀移的实质是多余半原子面的伸长或缩短。通过原子或空位的扩散使位错线沿多余半原子面上下移动，即原子面的扩大或缩小。**螺型位错没有多余半原子面，故无攀移运动。**

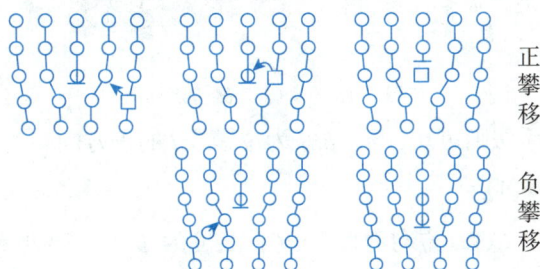

图 3.16 位错的攀移

高温淬火、冷变形加工、高能粒子辐照可以促进位错的攀移发生。

特点：

（1）扩散（攀移）需要热激活，比滑移需要更大的能量；

（2）纯剪应力不能引起体积变化，对攀移不起作用；

（3）过饱和空位的存在有利于攀移运动（非守恒运动）的进行。

3. 位错的交割

当一位错在某一滑移面上运动时，会与穿过滑移面的其他位错交割。位错交割时会发生相互作用，这对材料的强化、点缺陷的产生有重要意义。

扭折和割阶示意图如图 3.17 所示。

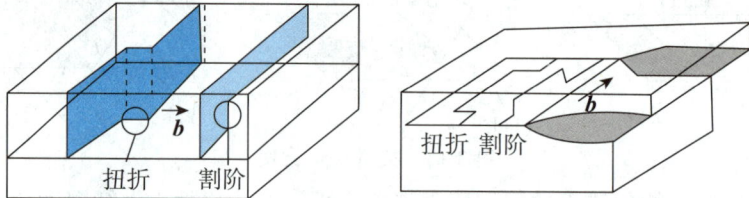

图 3.17　扭折和割阶示意图

扭折： 位于同一滑移面上的位错台阶（曲折部分）。

割阶： 位错线上垂直于滑移面的曲折部分。

注： 所有的割阶都是刃型位错，扭折可以是刃型位错也可以是螺型位错。

以下介绍四种典型的位错交割。

情形 1：相互垂直的滑移面上，b_1、b_2 相互垂直的刃型位错交割（见图 3.18）。

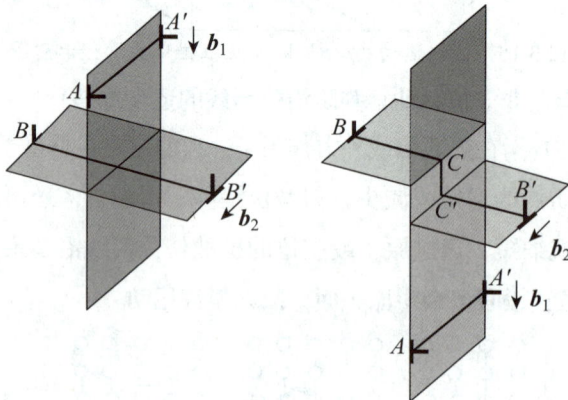

图 3.18　位错交割情形 1

（1）根据刃型位错的右手法则可知 $A'A$、$B'B$ 为位错线 l 的正方向。

（2）在 AA' 位错和 BB' 交割后：

①在位错线 BB' 上面产生 CC'，方向垂直于 BC，长度为 $|b_1|$；

② CC' 柏氏矢量仍为 b_2；

③ $CC' \perp b_2$，所以 CC' 为刃型位错；

④ CC' 不在原滑移面上，所以为刃型割阶，会阻碍原位错的运动；

⑤位错 $AA' /\!/ b_2$，则不产生割阶或者扭折，继续沿着原方向运动。

情形 2：相互垂直的滑移面上，b_1、b_2 相互平行的刃型位错交割（见图 3.19）。

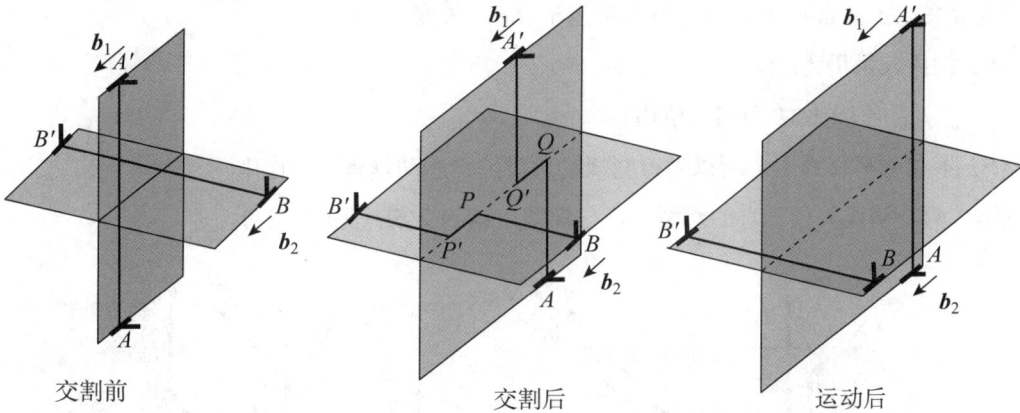

图 3.19　位错交割情形 2

（1）根据刃型位错的右手法则可知 AA'、BB' 为位错线 l 的正方向。

（2）在 AA' 位错和 BB' 交割后：

①在位错线 BB' 上面产生 PP'，方向垂直于 BP，长度为 $|b_1|$；

②PP' 柏氏矢量仍为 b_2；

③$PP' /\!/ b_2$，所以 PP' 为螺型位错；

④PP' 在原滑移面上，所以为扭折，会随着位错的运动在线张力作用下消失；

⑤在位错线 AA' 上面产生 QQ'，方向垂直于 AQ，长度为 $|b_2|$；

⑥ QQ' 柏氏矢量仍为 b_1；

⑦$QQ' /\!/ b_1$，所以 QQ' 为螺型位错；

⑧QQ' 在原滑移面上，所以为扭折，会随着位错的运动在线张力作用下消失。

情形 3：两个柏氏矢量垂直的刃型位错和螺型位错的交割（见图 3.20）。

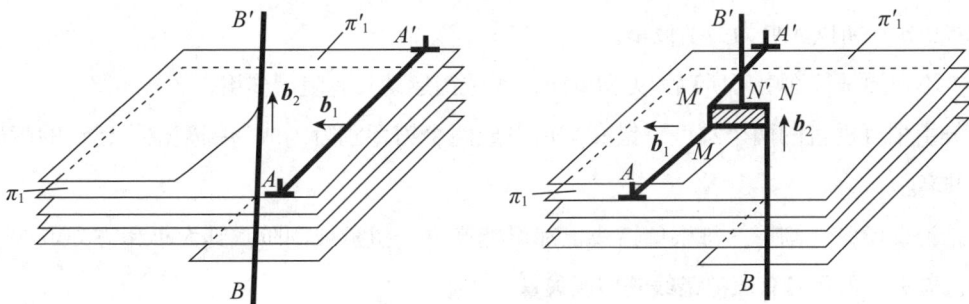

图 3.20　位错交割情形 3

在 AA' 位错和 BB' 交割后：

①在位错线 BB' 上面产生 NN'，方向垂直于 BN，长度为 $|\boldsymbol{b}_1|$；

② NN' 柏氏矢量仍为 $\boldsymbol{b}_2$；

③ $NN' \perp \boldsymbol{b}_2$，所以 NN' 为刃型位错；

④ NN' 在原滑移面上，所以为扭折；

⑤在位错线 AA' 上面产生 MM'，方向垂直于 AM，长度为 $|\boldsymbol{b}_2|$；

⑥ MM' 柏氏矢量仍为 $\boldsymbol{b}_1$；

⑦ $MM' \perp \boldsymbol{b}_1$，所以 MM' 为刃型位错；

⑧ MM' 不在原滑移面上，所以为刃型割阶，对位错运动具有阻碍作用。

情形 4：两个柏氏矢量垂直的螺型位错与螺型位错的交割（见图 3.21）。

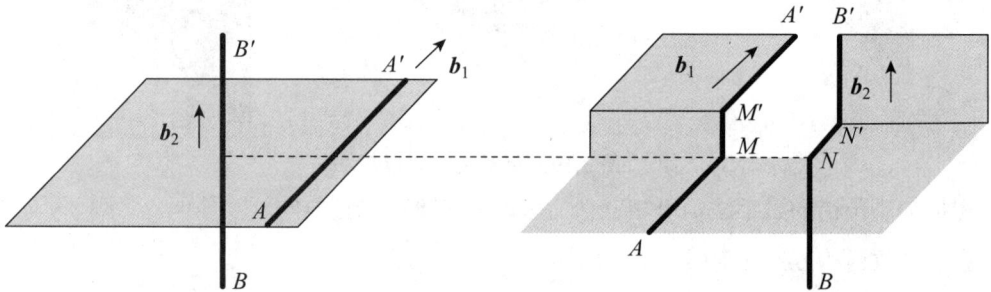

图 3.21　位错交割情形 4

在 AA' 位错和 BB' 交割后：

①在位错线 AA' 上面产生 MM'，方向垂直于 AA'，长度为 $|\boldsymbol{b}_2|$；

② MM' 柏氏矢量仍为 $\boldsymbol{b}_1$；

③ $MM' \perp \boldsymbol{b}_1$，所以 MM' 为刃型位错；

④ MM' 不在原滑移面上，所以为刃型割阶，对位错运动具有阻碍作用。

同理有：

①在位错线 BB' 上面产生 NN'，方向垂直于 BB'，长度为 $|\boldsymbol{b}_1|$；

② NN' 柏氏矢量仍为 $\boldsymbol{b}_2$；

③ $NN' \perp \boldsymbol{b}_2$，所以 NN' 为刃型位错；

④ NN' 不在原滑移面上，所以为刃型割阶，对位错运动具有阻碍作用。

柏氏矢量相互垂直的两个螺型位错交割后形成两个刃型割阶，成为螺型位错运动的障碍，从而晶体强度升高。

其他结论：位错交割后，每根位错线上都可能产生一扭折或割阶，其大小和方向取决于另一个位错的柏氏矢量，但是具有原位错线的柏氏矢量。

所有的割阶都是刃型位错，而扭折可以是刃型，也可以是螺型。

扭折与原位错线处于同一滑移面上，可随主位错线一起运动，在此过程中几乎不产生阻力，而且扭折在线张力作用下易于消失。

割阶与原位错线不在同一滑移面上，除非发生攀移，否则就不能和主位错线一起运动，成为位错运动的障碍，通常称为**割阶硬化**。

割阶的三种运动如图 3.22 所示。

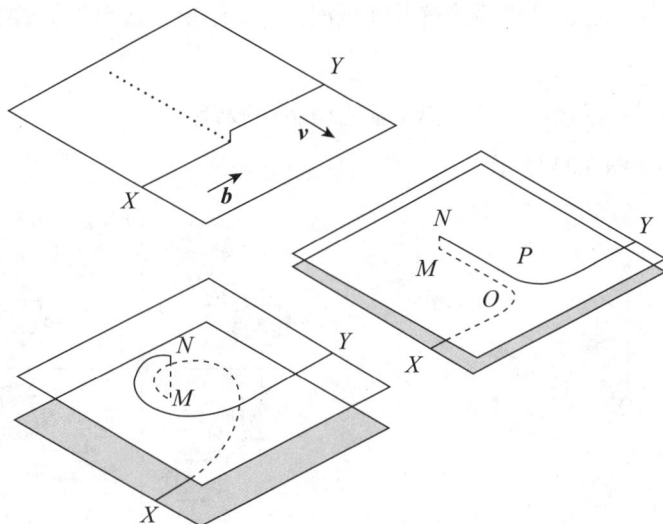

图 3.22　割阶的三种运动

带割阶位错的运动，按割阶高度的不同，又可分为以下三种情况。

第一种割阶的高度只有 1 ～ 2 个原子间距，在外力足够大的条件下，螺型位错可以把割阶拖着走，在割阶后面留下一排点缺陷。

第二种割阶的高度很大，约在 20 nm 以上。此时割阶两端的位错相隔太远，它们之间的相互作用较小，从而可以各自独立地在各自的滑移面上滑移，并以割阶为轴，在滑移面上旋转，这实际也是在晶体中产生位错的一种方式。

第三种割阶的高度是在上述两种情况之间，位错不可能拖着割阶运动。在外应力作用下，割阶之间的位错线弯曲，位错前进就会在其身后留下一对拉长了的异号刃型位错线段（常称位错偶）。为降低应变能，这种位错偶常会断开而留下一个长的位错环，从而位错线仍回复到原来带割阶的状态，而长的位错环又常会再进一步分裂成小的位错环，**这是形成位错环的机理之一**。

对于刃型位错而言，其割阶段与柏氏矢量所组成的面，一般都与原位错线的滑移方向一致，能与原位错一起滑移。但此时割阶的滑移面并不一定是晶体的最密排面，故运动时割阶段所受到的晶格阻力虽较大，但相对于螺型位错的割阶的阻力则小得多。

3.2.4 位错的弹性性质

1. 位错的应力场模型的假设条件

（1）晶体是完全弹性体，服从胡克定律；

（2）把晶体看成各向同性的；

（3）近似地认为晶体内部由连续介质组成，晶体中没有空隙，因此晶体中的应力、应变、位移等是连续的，可用连续函数表示。

该模型未考虑到位错中心区的严重点阵畸变情况，计算结果不适用于位错中心区。

2. 刃型位错的应力场

模型构建： 厚壁圆桶—沿径向切开—沿 x 轴错动 $|b|$—胶合。

刃型位错的应力场如图 3.23 所示。

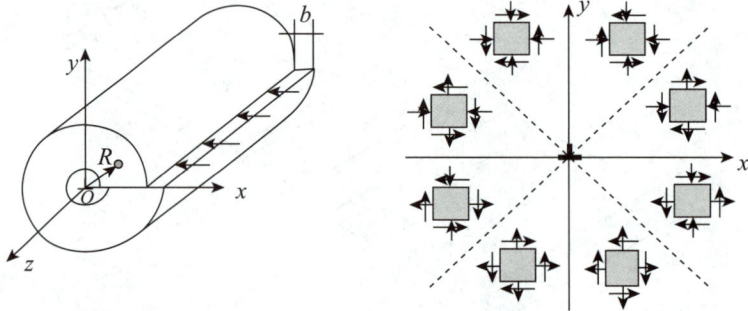

图 3.23 刃型位错的应力场

刃型位错应力场张量表示：

$$\left.\begin{array}{l} \sigma_{xx}=-\dfrac{Gb}{2\pi(1-v)}\dfrac{y(3x^2+y^2)}{(x^2+y^2)^2} \\[3mm] \sigma_{yy}=\dfrac{Gb}{2\pi(1-v)}\dfrac{y(x^2-y^2)}{(x^2+y^2)^2} \\[3mm] \sigma_{zz}=v(\sigma_{xx}+\sigma_{yy}) \\[3mm] \tau_{xy}=\tau_{yx}=\dfrac{Gb}{2\pi(1-v)}\dfrac{x(x^2-y^2)}{(x^2+y^2)^2} \\[3mm] \tau_{xz}=\tau_{zx}=\tau_{yz}=\tau_{zy}=0 \end{array}\right\} \Leftrightarrow \begin{pmatrix} \sigma_{xx} & \tau_{xy} & 0 \\ \tau_{yx} & \sigma_{yy} & 0 \\ 0 & 0 & \sigma_{zz} \end{pmatrix}$$

式中，v 为柏松比；b 为柏氏矢量的模。

刃型位错应力场的特点（理解记忆）：

（1）同时存在正应力分量与切应力分量，而且各应力分量的大小与 G 和 b 成正比，与 R 成反比，即随着位错距离的增大，应力的绝对值减小；

（2）各应力分量都是 x、y 的函数，而与 z 无关，这表明在平行于位错线的直线上，任一点的应力均相同；

（3）刃型位错的应力场对称于多余半原子面（y-z 面），即对称于 y 轴；

（4）$y = 0$ 时，$\sigma_{xx} = \sigma_{yy} = \sigma_{zz} = 0$，说明在滑移面上，没有正应力，只有切应力，而且切应力 τ_{xy} 达到极大值；

（5）$y > 0$ 时，$\sigma_{xx} < 0$，而 $y < 0$ 时，$\sigma_{xx} > 0$，这说明正刃型位错的位错滑移面上侧为压应力，滑移面下侧为张应力；

（6）$x = \pm y$ 时，σ_{yy}、τ_{xy} 均为 0，说明在直角坐标的两条对角线处，只有 σ_{xx}，而且在每条对角线的两侧，$\tau_{xy}(\tau_{yx})$ 及 σ_{yy} 的符号相反；

（7）公式不适用于中心区。

3. 螺型位错的应力场

模型构建： 厚壁圆桶—沿径向切开—沿 z 轴错动 $|\boldsymbol{b}|$—胶合。

螺型位错的应力场如图 3.24 所示。

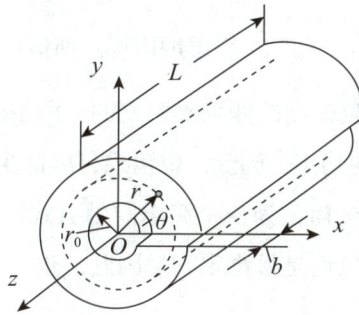

图 3.24 螺型位错的应力场

离开中心 r 处切应力为

$$\tau_{\theta z} = \tau_{z\theta} = \frac{Gb}{2\pi r}$$

由于晶体只在 θ 面上沿 z 轴方向切动，所以其余应变为 0，相应的应力分量也为 0，即

$$\sigma_{rr} = \sigma_{\theta\theta} = \sigma_{zz} = \tau_{r\theta} = \tau_{\theta r} = \tau_{rz} = \tau_{zr} = 0$$

螺型位错应力场张量表达为

$$\begin{pmatrix} 0 & 0 & \tau_{xz} \\ 0 & 0 & \tau_{yz} \\ \tau_{zx} & \tau_{zy} & 0 \end{pmatrix}$$

螺型位错应力场的特点（理解记忆）：

（1）螺型位错周围的应力场不存在正应力分量，只有两个切应力分量（仅有 z 方向的切应力，无正应力）；

（2）切应力分量上只与 r 有关（随 r 增大而减小），与 θ 无关（化为直角坐标时，仅存在与 z 有关的切应力），螺型位错的应力场是轴对称的，即同一半径上的应力相等；

（3）公式不适用于中心区。

4. 位错的应变能

位错周围点阵畸变引起弹性应力场导致晶体能量增加，这部分能量称为位错的应变能或位错的能量。

单位长度刃型位错的应变能

$$E_e^e = \frac{Gb^2}{4\pi(1-v)}\ln\frac{r}{r_0}$$

单位长度螺型位错的应变能

$$E_e^s = \frac{Gb^2}{4\pi}\ln\frac{r}{r_0}$$

（1）位错的应变能 $E_{tot}=E_{core}+E_{el}$。位错核心能 E_{core}，在位错核心几个原子间距 $r_0=2|b|=2b$ 以内的区域，滑移面两侧原子间的错排能即相当于位错核心能。错排能 E_{core} 约占位错能的 $1/10$，可忽略。

（2）位错的弹性应变能 $E_{el} \propto \ln\dfrac{r}{r_0}$，即随 r 缓慢地增加，所以位错具有长程应力场。

（3）位错的能量是以位错线单位长度的能量来定义的，由于两点间直线最短，所以直线位错的应变能小于弯曲位错的应变能，即更稳定。因此，**位错线有尽量变直和缩短其长度的趋势**。

（4）位错的弹性应变能可进一步简化为一个简单的函数式：$E = \alpha Gb^2$。该式表明 $E \propto b^2$，从能量的观点看，晶体中具有最小 b 的位错是最稳定的。因此，也可以理解为**滑移方向总是沿着原子的密排方向**。

（5）金属材料中，螺型位错应变能约为刃型位错的 $2/3$。

（6）位错的存在会使体系的内能升高。虽然位错的存在也会引起晶体中熵值的增加，但相对来说，熵值增加有限，通常可以忽略不计。因此，位错的存在使晶体处于高能的不稳定状态，表明位错是热力学上不稳定的晶体缺陷。

5. 位错的线张力

位错总应变能与位错线的长度成正比。为了降低能量，位错线有力求缩短的倾向，故在位错线上存在一种使其变直的线张力 T。

线张力：一种组态力，类似于液体的表面张力，可定义为使位错增加单位长度所需的能量。所以位错的线张力 T 可近似地表达为 $T \approx kGb^2$，式中 k 为 $0.5 \sim 1.0$。

晶体中位错呈三维网络分布的原因是什么呢？

位错的线张力（见图3.25）不仅驱使位错变直，而且也是使晶体中位错呈三维网络分布的原因。因为位错网络中相交于同一结点的诸位错，其线张力处于平衡状态，从而保证了位错在晶体中的相对稳定性。

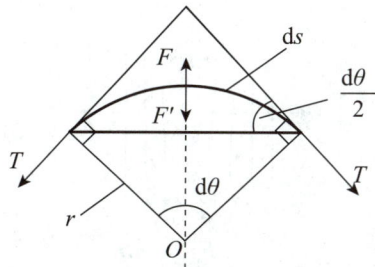

图 3.25　位错的线张力

当位错受切应力 τ 而弯曲，其曲率半径为 r 时，线张力将产生一指向曲率中心的力 F'，以平衡此切应力：

$$F' = 2T\sin\left(\frac{\mathrm{d}\theta}{2}\right)$$

若位错长度为 $\mathrm{d}s$，单位长度位错线所受的力为 τb，则平衡条件为

$$\tau b\mathrm{d}s = 2T\sin\left(\frac{\mathrm{d}\theta}{2}\right)$$

由于 $\mathrm{d}s = r\mathrm{d}\theta$，当 $\mathrm{d}\theta$ 很小时，$\sin\left(\frac{\mathrm{d}\theta}{2}\right)\approx\frac{\mathrm{d}\theta}{2}$，所以有

$$\tau b = \frac{T}{r} = \frac{Gb^2}{2r} \rightarrow \tau = \frac{Gb}{2r}$$

即一条两端固定的位错在切应力 τ 作用下将呈曲率半径为 r 的弯曲。

6. 作用在位错线的力

在外切应力的作用下,位错将在滑移面上产生滑移运动。由于位错的移动方向总是与位错线垂直,可理解为有一个垂直于位错线的"力"作用在位错线上。

（1）位错滑移力。

外切应力作用在滑移面上使位错发生滑移的情况（见图 3.26），这种位错线的受力也称滑移力。

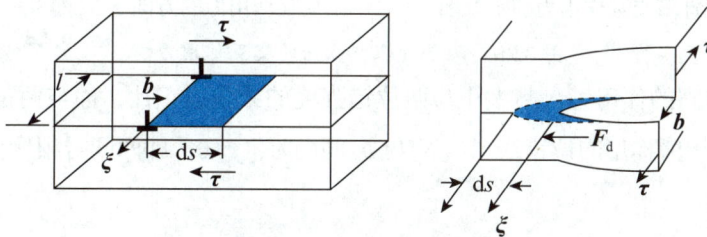

图 3.26　位错滑移示意图

单位长度位错上的力：$F_{\mathrm{d}} = \tau b$。

F_{d} 与外切应力 τ 和位错的柏氏矢量 b 成正比,其方向总是与位错线相垂直并指向滑移面的未滑移部分。

（2）位错攀移力。

如果对晶体加上一正应力分量，显然，位错不会沿滑移面滑移，然而对刃型位错而言，则可在垂直于滑移面的方向运动，即发生攀移，此时刃型位错所受的力称为攀移力（见图 3.27）。

75

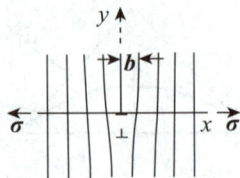

图 3.27　位错攀移力

$$F_y = -\sigma b$$

式中，F_y 为单位长度位错上的攀移力；σ 为正应力；b 为位错的柏氏矢量。

由此可见，作用在单位长度刃型位错上的攀移力 F_y 的方向和位错线攀移方向一致，且垂直于位错线。σ 是作用在多余半原子面上的正应力，它的方向与 b 平行。负号表示：若 σ 为拉应力时，F_y 向下；若 σ 为压应力时，F_y 向上。

7. 位错间的交互作用力

任一位错在其相邻位错应力场作用下都会受到作用力，此交互作用力随位错类型、柏氏矢量大小、位错线相对位向的变化而变化。

（1）两平行螺型位错的交互作用力（见图 3.28）。

位错 s_2 在位错 s_1 的应力场作用下受到的径向作用力为

$$f_r = \tau_{\theta z} \cdot b_2 = \frac{G b_1 \cdot b_2}{2\pi r}$$

其中 f_r 方向与矢径 r 方向一致。

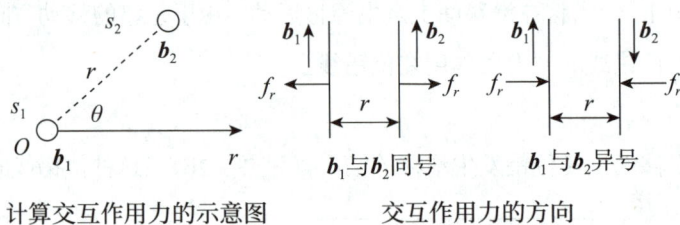

计算交互作用力的示意图　　　　交互作用力的方向

图 3.28　两平行螺型位错的交互作用力

两平行螺型位错间的作用力，其大小与两位错强度的乘积成正比，而与两位错间距成反比，其方向则沿径向 r 垂直于所作用的位错线。当 b_1 与 b_2 同向时，$f_r > 0$，即两同号相斥；当 b_1 与 b_2 反向时，$f_r < 0$，即两异号相吸。

（2）两平行刃型位错间的交互作用力。

两平行刃型位错间的交互作用力如图 3.29 所示，设有两平行 z 轴，相距为 $r(x, y)$ 的刃型位错 e_1、e_2，其柏氏矢量 b_1 和 b_2 均与 x 轴同向。令 e_1 位于坐标原点上，e_2 的滑移面与 e_1 的平行，且均平行于 x–z 面。因此，在 e_1 的应力场中只有切应力分量 τ_{yx} 和正应力分量 σ_{xx} 对位错 e_2 起作用，分别导致 e_2 沿 x 轴方向滑移和沿 y 轴方向攀移。这两个交互作用力分别为

$$f_x = \frac{G b_1 b_2}{2\pi(1-\nu)} \cdot \frac{x(x^2 - y^2)}{(x^2 + y^2)^2}$$

$$f_y = \frac{Gb_1b_2}{2\pi(1-\nu)} \cdot \frac{y(3x^2+y^2)}{(x^2+y^2)^2}$$

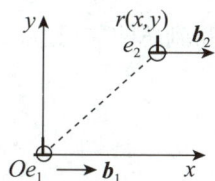

图 3.29　两平行刃型位错的交互作用力

两个同号平行的刃型位错, 滑移力 f_x 随位错 e_2 所处的位置而变化, 它们之间的交互作用归纳如下。

当 $|x| > |y|$ 时, 若 $x>0$, 则 $f_x>0$; 若 $x<0$, 则 $f_x<0$。这说明当位错 e_2 位于图 3.30(a) 中的①、②区间时, 两位错相互排斥。

当 $|x| < |y|$ 时, 若 $x>0$, 则 $f_x<0$; 若 $x<0$, 则 $f_x>0$。这说明当位错 e_2 位于图 3.30(a) 中的③、④区间时, 两位错相互吸引。

当 $|x| = |y|$ 时, $f_x=0$, 位错 e_2 处于介稳定平衡位置, 一旦偏离此位置就会受到位错 e_1 的吸引或排斥, 使它偏离得更远。

当 $x=0$ 时, 即位错 e_2 处于 y 轴上时, $f_x=0$, 位错 e_2 处于稳定平衡位置, 一旦偏离此位置就会受到位错 e_1 的吸引而退回原处, 使位错垂直地排列起来。通常把这种呈垂直排列的位错组态称为**位错墙**, 它可构成小角度晶界。

当 $y=0$ 时, 若 $x>0$, 则 $f_x>0$; 若 $x<0$, 则 $f_x<0$。此时 f_x 的绝对值和 x 成反比, 即处于同一滑移面上的同号刃型位错总是相互排斥的, 位错间距离越小, 排斥力越大。

对于两个异号的刃型位错, 它们之间的交互作用力 f_x、f_y 的方向与上述同号位错时相反, 而且位错 e_2 的稳定位置和介稳定平衡位置刚好对换。当 $|x| = |y|$ 时, 位错 e_2 处于稳定平衡位置, 如图 3.30(b) 所示。

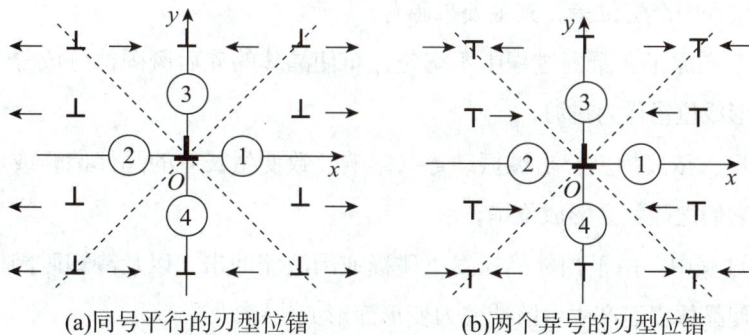

(a)同号平行的刃型位错　(b)两个异号的刃型位错

图 3.30　位错相互作用

在互相平行的螺型位错与刃型位错之间, 由于两者的柏氏矢量相垂直, 各自的应力场均没有使

对方受力的应力分量，故彼此不发生作用。

若两平行位错中有一根或两根都是混合位错时，可将混合位错分解为刃型和螺型分量，再分别考虑它们之间作用力的关系，叠加起来就得到总的作用力。

3.2.5 位错的生成与增殖

1. 位错的密度

位错密度：单位体积晶体中所含的位错线的总长度。其数学表达式为

$$\rho = \frac{L}{V}(\text{cm}^{-2})$$

式中，L 为位错线的总长度；V 为晶体的体积。

简化位错密度：等于穿过单位面积的位错线数目，即

$$\rho = \frac{nl}{lA} = \frac{n}{A}(\text{个}/\text{cm}^2)$$

式中，l 为每根位错线的长度；n 为在面积 A 中所见到的位错数目。

位错密度与晶体强度的关系如图 3.31 所示。

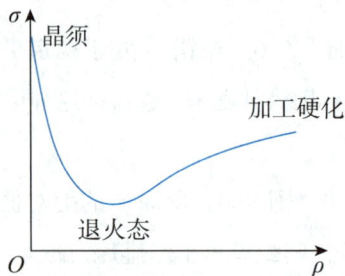

图 3.31　位错密度与晶体强度的关系

退火试样，ρ 为 $10^4 \sim 10^6$ mm^{-2}，经变形后，ρ 为 10^{10} mm^{-2}。

2. 位错的生成

（1）晶体生长过程中产生位错。其主要来源有：

①由于熔体中杂质原子在凝固过程中不均匀分布使晶体的先后凝固部分成分不同，从而点阵常数也有差异，可能形成位错作为过渡；

②由于温度梯度、浓度梯度、机械振动等的影响，致使生长着的晶体偏转或弯曲，引起相邻晶块之间的位向差，它们之间就会形成位错；

③在晶体生长过程中，由于相邻晶粒发生碰撞或因液流冲击，以及冷却时因体积变化而产生的内应力等因素，会使晶体表面产生台阶或受力变形而形成位错；

（2）由于自高温较快凝固及冷却时，晶体内存在大量过饱和空位，空位的聚集能形成位错；

（3）晶体内部的某些界面（如第二相质点、孪晶、晶界等）和微裂纹的附近，由于热应力和组织应力的作用，往往出现应力集中现象，当此应力高至足以使该局部区域发生滑移时，就在该区域

产生位错。

3. 位错的增殖

增殖方式一：Frank-Read（弗兰克 - 里德）位错源。

螺型位错双交滑移后，形成刃型割阶，不能与原位错线一起向前运动，使对原位错产生"钉扎"作用，并使原位错在滑移面上滑移时成为一个 F–R 源。位错的 F–R 增殖如图 3.32 所示。

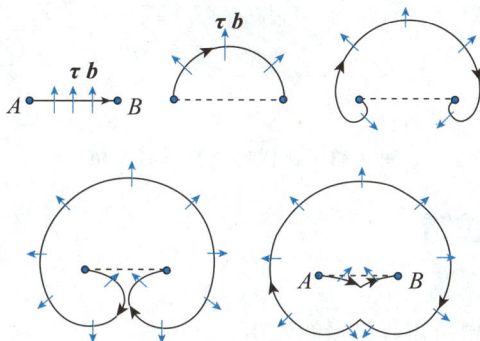

图 3.32　位错的 F–R 增殖

（1）某滑移面上有一段刃型位错 AB，它的两端被位错网结点钉住，不能运动。

（2）现沿位错 b 方向加切应力，使位错沿滑移面向前滑移运动。但 AB 两端固定，位错线发生弯曲。

（3）单位长度位错线所受的滑移力 $F_d=\tau b$。它总是与位错线本身垂直，所以弯曲后的位错每一小段继续受到 F_d 的作用，沿它的法线方向向外扩展，其两端则分别绕结点 A、B 发生回转。

（4）当两端弯出来的线段相互靠近时，由于该两线段平行于 b，且位错线方向相反，分别属于左螺旋和右螺旋位错，它们会互相抵消，进而形成一闭合的位错环和位错环内的一小段弯曲位错线。

（5）只要继续施加应力，位错环便继续向外扩张，同时环内的弯曲位错在线张力作用下又被拉直，恢复到原始状态，并重复以前的运动，不停地产生新的位错环，从而造成位错的增殖，并使晶体产生可观的滑移量。

为使 F–R 源动作，外应力须克服位错线弯曲时线张力所引起的阻力。由第三章"3.2.4"中位错的线张力部分可知，外加切应力 τ 与位错弯曲时的曲率半径 r 之间的关系为 $\tau = \dfrac{Gb}{2r}$，即曲率半径越小，要求与之相平衡的切应力越大。从图 3.32 可以看出当 AB 弯成半圆形时，曲率半径最小，所需的切应力最大，此时 $r = \dfrac{L}{2}$，L 为 A 与 B 之间的距离，**故使 F–R 源发生作用的临界切应力为**

$$\tau_c = \frac{Gb}{L}$$

弗兰克 - 里德位错增殖机制已被实验证实。

增殖方式二：螺型位错双交滑移形成 F–R 源（见图 3.33）。

螺型位错经双交滑移后形成了两个刃型割阶 AC 和 BD。由于此割阶不在原位错的滑移面上，因此它们不能随原位错线一起向前运动，从而对原位错产生"钉扎"作用，使原位错在新滑移面（111）上滑移时成为一个 F–R 源。有时在第二个（1$\bar{1}$1）面扩展出来的位错圈又可以通过交滑移转移到第三个（111）面上进行增殖，从而使位错迅速增加。这是更为有效的位错增殖方式。

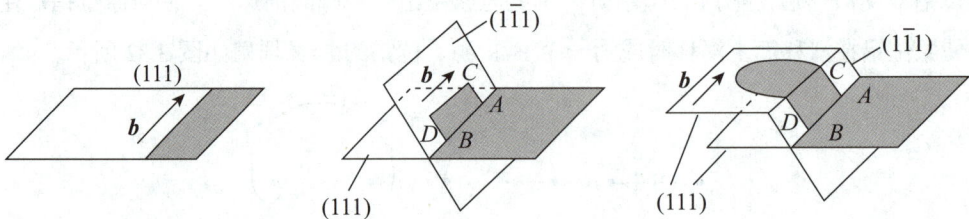

图 3.33　位错的双交滑移增殖

3.2.6　实际晶体中的位错

1. 实际晶体中位错的柏氏矢量

单位位错：柏氏矢量等于单位点阵矢量的位错。

全位错：柏氏矢量等于点阵矢量或其整数倍的位错，故全位错滑移后晶体原子排列不变。

不全位错：柏氏矢量不等于点阵矢量整数倍的位错，故不全位错滑移后晶体原子排列发生改变。

部分位错：柏氏矢量小于点阵矢量的位错。

位错的柏氏矢量不是任意的，它要符合结构条件和能量条件。

结构条件：柏氏矢量必须连接一个原子平衡位置到另一个平衡位置。

能量条件：由于位错能量正比于 $|b|^2$，因此 $|b|$ 越小越稳定，即单位位错应该是最稳定的位错。

位错在实际晶体中的单位位错柏氏矢量如表 3.2 所示。

表 3.2　实际晶体中的单位位错柏氏矢量

结构类型	柏氏矢量	数目
简单立方	$a<100>$	3 个
体心立方	$\frac{a}{2}<111>$	4 个
面心立方	$\frac{a}{2}<110>$	6 个
密排六方	$\frac{a}{3}<11\bar{2}0>$	3 个

2. 堆垛层错

堆垛层错：实际晶体中，密排面的正常堆垛顺序遭到破坏和错排。错排可以分为抽出型层错和插入型层错。形成层错时几乎不产生点阵畸变，但它破坏了晶体的完整性和正常的周期性，使电子发生反常的衍射效应，故使晶体的能量有所增加，这部分增加的能量称**堆垛层错能**。

从能量角度看，晶体中出现层错的概率与层错能有关：层错能越高，出现层错的概率越小。

3. 不全位错

若堆垛层错不是发生在晶体的整个原子面上而只是部分区域存在。那么，在层错与完整晶体的交界处就存在柏氏矢量 **b** 不等于点阵矢量的不全位错。

此处主要介绍肖克利不全位错和弗兰克不全位错，如图 3.34 所示。

（1）肖克利不全位错（可动位错）$\dfrac{a}{6}<112>$。

FCC 晶体正常是按 $ABCABC\cdots$ 堆垛，如果晶体按 $ABC\underline{B}CAB\cdots$ 堆垛，则排列出现层错，此时层错与完整晶体的边界就是肖克利位错。

肖克利不全位错特点：

①不仅是已滑移区和未滑移区的边界，而且是有层错区和无层错区的边界。只通过局部滑移形成。

②肖克利不全位错根据与柏氏矢量的夹角，可以是刃型、螺型、混合型位错。

③滑移线和柏氏矢量均在层错面（滑移面）上，柏氏矢量平行于层错面。由于层错只能位于一个平面上，则肖克利不全位错只能是一条直线或二维曲线。

④可以滑移（结果使层错扩大或缩小），但不能攀移（不可能离开层错面，始终和层错相连）。即肖克利不全位错是可动位错，能滑移运动。

（2）弗兰克不全位错（固定位错）$\dfrac{a}{3}<111>$。

弗兰克不全位错是通过抽出或插入部分 {111} 面形成的。抽出型称负弗兰克不全位错，插入型称正弗兰克不全位错。它们的柏氏矢量都属于 $\dfrac{a}{3}<111>$ 且都垂直于层错面 {111}。

弗兰克不全位错特点：

①属于纯刃型不全位错。

②只能攀移（通过点缺陷的吸收或放出使层错面扩大或缩小），不能滑移（滑移面是柏氏矢量与位错线构成的平面，要进行滑移，将使其离开所在层错面）。

③位错线在（111）面上，为任意形状。

④弗兰克不全位错属于固定位错，不可以滑移。

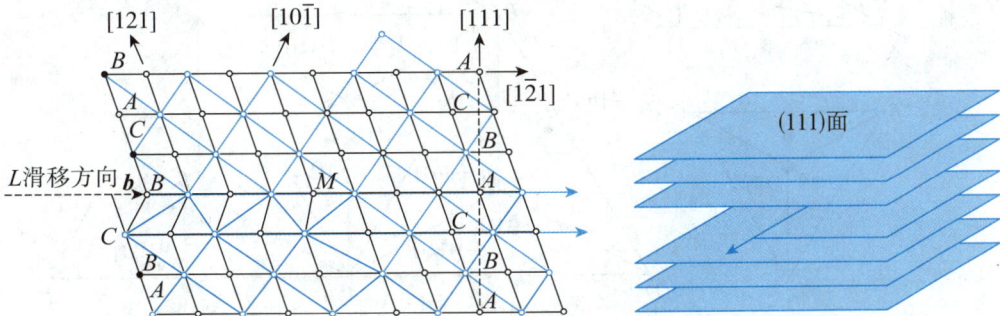

图 3.34　肖克利不全位错（左）和弗兰克不全位错（右）

不全位错特性也由柏氏矢量表示，但不全位错的回路的起始点必须从层错上出发。

4. 位错反应

位错之间的相互转化称为**位错反应**。实际晶体中，组态不稳定的位错可以转化为组态稳定的位错；不同柏氏矢量的位错线可以合并为一条位错线；反之，一条位错线也可以分解成多条不同柏氏矢量的位错线。

位错反应能进行需满足以下两个条件。

（1）**几何条件：b 矢量总和不变** $\sum b_b = \sum b_a$。

（2）**能量条件：反应降低位错总能量** $\sum |b_b|^2 > \sum |b_a|^2$。

全位错、不全位错及其特点如表 3.3 所示。

表 3.3　全位错、不全位错及其特点

位错名称	全位错	肖克利不全位错	弗兰克不全位错
柏氏矢量	$\dfrac{a}{2}$ <110>	$\dfrac{a}{6}$ <112>	$\dfrac{a}{3}$ <111>
位错类型	刃、螺、混合	刃、螺、混合	纯刃
位错线形状	空间曲线	{111} 面上任意曲线	{111} 面上任意曲线
可能的运动方式	滑移、攀移	只能滑移不能攀移	只能攀移不能滑移

5. 面心立方晶体中的位错

（1）汤普森四面体。

FCC 中所有重要的位错和位错反应均可用汤普森四面体表示，如图 3.35 所示。

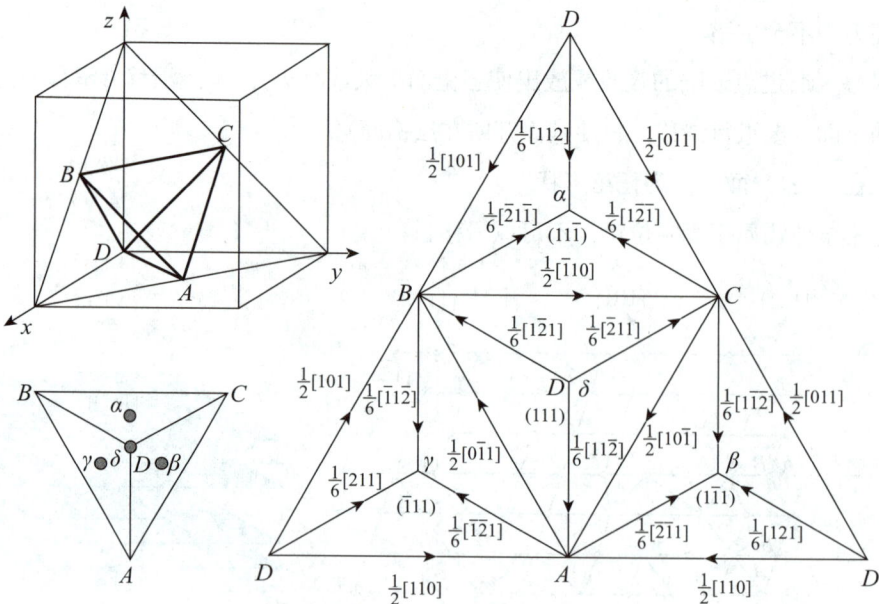

图 3.35　汤普森四面体

结论：

①四面体的 4 个面即 4 个可能的滑移面：(111)，$(\bar{1}11)$，$(1\bar{1}1)$，$(11\bar{1})$；

②四面体的 6 条棱边代表 12 个晶向，即 FCC 中所有可能的 12 个全位错的柏氏矢量；

③每个面的顶点与其中心的连线共代表 24 个 $\frac{1}{6}$<112> 肖克利不全位错的柏氏矢量；

④4 个顶点到它所对的三角形中点连线代表 8 个 $\frac{1}{3}$<111> 弗兰克不全位错的柏氏矢量；

⑤4 个面中心相连即 $\frac{1}{6}$<110> 压杆位错。

a. 扩展位错（见图 3.36）。

图 3.36 扩展位错

在面心立方晶体中，能量最低的全位错是处在 {111} 面上的柏氏矢量，它是 $\frac{a}{2}$ <110> 的单位位错。例如 <110> 分解为两个肖克利不全位错：$\frac{a}{2}[\bar{1}10] \rightarrow \frac{a}{6}[\bar{1}2\bar{1}] + \frac{a}{6}[\bar{2}11]$。由于这两个不全位错位于同一滑移面上，彼此同号且其柏氏矢量的夹角 θ 为 60°，小于 90°，故它们必然相互排斥并分开，其间夹着一片堆垛层错区，直到层错的表面张力（等于层错能）和不全位错的斥力相平衡时，不全位错的运动才停止，形成稳定的位错组态。通常把一个全位错分解为两个不全位错，中间夹一片层错的整个位错组态称为扩展位错。

b. 扩展位错的宽度。

从前面已知，两个平行不全位错之间的斥力为

$$f_r = \frac{Gb_1 \cdot b_2}{2\pi r}$$

式中，r 为两不全位错的间距。当层错的表面张力与不全位错的斥力达到平衡时，两不全位错的间距 r 即扩展位错的宽度 d，有

$$\gamma = f_r = \frac{Gb_1 \cdot b_2}{2\pi d}，则 d = \frac{Gb_1 \cdot b_2}{2\pi\gamma}$$

由此可见，扩展位错的宽度与晶体的单位面积层错能 γ 成反比，与切变模量 G 成正比。

例如，铝的层错能很高，故扩展位错的宽度很窄（仅 1 ~ 2 个原子间距），实际上可认为铝中不会形成扩展位错；而奥氏体不锈钢，由于其层错能很低，所以扩展位错可宽达几十个原子间距。

c. 扩展位错的束集。

当扩展位错的局部区域受到某种障碍时，扩展位错在外切应力作用下其宽度将会缩小，甚至重新收缩成原来的全位错，称为束集（见图 3.37），束集可以看作位错扩展的反过程。

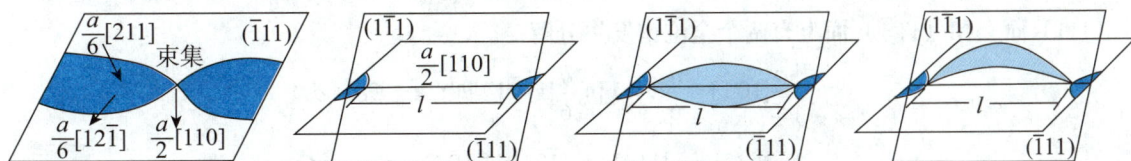

图 3.37 位错的束集

d. 扩展位错的交滑移（直接记忆结论）。

由于扩展位错只能在其所在的滑移面上运动，因此若要进行交滑移，扩展位错必须首先束集成全螺型位错，然后再由该全位错交滑移到另一滑移面上，并在新的滑移面上重新分解为扩展位错，继续进行滑移。

扩展位错的交滑移比全位错的交滑移要困难得多。层错能越低，扩展位错越宽，束集越困难，交滑移越不容易。

（2）位错网络：实际晶体中的不同柏氏矢量的位错可组成二维或三维的位错网络（见图 3.38）。

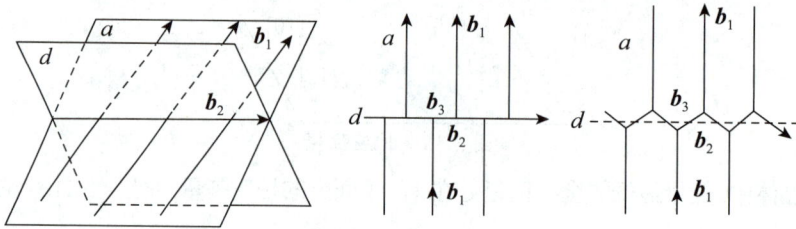

图 3.38　位错网络

① b_1 为一组塞积位错群；b_2 为一个螺型位错。

② b_1 与 b_2 成 120°夹角，相互吸引，位错反应形成 b_3 位错。

③在线张力作用下，形成六方位错网络。

（3）面角位错。面角位错是 FCC 中除弗兰克位错外又一类固定位错（见图 3.39）。

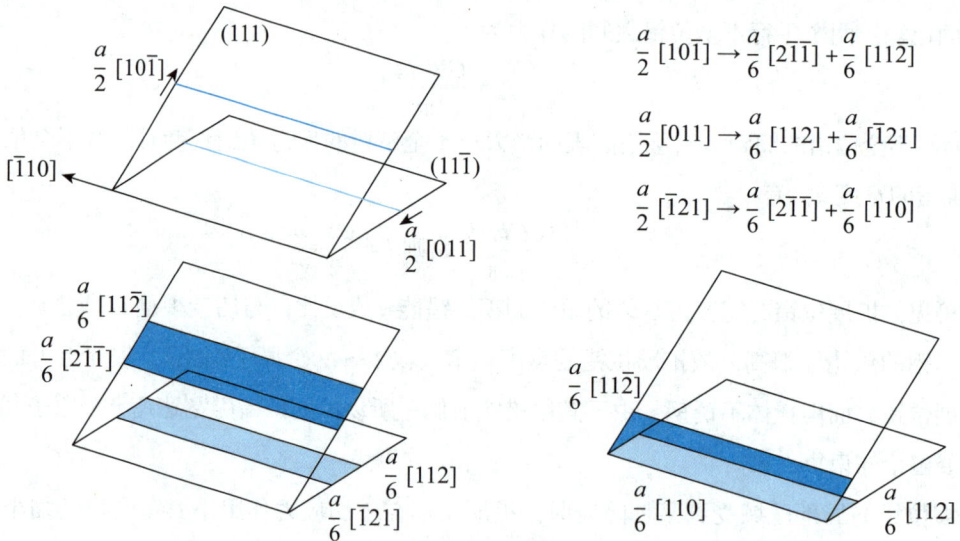

$$\frac{a}{2}[10\bar{1}] \rightarrow \frac{a}{6}[2\bar{1}\bar{1}] + \frac{a}{6}[11\bar{2}]$$

$$\frac{a}{2}[011] \rightarrow \frac{a}{6}[112] + \frac{a}{6}[\bar{1}21]$$

$$\frac{a}{2}[\bar{1}21] \rightarrow \frac{a}{6}[2\bar{1}\bar{1}] + \frac{a}{6}[110]$$

图 3.39　面角位错

（111）面上和（11$\bar{1}$）面上有两个全位错发生分解：

$$\begin{cases} \dfrac{a}{2}[10\bar{1}] = \dfrac{a}{6}[2\bar{1}\bar{1}] + \dfrac{a}{6}[11\bar{2}], \quad 即 \boldsymbol{CA} = \boldsymbol{C\delta} + \boldsymbol{\delta A} \\ \dfrac{a}{2}[011] = \dfrac{a}{6}[112] + \dfrac{a}{6}[\bar{1}21], \quad 即 \boldsymbol{DC} = \boldsymbol{D\alpha} + \boldsymbol{\alpha C} \end{cases}$$

压杆位错: 面角位错中, $\frac{a}{6}$[110]是纯刃型的, 其柏氏矢量位于(001)面上, 其滑移面是(001), 但 FCC 的滑移面应是 {111}, 因此, 这个位错是固定位错。

面角位错: 形成于两个 {111} 面之间的面角上, 是由**三个不全位错和两片层错**所构成的位错组态。它对面心立方晶体的加工硬化可起重大作用。

3.3 表面及界面

表面: 固体与气体或液体的分界面。

界面: 包含几个原子层厚, 原子排列与成分不同于晶体内部。

面缺陷分类如图 3.40 所示。

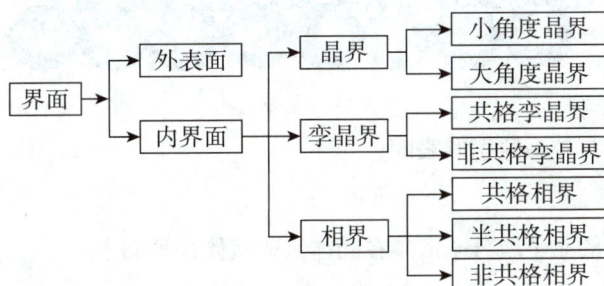

图 3.40 面缺陷分类

3.3.1 表面

1. 表面分类

(1) 理想表面 (见图 3.41): 表面的原子位置和电子密度都与体内一样。

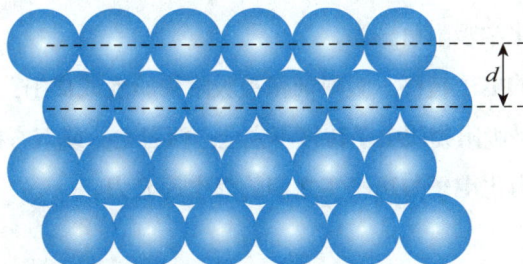

图 3.41 理想表面

(2) 清洁表面 (见图 3.42): 不存在任何污染的化学纯表面 (台阶表面 + 重构表面 + 弛豫表面)。

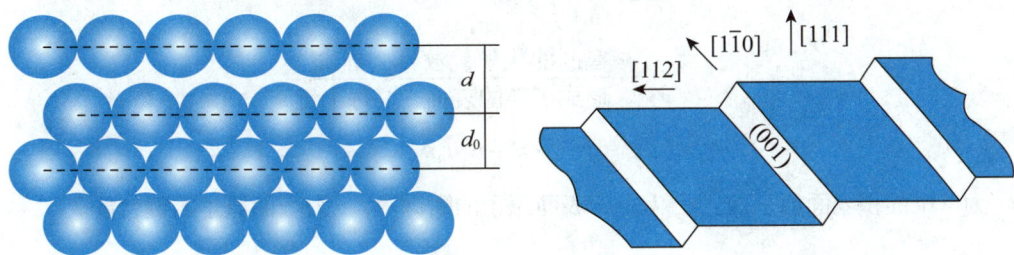

图 3.42 清洁表面

85

弛豫： 表面附近的点阵常数发生明显的变化。

台阶化： 出现一种比较规律的非完全平面结构。

重构（见图 3.43**）：** 表面原子重新排列，形成不同于体内的晶面。

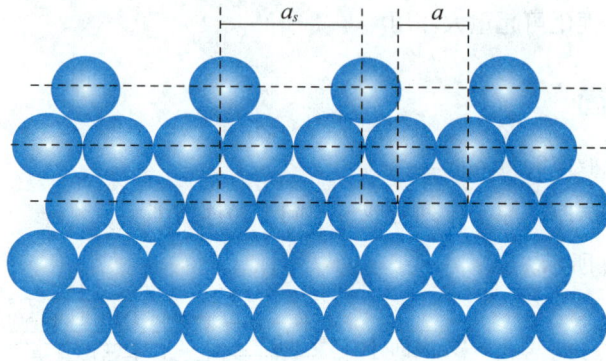

图 3.43　表面重构

（3）吸附表面：吸附有外来原子的表面。

2. 表面吸附与偏析

（1）吸附：指气相中的原子或分子沾集在固体（或液体）表面上。

（2）偏析：指固溶体（或溶液）中的溶质原子富集在表面层内。

3. 物理吸附与化学吸附

（1）物理吸附：反应分子靠范德华力吸附在固体表面上。

（2）化学吸附：吸附剂和吸附物的原子和分子间发生电子转移，改变吸附分子的结构，类似化学反应。

作用力为静电库仑力。化学吸附可分为：

①**离子吸附：发生完全的电子转移，吸附剂和被吸附物质变成离子，两者的结合为离子键。**

②**化学吸附：吸附剂和被吸附物质电子转移不完全，两者之一或双方都提供电子作为共有化电子，形成局部价键，结合力是共有化电子与离子实之间的静电库仑力。**

4. 表面能

定义：形成单位面积的新表面所需做的功（J/m^2）。表面能物理意义如图 3.44 所示。

$$\gamma = \left(\frac{dW}{dA}\right)_{T.V.U_i(恒温恒容，组元化学势不变)}$$

$$\gamma = \frac{被割断的化学键数目}{形成了新的表面} \times \frac{能量}{每个键}$$

$$\gamma = \frac{1}{2} n_A n_B \varepsilon$$

式中，n_A 为单位面积表面原子数，n_B 为每个表面原子的断键数，ε 为表面原子的键合能。

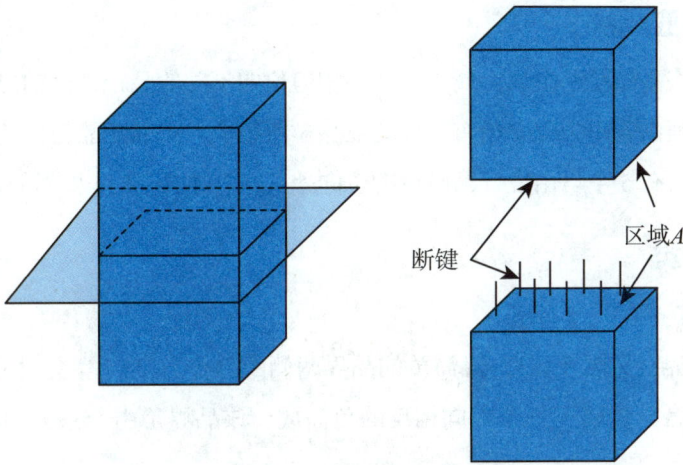

图 3.44　表面能物理意义

5. 表面能与晶体的平衡外形

（1）表面能的来源：由于近邻键数的减少，表面上的原子能量增高。最密排表面具有最低的表面能。

（2）表面能与取向关系：宏观表面具有高的或无理 $\{hkl\}$ 指数时，表面将呈现台阶结构，台阶的每一宽面都是密排面。

表面能示意图如图 3.45 所示。

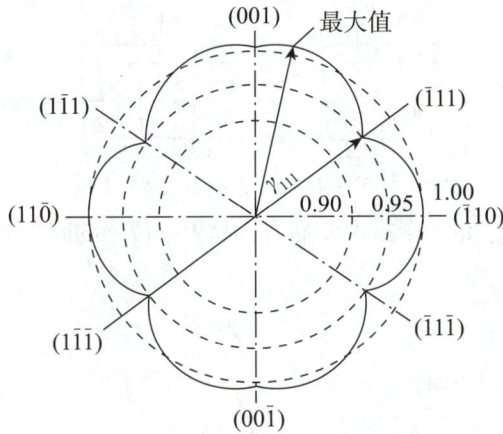

图 3.45　表面能示意图

6. 表面能影响因素

（1）表面原子密排程度：原子密排的表面具有最小的表面能，所以自由晶体暴露在外的表面通常是低表面能的原子密排晶面。

（2）晶面取向：晶体中的表面张力是各向异性的。

（3）曲率：曲率越大，表面能越大。

表面原子的较高能量状态及其所具有的残余结合键，将使外来原子容易被表面吸附，降低表面能。

3.3.2　晶界和亚晶界

多数晶体物质由许多晶粒所组成，属于同一固相但位向不同的晶粒之间的界面称为**晶界**。

每一个晶粒有时候由若干个位向稍有差异的亚晶粒所组成，相邻亚晶粒间的界面称为**亚晶界**。

三维点阵的晶界具有 5 个自由度：两晶粒的位向差（3 个自由度）+ 界面的取向（2 个自由度）。

3.3.3　晶界分类

1. 小角度晶界（$\theta < 10°$）

（1）对称倾侧晶界（见图 3.46）：最简单的晶界两侧的晶体有位向差 θ，相当于晶界两边的晶体绕平行于位错线的轴各自旋转了一个方向相反的角而成。该晶界是由一系列相隔一定距离的刃型位错垂直排列而构成的。

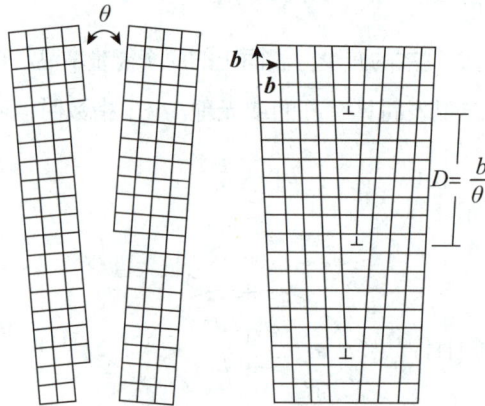

图 3.46　对称倾侧晶界

这种晶界只有一个变量 θ，是一个自由度晶界。晶界中位错的间距 D 可按下式求得：

$$D = \frac{b}{2\sin\dfrac{\theta}{2}}$$

式中，b 为柏氏矢量。当 θ 值很小时，

$$\frac{b}{D} \approx \theta$$

例如，当 $\theta = 1°$ 时，$b = 0.25$ nm，则位错间距为 14 nm。而当 $\theta = 10°$ 时，$b = 0.25$ nm，位错间距离仅 1.4 nm，即只有 5 个原子间距，此时位错密度太大，说明此模型不适用。

（2）不对称倾侧晶界（见图 3.47）：如果倾侧晶界的界面绕 x 轴转了一个角度 φ，两晶粒之间的倾侧角度为 θ，θ 角仍然很小，但是，界面相对于两晶粒是不对称的，所以称为不对称倾侧晶界。

不对称倾侧晶界有 φ 和 θ 两个自由度。在这种情况下，只靠垂直的同号刃型位错（柏氏矢量为 b）排列就不够了，还要加入另一组柏氏矢量 b_1（与 b 垂直的位错）。由此可见，不对称倾侧晶界是由两组柏氏矢量相互垂直的刃型位错组成的。

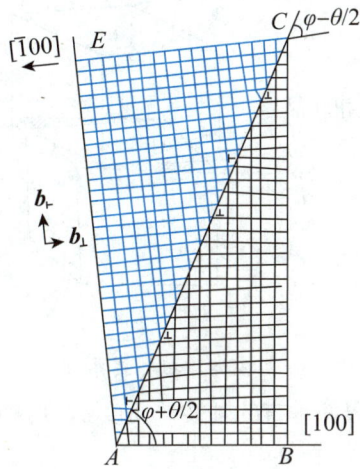

图 3.47　不对称倾侧晶界

① AC 晶界上面单位长度纵向排列的⊥型位错数目为

$$\rho_{\perp} = \frac{\left(\dfrac{EC - AB}{b_{\perp}}\right)}{AC} = \frac{1}{b_{\perp}}\left(\frac{EC}{AC} - \frac{AB}{AC}\right)$$

$$= \frac{1}{b_{\perp}}\left[\cos\left(\varphi - \frac{\theta}{2}\right) - \cos\left(\varphi + \frac{\theta}{2}\right)\right]$$

$$= \frac{1}{b_{\perp}}2\sin\frac{\theta}{2}\sin\varphi \xrightarrow{\theta很小} \frac{1}{b_{\perp}}2\frac{\theta}{2}\sin\varphi = \frac{\theta\sin\varphi}{b_{\perp}}$$

$$D_{\perp} = \frac{1}{\rho_{\perp}} = \frac{b_{\perp}}{\theta\sin\varphi}$$

② AC 晶界上面单位长度横向排列的⊢型位错数目为

$$\rho_{\vdash} = \frac{\left(\dfrac{BC - AE}{b_{\vdash}}\right)}{AC} = \frac{1}{b_{\vdash}}\left(\frac{BC}{AC} - \frac{AE}{AC}\right)$$

$$= \frac{1}{b_{\vdash}}\left[\sin\left(\varphi + \frac{\theta}{2}\right) - \sin\left(\varphi - \frac{\theta}{2}\right)\right]$$

$$= \frac{1}{b_{\vdash}}2\sin\frac{\theta}{2}\cos\varphi \xrightarrow{\theta很小} \frac{1}{b_{\vdash}}2\times\frac{\theta}{2}\cos\varphi = \frac{\theta\cos\varphi}{b_{\vdash}}$$

$$D_{\vdash} = \frac{1}{\rho_{\vdash}} = \frac{b_{\vdash}}{\theta\cos\varphi}$$

（3）扭转晶界：将一个晶体沿中间平面切开，然后使上半晶体绕 z 轴转过 θ 角，再与下半晶体会合在一起，形成如图 3.48 所示的扭转晶界。

图 3.48　扭转晶界

晶界与图面平行，两晶粒绕与界面垂直的轴转一角度 θ。这种晶界是由两组螺型位错交叉网所构成的。

2. 亚晶界（$\theta<2°$）

事实上每个晶粒中还可分成若干个更为细小的亚晶粒（0.001 mm），亚晶粒之间存在着小的位向差，相邻亚晶粒之间的界面称为亚晶界。亚晶粒更接近于理想的单晶体。位向差一般小于 2°，属于小角度晶界，具有晶界的一般特征。

3. 大角度晶界（$\theta>10°$）

晶界可看成好区与坏区交替相间组合而成的。随着位向差 θ 的增大，坏区的面积将相应增加。纯金属中，大角度晶界的宽度一般不超过 3 个原子间距。

4. 孪晶界和孪晶

两个晶体（或一个晶体的两部分）沿一个公共晶面构成对称的位向关系，这两个晶体就称为孪晶，这个公共的晶面即孪晶面。

孪晶界可分为共格孪晶界和非共格孪晶界，如图 3.49 所示。

共格孪晶界：又称孪晶面，其上的原子同时位于两侧晶体点阵的结点上，为两者共有。孪晶面为无畸变的完全共格界面，界面能约为普通晶界能的 1/10，很低，很稳定。

非共格孪晶界：孪晶界相对于孪晶面旋转一角度，其上的原子只有部分为两部分晶体所共有，原子错排较严重，这种孪晶界的能量相对较高，约为普通晶界的 1/2。

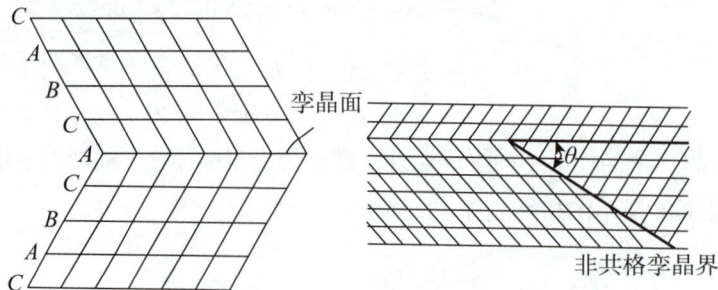

图 3.49　孪晶界

3.3.4　晶界能

晶界能定义为形成单位面积晶面时，系统自由能的变化，即$\dfrac{\mathrm{d}F}{\mathrm{d}A}$。它等于界面区单位面积的能量减去无界面时该区单位面积的能量，也可看成由于晶界上点阵畸变增加的那部分额外自由能。

1. 来源

从理论上来讲，晶界能包括两部分：

（1）由原子离开平衡位置所引起的弹性畸变能（或应变能），其大小取决于错配度 δ 大小；

（2）由界面上原子间结合键数目和强度发生变化所引起的化学交互作用能，其大小取决于界面上原子与周围原子的化学键结合状况。

相界面结构不同，界面能与应变能所占的比例不同。

2. 小角度晶界的界面能

由于小角度晶界单位面积上的界面能为

$$\gamma = \gamma_0 \theta (A - \ln \theta)$$

式中，

$$\gamma_0 = \frac{Gb}{4\pi(1-v)}, \quad A = \frac{\gamma_c^{刃} \cdot 4\pi(1-v)}{Gb^2}$$

故小角度晶界能 γ 是相邻两晶粒之间位向差 θ 的函数，**位向差 θ 增加，界面能增加**。

3. 大角度晶界的界面能

实际上，多晶体的晶界一般为大角度晶界，各晶粒的位向差大多在 $30°\sim40°$，实验测出各种金属大角度晶界能在 $(0.25\sim1.0)$ J/m² 范围内，与晶粒之间的位向差无关，**大体上为定值**（见图 3.50）。

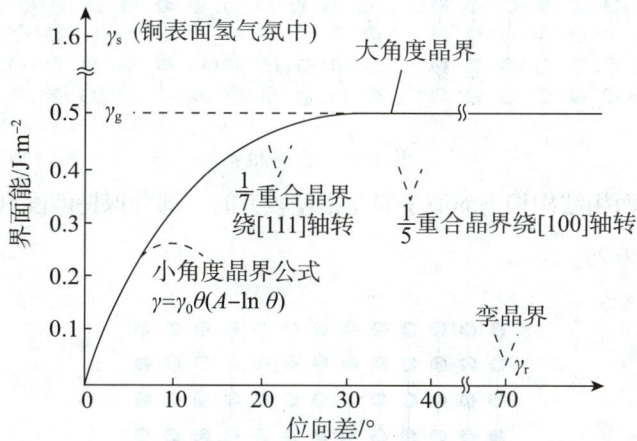

图 3.50　晶界能量

4. 孪晶界的界面能

共格孪晶界，其化学键能很低，应变能基本没有，界面能约为 20 mJ/m²。

非共格孪晶界，有较高的化学键能，界面能为 $(100\sim500)$ mJ/m²。

晶界的界面能的测量：晶界能可通过测定界面交角求出其相对值，三叉晶界如图 3.51 所示，三个晶粒相遇，在达到平衡时，O 点处的界面张力 γ_{1-2}，γ_{2-3}，γ_{3-1} 必须达到力学平衡。

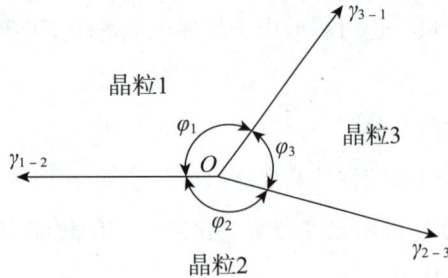

图 3.51　三叉晶界

$$\frac{\gamma_{1-2}}{\sin \varphi_3} = \frac{\gamma_{2-3}}{\sin \varphi_1} = \frac{\gamma_{3-1}}{\sin \varphi_2}$$

在平衡状态下，三叉晶界的各面角均趋于最稳定的 120°。

3.3.5　相界

具有不同结构的两相之间的分界面称为**相界**。

（1）**共格相界**：界面上的原子同时位于两相晶格的结点上，错配度 $\delta < 0.05$（见图 3.52）。

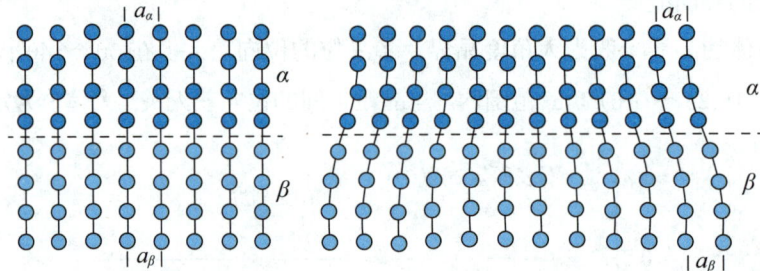

图 3.52　共格相界

（2）**半共格相界：两相结构相近而原子间距相差较大时，部分保持匹配**（见图 3.53）。

错配度： $0.05 < \delta < 0.25$。

图 3.53　半共格相界

$$\delta = \frac{a_\beta - a_\alpha}{a_\beta}$$

（3）非共格相界：两相在界面处的原子排列相差很大，相界与大角度晶界相似，错配度 $\delta > 0.25$（见图 3.54）。

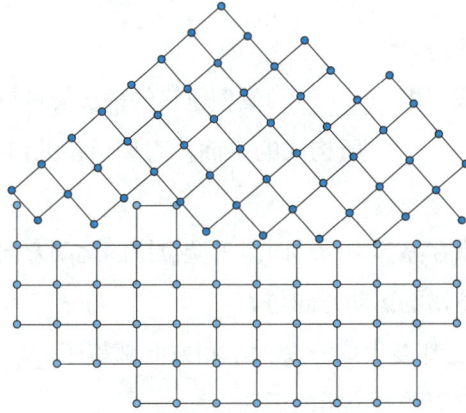

图 3.54　非共格相界

对于共格相界，由于界面上原子保持着匹配关系，故界面上原子结合键数目不变，因此以**应变能为主**；

对于非共格相界，由于界面上原子的化学键数目和强度与晶内相比有很大差异，故其界面能以**化学能为主**，而且总的界面能较高。

从相界能的角度来看，从共格至半共格到非共格相界依次递增（见图 3.55）。

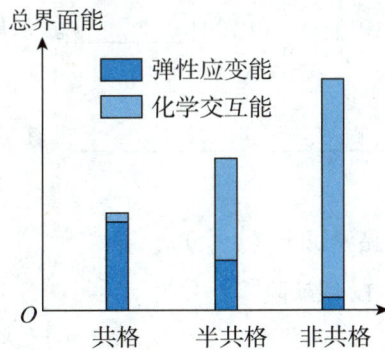

图 3.55　相界能

本章精选习题

一、填空题

1. 实际金属中最常见的点缺陷是_____和_____；线缺陷是_____；面缺陷是_____和_____。

2. 位错是_____与_____的边界线。

3. 刃型位错的柏氏矢量与位错线互相_____，螺型位错的柏氏矢量与位错线互相_____。

4. 位错的滑移面是_____和_____所构成的平面。刃型位错的滑移面有_____个；螺型位错的滑移面有_____个。

5. 在外加切应力作用下，当位错在晶体中滑动时，刃型位错的运动方向与 b_____，与 τ_____，与其位错线_____；螺型位错的运动方向与 b_____，与 τ_____，与其位错线_____。

6. 两位错交割时，每条位错线上都要生成一个大小和方向都等于_____的扭折或割阶。由于扭折是处在_____面上，故它不影响原位错的运动。

7. 位错的应变能正比于_____。

8. 刃型位错可以进行_____运动，螺型位错可以进行_____运动。

9. 面心立方晶体中两种不全位错是_____不全位错和_____不全位错，它们的柏氏矢量分别是_____和_____。

10. 在外加切应力 τ 的作用下，位错线所受到的力 F，其大小为_____，其方向为_____。

11. 能作为弗兰克－瑞德位错源的位错必须满足的条件是_____和_____。

12. 面心立方晶体中位错反应 $\frac{a}{2}[\bar{1}01] \rightarrow \frac{a}{6}[\bar{1}\bar{1}2]+$_____。从能量条件分析，此反应_____（能／不能）进行。

13. 相界面结构有三类，它们是_____、_____、_____，其中_____界面能最低。

二、选择题

1. 实际金属中存在许多缺陷，其中晶界属于（　　）。

　　A. 点缺陷　　　　　　　　B. 线缺陷　　　　　　　　C. 面缺陷

2. 一个位错环可以是（　　）。

　　A. 各部分都是螺型位错

　　B. 各部分都是刃型位错

　　C. 一部分为螺型位错，一部分为刃型位错

3. 在面心立方晶体中的（111）晶面上，有一个 $b=\frac{a}{2}[\bar{1}10]$ 的螺型位错，当运动受阻时，它将通过交滑移转移到（　　）滑移面上继续运动。

A. $(\bar{1}01)$　　　　　　　B. $(1\bar{1}1)$　　　　　　　C. $(11\bar{1})$

4. 在晶体中形成空位的同时又产生间隙原子，这样的缺陷称为（　　）。

　　A. 肖特基缺陷　　　　　　B. 弗仑克尔缺陷　　　　C. 线缺陷

5. 两平行螺型位错，当柏氏矢量同向时，其相互作用力（　　）。

　　A. 为零　　　　　　　　　B. 相斥　　　　　　　　　C. 相吸

6. 不能发生攀移运动的位错是（　　）。

　　A. 肖克利不全位错　　　　B. 弗兰克不全位错　　　C. 刃型全位错

7. 能进行交滑移的位错必然是（　　）。

　　A. 刃型位错　　　　　　　B. 螺型位错　　　　　　　C. 混合位错

8. 位错在运动时，（　　）。

　　A. 位错长度不变　　　　　B. 位错线的形状不变　　C. 柏氏矢量不变

9. 一根弯曲的位错线，（　　）。

　　A. 具有唯一的位错类型　　B. 具有唯一的柏氏矢量　C. 位错类型和柏氏矢量处处不同

10. 位错线运动时，其受力方向（　　）。

　　A. 指向已滑移区　　　　　B. 指向未滑移区　　　　C. 与位错线平行

三、判断题

（　　）1. 刃型位错线总是一条直线。

（　　）2. 一根曲折的位错线，其各部分的柏氏矢量相同。

（　　）3. 弗兰克不全位错属于固定位错。

（　　）4. 螺型位错应力场不存在正应力分量，只存在切应力分量。

（　　）5. 要使 F–R 位错源开动增殖，所需的临界切应力与该位错线长度成正比。

（　　）6. 层错能愈高的金属，愈不易分解为扩展位错。

（　　）7. 不论是刃型位错还是螺型位错，它们的滑移方向总是与外切应力相垂直。

（　　）8. 螺型位错运动时，原子移动方向始终垂直于位错线。

四、问答题

1. 晶体中是否一定存在缺陷？为什么？

2. 点缺陷是如何产生的？如何运动？对材料的性能有什么影响？

3. 柏氏矢量如何确定？有什么意义和特点？

4. 晶体中位错柏氏矢量可否是任意的，为何常用柏氏矢量只有少数几个？

5. 位错能不能终止于晶体内部，为什么？

6. 在位错发生滑移时，请分析刃型位错、螺型位错和混合位错的位错线 L 与柏氏矢量 b 之间的夹角关系，位错线运动方向及滑移面个数。（请绘表格作答）

7. 请从原子排列、弹性应力场、滑移性质、柏氏矢量等方面对比刃型位错、螺型位错的主要特征。

8. 一根位错线是否能全为刃型位错或螺型位错？

9. 柏氏矢量相同但大小不同的两个位错环，在相同切应力下哪个容易移动？为什么？

精选习题参考答案

一、填空题

1. 空位；间隙原子；位错；晶界；亚晶界。

2. 已滑移区；未滑移区。

3. 垂直；平行。

4. 位错线；柏氏矢量；1；无数。

5. 平行；平行；垂直；垂直；垂直；垂直。

6. 对方柏氏矢量；原位错的滑移。

7. $|b|^2$。

8. 滑移和攀移；滑移和交滑移。

9. 肖克利；弗兰克；$\dfrac{a}{6}$ <112>；$\dfrac{a}{3}$ <111>。

10. τb；垂直位错线并指向未滑移区。

11. 处在滑移面上的可动位错；该位错两端被钉扎住。

12. $\dfrac{a}{6}$ [$\bar{2}$11]；能。

13. 共格相界；半共格相界；非共格相界；共格相界。

二、选择题

1.【答案】C

【解析】晶界属于面缺陷。

2.【答案】B

【解析】位错环可以全是刃型位错。

3.【答案】C

【解析】在面心立方晶体中的（111）晶面上，有一个 $b = \dfrac{a}{2}$ [$\bar{1}$10] 的螺型位错，当运动受阻时，它将通过交滑移转移到（11$\bar{1}$）滑移面上继续运动。

4.【答案】B

【解析】弗仑克尔缺陷 = 空位 + 间隙原子。

5.【答案】B

【解析】同号相斥，异号相吸。

6.【答案】A

【解析】肖克利不全位错有层错拽着它，不能攀移。

7.【答案】B

【解析】螺型位错可以交滑移，其滑移面不唯一。

8.【答案】C

【解析】柏氏矢量是位错的"身份证号"，位错运动时不变化。

9.【答案】B

【解析】位错的"身份证号"唯一。

10.【答案】B

【解析】位错的受力方向指向未滑移区。

三、判断题

1.【答案】×

【解析】刃型位错线可以是任意形状。

2.【答案】√

【解析】柏氏矢量具有唯一性。

3.【答案】√

【解析】略。

4.【答案】√

【解析】略。

5.【答案】×

【解析】要使 F–R 位错源开动增殖，所需的临界应力与该位错线长度成反比。

6.【答案】√

【解析】略。

7.【答案】×

【解析】不论是刃型位错还是螺型位错，它们的滑移方向总是与外切应力相平行。

8.【答案】×

【解析】螺型位错运动时，原子移动方向始终平行于位错线。

四、问答题

1.【解析】晶体中一定存在点缺陷，但不一定存在线缺陷、面缺陷。

晶体中的原子在三维空间呈周期性的规则排列，这仅仅是一种理想情况。在实际晶体中，由于晶体的生长条件、原子的热运动及材料加工过程中各种因素的影响，使原子排列不可能完全规则和完善，往往存在着偏离理想结构的区域。通常把晶体中原子偏离其平衡位置而出现不完整性的区域称为晶体缺陷。根据晶体缺陷的几何特征，可将其分为点缺陷、线缺陷、面缺陷。

点缺陷在空间三维方向的尺寸很小，相当于原子数量级，如空位、间隙原子等，包括肖特基空位和弗仑克尔空位。点缺陷一方面引发点阵畸变，使体系自由能升高，这导致热力学不稳定；另一方面使原子排列混乱度增大，导致熵值增高，促使体系稳定性增加，从而具有一定的热力学平衡浓度，这区别于其他晶体缺陷。

晶体中的线缺陷指各种类型的位错，它是晶体中某处一列或若干列原子发生了有规律的错排现象，错排区是细长的管状畸变区域。位错类型有刃型位错、螺型位错、混合位错。由于位错增加的熵值相比于其提高的自由能小得多，因此不是热力学平衡缺陷，从而不一定存在。

面缺陷的特点是一个方向上的尺寸很小，另外两个方向上的尺寸很大。晶体的面缺陷包括两类：一是晶体的外表面；二是晶体的内界面。其中内界面又包括晶界、亚晶界、孪晶界、相界、堆垛层错等。面缺陷对金属的物理性能、化学性能和力学性能都有着重要影响。

2. 【解析】点缺陷是热力学平衡缺陷，在一定温度下，晶体总存在一定数量的点缺陷，此时体系能量最低。平衡点缺陷通过热振动中能量起伏产生；过饱和点缺陷通过高温淬火、辐射、冷加工等外来作用产生。点缺陷的迁移、复合导致浓度降低，聚集会导致浓度升高或塌陷。点缺陷不仅会引起晶格畸变，还会影响材料物理性能，如导致电阻率增大、密度减小，也可能使屈服强度提高。

3. 【解析】实际晶体中避开严重畸变区，在位错周围沿着点阵结点形成封闭右旋回路，然后在理想晶体中按同样顺序作同样大小的回路，其中从终点到起点的矢量即该位错的柏氏矢量。

柏氏矢量 b 可以表征位错畸变的大小和位错滑移的方向；b 可以判断位错类型，结合多余半原子面位置判断正负刃型位错；晶体滑移方向和大小就是柏氏矢量 b 的方向和大小。位错具有唯一性、可加性、守恒性。

4. 【解析】实际晶体中柏氏矢量不是任意的，必须符合结构条件和能量条件。结构条件是柏氏矢量必须连接晶体中一个原子平衡位置到另一个平衡位置；能量条件是柏氏矢量所表征的位错尽量处于最低能量。能量越低位错越稳定，所以柏氏矢量越小位错越稳定，晶体中存在的位错及其柏氏矢量只有少数几个。

5. 【解析】位错不能终止于晶体内部。理由如下。

设柏氏矢量为 b 的位错 AB 中断于晶体内的 B 点，如图所示。AB 线两侧的 I 区是已滑移区，II 区是未滑移区，则 AB 线未涉及的 III 区只能为如下两种情况之一：

如果为已滑移区，则 II – III 区的界线 BC 必定是一段位错线；如果为未滑移区，则 I – III 区的界线 BC' 必定是一段位错线。

以上两种情况都说明，无论是 BC 还是 BC'，也不管它们是什么形状，都是位错线，并且是 AB 伸向晶体表面的延续线，柏氏矢量也为 b，即与 AB 为同一条位错线。这就证明了位错线不能终止于晶体内部。

6.【解析】

类型	b 与位错线 L	位错线 L 运动方向	滑移面个数
刃型位错	垂直	法线	唯一
螺型位错	平行	法线	多个
混合位错	一定角度	法线	唯一

7.【解析】刃型位错的主要特征如下：

原子排列：晶体中有一个额外的半原子面，形如刀刃插入晶体。

弹性应力场：刃型位错引起的应力场既有正应力又有切应力。

位错线：可以是折线或曲线，但位错线一定与滑移（矢量）方向垂直。

滑移性质：滑移面唯一，位错线的移动方向与晶体滑移方向平行（一致）。

位错线与柏氏矢量垂直。

螺型位错的主要特征如下：

原子排列：上下两层原子发生错排，错排区原子依次连接呈螺旋状。

弹性应力场：螺型位错应力场为纯切应力场。

位错线：螺型位错与晶体滑移方向平行，故位错线一定是直线。

滑移性质：螺型位错的滑移面不唯一，位错线的移动方向与晶体滑移方向相互垂直。

位错线与柏氏矢量平行。

运动位错扫过的区域晶体的两部分发生了柏氏矢量大小的相对运动（滑移）；位错移出晶体表面将在晶体的表面上产生柏氏矢量大小的台阶。（这一点刃型位错和螺型位错相同。）

8.【解析】分情况来说，一根位错线可以全为刃型位错，不可全为螺型位错。如果一个位错环柏氏矢量处处垂直于位错环上的点（异面垂直），则该位错环上全是刃型位错，但是当位错环柏氏矢量与位错线平面平行时，则为刃型位错和螺型位错或者混合位错。当两者在空间中成一定角度，则各点刃型位错与螺型位错分量不同。

9.【解析】根据切应力公式:

$$\tau = \frac{Gb}{2r}$$

每个位错环都有临界分切应力。当切应力大于临界分切应力时，位错环不再保持稳定的平衡状态，会在恒定切应力作用下不断扩展。位错环半径越小，临界分切应力越大。因此，在相同切应力作用下，半径越大的位错环所需临界分切应力越小，越容易移动。

第四章

▼

固体中原子及分子的运动

第四章 固体中原子及分子的运动

本章复习导图

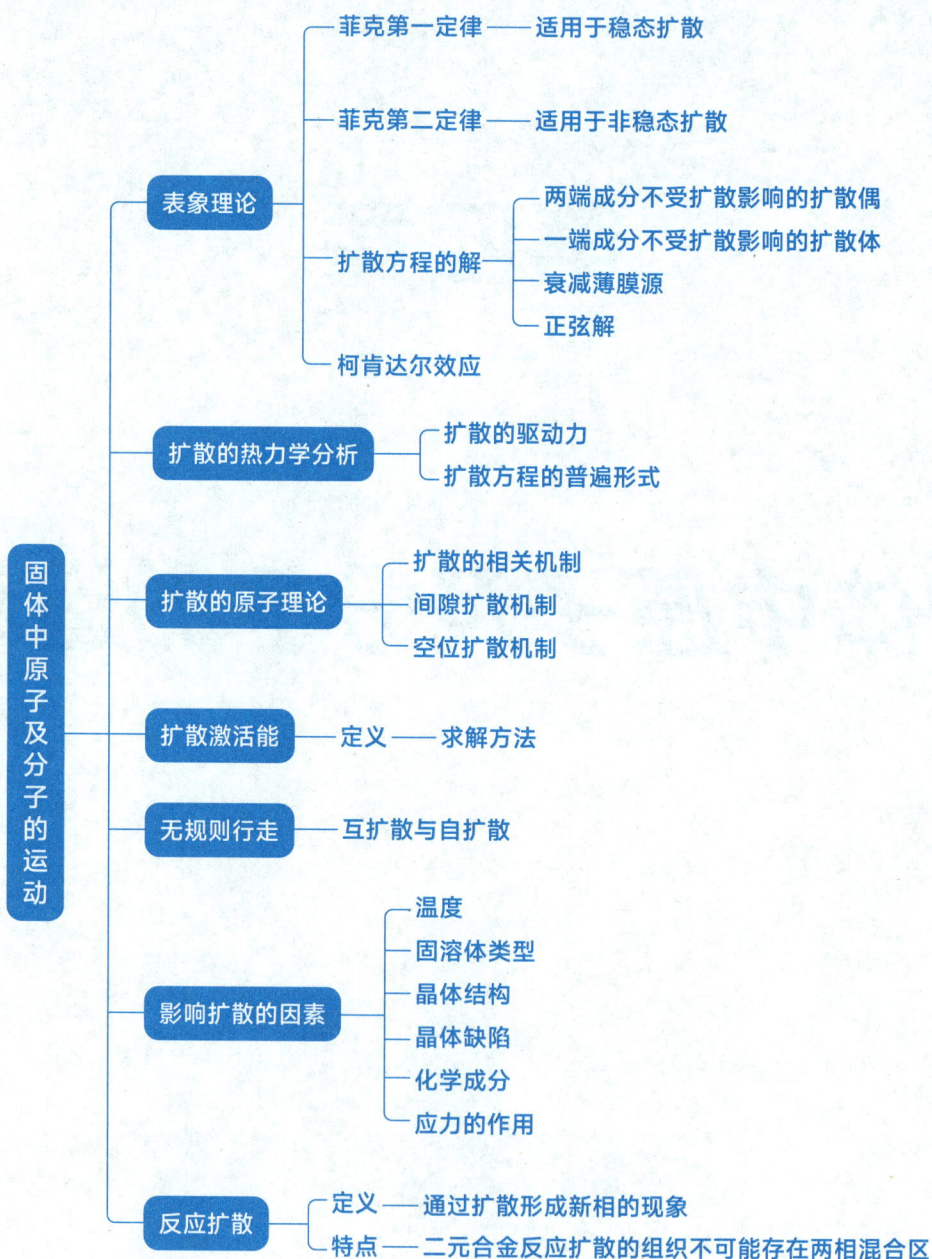

```
固体中原子及分子的运动
├─ 表象理论
│   ├─ 菲克第一定律 —— 适用于稳态扩散
│   ├─ 菲克第二定律 —— 适用于非稳态扩散
│   ├─ 扩散方程的解
│   │   ├─ 两端成分不受扩散影响的扩散偶
│   │   ├─ 一端成分不受扩散影响的扩散体
│   │   ├─ 衰减薄膜源
│   │   └─ 正弦解
│   └─ 柯肯达尔效应
├─ 扩散的热力学分析
│   ├─ 扩散的驱动力
│   └─ 扩散方程的普遍形式
├─ 扩散的原子理论
│   ├─ 扩散的相关机制
│   ├─ 间隙扩散机制
│   └─ 空位扩散机制
├─ 扩散激活能 —— 定义 —— 求解方法
├─ 无规则行走 —— 互扩散与自扩散
├─ 影响扩散的因素
│   ├─ 温度
│   ├─ 固溶体类型
│   ├─ 晶体结构
│   ├─ 晶体缺陷
│   ├─ 化学成分
│   └─ 应力的作用
└─ 反应扩散
    ├─ 定义 —— 通过扩散形成新相的现象
    └─ 特点 —— 二元合金反应扩散的组织不可能存在两相混合区
```

本章章节重点

✿✿ 4.1　表象理论

对流——由内部压强或密度差引起的；扩散——由原子热运动引起的。

扩散：当外界提供能量时，固体中原子或分子偏离平衡位置的周期性振动，作或长或短距离的跃迁的现象。

自扩散系数：在纯金属和无浓度梯度的固溶体中，由原子热运动所发生的扩散，用自扩散系数表示。

本征扩散系数：组元的浓度所驱动的扩散称为本征扩散，用本征扩散系数表示。

互扩散系数：各组元的本征扩散系数的加权平均值，不代表某一组元的扩散性质。

⚛ 4.1.1　菲克第一定律（扩散第一定律）

单位时间内通过垂直于扩散方向的单位面积的扩散物质质量（通称扩散通量）与该截面处的浓度梯度成正比，即

$$J = -D\frac{d\rho}{dx} = -D\frac{\Delta\rho}{\Delta x}$$

式中，J 为扩散通量，单位：个 $/(m^2 \cdot s)$ 或 $kg/(m^2 \cdot s)$ 或 $mol/(m^2 \cdot s)$。

D 为扩散系数，单位：m^2/s。

$\dfrac{d\rho}{dx}\left(\dfrac{\Delta\rho}{\Delta x}\right)$ 为质量浓度梯度，单位：$g/(m^3 \cdot m)$ 或 $kg/(m^3 \cdot m)$。

"–"表示物质的扩散方向与质量浓度梯度方向相反，即原子从高浓度方向向低浓度方向扩散。

应用：

史密斯应用菲克第一定律测定碳在 γ-Fe 中的扩散系数（扩散第一定律的意义），如图 4.2 所示。他将图 4.1 所示的一半径为 r、长度为 l 的纯铁空心圆筒置于 1 000 ℃高温中渗碳。

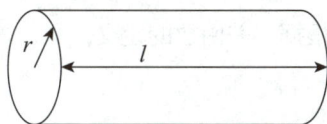

图 4.1　扩散模型

其扩散通量为

$$J = \frac{m}{At} = \frac{m}{2\pi r l t} = -D\frac{d\rho}{dr}$$

由菲克第一定律有

$$m = -2\pi l t D \frac{d\rho}{d(\ln r)} = 常数$$

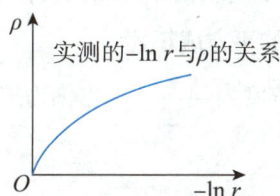

图 4.2　菲克第一定律的应用

4.1.2 菲克第二定律（扩散第二定律）

在扩散过程中，扩散物质的浓度随时间的变化率和浓度梯度对扩散方向的一阶导成正比，即

$$\frac{\partial \rho}{\partial t} = D \frac{\partial^2 \rho}{\partial x^2}$$

式中，D 为扩散系数，单位：m²/s。

ρ 为质量浓度，单位：个 /m³ 或 kg/m³。

x 为扩散距离，单位：m。

4.1.3 扩散方程的解

1. 两端成分不受扩散影响的扩散偶（无限长棒）（见图 4.3）

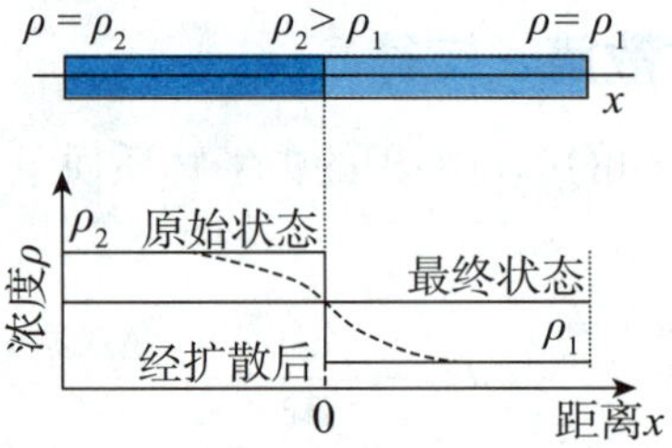

图 4.3 扩散偶的成分 – 距离曲线

初始条件：当 $t=0$，$x<0$ 时，$\rho=\rho_2$；当 $t=0$，$x>0$ 时，$\rho=\rho_1$。

边界条件：当 $t \geq 0$，$x=-\infty$时，$\rho=\rho_2$；当 $t \geq 0$，$x=+\infty$ 时，$\rho=\rho_1$。

质量浓度 ρ 随距离 x 和时间 t 变化的解析式为

$$\rho(x,t) = \frac{\rho_1+\rho_2}{2} + \frac{\rho_1-\rho_2}{2} \mathrm{erf}\left(\frac{x}{2\sqrt{Dt}}\right)$$

根据误差函数的定义，

$$\mathrm{erf}(\beta) = \frac{2}{\sqrt{\pi}} \int_0^\beta e^{-\beta^2} \mathrm{d}\beta$$

可以证明，

$$\mathrm{erf}(\infty)=1, \quad \mathrm{erf}(-\beta)=-\mathrm{erf}(\beta)$$

结论：

（1）可以确定不同时间 t 和距界面不同距离 x 处的浓度 ρ 及其分布规律，当 x 处的浓度为一确定值 $\rho(x)$ 时，**扩散所需时间 t 与层深 x 的平方成正比。**

（2）扩散过程中，界面（$x=0$）上浓度为 $\frac{\rho_1+\rho_2}{2}$（也称为扩散偶平均值）恒定不变，与时间无关。

（3）当 $\rho_1=0$ 时，

$$\rho(x,t) = \frac{\rho_2}{2}\left[1-\mathrm{erf}\left(\frac{x}{2\sqrt{Dt}}\right)\right]$$

2. 一端成分不受扩散影响的扩散体（渗碳：半无限长棒）

渗碳和脱碳模型如图 4.4 所示。

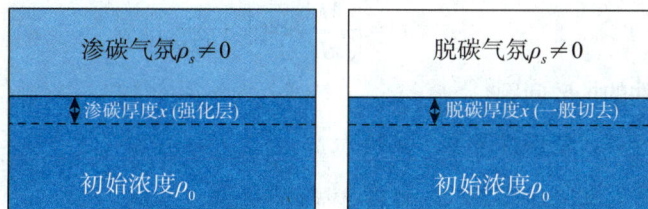

图 4.4 渗碳和脱碳模型

渗碳方程：

$$\rho(x,t) = \rho_s - (\rho_s - \rho_0)\mathrm{erf}\left(\frac{x}{2\sqrt{Dt}}\right)$$

$$\frac{\rho_s - \rho(x,t)}{\rho_s - \rho_0} = \mathrm{erf}\left(\frac{x}{2\sqrt{Dt}}\right)$$

脱碳方程（$\rho_s = 0$）：

$$\rho = 0 - (0 - \rho_0)\mathrm{erf}\left(\frac{x}{2\sqrt{Dt}}\right)$$

$$\frac{\rho}{\rho_0} = \mathrm{erf}\left(\frac{x}{2\sqrt{Dt}}\right)$$

渗碳层深度 x 与扩散时间 t 的关系：

$$x = A\sqrt{Dt} \quad （A \text{ 为常数}）$$

由上式可知，**渗碳层深度 x 增加 1 倍，则扩散时间 t 增加 4 倍**。

3. 衰减薄膜源

（1）向两边扩散。

薄膜扩散源随时间衰减后的分布方程（高斯解）：

$$\rho(x,t) = \frac{M}{2\sqrt{\pi Dt}}\exp\left(-\frac{x^2}{4Dt}\right)$$

图 4.5 所示为由上式计算的不同 $Dt\left(=\dfrac{1}{16}, \dfrac{1}{4}, 1\right)$ 的扩散物质浓度分布特点。

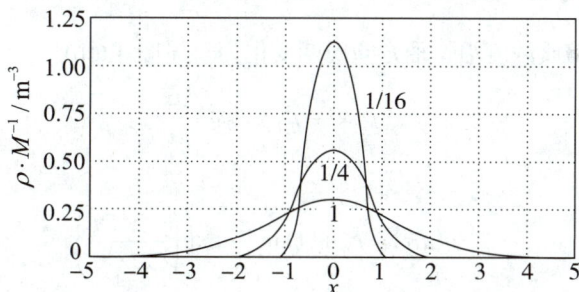

图 4.5 衰减薄膜源扩散后的浓度随距离变化的曲线

（2）向一边扩散。

分布方程：

$$\rho(x,t) = \frac{M}{\sqrt{\pi D t}} \exp\left(-\frac{x^2}{4Dt}\right)$$

适用于满足以下条件的扩散问题：

①扩散过程中扩散元素质量保持不变，其值为 M。

②扩散开始时，扩散元素集中在表面，好像一层薄膜。

当 $t=0$ 时，分布宽度为 0，振幅无穷大。因此，高斯解只是该问题的近似解，**扩散时间越长，扩散物质初始分布范围越窄，高斯解越精确**。

高斯解还可以求出任意时刻原子平均扩散距离 x：

$$x = \sqrt{2Dt}$$

即扩散距离 x 与扩散时间 t 的平方根成正比。

4. 正弦解（成分偏析的均匀化扩散）

固溶体合金在非平衡凝固条件下，晶内会出现枝晶偏析，由此对合金性能产生不利的影响。通常通过均匀化扩散退火来削弱这种影响。这种均匀扩散退火过程中组元浓度的变化可用菲克第二定律来描述。

假定沿某一横越二次枝晶轴直线方向上的溶质质量浓度变化按正弦波来处理〔见图 4.6(a)〕。

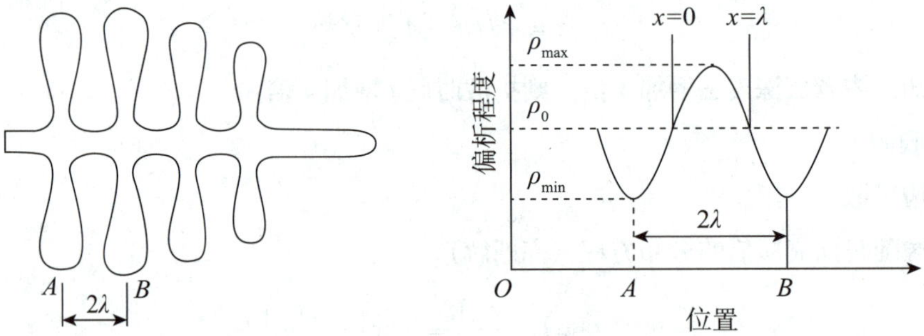

(a)二次枝晶示意图　　　(b)横跨枝晶从 A 到 B 的溶质变化

图 4.6　二次枝晶及溶质变化示意图

相关机制：

二次枝晶轴线方向上溶质浓度沿 x 轴方向周期变化为〔见图 4.6(b)〕

$$\rho(x) = \rho_0 + A_0 \sin\frac{\pi x}{\lambda}$$

正弦解为

$$\rho(x,t) = \rho_0 + A_0 \sin\frac{\pi x}{\lambda} \exp\left(-\frac{\pi^2 D t}{\lambda^2}\right)$$

峰值处浓度为

$$\rho_{\max}(x,t) = \rho_0 + A_0 \exp\left(-\frac{\pi^2 D t}{\lambda^2}\right)$$

所以有（偏析峰衰减程度）

$$\frac{\rho - \rho_0}{\rho_{\max} - \rho_0} = \exp\left(-\frac{\pi^2 D t}{\lambda^2}\right)$$

其中若要求均匀化扩散退火后成分偏析的振幅降到 1%，即

$$\exp\left(-\frac{\pi^2 D t}{\lambda^2}\right) = 1\%$$

则

$$t = 0.467\frac{\lambda^2}{D}$$

示例：凝固后的 Cu-Zn 合金内部出现枝晶偏析，在 880 K 下退火，3 h 可将偏析减弱到某种程度，如果要求退火时间为 0.5 h，为达到相同的退火效果，退火温度该如何选择？已知扩散激活能 $Q = 184$ kJ/mol。

解：正弦解为

$$\rho(x,t) = \rho_0 + A_0\sin\frac{\pi x}{\lambda}\exp\left(-\frac{\pi^2 D t}{\lambda^2}\right)$$

峰值处有

$$\frac{\rho - \rho_0}{\rho_{\max} - \rho_0} = \exp\left(-\frac{\pi^2 D t}{\lambda^2}\right)$$

由题意知

$$\exp\left(-\frac{\pi^2 D t}{\lambda^2}\right) = K(\text{常数})$$

于是

$$Dt = A(\text{常数})$$

$$\frac{t_2}{t_1} = \frac{D_1}{D_2} = \exp\left[-\frac{Q}{R}\left(\frac{1}{T_2} - \frac{1}{T_1}\right)\right]$$

代入数值有 $T_2 = 821.5$ K。

⚛ 4.1.4　柯肯达尔效应

当两种尺寸相近的不同组元在界面处发生扩散时，由于其系数不同（两组元扩散速率不同），界面会向扩散系数较大的一侧微量漂移，这种现象称为柯肯达尔效应。该效应说明置换固溶体中发生互扩散，组元之间扩散相互影响。

柯肯达尔效应的意义：否定了置换固溶体扩散的相邻原子直接换位机制，证明了空位机制的正确性。

空位扩散机制：在 Cu-Zn 合金的扩散偶中（图 4.7 所示的扩散偶，在 785 ℃进行扩散处理），由于 Zn 的扩散速率大于 Cu-Zn 合金中 Cu 的扩散速率，便发生 Zn 原子从标记面内层扩散至外层的通

量大于 Cu 原子从外层到内层的通量。

结果为：

（1）焊接面上的标记钼丝向内侧移动。

（2）实验表明，标记面移动距离和时间的关系：$\Delta l = k\sqrt{t}$，其中 Δl 表示标记面的移动距离。

（3）空位在内侧聚集。

整个过程属于空位扩散机制。

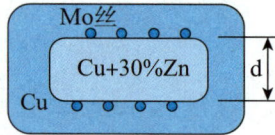

图 4.7　扩散偶

达肯方程：

$$J_A = vC_A + J_{A1} = v_m C_A - D_A \frac{dC_A}{dl}$$

$$J_B = vC_B + J_{B1} = v_m C_B - D_B \frac{dC_B}{dl}$$

$$v_m = (D_A - D_B)\frac{dx_A}{dl} = (D_B - D_A)\frac{dx_B}{dl}$$

两个半径相近的组元 A、B 构成扩散偶时，会出现柯肯达尔效应。

J_A、J_B 是 A、B 两个组元的扩散通量。

C_A、C_B 表示 A、B 的质量浓度。

x_A 和 x_B 表示两个组元的摩尔分数。

l 为扩散距离。

互扩散系数：

$$D = D_A x_B + D_B x_A$$

标记面移动速率：

$$\Delta l = k\sqrt{t} \Rightarrow v_m = \frac{d(\Delta l)}{dt} = \frac{k}{2\sqrt{t}} = \frac{\Delta l}{2t}$$

示例：在达肯实验中得到如下数据。

（1）扩散时间为 200 h。

（2）标记面移动距离 $\Delta l = 0.014\,4$ cm。

（3）互扩散系数 $D = 10^{-7}$ cm²/s。

（4）在标记截面，浓度 – 距离曲线的斜率为 $\frac{dx_A}{dl} = 2.0$ cm⁻¹。

（5）A 组元的摩尔分数为 $x_A = 0.4$。求组元 A 和 B 的本征扩散系数。

解：根据柯肯达尔效应，标记面移动速率为

$$v_m = (D_A - D_B)\frac{\mathrm{d}x_A}{\mathrm{d}l} = 2(D_A - D_B)$$

由标记面移动距离与时间的关系 $\Delta l = k\sqrt{t}$，可得

$$v_m = \frac{\mathrm{d}(\Delta l)}{\mathrm{d}t} = \frac{k}{2\sqrt{t}} = \frac{\Delta l}{2t} = \frac{0.0144}{2 \times 200 \times 3600}(\mathrm{cm/s})$$

互扩散系数为

$$\tilde{D} = D_A x_B + D_B x_A = (1-0.4)D_A + 0.4D_B = 10^{-7}(\mathrm{cm^2/s})$$

联立以上方程可得

$$D_A = 1.02 \times 10^{-7}\ \mathrm{cm^2/s}$$

$$D_B = 9.7 \times 10^{-8}\ \mathrm{cm^2/s}$$

注：D_A 和 D_B 称为本征扩散系数，或称为偏扩散系数，是指有浓度梯度的合金中，组元扩散不仅仅包含自身的自扩散，还包含浓度梯度引起的扩散。由合金中组元浓度梯度所引起的扩散称为组元的本征扩散，用本征扩散系数描述，本征扩散系数只能为正值。同样地，互扩散系数也是由浓度梯度引起的。

✿✿ 4.2　扩散的热力学分析

⚛ 4.2.1　扩散的驱动力

一个原子的自由能用偏摩尔吉布斯自由能来表示，称为化学势。化学势相当于重力场中的势能。

合金中相平衡的条件：给定组元在各相中的化学势相等；同一相中各点的化学势相等。

由于某种原因（如：化学成分不同），出现了化学势随距离 x 的变化（化学势梯度），原子 i 在 x 方向便会受到一驱动力 F 作用。

$$F = -\frac{\partial \mu_i}{\partial x}$$

原子扩散的驱动力是**化学势梯度**，不是浓度梯度。一般情况下，化学势梯度与浓度梯度方向相同，故扩散向浓度降低方向进行。

⚛ 4.2.2　扩散方程的普遍形式

原子所受的驱动力 F 可从化学势对距离求导得到：

$$F = -\frac{\partial \mu_i}{\partial x}$$

式中，负号表示驱动力与化学势下降的方向一致，也就是**扩散总是向化学势减小的方向**进行，即在等温等压条件下，只要两个区域中 i 组元存在化学势差 $\Delta \mu_i$，就能产生扩散，直至 $\Delta \mu_i = 0$。

原子的扩散平均速度 v 正比于驱动力 F：

$$v = BF \quad \text{（比例系数 } B \text{ 为迁移率）}$$

扩散通量等于扩散原子的质量浓度和其平均速度的乘积：

$$J = \rho_i v_i$$

由此可得

$$J = \rho_i B_i F_i = -\rho_i B_i \frac{\partial \mu_i}{\partial x}$$

由菲克第一定律：

$$J = -D \frac{\partial \rho_i}{\partial x}$$

比较以上两式可得

$$D = \rho_i B_i \frac{\partial \mu_i}{\partial \rho_i} = B_i \frac{\partial \mu_i}{\partial (\ln x_i)}$$

式中，$x_i = \dfrac{\rho_i}{\rho}$。在热力学中，$\partial \mu_i = kT \partial (\ln \alpha_i)$，$\alpha_i$ 为组元 i 在固溶体中的活度，并有 $\alpha_i = r_i x_i$，r_i 为活度系数，故上式为

$$D = kTB_i \frac{\partial (\ln \alpha_i)}{\partial (\ln x_i)} = kTB_i \left[1 + \frac{\partial (\ln r_i)}{\partial (\ln x_i)} \right]$$

由上式可得：当 $\left[1 + \dfrac{\partial (\ln r_i)}{\partial (\ln x_i)} \right] > 0$ 时，$D>0$，为"下坡扩散"；当 $\left[1 + \dfrac{\partial (\ln r_i)}{\partial (\ln x_i)} \right] < 0$ 时，$D<0$，为"上坡扩散"。

引起上坡扩散的其他原因：弹性应力的作用、晶界的内吸附、大的电场或温度场。

（1）弹性应力的作用。晶体中存在弹性应力梯度时，它促使较大半径的原子跑向点阵伸长部分，较小半径原子跑向受压部分，造成固溶体中溶质原子的不均匀分布。

（2）晶界的内吸附。晶界能量比晶内高，原子规则排列较晶内差，如果溶质原子位于晶界上可降低体系总能量，则它们会优先向晶界扩散，富集于晶界上，此时溶质在晶界上的浓度就高于在晶内的浓度。

（3）大的电场或温度场也促使晶体中原子按一定方向扩散，造成扩散原子的不均匀性。

❖❖ 4.3　扩散的原子理论

1. 扩散的相关机制

（1）交换机制：相邻原子的直接交换机制，即两个相邻原子互换了位置，包括环形交换机制、直接交换机制。

（2）间隙机制：在间隙扩散机制中，原子从一个晶格中间隙位置迁移到另一个间隙位置，包括推填机制、挤列机制。

（3）空位机制：晶体中扩散原子离开自己的点阵位置去填充空位，而原先的点阵位置形成新的空位，如此反复，实现原子的扩散（柯肯达尔效应就属于空位机制）。

（4）晶界扩散以及表面扩散：由于晶界、表面及位错等都可视为晶体中的缺陷，缺陷产生的畸变使原子迁移比在完整晶体内容易，导致这些缺陷中的扩散速率大于完整晶体内的扩散速率。因此，常把这些缺陷中的扩散称为"短路"扩散。

物体在双晶体中的扩散机制如图 4.8 所示，其扩散系数有如下结论：

$$D_{表面} > D_{晶界} > D_{位错}$$

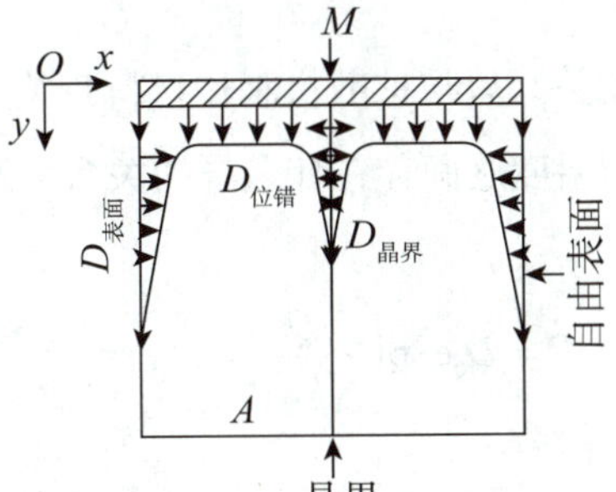

图 4.8　物体在双晶体中的扩散机制

2. 间隙扩散机制

原子在点阵的间隙位置之间跳跃而导致的扩散。

（1）间隙扩散的条件。

①结构条件：存在几何间隙位置。

②能量条件：要有一定的能量借以克服跳动时周围原子的阻力。

（2）**间隙扩散系数：**

$$D = D_0 \exp\left(\frac{-\Delta U}{kT}\right) = D_0 \exp\left(\frac{-Q}{kT}\right)$$

式中，D_0 为间隙扩散常数，与温度 T 无关；ΔU 为间隙扩散时溶质原子跳跃所需的额外内能，其等于间隙原子扩散激活能 Q。

3. 空位扩散机制

原子依靠与空位之间位置互换而导致的扩散。

（1）空位扩散的条件。

①结构条件：扩散原子周围存在点阵空位。

②能量条件：扩散原子具有超越能垒的迁移能。

③对于置换扩散或自扩散，扩散机制是空位扩散机制，因此还需考虑空位的形成能。

（2）**空位扩散系数：**

$$D = D_0 \exp\left(-\frac{\Delta U_V + \Delta U}{kT}\right) = D_0 \exp\left(-\frac{Q}{kT}\right)$$

可见，空位扩散所需的内能除原子**迁移能**ΔU外，还需要**空位形成能**ΔU_V。$\Delta U_V + \Delta U = Q$称为空位扩散激活能$Q$。

4.4 扩散激活能

扩散原子克服周围原子的能垒以实现跃迁所需的能量。

扩散系数一般表达式：$D = D_0 \exp\left(-\dfrac{Q}{RT}\right)$。

（1）$Q_{间隙} \ll Q_{置换}$；

（2）$Q_{FCC} > Q_{BCC}$；

（3）一般认为，D_0与Q大小无关，只与扩散机制和材料有关。

示例：激活能Q是什么？D和温度之间存在什么样的关系？如何根据这种关系求激活能？

解：Q为激活自由能。

$$D = D_0 \exp\left(-\frac{Q}{kT}\right) = D_0 \exp\left(-\frac{Q}{RT}\right)$$

两边取对数得

$$\ln D = \ln D_0 - \frac{Q}{RT}$$

作$\ln D$和$\dfrac{1}{T}$之间的关系图，如图4.9所示。测得斜率即可求得Q。

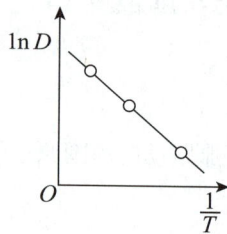

图4.9 $\ln D - \dfrac{1}{T}$的关系图

4.5 无规则行走

互扩散： 宏观不均匀固溶体内原子扩散将导致其中各部分浓度发生变化。

自扩散： 宏观均匀的固溶体中的原子发生迁移，各部分浓度都不发生变化。

扩散原子的行走很可能像花粉在水面上的布朗运动那样，原子可向各个方向随机地跳跃，是一种无规则行走。

设想一个原子作n次跳跃，并以矢量r_i表示各次跳跃，从原点到原子最终位置的长度和方向用矢量$\boldsymbol{R}_n$来表示。因为原子的跃迁是随机的，每次跃迁的方向与前次跃迁方向无关，对任一矢量方向的跃迁都具有相同的频率，则可得大量原子各自跃迁n次以后的平均值$\overline{R_n^2}$与跃迁的步长r的关系为

$$\overline{R_n^2} = nr^2$$

由上式可见，原子的平均迁移值与跳跃次数 n 的平方根成正比。原子跃迁的步长 $r \approx d$，跃迁频率 $\Gamma = \dfrac{n}{t}$，三维跃迁 $D = \dfrac{1}{6}d^2\Gamma = \dfrac{nr^2}{6t}$，代入 $D = d^2 P\Gamma$，得

$$\overline{R_n^2} = 6Dt \text{ 或} \sqrt{\overline{R_n^2}} = \sqrt{6Dt}$$

由上式可知，一个原子的平均位移与它跃迁的次数的平方根成正比，而 $n = \Gamma t$，由此可见，原子平均位移对温度非常敏感。

例如，铁在 925 ℃渗碳了 4 h，碳原子每秒跃迁 1.7×10^9 次，其在铁八面体跃迁的步长为 0.253 nm，则碳原子总迁移路程约为 6.2 km，而**实际上渗碳厚度约为 1.3 mm**，这是原子扩散以无规则跳跃的结果。假如在 20 ℃进行上述同样的处理，碳原子每秒只能跃迁 2.1×10^{-9} 次，总迁移路程减至 1.25×10^{-6} km，而平均位移为 1.4×10^{-9} mm，渗碳厚度几乎等于零。

✿✿ 4.6　影响扩散的因素

1. 温度

温度是影响扩散速率的最主要因素。温度越高，原子热激活能量越大，越易发生迁移，扩散系数也越大。

$$D = D_0 \exp\left(-\frac{Q}{RT}\right)$$

若温度升高，具有跳动条件的原子分数增加，空位浓度增大，扩散系数明显增大。如 C 在 γ-Fe 中扩散时，1 300 K 时的扩散系数大约是 1 200 K 的 3 倍。固态金属在室温下扩散系数很小，几乎不发生扩散。

2. 固溶体类型

间隙固溶体：间隙扩散机制，扩散激活能较小，原子扩散较快。

置换固溶体：空位扩散机制，由于原子尺寸较大，晶体中的空位浓度又很低，其扩散激活能比间隙扩散大得多。

间隙原子的扩散比置换原子的扩散快得多（间隙固溶体的扩散激活能 Q 较小，扩散系数 D 较大）。

例如，C、N 等溶质原子在铁中的间隙扩散激活能比 Cr、Al 等溶质原子在铁中的置换扩散激活能要小得多，因此，钢件表面热处理在获得同样渗层浓度时，渗 C、N 比渗 Cr 或 Al 等金属的周期短。

3. 晶体结构

晶体的致密度越高，原子扩散路径越窄，晶格畸变越大。晶体的致密度越高，原子结合能越大，扩散激活能越大，扩散系数越小。

晶体结构对扩散有影响，同素异构转变时扩散系数也随之改变。α-Fe 和 γ-Fe 的自扩散系数：BCC>FCC，BCC 为 FCC 的 240 倍，元素在 α-Fe 中扩散系数大。晶体致密度：体心立方致密度 <面

心立方致密度，原子较易迁移。

（1）合金元素在不同结构固溶体中的扩散也有差别，C 原子在 α-Fe 和 γ-Fe 中的扩散系数：BCC>FCC，BCC 为 FCC 的 30 倍。

（2）结构不同的固溶体对扩散元素的溶解限度是不同的，由此所造成的浓度梯度不同，也会影响扩散速率。例如，钢渗碳通常选取高温下奥氏体状态时进行，除了由于温度作用外，还因碳在 γ-Fe 中的溶解度远远大于在 α-Fe 中的溶解度，使碳在奥氏体中形成较大的浓度梯度，而有利于加速碳原子的扩散以增加渗碳层的深度。

（3）晶体的各向异性。一般来说，晶体的对称性越低，则扩散各向异性越显著。扩散方向上的致密度越小，原子沿这个方向的扩散也越快。在高对称性的立方晶体中，未发现 D 有各向异性，而具有低对称性的菱方结构的铋，沿不同晶向的 D 值差别很大，最高可达近 1 000 倍。

4. 晶体缺陷

在实际使用中的绝大多数材料是多晶材料。对于多晶材料，可以沿三种途径扩散，即晶内扩散、晶界扩散和表面扩散。

在多晶体中，扩散除在晶粒的点阵内部进行之外，还会沿着表面、界面、位错等缺陷部位进行，称后三种扩散为短路扩散。 温度较低时，短路扩散起主要作用；温度较高时，点阵内部扩散起主要作用，这是由于点阵部分相对于晶界所占比例很高所致。温度较低且一定时，晶粒越细，扩散系数越大，这是短路扩散在起作用。

在固体表面、界面和位错部位，由于缺陷密度较高，原子迁移率大而扩散激活能小，因此，通常表面扩散激活能约为点阵扩散激活能的 $\frac{1}{2}$；晶界扩散与位错扩散的激活能为点阵扩散激活能的 $0.6 \sim 0.7$ 倍。对间隙固溶体，由于溶质原子尺寸较小，扩散相对较为容易，因而短路扩散激活能与点阵扩散激活能差别不大，一般规律是 $D_{表面}>D_{晶界}>D_{体积}$，不同途径扩散时扩散系数与温度的关系如图 4.10 所示。

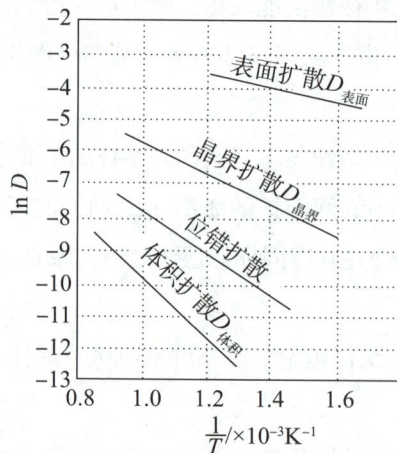

图 4.10　不同途径扩散时扩散系数与温度的关系

5. 化学成分

不同金属的自扩散激活能与其点阵的原子间结合力有关，因而与表征原子间结合力的宏观参量，如熔点、熔化潜能、体积膨胀或压缩系数相关，**熔点高的金属**的自扩散激活能必然大。

（1）扩散元素性质的影响。原子在晶体结构中跳动时必须挣脱其周围原子对它的束缚才能实现跃迁，这就要求部分地破坏原子结合键。因此扩散激活能 Q 和扩散系数 D 必然与原子结合键大小的宏观或者微观参量有关。无论在纯金属还是在合金中，原子结合键越弱，Q 越小，D 越大。

能够表征原子结合键大小的宏观参数主要有熔点 T_m、熔化潜热 L_m、升华潜热 L_s，以及膨胀系数 α 和压缩系数 k 等。一般来说，T_m、L_m、L_s 越小或者 α、k 越大，则原子的 Q 越小，D 越大。

（2）扩散原子浓度。C 在 A（奥氏体）中的扩散系数 D 随 C 浓度的增加而增大。

（3）第三组元的影响。合金元素对 C 在奥氏体中扩散的影响对钢的奥氏体化过饱和起到非常重要的作用。按合金元素作用的不同可以将其分为三种类型：

①碳化物形成元素 Cr、Mo、W 等与碳的结合力较大，降低 $D_{c-\gamma}$。

②Mn 等形成碳化物能力较弱，对 $D_{c-\gamma}$ 几乎没有影响。

③Co、Ni、Si 等非碳化物形成元素，提高 $D_{c-\gamma}$。

例如，Si 加入 Fe–C 合金中，使 C 的化学势升高，导致了 C 的上坡扩散，扩散偶在扩散退火 13d 后碳的浓度分布如图 4.11 所示。

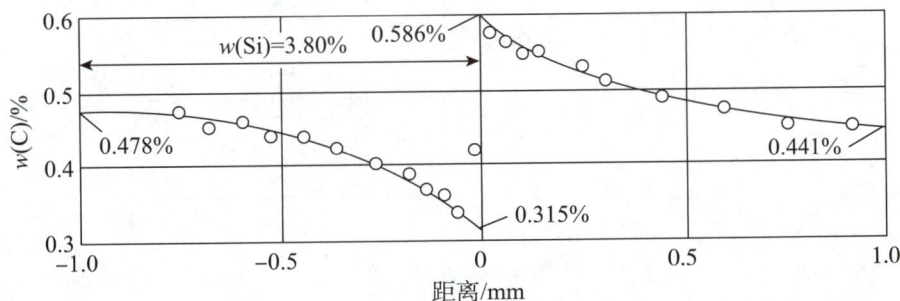

图 4.11　扩散偶在扩散退火 13d 后碳的浓度分布

这种现象发生的原因是**硅增加了 C 的活度，从而增加了 C 的化学势，使 C 从含 Si 的一边向不含 Si 的一边扩散。**非碳化物形成元素 Co、Ni、Al、Cu 等也有类似的作用。

6. 应力的作用

如果合金内部存在着应力梯度，应力就会提供原子扩散的驱动力。那么，即使溶质分布是均匀的，也可能出现化学扩散现象。由 $D = kTB$ 可知，扩散速率 D 的大小取决于迁移率 B 的大小，而 B 就是单位驱动力作用下原子的扩散速率。如果合金内部存在局域的应力场，应力就会提供原子扩散的驱动力 F，应力越大，原子扩散的驱动力越大，原子扩散的速度 v 越大，因为 $v = BF$。如果在合金外部施加应力，使合金中产生弹性应力梯度，也会促进原子向晶体点阵伸长部分迁移，产生扩散现象。

✿ 4.7 反应扩散

扩散元素的含量超过基体金属的溶解度时，则随着扩散的进行，在金属表层会形成一新相层（多为中间相），这种伴随新相出现的扩散过程称为反应扩散或相变扩散。

二元系渗层中无两相区的原因可由菲克定律的普遍形式 $J_i = -C_i B_i \dfrac{\partial \mu_i}{\partial x}$ 来解释。由于图 4.12(a) 中成分位于 $C_{\gamma\alpha} \sim C_{\alpha\gamma}$ 之间的合金在 T_0 温度时，是由化学势相等、互相平衡的 γ 和 α 相组成，因此图 4.12(b)、(c) 中若出现 $\alpha+\gamma$ 两相区，则此区中 $\dfrac{\partial \mu_i}{\partial x} = 0$，即没有扩散驱动力，于是通过此区的扩散通量 J_i 为零，扩散在此中断。这个结果显然与实际情况不符，所以不可能出现两相区。退一步讲，即使存在两相区，但由于此区左、右边界上不断有物质流入、流出，其结果必然会使某一相逐渐消失，最后由两相变为单相。

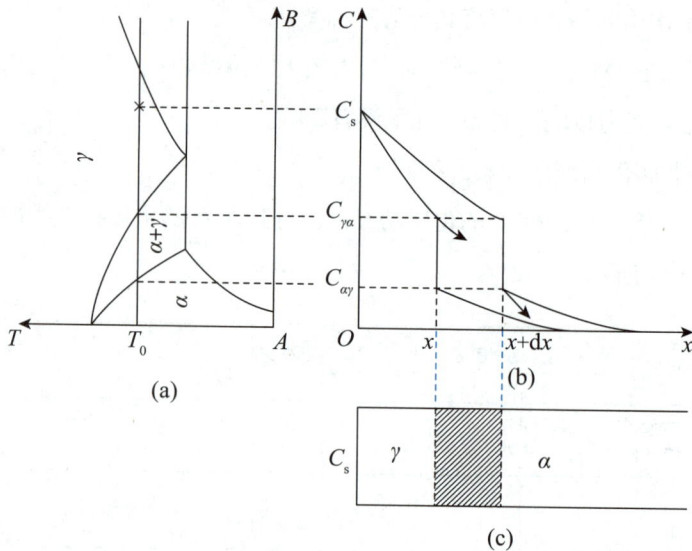

图 4.12 反应扩散

本章精选习题

一、选择题

1. 渗碳处理常常在钢的奥氏体区域进行而不在铁素体区域进行，这是因为（　　）。

　　A. 碳在奥氏体中的扩散系数比在铁素体中大

　　B. 碳在奥氏体中的浓度梯度比在铁素体中大

　　C. 碳在奥氏体中的扩散激活能比在铁素体中小

2. 原子越过能垒的激活能为 Q，则扩散速率（　　）。

　　A. 随 Q 增加而减小　　　　　　B. 随 Q 增加而增加　　　　　C. 与 Q 无关

3. 反应扩散的特点是在相界面处产生浓度突变，突变浓度正好（　　）相图中该温度下相的极限溶解度。

　　A. 对应于　　　　　　　　　　B. 大于　　　　　　　　　　C. 小于

4. 研究证明，在一定温度下钢中渗碳达到指定浓度所需的扩散时间和扩散距离具有一定的比例关系。要使扩散层的深度增加 2 倍，则扩散时间需增加（　　）。

　　A. 4 倍　　　　　　　　　　　B. 2 倍　　　　　　　　　　C. 3 倍

5. 金属中的空位、位错、晶界等晶体缺陷的存在，（　　）。

　　A. 提高扩散激活能，加速原子扩散过程

　　B. 降低扩散激活能，加速原子扩散过程

　　C. 阻碍原子运动，减慢原子扩散过程

二、判断题

（　　）1. 间隙扩散激活能比置换扩散激活能大。

（　　）2. 扩散系数 D 相当于浓度梯度为 1 时的扩散通量。

（　　）3. 溶质原子总是从浓度高处向浓度低处扩散。

（　　）4. 扩散的驱动力是浓度梯度。

（　　）5. 内吸附是上坡扩散的结果。

三、问答题

1. 分别解释稳态扩散、非稳态扩散的概念。

2. 影响固体中原子及分子扩散的因素有哪些?

3. 简述: 为什么渗碳在奥氏体状态下进行而不在铁素体状态下进行？

4. 什么是柯肯达尔效应?

精选习题参考答案

一、选择题

1.【答案】B

【解析】碳在奥氏体中的溶解度远远大于在铁素体中的溶解度，这使碳在奥氏体中形成较大的浓度梯度。

2.【答案】A

【解析】激活能 Q 越高，扩散越难。

3.【答案】A

【解析】考查反应扩散的特点。

4.【答案】A

【解析】扩散距离 x 与扩散时间 t 的平方根成正比。

5.【答案】B

【解析】晶体缺陷处原子配位数低，扩散时的阻力低，扩散快。

二、判断题

1.【答案】×

【解析】间隙扩散激活能比置换扩散激活能小得多。

2.【答案】√

【解析】略。

3.【答案】×

【解析】上坡扩散中，原子从浓度低处向浓度高处扩散。

4.【答案】×

【解析】扩散的驱动力是化学势梯度，不是浓度梯度。

5.【答案】√

【解析】略。

三、问答题

1.【解析】稳态扩散：在稳态扩散过程中，扩散组元的浓度只随距离变化而不随时间变化。

非稳态扩散：扩散组元的浓度，不仅随距离 x 变化，也随着时间变化。

2.【解析】影响扩散的因素：

（1）温度。温度是影响扩散速率的最主要因素。温度越高，原子热激活能量越大，越易发生迁移，扩散系数也越大。

（2）固溶体类型。不同类型的固溶体原子的扩散机制是不同的,间隙固溶体的扩散激活能一般较小。

（3）晶体结构。晶体结构对扩散有影响，晶体结构发生改变后，扩散系数也随之发生较大变化，晶体的对称性越低，则扩散各向异性越显著。

（4）晶体缺陷。晶界、表面和位错等对扩散起着快速通道的作用。

（5）化学成分。不同金属的自扩散激活能与其点阵的原子间结合力有关，因而与表征原子间结合力的宏观参量，如熔点、熔化潜热、体积膨胀或压缩系数相关，熔点高的金属的自扩散激活能必然大。

（6）应力的作用。如果合金内部存在应力梯度，应力就会提供原子扩散的驱动力。

3.【解析】（1）奥氏体处的温度高，温度越高，扩散系数越大。

（2）碳在奥氏体中的溶解度远远大于在铁素体中的溶解度，这使碳在奥氏体中形成较大的浓度梯度，从而有利于加速碳原子的扩散以增加渗碳层的深度。

4.【解析】当两种尺寸相近的不同组元在界面处发生扩散时，由于其系数不同（两组元扩散速率不同），界面会向扩散系数较大的一侧微量漂移，这种现象称为柯肯达尔效应。

第五章

▼

材料的形变和再结晶

第五章　材料的形变和再结晶

本章复习导图

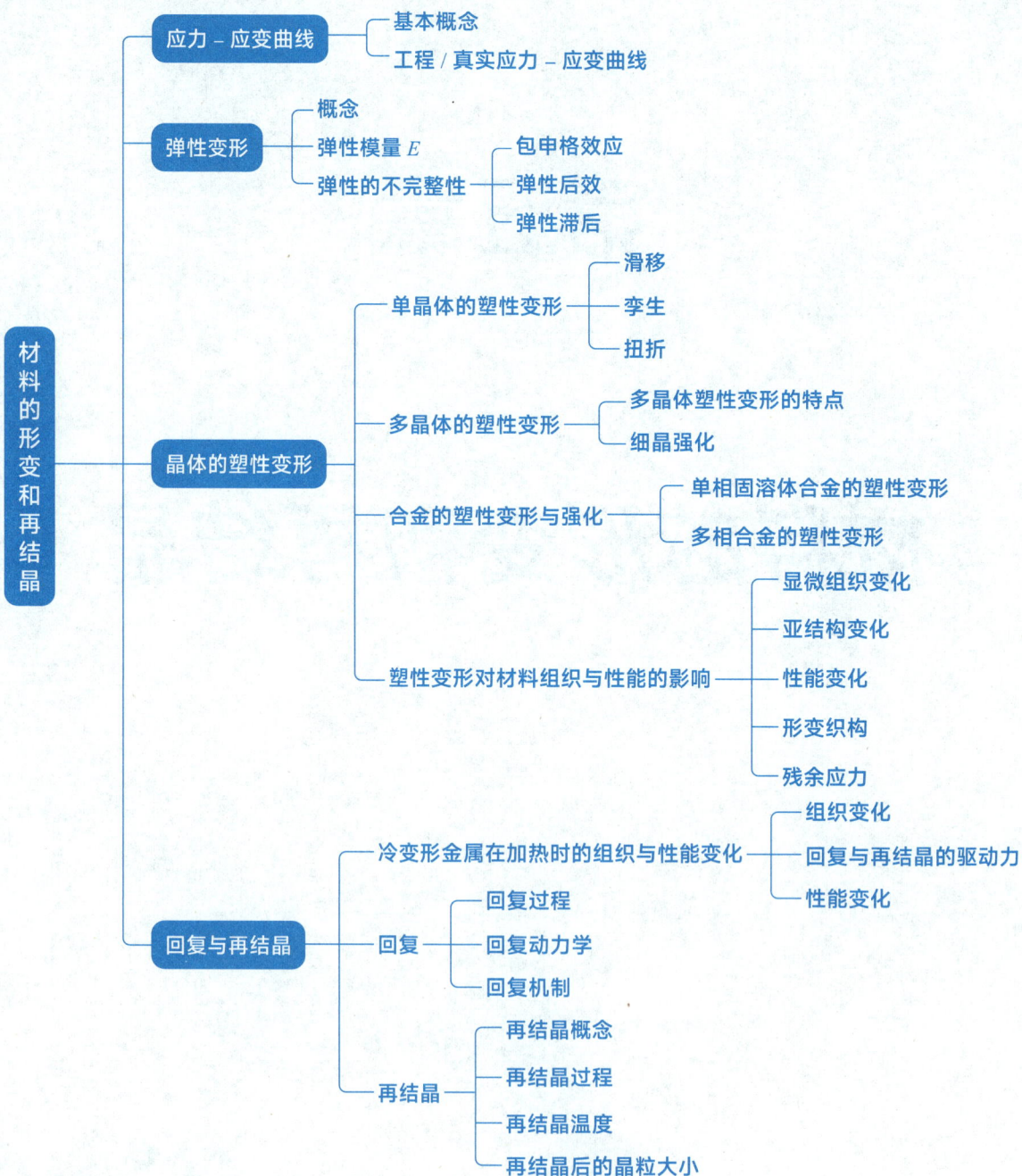

材料的形变和再结晶

- 应力 – 应变曲线
  - 基本概念
  - 工程 / 真实应力 – 应变曲线
- 弹性变形
  - 概念
  - 弹性模量 E
  - 弹性的不完整性
    - 包申格效应
    - 弹性后效
    - 弹性滞后
- 晶体的塑性变形
  - 单晶体的塑性变形
    - 滑移
    - 孪生
    - 扭折
  - 多晶体的塑性变形
    - 多晶体塑性变形的特点
    - 细晶强化
  - 合金的塑性变形与强化
    - 单相固溶体合金的塑性变形
    - 多相合金的塑性变形
  - 塑性变形对材料组织与性能的影响
    - 显微组织变化
    - 亚结构变化
    - 性能变化
    - 形变织构
    - 残余应力
- 回复与再结晶
  - 冷变形金属在加热时的组织与性能变化
    - 组织变化
    - 回复与再结晶的驱动力
    - 性能变化
  - 回复
    - 回复过程
    - 回复动力学
    - 回复机制
  - 再结晶
    - 再结晶概念
    - 再结晶过程
    - 再结晶温度
    - 再结晶后的晶粒大小

124

```
材料的形变和再结晶
├─ 回复与再结晶
│  ├─ 再结晶后的晶粒长大
│  │  ├─ 晶粒的正常长大
│  │  └─ 晶粒的异常长大
│  └─ 再结晶退火后的组织
│     ├─ 再结晶退火后的晶粒大小
│     ├─ 再结晶织构
│     └─ 退火孪晶
└─ 热变形与动态回复、动态再结晶
   ├─ 材料的热加工
   ├─ 动态回复、动态再结晶
   │  ├─ 动态回复
   │  └─ 动态再结晶
   ├─ 热加工对材料组织、性能的影响
   │  ├─ 热加工对室温力学性能的影响
   │  └─ 组织特征
   ├─ 蠕变
   │  ├─ 蠕变概念
   │  ├─ 蠕变曲线
   │  └─ 蠕变机理
   └─ 超塑性
      ├─ 超塑性简介
      ├─ 超塑性变形机制
      ├─ 超塑性变形的组织结构变化具有的特征
      └─ 超塑性的优缺点
```

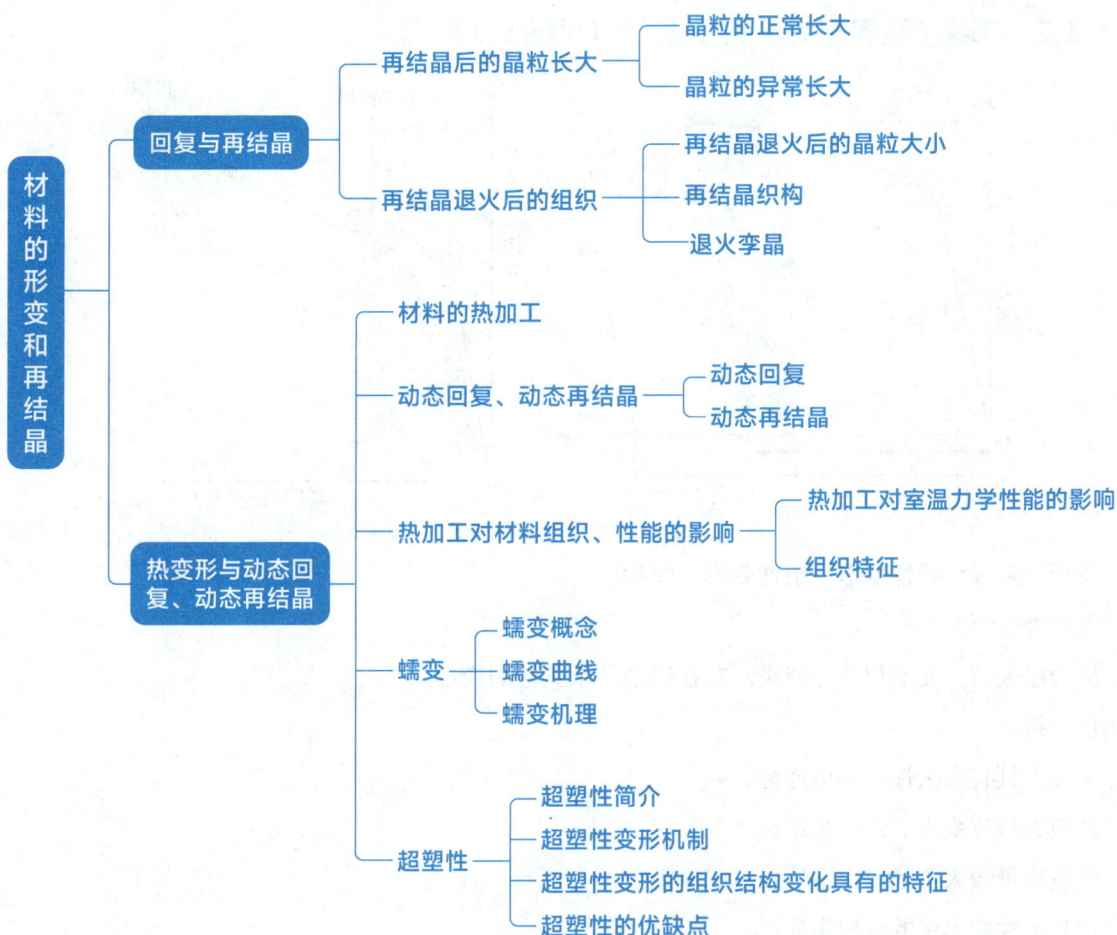

本章章节重点

5.1　应力－应变曲线

5.1.1　基本概念

应力：
$$\sigma = F / A_0$$

式中，σ 为应力，单位 Pa；F 为载荷，单位 N；A_0 为垂直载荷方向的受力面积，单位 m^2。

应变：
$$\varepsilon = \Delta L / L_0 = (L - L_0) / L_0$$

❋ 5.1.2　工程 / 真实应力 – 应变曲线（见图 5.1）

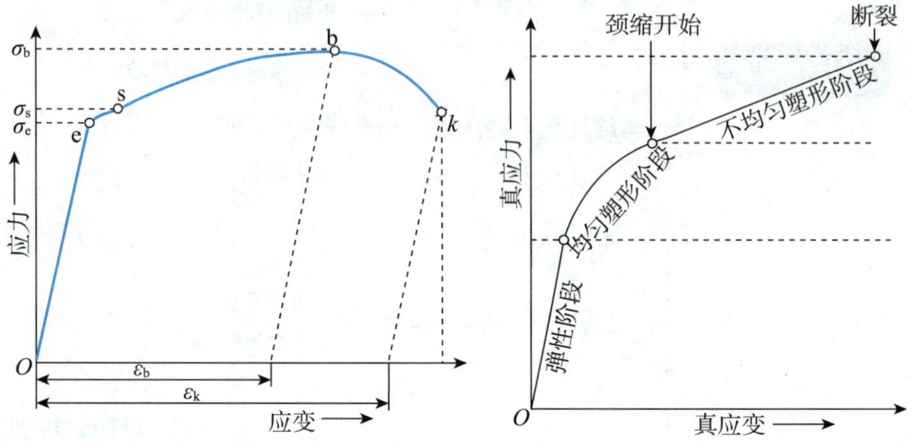

图 5.1　应力 – 应变曲线

变形三阶段：弹性变形、塑性变形、断裂。

对塑性变形的分析

应力撤去后，变形仅部分消失，存在残余、永久性的变形。

（1）特点：

①变形具有永久性、不可逆性；

②应力与应变为非正比关系；

③变形量较大，是可以塑性加工的原因。

（2）塑性变形中的重要指标：

①承受的应力大小。

屈服强度（σ_s）：抵抗微量塑性变形的应力值。

抗拉强度（σ_b）：抵抗最大均匀塑性变形的应力值。

②断裂前塑性变形量的大小：断后伸长率（δ）、断面收缩率（ψ）。

⬡ 5.2　弹性变形

❋ 5.2.1　概念

材料在外力作用下产生变形，当外力撤去后，材料变形即可消失并能完全恢复原来形状的性质称为弹性，这种可恢复的变形称为弹性变形。

1. 特点

（1）理想的弹性变形是可逆变形，加载时变形，卸载时变形消失并恢复原状。

（2）金属、陶瓷和部分高分子材料不论是加载或卸载时，只要在弹性变形范围内，其应力与应变之间都保持单值线性函数关系，即服从胡克定律。

（3）弹性变形量随材料的不同而异。多数金属材料的弹性变形量一般不超过 0.5%；而橡胶类高分子材料的弹性变形量可高达 1 000%。

2. 主要性能指标

（1）弹性极限 σ_e：保持弹性变形的最大应力。

（2）弹性模量 E：$E = \dfrac{\sigma}{\varepsilon}$，是表征晶体中原子间结合力强弱的物理量，是组织结构不敏感参数。

（3）弹性变形微观机制：弹性变形是指外力去除后能够完全恢复的那部分变形，可从原子间结合力的角度了解它的物理本质。当无外力作用时，晶体内原子间的结合能和结合力（可通过理论计算得出）是原子间距离的函数，弹性变形机理如图 5.2 所示。

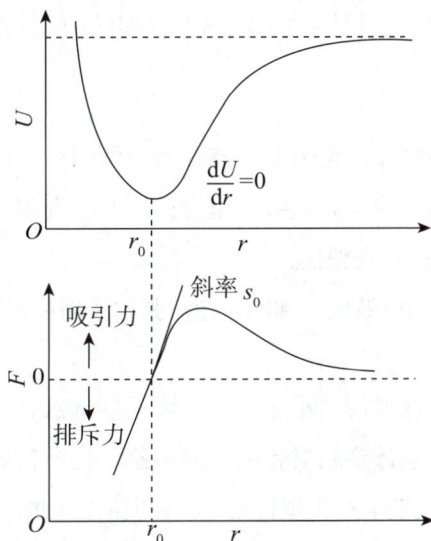

图 5.2 弹性变形机理

原子处于平衡位置时，其原子间距为 r_0，位能 U 处于最低位置，相互作用力为零，这是最稳定的状态。当原子受力后将偏离其平衡位置，原子间距增大时将产生引力；原子间距减小时将产生斥力。这样，外力去除后，原子都会恢复其原来的平衡位置，所产生的变形便完全消失，这就是弹性变形。

⚛ 5.2.2 弹性模量 E

$$E = \frac{\sigma}{\varepsilon}$$

（1）弹性模量代表着使原子离开平衡位置的难易程度，是表示晶体中原子间结合力强弱的物理量。

金刚石→共价键晶体→原子间结合力很大→弹性模量很高；

金属和离子晶体→金属键或离子键→原子间结合力较大→弹性模量相对较低；

高分子材料→共价键和分子键→键合力更弱→弹性模量更低，通常比金属材料低几个数量级。

（2）弹性模量反映原子间的结合力，故它是组织结构不敏感参数。添加少量合金元素或者进行各种加工、处理都不能对某种材料的弹性模量产生明显的影响。例如，高强度合金钢的抗拉强度可高出低碳钢一个数量级，而各种钢的弹性模量却基本相同。

（3）对单晶体材料而言，其弹性模量是各向异性的。在单晶体中，沿着原子最密排的晶向弹性模量最高，而沿着原子排列最疏的晶向弹性模量最低。

（4）多晶体因各晶粒任意取向，其弹性模量总体呈各向同性。

（5）工程上，弹性模量是材料刚度的度量。在外力相同的情况下，材料的 E 愈大，刚度愈大，材料发生的弹性变形量就愈小，如钢的 E 为铝的 3 倍，因此钢的弹性变形量只是铝的 $\frac{1}{3}$。

（6）材料的最大弹性变形量随材料不同而异：多数金属材料弹性变形量一般不超过 0.5%；而橡胶类高分子材料的高弹性变形量则可高达 1 000%，但这种弹性变形是非线性的。

⚛ 5.2.3 弹性的不完整性

多数工程上应用的材料为多晶体甚至为非晶态或者是两者皆有的物质，其内部存在各种类型的缺陷，弹性变形时，可能出现加载线与卸载线不重合、应变的发展跟不上应力的变化等有别于理想弹性变形特点的现象，称为弹性的不完整性。

弹性不完整性的现象包括包申格效应、弹性后效、弹性滞后和循环韧性等。

1. 包申格效应

材料经预先加载产生少量塑性变形（小于 4%），而后同向加载则 σ_e 升高，反向加载则 σ_e 下降。此现象称为包申格效应。它是**多晶体**金属材料的普遍现象。包申格效应对于承受应变疲劳的工件很重要，因为在应变疲劳中，每一周期都产生塑性变形，在反向加载时，σ_e 下降，显示出循环软化现象。

2. 弹性后效

一些实际晶体，在加载或卸载时，应变不是瞬时达到其平衡值，而是通过一种弛豫过程来完成其变化的。这种在弹性极限 σ_e 范围内，应变滞后于外加应力，并和时间有关的现象称为弹性后效或滞弹性，如图 5.3 所示。

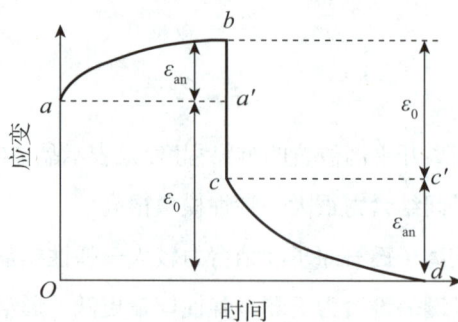

图 5.3 弹性后效

3. 弹性滞后（见图 5.4）

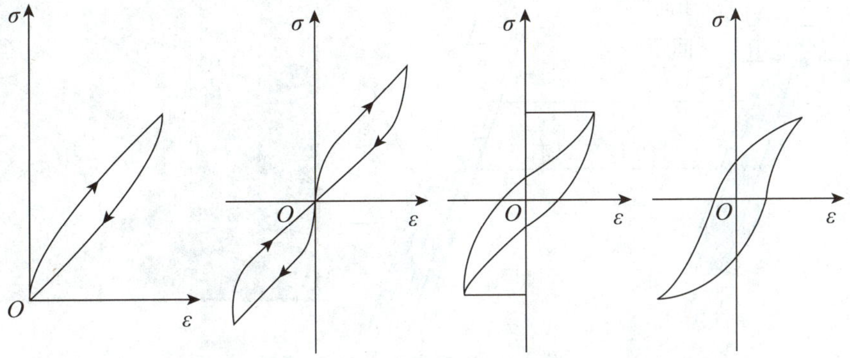

图 5.4　弹性滞后与循环韧性

由于应变落后于应力，在 $\sigma - \varepsilon$ 曲线上使加载线与卸载线不重合而形成一封闭回线，称为弹性滞后。

弹性滞后表明加载时消耗于材料的变形功大于卸载时材料恢复所释放的变形功，多余的部分被材料内部所消耗，称为内耗，其大小用弹性滞后环的面积度量。

应变落后于应力，当加上周期应力时，应力 – 应变曲线成一回线，所包含的面积为应力循环一周所损耗的能量，即内耗。

✿✿ 5.3　晶体的塑性变形

⚛ 5.3.1　单晶体的塑性变形

在常温和低温下，单晶体的塑性变形主要是通过滑移方式进行的，此外，还有孪生和扭折等方式。**至于扩散性变形及晶界滑动和移动等方式主要见于高温形变。**

1. 滑移

（1）滑移线与滑移带（见图 5.5）。

滑移：在外力作用下，晶体相邻两部分沿一定晶面、一定晶向彼此产生相对的平行滑动。

滑移线：经塑性变形后在试样表面上产生的小台阶。

滑移带：相互靠近的一些滑移线所形成的大台阶。

当应力超过晶体的**弹性极限**后，晶体中就会产生层片之间的相对滑移，大量的层片间滑动的累积就构成了晶体的宏观塑性变形。

对滑移线的观察也表明了**晶体塑性变形的不均匀性，滑移只是集中发生在一些晶面上**，而滑移带或滑移线之间的晶体层片则未产生变形，只是彼此之间作相对位移而已。

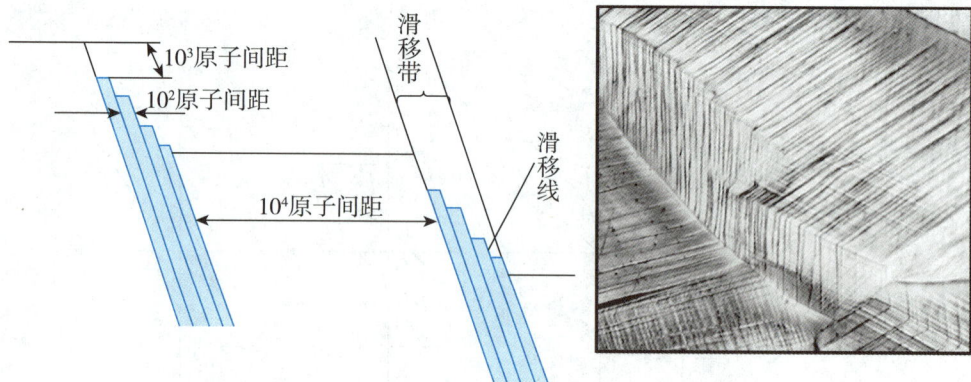

图 5.5 滑移带形成示意图

（2）滑移系：**一个滑移面和此面上的一个滑移方向的合称**。

塑性变形时位错只沿着一定的晶面和晶向运动，这些晶面和晶向分别称为"**滑移面**"和"**滑移方向**"。晶体结构不同，其滑移面和滑移方向也不同。

通常，滑移面和滑移方向往往是金属晶体中原子**排列最密**的晶面和晶向。这是因为原子密度最大的晶面其面间距最大，点阵阻力最小，因而容易沿着这些面发生滑移；至于滑移方向为原子密度最大的方向是由于最密排方向上的原子间距最短，即位错 b 最小。

在其他条件相同时，晶体中的滑移系愈多，滑移过程可能采取的空间取向便愈多，滑移容易进行，它的塑性便愈好。

FCC 的滑移系共有 $\{111\}_4 \times <110>_3 = 12$ 个；

BCC 的滑移系共有 $\{110\}_6 \times <111>_2 + \{112\}_{12} \times <111>_1 + \{123\}_{24} \times <111>_1 = 48$ 个。

BCC 滑移面并不稳定：低温时多为 $\{112\}$，中温时多为 $\{110\}$，高温时多为 $\{123\}$，滑移方向很稳定，总为 $<111>$。

HCP 的滑移方向为 $<11\bar{2}0>$，滑移面与轴比有关：

①当 c/a 接近或大于 1.633 时，$\{0001\}$ 为最密排面，滑移系共有 3 个；

②当 c/a 小于 1.633 时，$\{0001\}$ 不再是密排面，滑移面将变为柱面 $\{10\bar{1}0\}$ 或斜面 $\{10\bar{1}1\}$，滑移系分别为 3 个和 6 个。

由于滑移系数目太少，HCP 多晶体的塑性不如 FCC 或 BCC 的好。

（3）滑移的临界分切应力。

晶体的滑移是在切应力作用下进行的，但其中许多滑移系并非同时参与滑移，而是只有当外力在某一滑移系中的分切应力达到一定临界值时，该滑移系才可以首先发生滑移，该分切应力称为滑移的临界分切应力。

滑移的临界分切应力是一个真实反映单晶体受力起始屈服的物理量。其数值与晶体的类型、纯度，以及温度等因素有关，还与该晶体的加工和处理状态、变形速度，以及滑移系类型等因素有关。

单晶体拉伸，如图 5.6 所示，计算分切应力：

$$\tau = \frac{F\cos\lambda}{A'} = \frac{F\cos\lambda}{A_0/\cos\varphi} = \frac{F}{A_0}\cos\lambda\cos\varphi = \sigma\cos\lambda\cos\varphi$$

式中，λ 为拉伸轴线与滑移方向夹角；φ 为拉伸轴线与滑移面法向夹角；$\cos\lambda\cos\varphi$ 为取向因子。

临界分切应力（τ_c），使滑移系开动的最小分切应力：

$$\tau_c = \sigma_s\cos\lambda\cos\varphi$$

①当滑移方向位于外力方向与滑移面法线所组成的平面上，且 φ =45°时，取向因子达到最大值 0.5，σ_s 取最小值 $2\tau_c$，即以最小的拉应力就能达到发生滑移所需的分切应力值。

②φ =90°或 λ=90°时，取向因子为 0，σ_s= ∞。这就是说，当滑移面与外力方向平行，或者是滑移方向与外力方向垂直的情况下不可能产生滑移。

一般来说，取向因子大，软取向；取向因子小，硬取向。

（4）滑移时晶面的转动。

单晶体滑移时，除滑移面发生相对位移外，往往伴随着晶面的转动，对于只有一组滑移面的 HCP，这种现象尤为明显。拉伸和受压示意图，如图 5.7 所示。

拉伸时：晶面的转动使滑移面和滑移方向逐渐转到与应力轴平行。

受压时：晶面转动，但转动使滑移面逐渐趋于与压力轴线相垂直。

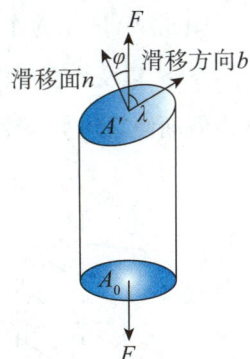

图 5.6　单晶体拉伸

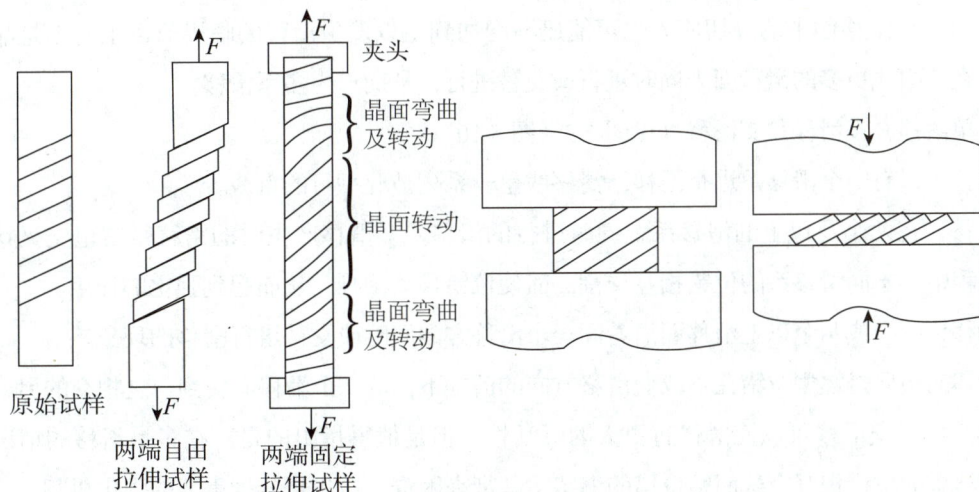

图 5.7　拉伸和受压示意图

在图 5.8(b) 中，n'，n'' 分别为外力在该层上下滑移面的法向分应力。在该力偶作用下，滑移面将产生转动并逐渐趋于与轴向平行。

图 5.8(c) 所示为作用于两滑移面上的最大分切应力 τ'、τ''，各自分解为平行于滑移方向的分应力 $\tau'_分$、$\tau''_分$，以及垂直于滑移方向的分应力 τ'_n、τ''_n。其中，前者为引起滑移的有效分切应力；后者则组成力偶而使晶向发生旋转，即力求使滑移方向转至最大分切应力方向。

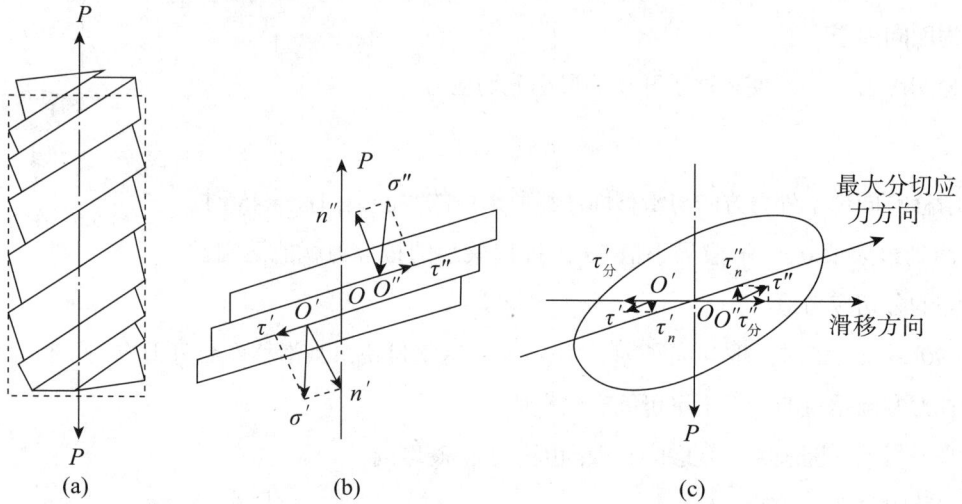

图 5.8 转动图中部某层滑移后的受力的分解情况

由上可知，晶体在滑移过程中不仅滑移面发生转动，而且滑移方向也逐渐改变，最后导致滑移面上的分切应力也随之发生变化。

（5）多系滑移。

对于具有多组滑移系的晶体，滑移首先在取向最有利的滑移系中进行，但由于变形时晶面转动的结果，另一组滑移面上的分切应力也可能逐渐增加到足以发生滑移的临界值以上，于是晶体的滑移就可能在两组或更多的滑移面上同时进行或交替进行，从而产生多系滑移。

（6）单滑移、多滑移和交滑移（见图 5.9、图 5.10）。

单滑移：只有一个滑移系进行滑移，滑移线呈一系列彼此平行的直线。

多滑移：在两个及以上的滑移系上同时进行的滑移。多滑移产生时的滑移带常呈交叉状。在多系滑移过程中，不同滑移系的位错相互交割，而使位错移动困难，从而起到强化的作用。

交滑移：两个或两个以上滑移面沿着同一个滑移方向同时或交替进行滑移的现象。

交滑移的实质是螺型位错在不改变滑移方向的前提下，从一个滑移面转到与之相交的另一个滑移面的过程，可见交滑移可以使滑移有更大的灵活性。但是值得指出的是，在多系滑移的情况下，会因不同滑移系的位错相互交截而给位错的继续运动带来困难，这也是一种重要的强化机制。

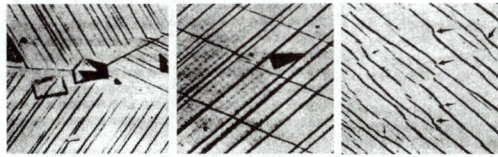

单滑移　　　多滑移　　　交滑移

图 5.9　典型的滑移类型示意图

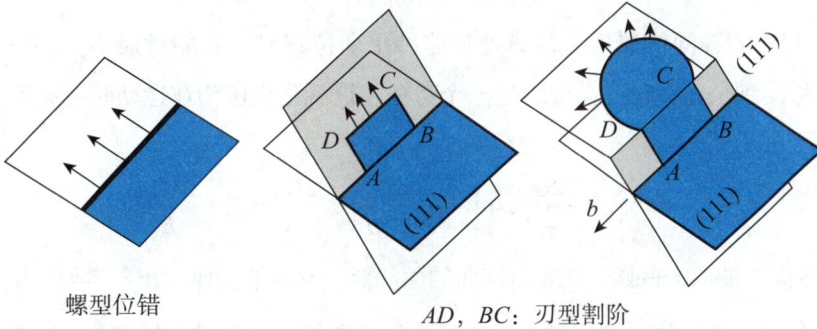

螺型位错　　　　　　　AD，BC：刃型割阶

图 5.10　双交滑移

（7）滑移的位错机制。

晶体滑移并不是晶体的一部分相对于另一部分沿着滑移面作刚性整体位移，而是借助位错在滑移面上运动逐步进行的。

根据刚性滑移模型推导出的理论切变强度 $\tau_m = \dfrac{G}{2\pi}$（G 一般为 $10^4 \sim 10^5$ MPa），即使采用修正值 $\tau_m = \dfrac{G}{30}$，与实测值（$1 \sim 10$ MPa）之间仍相差 $3 \sim 4$ 个数量级。

位错概念的引入可以解决这一矛盾。因为位错运动时只要求其中心附近少数原子移动很小的距离（小于一个原子间距），因此所需的应力要比晶体整体刚性滑移时小得多。这样借助于位错的运动就可实现晶体逐步滑移，位错密度和强度关系如图 5.11 所示。

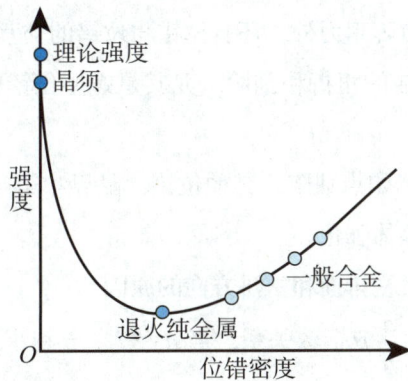

图 5.11　位错密度和强度关系

晶体的滑移必须在一定的外力作用下才能发生，这说明位错的运动要克服阻力。

133

阻力一：位错运动的阻力首先来自点阵阻力。由于点阵结构的周期性，当位错沿滑移面运动时，位错中心的能量也要发生周期性的变化，位错滑移示意图如图 5.12 所示。

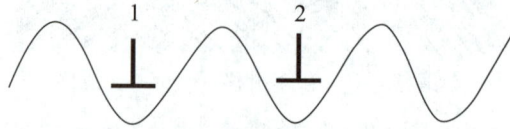

图 5.12　位错滑移示意图

图 5.12 中 1 和 2 为等同位置，当位错处于这种平衡位置时，其能量最小，相当于处在能谷中。当位错从位置 1 移动到位置 2 时，需要越过一个**势垒**，这就是说位错在运动时会遇到点阵阻力：派 – 纳（P–N）力。

$$\tau_{P-N} = \frac{2G}{1-\nu} \exp\left[-\frac{2\pi d}{(1-\nu)b}\right] = \frac{2G}{1-\nu} \exp\left(-\frac{2\pi W}{b}\right)$$

式中，b 为滑移方向上的原子间距，d 为滑移面的面间距，ν 为泊松比，$W = \dfrac{d}{1-\nu}$ 代表位错宽度。

由派 – 纳力公式可知，位错宽度越大（和晶面间距有关，晶面排布越密集间距越大），则派 – 纳力越小，这是因为位错宽度表示了位错所导致的点阵严重畸变区的范围。**宽度大，则位错周围的原子就能比较接近于平衡位置，点阵的弹性畸变能低，故位错移动时其他原子所作相应移动的距离较小，产生的阻力也较小**，三种晶体结构的位错宽度如表 5.1 所示。

表 5.1　三种晶体结构的位错宽度

项目	种类	位错宽度 W	τ_{P-N}
金属	FCC	宽	小
	BCC	窄	大
共价 / 离子晶体	复杂	极窄	很大

阻力二：位错运动的阻力除点阵阻力外，还有位错与位错的交互作用产生的阻力。

阻力三：运动位错交截后形成的扭折和割阶，尤其是螺型位错的割阶将对位错起钉扎作用，致使位错运动的阻力增加。

阻力四：位错与其他晶体缺陷如点缺陷、其他位错、晶界和第二相质点等交互作用产生的阻力，对位错运动均会产生阻力，导致晶体强化。

晶体滑移面和滑移方向沿着最密排面和密排方向的原因：

位错运动的阻力派 – 纳力与 $-\dfrac{d}{b}$ 成指数关系，当 d 越大，b 越小，即位错滑移面间距越大，位错强度越小，派 – 纳力越小，因而越容易滑移。由于晶体中最密排面的面间距最大，密排方向上原子间距最小，则所需的派 – 纳力最小，最容易滑移。

滑移的特点：

①发生在最密排晶面，滑移方向为最密排晶向，实质是位错沿滑移面的运动过程；

②只在切应力下发生，存在临界分切应力；

③滑移两部分相对移动的距离是原子间距的整数倍，滑移后滑移面两边的晶体位向仍保持一致；

④伴随晶体的转动和旋转，滑移面转向与外力平行的方向（受拉力），滑移方向旋向最大切应力方向；

⑤随滑移加剧，存在多滑移和交滑移现象。

2. 孪生

孪生是塑性变形的另一种重要形式，它常作为滑移不易进行时的补充。

（1）孪生变形过程。

当 FCC 晶体在切应力作用下发生孪生变形时，晶体内局部地区的各个 (111) 晶面沿着 $[11\bar{2}]$ 方向，产生彼此相对移动距离为 $\frac{a}{6}[11\bar{2}]$ 的均匀切变。这样的切变并未使晶体的点阵类型发生变化，但它却使均匀切变区中的晶体取向发生变更，变为与未切变区晶体呈镜面对称的取向。这一变形过程称为**孪生**。孪生部分和未孪生部分成镜面对称的位向关系，孪生机制如图 5.13 所示。

①孪晶：变形与未变形的两部分晶体；

②孪晶界：均匀切变区与未切变区的分界面；

③孪晶面：发生均匀切变的那组晶面；

④孪生方向：孪生面的移动方向。

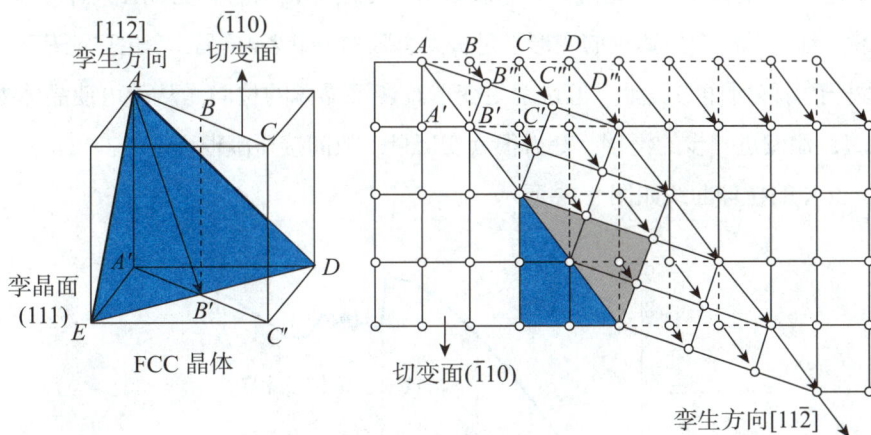

图 5.13　孪生机制

（2）孪生的特点。

①孪生变形是**在切应力作用下**发生的，孪生所需的临界切应力要比滑移时大得多。

②孪生是一种均匀切变。

③孪晶的两部分晶体形成镜面对称的位向关系。孪生改变了晶体取向。

④位错受阻时才会发生孪生。

⑤相邻原子位移量小于一个原子间距。

⑥孪生的速度极快。

（3）孪晶的形成（三种）。

①通过机械变形而产生的孪晶，也称为"变形孪晶"或"机械孪晶"，它的特征通常呈透镜状或片状。

②"生长孪晶"，它包括晶体自气态（如气相沉积）、液态（液相凝固）或固体中长大时形成的孪晶。

③变形金属在其再结晶退火过程中形成的孪晶，也称为"退火孪晶"，它往往以相互平行的孪晶面为界横贯整个晶粒，是在再结晶过程中通过堆垛层错的生长形成的。它实际上也应属于生长孪晶，系从固体生长过程中形成。一般孪晶界面平直，且孪晶片较厚，其示意图如图 5.14 所示。

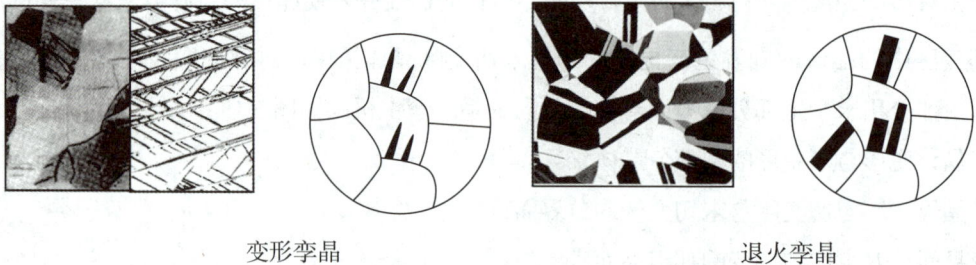

变形孪晶　　　　　　　　　　　　　退火孪晶

图 5.14　孪晶示意图

通常，对称性低、滑移系少的密排六方金属如 Cd、Zn、Mg 等往往容易出现孪生变形。

孪生的意义：通过单纯孪生达到的变形量是极为有限的，如 Zn 单晶，孪生只能获得 7.2% ～ 7.4% 的伸长率，远小于滑移所作的贡献。但是孪生变形改变了晶体的位向，从而可使晶体处于更有利于发生滑移的位置，激发进一步的滑移，获得很大变形量，故间接贡献很大。

铜单晶在 4.2 K 的拉伸曲线如图 5.15 所示。

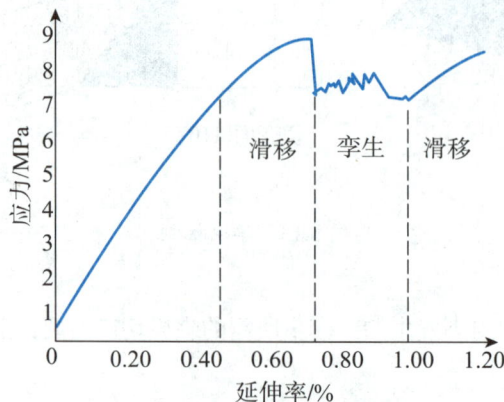

图 5.15　铜单晶在 4.2 K 的拉伸曲线

开始阶段的光滑曲线与滑移过程相对应。应力增高到一定程度后发生突然下降，然后又反复地上升和下降，并出现了锯齿形的变化，这是孪生变形造成的。因为形核所需的应力高于扩展所需的应力，故当孪晶出现时就伴随以载荷突然下降的现象，在变形过程中孪晶不断地形成，就导致了锯齿形的拉伸曲线。后面阶段又呈光滑曲线，表示变形又转为滑移方式进行，这是由于孪生造成了晶体方位的改变，使某些滑移系处于有利的位向，于是又开始了滑移变形。

总结：滑移和孪生塑性变形方式的异同点，如表 5.2 所示。

表 5.2　滑移和孪生塑性变形方式的异同点

类别		滑移	孪生
相同点		①宏观上，都是切应力作用下发生的剪切变形； ②都是晶体沿一定的晶面、晶向进行移动； ③不改变晶体结构，从机制上看，都是位错运动结果	
不同点	晶体位向	不改变 （对抛光面观察无重现性）	改变，形成镜面对称关系 （对抛光面观察有重现性）
	位移量	滑移方向上原子间距的整数倍，较大	小于孪生方向上的原子间距，较小
	对塑变的贡献	很大，总变形量大	有限，总变形量小
	变形应力	有一定的临界分切应力	所需临界分切应力远高于滑移
	变形条件	应力超过晶体的屈服强度	滑移困难时发生
	变形机制	全位错运动的结果	不全位错运动的结果
	应力 – 应变曲线	光滑连续曲线	锯齿状曲线

变形孪晶：晶体在塑性变形过程中，滑移难以发生时，产生孪生变形，生成变形孪晶。柯垂耳提出孪晶是通过位错增殖的极轴机制形成的。孪生的位错极轴机制示意图如图 5.16 所示。

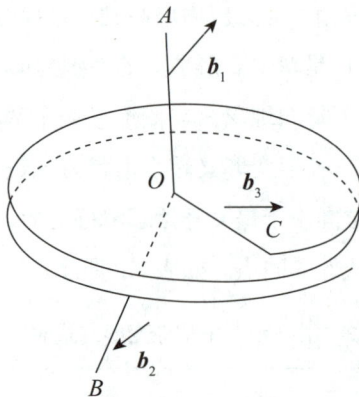

图 5.16　孪生的位错极轴机制示意图

其中 OA、OB 和 OC 三条位错线相交于结点 O。

位错 OA 与 OB 不在滑移面上，属于不动位错（此处称为极轴位错）。

位错 OC 及其柏氏矢量 b_3 都位于滑移面上，它可以绕结点 O 作旋转运动，称为扫动位错，其滑移面称为扫动面。

如果扫动位错 OC 为一个不全位错，且 OA 和 OB 的柏氏矢量 b_1 和 b_2 各有一个垂直于扫动面的分量，其值等于扫动面（滑移面）的面间距，那么，扫动面将不是一个平面，而是一个连续蜷面（螺旋面）。在这种情况下，扫动位错 OC 每旋转一周，晶体便产生一个单原子层的孪晶，与此同时，OC 本身也攀移一个原子间距而上升到相邻的晶面上。

扫动位错如此不断地扫动，就使位错线 OC 和结点 O 不断地上升，也就相当于每个面都有一个不全位错在扫动，于是会在晶体中一个相当宽的区域内造成均匀切变，即在晶体中形成变形孪晶。

3. 扭折（了解）

对于那些**既不能进行滑移也不能进行孪生的地方**，晶体将通过**其他方式**（如扭折）进行塑性变形。

（1）扭折：为了使晶体的形状与外力相适应，当外力超过某一临界值时晶体将会产生局部弯曲的变形方式，这种变形方式产生的变形区域称为扭折带。扭折变形与孪生不同，它使扭折区晶体的取向发生了不对称性的变化。扭折是一种协调性变形，它能引起应力松弛，使晶体不致断裂。

（2）造成扭折的原因是滑移面的位错在局部地区集中，从而引起晶格弯曲。扭折带晶体位向有突变，这个取向改变的过渡区是由一系列同号的刃型位错排列构成。

（3）扭折带还会伴随着形成孪晶而出现。

图 5.17 所示为扭折，扭折变形与孪生不同，它使扭折区晶体的取向发生了不对称性的变化，在 $ABCD$ 区域内的点阵发生了扭曲，其左、右两侧则发生了弯曲，扭曲区的上、下界面（AB、CD）是由符号相反的两列刃型位错构成的，而每一弯曲区则由同号位错堆积而成，取向是逐渐弯曲过渡的，但左、右两侧的位错符号恰好相反。这说明扭折区最初是一个由其他区域运动过来的位错所汇集的区域，位错的汇集产生了弯曲应力，使晶体点阵发生折曲和弯曲从而形成扭折带。**所以，扭折是一**

种协调性变形，它能引起应力松弛，使晶体不致断裂。晶体经扭折之后，扭折区内的晶体取向与原来的取向不再相同，有可能使该区域内的滑移系处于有利取向，从而产生滑移。

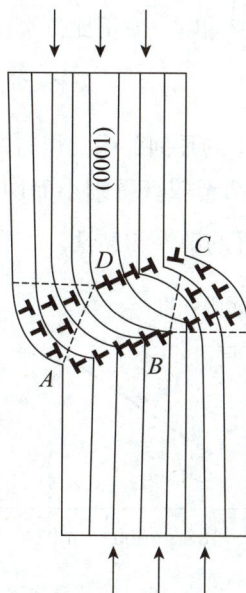

图 5.17　扭折

5.3.2　多晶体的塑性变形

1. 多晶体塑性变形的特点

（1）不均匀性：多晶体中每个晶粒变形的基本方式与单晶体相同，主要为滑移和孪生。但由于相邻晶粒取向不同，且存在晶界，因此变形复杂。多晶体的塑性变形是不均匀的。

（2）晶粒取向的影响：主要表现为各晶粒变形过程中的相互制约和协调性，是否具有 5 个独立滑移系来满足相互协调要求是决定一个晶粒能否塑性变形的条件。

（3）晶界的影响：室温下晶界对滑移有阻碍作用，由于晶界上点阵畸变严重，易产生位错塞积，又因为晶界两侧晶粒取向不同，这使滑移的位错不能直接进入下一个晶粒。要使位错继续滑移，则需增大外力，从而使晶体强度提高。

2. 细晶强化

多晶体的强度随其晶粒细化而提高。多晶体的屈服强度 σ_s 与晶粒平均直径 d 的关系可用著名的霍尔－佩奇公式表示：

$$\sigma_s = \sigma_0 + Kd^{-\frac{1}{2}}$$

式中，σ_0 反映晶内对变形的阻力，相当于极大单晶的屈服强度；K 反映晶界对变形的影响系数，与晶界结构有关；d 表示多晶体中各晶粒的平均直径。

示例：已知纯铜屈服强度为 70 MPa，其晶粒大小为 N_A=18 个 /mm²，当晶粒大小为 N_A=

4 024 个 /mm² 时, 屈服强度为 95 MPa, 求晶粒大小为 N_A=260 个 /mm² 时的屈服强度, 并说明细晶强化机制。

解: 由于 d^2 和 N_A^{-1} 成正比, 所以 $d^{-\frac{1}{2}}$ 和 $N_A^{\frac{1}{4}}$ 成正比, 又因为

$$\sigma_s = \sigma_0 + Kd^{-\frac{1}{2}}$$

所以 σ_s 和 $N_A^{\frac{1}{4}}$ 成正比 (见图 5.18), 由简单的几何关系, 得待求 σ_s =78.3 MPa。

因此, 一般在室温使用的结构材料都希望获得细小而均匀的晶粒。因为细晶粒不仅使材料具有较高的强度、硬度, 而且也使它具有良好的塑性和韧性, 即具有良好的综合力学性能。

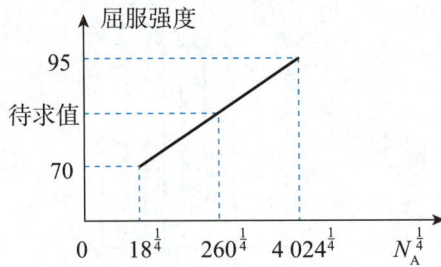

图 5.18　细晶强化

⚛ 5.3.3　合金的塑性变形与强化

1. 单相固溶体合金的塑性变形

和纯金属相比, 最大的区别在于单相固溶体合金中存在溶质原子。溶质原子对合金塑性变形的影响主要表现在固溶强化作用, 提高了塑性变形的阻力, 此外, 有些固溶体会出现明显的屈服点和应变时效现象, 分析如下。

(1) 固溶强化 (见图 5.19)。

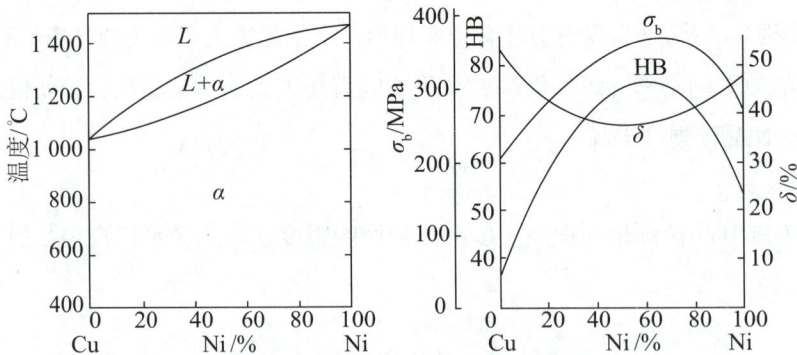

图 5.19　固溶强化

溶质原子的存在及其固溶度的增加, 使基体金属的变形抗力随之提高。固溶体的强度和塑性随溶质含量的增加, 合金的强度、硬度提高, 而塑性有所下降, 即产生固溶强化效果。

固溶强化机制包括：

①柯氏气团：固溶体中的溶质原子趋向于在位错周围的聚集分布，称为溶质原子气团，也称柯垂耳气团，它对位错的运动起到钉扎作用，从而阻碍位错运动。

②静电交互作用：溶质离子与位错区发生静电交互作用，溶质离子或富集于拉伸区，或富集于压缩区，均产生固溶强化。研究表明，在钢中这种强化效果仅为弹性交互作用的 $\frac{1}{3} \sim \frac{1}{6}$，且不受温度影响。

③化学交互作用（铃木气团）：这与晶体中的扩展位错有关，由于层错能与化学成分相关，因此晶体中层错区的成分与其他地方存在一定差别，这种成分的偏聚也会导致位错运动受阻，而且层错能下降会导致层错区增宽，这也会产生强化作用。化学交互作用引发的固溶强化效果，较弹性交互作用低一个数量级，但由于其不受温度的影响，因此在高温形变中具有较重要的作用。

影响固溶强化的因素：

①溶质原子的浓度：浓度越高，一般其强化效果也越好，但并不是线性关系，低浓度时显著。

②原子尺寸因素：溶质与溶剂原子尺寸相差越大，其强化作用越好，但通常原子尺寸相差较大时，溶质原子的溶解度也很低（间隙固溶强化好于置换固溶强化）。

③溶质原子类型：间隙型溶质原子的强化效果好于置换型。

④电价因素：溶质原子与基体金属的价电子数相差越大，固溶强化效果越显著。

（2）屈服现象。

试样开始屈服时对应的应力称为**上屈服点**，载荷首次降低的最低载荷或不变载荷称为**下屈服点**。试样继续伸长，应力保持为定值或有微小的波动，在拉伸曲线上出现一个应力平台区，试样在此恒定应力下的伸长称为**屈服伸长**。低碳钢退火态的应力－应变曲线及屈服现象如图5.20所示。

在屈服过程中，试样的应力集中处开始塑性变形，这时能在试样表面观察到与拉伸轴成45°的应变痕迹，称为吕德斯带，实验中观察到的吕德斯带如图5.21所示。

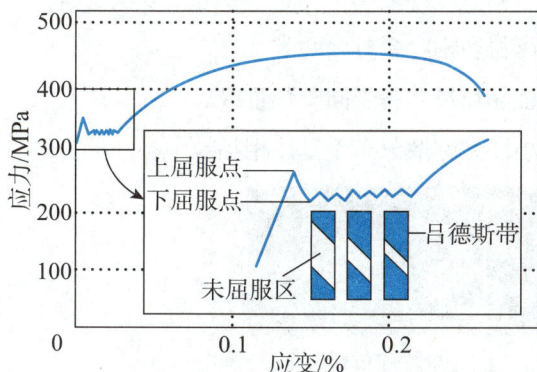

图5.20 低碳钢退火态的应力－应变曲线及屈服现象

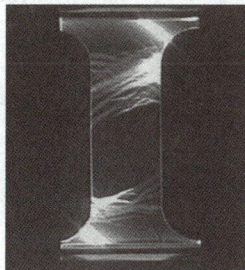

图5.21 实验中观察到的吕德斯带

屈服现象的物理本质：

在固溶体合金中，溶质原子或杂质原子可以与位错交互作用而形成柯氏气团。

由刃型位错的应力场可知，在滑移面以上，位错中心区域为压应力，而滑移面以下的区域为拉应力。溶质原子存在，就会与位错交互作用偏聚于刃型位错周围，可以抵消张应力，从而使位错的弹性应变能降低，对位错有着"钉扎作用"。

位错要运动，必须在更大的应力作用下才能挣脱柯氏气团的钉扎而移动，这就形成了上屈服点；而一旦挣脱之后位错的运动就比较容易，因此有应力降落，出现下屈服点和水平台。这就是屈服现象的物理本质。

（3）应变时效。

将低碳钢试样拉伸到产生少量预塑性变形后卸载，然后重新加载，试样不发生屈服现象，但若产生一定量的塑性变形后卸载，在室温停留几天或在 200 ℃ 左右短时加热后再进行拉伸，此时屈服现象重新出现，并且上屈服点升高，这种现象即应变时效，低碳钢的拉伸试验如图 5.22 所示。

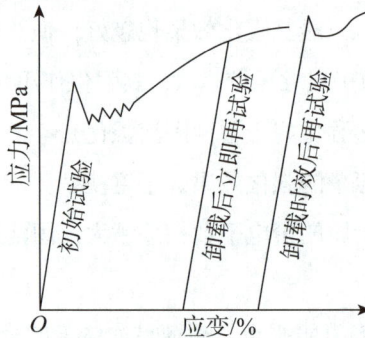

图 5.22　低碳钢的拉伸试验

应变时效的物理本质：

室温长期停留或低温时效期间，溶质原子又聚集到位错线周围重新形成柯氏气团。

2. 多相合金的塑性变形

多相合金的分类（见图 5.23）。

按第二相颗粒（或叫粒子）的尺寸大小，可将多相合金分为两类：

①聚合型合金：第二相颗粒的尺寸与基体相晶粒尺寸属于同一数量级。

②弥散分布型合金：第二相颗粒的尺寸细小，并弥散分布于基体相晶粒中。

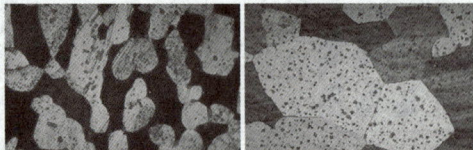

聚合型合金　　　　弥散分布型合金

图 5.23　多相合金

第二相强化机制（聚合型）：

对聚合型两相合金而言，如果两个相都具有塑性，则合金的塑性变形取决于两相的体积分数。如果应变相等，则对于一定应变时合金的平均流变应力为 $\sigma_{\mathrm{m}} = f_1\sigma_1 + f_2\sigma_2$；如果应力相等，则对于一定应力时合金的平均应变为 $\varepsilon_{\mathrm{m}} = f_1\varepsilon_1 + f_2\varepsilon_2$。

只有第二相为较强的相且体积分数 φ 大于 30% 时，合金才能强化。

第二相为硬脆相时，合金的性能取决于相的相对量以及硬脆相的形状、尺寸和分布（很大程度取决）。以碳钢为例，其组织就是以渗碳体（硬脆相）分布在铁素体中构成的，渗碳体的存在方式将显著影响碳钢的力学性能。渗碳体不同形貌如图 5.24 所示。

①当硬脆相呈网状分布时（如 T12 钢），位错运动受阻，塞积应力很大，材料的强度、塑性和韧性均下降；

②当硬脆相呈片状分布时（如 T8 钢），位错运动受阻，塞积应力一般，材料的强度提高，塑韧性略有下降；

③当硬脆相呈颗粒状分布时（如粒状珠光体），位错运动受阻较小，塞积应力较小，材料的强度较片状分布更低，但塑性、韧性更好。

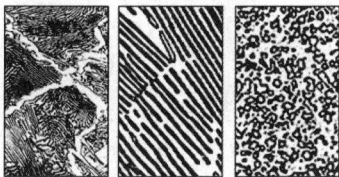

网状   片状   颗粒状
图 5.24   渗碳体不同形貌

第二相强化机制（弥散强化 – 绕过型）：

弥散强化：第二相颗粒借助粉末冶金或其他方法加入，当第二相以弥散分布形式存在时，将产生显著的强化作用。

分类：可变形粒子（切过机制）＋不可变形粒子（绕过机制）。

位错移动阻力：粒子的阻碍作用＋粒子周围的位错环对位错的反向作用力。

当颗粒间距为 λ（$\lambda = 2R$）时，位错弯曲所需切应力最小：$\tau = \dfrac{Gb}{\lambda}$。

位错绕过第二相粒子的示意图如图 5.25 所示。

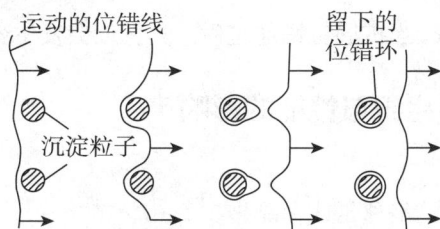

图 5.25   位错绕过第二相粒子的示意图

绕过机制：不可变形颗粒的强化与颗粒间距成反比，**颗粒越多、越细**，则强化效果越好。图 5.26 所示为绕过机制的投射电镜照片。

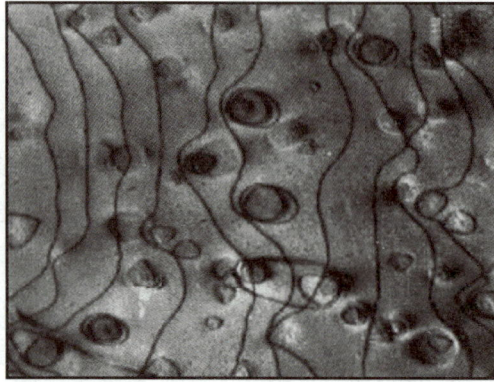

图 5.26　绕过机制的投射电镜照片

第二相强化机制（弥散强化 – 切过型）：

切过机制如图 5.27 所示。

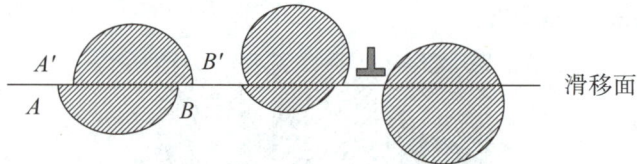

图 5.27　切过机制

当第二相颗粒为可变形颗粒时，位错将切过，此时强化作用主要取决于粒子本身的性质以及其与基体的联系：

①位错切过粒子时，出现了**新的表面积**，使总的界面能升高。

②若粒子是有序结构，则位错切过粒子时**产生反相畴界**，引起能量的升高。

③第二相粒子与基体的晶体点阵不同，位错切过粒子时必然在其滑移面上造成**原子的错排**，需要额外做功，给位错运动带来困难。

④粒子与基体的比体积差别，在粒子周围产生弹性应力场，**此应力场与位错会产生交互作用**，对位错运动有阻碍。

⑤基体与粒子中的滑移面取向不同，则位错**切过后会产生割阶**，阻碍整个位错线的运动。

⑥粒子的**层错能与基体不同**，当扩展位错通过后，其宽度会发生变化，引起能量升高。

🌀 5.3.4　塑性变形对材料组织与性能的影响

1. 显微组织变化

（1）每个晶粒内部出现大量的滑移带或孪晶带。

（2）随着变形度的增加，原来的等轴晶粒将逐渐沿其变形方向伸长，随着变形进一步增大形成纤维组织，不同压缩程度的铜板如图 5.28 所示。

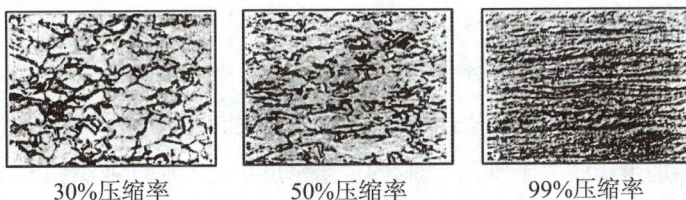

| 30%压缩率 | 50%压缩率 | 99%压缩率 |

图 5.28 不同压缩程度的铜板

纤维组织： 当变形量很大时，晶粒变得模糊不清，晶粒已难以分辨而呈现出一片如纤维状的条纹。纤维的分布方向即为材料流变伸展的方向。

纤维组织对材料性能的影响。

一般来说，它使金属纵向（纤维方向）强度高于横向强度。 这是因为在横断面上杂质、第二相、缺陷等脆性低强度"组元"的截面面积小，而在纵断面（平行于纤维方向的断面）上这些"组元"的截面面积大。虽然在一般情形下，这种各向异性对零件的实际使用影响不大，但当零件承受很大的载荷或承受冲击和交变载荷时，就可能引起很大的危险。在这种情况下就应该改进加工方法，使纤维组织（或流线）与载荷的作用面垂直。下面举例来说明。

一般的起重机吊钩应该是用轧制的棒材锻造而成，这时流线的分布如图 5.29(a) 所示。但在实际中也发生过吊钩在使用中突然破坏的情况。分析这种吊钩的流线后发现，所有流线都是平行的直线，如图 5.29(b) 所示。这就表明，这种吊钩不是按规定的加工方法（锻造）制成的，而是由轧板直接剪切的，这种吊钩在起重时，EF 断面上作用了很大的弯矩，相应的拉应力是与 EF 断面垂直的。由于 EF 断面与流线平行，因而在拉应力作用下很容易沿此面断裂。

类似的例子还可以举出很多，齿轮、柴油发动机的曲轴、承受大载荷的螺钉等，在加工时都要设法使拉应力作用面与流线垂直，才不易破坏。

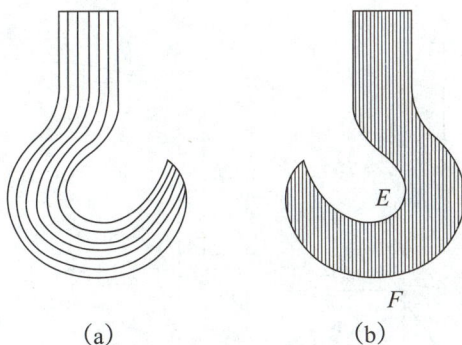

(a)　　　　　(b)

图 5.29 不同纤维组织

2. 亚结构变化

（1）一定塑性变形→位错运动交互形成位错缠结；

（2）进一步增加变形→位错聚集并由缠结的位错组成胞状亚结构；

（3）变形继续增大→变形胞数量增多，尺寸减小；

（4）强烈冷轧或冷拉变形→形成纤维组织，亚结构为细长变形胞。

胞状亚结构：变形晶粒是由许多"胞"所组成，各个胞之间有着微小的取向差，高密度缠结位错主要集中在胞的周围地带构成"胞壁"，而胞内位错密度很低。胞状亚结构形成不仅与变形量有关，还取决于材料，主要有以下两种：

对于层错能较高的晶体（如 Al、Fe），其扩展位错区较窄，可通过束集而发生交滑移，故在变形过程中经位错的增殖和交互作用，容易出现明显的胞状结构。

对于层错能较低的晶体（如不锈钢，α 黄铜），位错通常分解为**较宽的扩展位错**，使交滑移困难，位错可移动性变差，一般此类材料冷变形后胞状亚结构不明显。

3. 性能变化

（1）加工硬化。

塑性变形后在性能上最为突出的是强度（硬度）显著提高，塑性迅速下降，这就是加工硬化现象。

①加工硬化机制：

$$\tau = \tau_0 + \alpha G b \sqrt{\rho}$$

式中，τ 为加工硬化以后所需的切应力，τ_0 为加工硬化之前所需的切应力，α 为常数，G 为切变模量，b 为柏氏矢量，ρ 为位错密度。

加工硬化是材料强化的一个重要途径，特别是对于那些不能采取热处理手段来强化的材料（如纯金属，奥氏体不锈钢等），同时由于材料具有加工硬化特性，形变才得以传递和扩展，使整个零件在宏观上能够均匀变形。

②单晶体拉伸曲线，如图 5.30 所示。

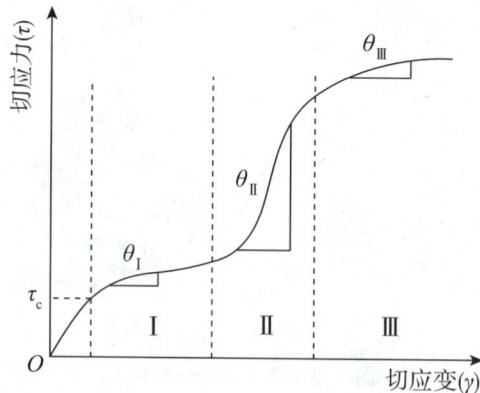

图 5.30　单晶体拉伸曲线

I 阶段：易滑移阶段。当 τ 达到晶体的 τ_c 后，滑移首先从一个滑移系开始，位错运动受到的阻碍较小，硬化效应也较低。此段曲线接近于直线，其斜率 θ_I 即加工硬化率低，一般 θ_I 很小。

Ⅱ阶段：线性硬化阶段。滑移可以在几组相交的滑移面中发生，由于位错运动之间的交互作用及其所形成的不利于滑移的结构状态，有可能在相交滑移面上形成割阶与缠结，使得位错运动变得十分困难。随着应变量增加，应力线性增长，此段也呈直线，且斜率较大，加工硬化十分显著。

Ⅲ阶段：抛物线型硬化阶段。应力进一步增高的条件下，已产生的滑移障碍逐渐被克服，通过交滑移方式继续进行变形。随应变增加，应力上升缓慢，呈抛物线型，$\theta_Ⅲ$逐渐下降。

三种典型晶体结构金属单晶体的拉伸曲线，如图 5.31 所示：

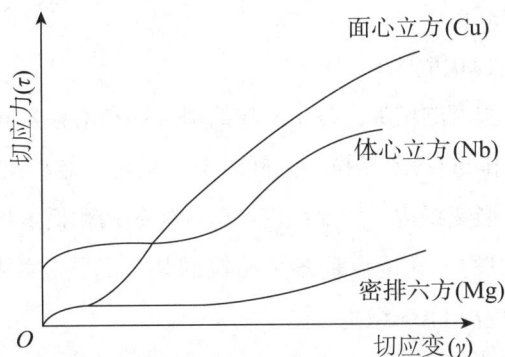

图 5.31　三种典型晶体结构金属单晶体的拉伸曲线

其中面心立方和体心立方晶体显示出典型的三阶段加工硬化情况，只是含有微量杂质原子的体心立方晶体，因杂质原子与位错交互作用，将产生前面所述的屈服现象并使曲线有所变化。

密排六方金属单晶体由于只沿着一组相平行的滑移面作单系滑移，位错交截作用很弱，故第Ⅰ阶段通常很长，远远超过其他结构的晶体，以至于第Ⅱ阶段还未充分发展时试样就已经断裂了。

多晶体的拉伸曲线：

多晶体的塑性变形由于晶界的阻碍作用和晶粒之间的协调配合要求，各晶粒不可能以单一滑移系动作，而必然有多组滑移系同时作用，因此多晶体的拉伸曲线不会出现单晶曲线的第Ⅰ阶段，而且其硬化曲线通常更陡，细晶粒多晶体在变形开始阶段尤为明显，多晶和单晶金属的拉伸曲线如图 5.32 所示。

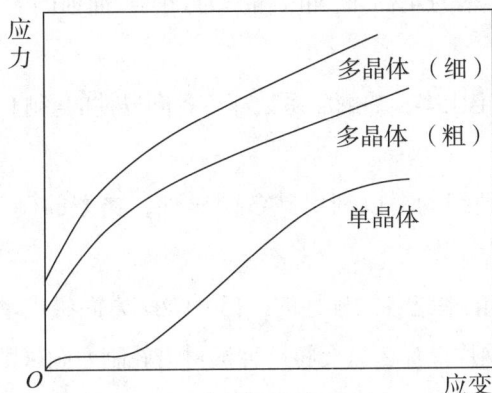

图 5.32　多晶和单晶金属的拉伸曲线

（2）其他性能。

①塑性变形使金属的电阻率升高，电阻温度系数下降，磁导率下降，导热系数下降，磁滞损耗和矫顽力增大。

②塑性变形使扩散过程加速，腐蚀速度加快。

③塑性变形通常使金属材料的密度下降，但对含有铸造缺陷（如气孔、疏松等）的金属经塑性变形后可能使密度上升。

④塑性变形使弹性模量升高。

4. 形变织构（多晶材料的择优取向）

在塑性变形中，随着变形程度的增加，各个晶粒的滑移面和滑移方向都要向主形变方向转动，逐渐使多晶体中原来取向互不相同的各个晶粒在空间取向上呈现一定程度的规律性，这一现象称为择优取向，这种组织状态则称为形变织构。形变织构可分为丝织构和板织构。

丝织构：拉拔时形成的织构，其特点是各个晶粒的某一晶向与拉拔方向平行或接近平行，用 $<uvw>$ 表示，如冷拔铁丝织构为 $<110>$ 织构。

板织构：轧制时形成，其特征是多个晶粒的某一晶向（面）趋向于与轧向（面）平行，用 $\{hkl\}<uvw>$ 表示，如冷轧黄铜 H70 具有 $\{110\}<112>$ 织构，织构造成材料各向异性。

形成织构的原因并不限于冷加工，其他一些冶金或热处理过程如铸造、电镀、气相沉积、热加工、退火等都可以产生织构。**我们这里只讨论冷加工产生的织构，简称加工织构或形变织构。**

①织构与性能的关系。

织构的主要影响是引起金属各向异性，但各向异性的程度取决于金属种类和织构程度。对立方金属来说，由于对称度高，各向异性不显著，尤其是物理性质，几乎是各向同性的，仅力学性能略有差别。

对六方结构和低对称度的金属来说，由于滑移面少，织构引起的各向异性相当显著。例如铅棒在冷轧 97% 以后，纵向的延伸率为 4%，断面收缩率为 60%，而横向的延伸率只有 1%，断面收缩率只有 8%。

另外织构对物理性能，如电阻率、热膨胀系数都有各向异性的影响。

②利用织构。

有的情况下设法获得某种织构，以利用其各向异性。典型的例子就是变压器用的硅钢片的生产。

Fe–3%Si 合金单晶体的磁化率是各向异性的，沿 $<100>$ 方向磁化率最大。因此，如果能制备具有 $\{011\}<100>$ 织构的多晶硅钢片，那么只要将这种板材沿轧制方向（即 $<100>$ 方向）切成长条，然后堆叠成芯棒或拼成矩形铁框就能大大减少磁滞损耗，从而显著提高变压器的功率。

5. 残余应力

塑性变形中外力所做的功除大部分转化成热之外，还有一小部分以**畸变能**的形式储存在形变材料内部。这部分能量叫作**储存能**，其大小因变形量、形变方式、形变温度，以及材料本身性质而异，占总形变功的百分之几不等。

储存能的具体表现方式为宏观残余应力、微观残余应力及点阵畸变。**残余应力是一种内应力，它在工件中处于自相平衡状态，其产生是由于工件内部各区域变形不均匀性，以及相互间的牵制作用。**按照残余应力平衡范围的不同，通常可将其分为三种：

（1）第一类内应力——宏观内应力（见图 5.33）。

又称宏观残余应力，它是由工件不同部分的宏观变形不均匀引起的，故其应力平衡范围包括整个工件。

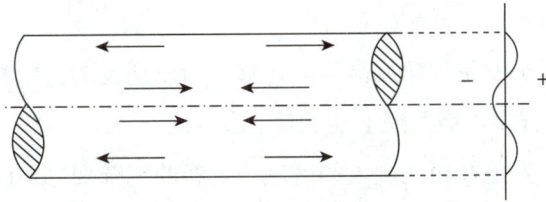

图 5.33　宏观内应力

如：轧材（表层变形量 > 内部变形量），表层残留压应力，内部拉应力；

拉拔材（外圆变形量 < 心部变形量），外圆残余张应力，心部压应力；

弯曲件，伸长侧残余压应力，缩短侧张应力，一般不超过总储存能的 0.1%。

工件一般不希望存在宏观内应力，特别是表面的张应力，其危害性更大，若它与外力叠加，很容易使工件产生断裂或变形；但有时，如对承受疲劳载荷的零件来说，表层的残留压应力（可通过喷丸、滚压强化），有利于提高其疲劳强度。

（2）第二类内应力——微观内应力。

又称微观残余应力，它是由晶粒或亚晶粒之间的变形不均匀产生的。其作用范围与晶粒尺寸相当，即在晶粒或亚晶粒之间保持平衡。这种内应力有时可达到很大的数值，甚至可能造成显微裂纹并导致工件破坏。

（3）第三类内应力——点阵畸变。

它是由点阵缺陷引起的，使变形材料处于热力学不稳定状态，是变形材料加热时的回复及再结晶驱动力。

金属材料经塑性变形后的残余应力是不可避免的，它将对工件的变形、开裂和应力腐蚀产生影响和危害，故必须及时采取措施消除（如**去应力退火处理**）。

但是，在某些特定条件下，残余应力的存在也是有利的。例如，承受交变载荷的零件，若用表面滚压和喷丸处理，使零件表面产生压应力的应变层，借以达到强化表面的目的，可使其疲劳寿命成倍提高。

⬡ 5.4 回复与再结晶

⚛ 5.4.1 冷变形金属在加热时的组织与性能变化

冷变形后材料经重新加热进行退火之后，其组织和性能会发生变化。观察在不同加热温度下变化的特点，可将退火过程分为回复、再结晶和晶粒长大三个阶段。

回复是指新的无畸变晶粒出现之前所产生的亚结构和性能变化的阶段；

再结晶是指出现无畸变的等轴新晶粒逐步取代变形晶粒的过程；

晶粒长大是指再结晶结束之后晶粒的继续长大。

1. 组织变化（见图 5.34）

（1）在回复阶段，由于不发生大角度晶界的迁移，所以晶粒的形状和大小与变形态的相同，仍保持着纤维状或扁平状，从光学显微组织上几乎看不出变化。

（2）在再结晶阶段，首先是在畸变度大的区域产生新的无畸变晶粒的核心，然后逐渐消耗周围的变形基体而长大，直到形变组织完全改组为新的、无畸变的细等轴晶粒为止。

（3）在晶界表面能的驱动下，新晶粒互相吞食而长大，从而得到一个在该条件下较为稳定的尺寸，称为晶粒长大阶段。

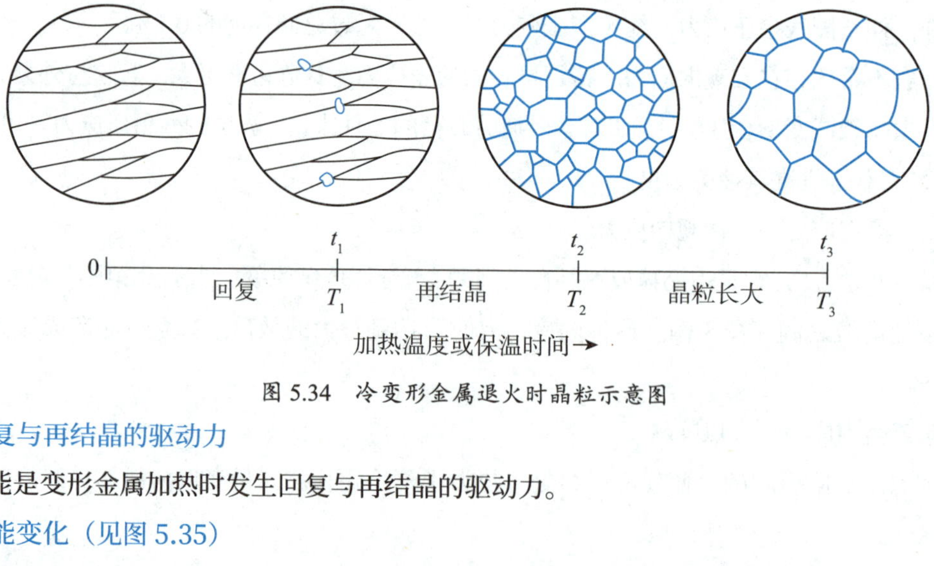

图 5.34 冷变形金属退火时晶粒示意图

2. 回复与再结晶的驱动力

储存能是变形金属加热时发生回复与再结晶的驱动力。

3. 性能变化（见图 5.35）

（1）强度与硬度：回复阶段的硬度变化很小，而再结晶阶段则下降较多。强度具有与硬度相似的变化规律。上述情况主要与金属中的位错机制有关，即回复阶段时，**变形金属仍保持很高的位错密度**，而发生再结晶后，则由于位错密度显著降低，故强度与硬度明显下降。

（2）电阻：变形金属的电阻在回复阶段已表现明显的下降趋势。因为电阻率与晶体点阵中的点缺陷（如空位、间隙原子等）密切相关。点缺陷所引起的点阵畸变会使传导电子产生散射，提高电阻率。**在回复阶段电阻率的明显下降就标志着在此阶段点缺陷浓度有明显的减小。**

（3）内应力：在回复阶段，大部分或全部的**宏观内应力可以消除，而微观内应力只有通过再结晶方可全部消除。**

（4）亚晶粒尺寸：在回复的前期，亚晶粒尺寸变化不大，但在后期，尤其在接近再结晶时，亚晶粒尺寸就显著增大。

（5）密度：变形金属的密度在再结晶阶段发生急剧增高，主要是由再结晶阶段中位错密度显著降低引起的。

（6）储能释放：当冷变形金属加热到足以引起应力松弛的温度时，储能就被释放出来。在回复阶段时各材料释放的储存能量均较小，再结晶晶粒出现的温度对应于储能释放曲线的高峰处。

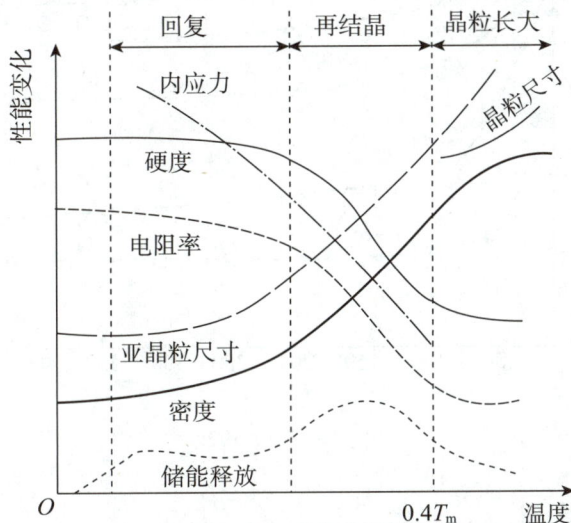

图 5.35 冷变形金属退火对金属性能的影响

❂ 5.4.2 回复

1. 回复过程

驱动力：塑性变形的储存能。

回复：新的无畸变晶粒出现之前所产生的亚结构和性能变化的阶段。

对于回复过程：

（1）电阻率明显下降——主要是由于过量空位的减少和位错应变能的降低；

（2）内应力降低——主要是由于晶体内**弹性应变的基本消除；**

（3）硬度及强度下降不多——主要是由于位错密度下降不多，亚晶还较细小；

（4）点缺陷降低，改善工件的耐蚀性。

回复目的：保持强度和硬度水平（加工硬化保持），消除宏观内应力，防止变形开裂，回复物理化学性能。

回复曲线如图 5.36 所示，图中 R 表示加工硬化率：

（1）回复是一个弛豫过程，没有孕育期；

（2）在一定温度时，初期的回复速率很大，随后逐渐变慢，直到趋近于零；

（3）每一温度的回复程度有一极限值，退火温度愈高，极限值也愈高，而达到此极限值所需时间则愈短；

（4）预变形量愈大，起始的回复速率也愈快，晶粒尺寸减小也有利于回复过程的加快。

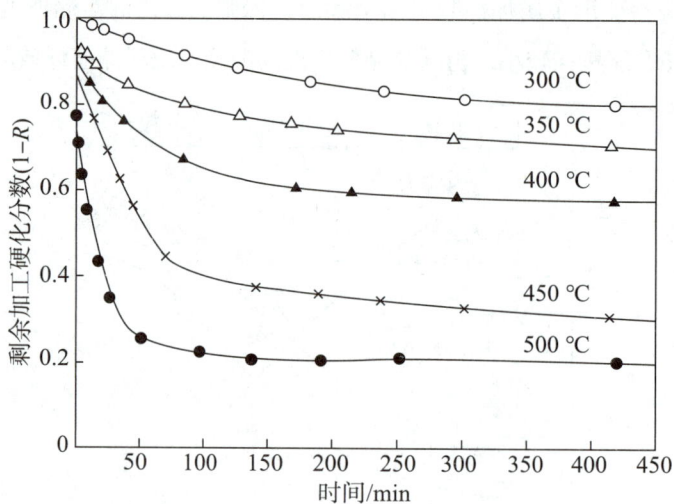

图 5.36　回复曲线

2. 回复动力学

回复是冷变形金属在退火时发生组织性能变化的早期阶段。回复方程为

$$t = A\exp\left(\frac{Q}{RT}\right)$$

式中，Q 为激活能，R 为气体常数，T 为热力学温度，A 为常数。

回复与其他热激活过程一样，回复的速度随温度升高而增大。

3. 回复机制

（1）低温回复：点缺陷迁移至晶界（或金属表面），并通过空位与位错的交互作用等崩塌成位错环消失，从而使点缺陷密度明显下降。

（2）中温回复：加热温度稍高时，会发生位错运动和重新分布，异号位错互相抵消，位错密度降低。

（3）高温回复：刃型位错产生攀移；同号位错规整化垂直排列成墙，形成回复亚晶（多边化结构）。

5.4.3 再结晶

1. 再结晶概念

再结晶是一种形核和长大过程，即通过在变形组织的基体上产生新的无畸变再结晶晶核，并通过逐渐长大形成等轴晶粒，从而取代全部变形组织的过程。**不过，再结晶的晶核不是新相，其晶体结构并未改变，这是与其他固态相变不同的地方。**

2. 再结晶过程

再结晶过程有以下特点。

①组织发生变化，由冷变形的伸长晶粒变为新的等轴晶粒。

②力学性能发生急剧变化，强度、硬度急剧降低，塑性提高，恢复至变形前状态。

③变形储能在再结晶过程中全部释放。第三类应力（点阵畸变）消除，位错密度降低。

（1）形核。

形核机制：

①晶界弓出形核。对于变形程度较小（一般小于20%）的金属，其再结晶核心多以晶界弓出方式形成，即应变诱导晶界移动，或称为凸出形核机制，弓出形核如图5.37所示。

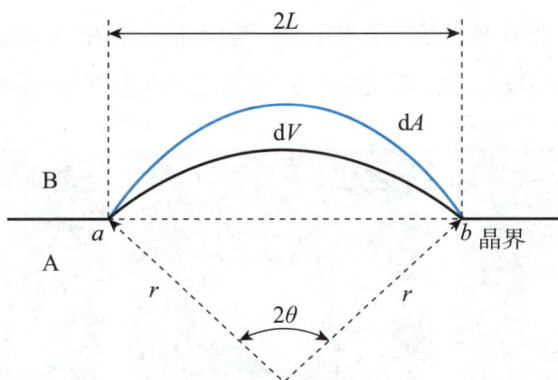

图 5.37 弓出形核

若晶界弓出段两端 a、b 固定，且 γ 值恒定，则开始阶段随 ab 弓出而弯曲。一段长为 $2L$ 的晶界，弓出形核的能量条件为

$$E_s > \frac{2\gamma}{L} \text{（其中} \gamma \text{为晶界的表面能）}$$

可见，并非晶界上任何地方都能够弓出形核。在晶界弓出至半球形以前的扩张阶段即为形核孕育期。

②亚晶形核。此机制一般是在**大的变形度**下发生。借助亚晶作为再结晶的核心，其形核机制可分为两种。

a.亚晶合并机制：常出现在变形程度较大且具有高层错能的金属中。

当预先变形量较大或材料层错能较高时，再结晶形核采取亚晶转动、聚合的方式，通过再结晶前多边形化，形成较小的亚晶，亚晶界曲率不大，不易迁移，但某些亚晶界中位错可通过攀移和滑移而迁出，使亚晶界消失。相邻亚晶转动，位向接近而聚合成为更大的亚晶，消失的位错进入邻近的亚晶界中，使与周围亚晶位向差增大，当小角度亚晶界转变为大角度晶界，并达到形核的临界尺寸时，构成再结晶核心。亚晶转动聚合形核合并机制如图 5.38 所示。

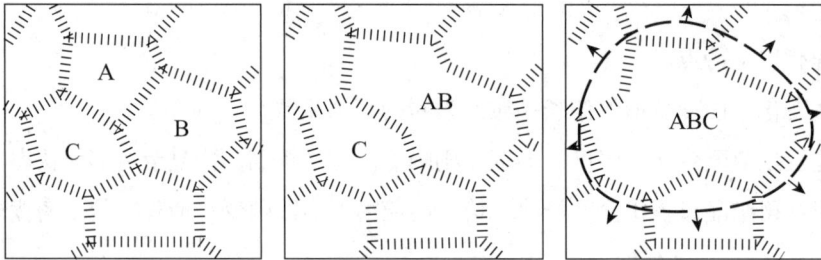

图 5.38　亚晶转动聚合形核合并机制

b. 亚晶迁移机制：常出现在变形程度较大且具有低层错能的金属中。

当变形量很大或材料层错能较低时，再结晶核心也是在再结晶前多边形化所产生的无应变较大亚晶的基础上形成的。由于变形大，位错密度高，亚晶界曲率大，易于迁移。亚晶界迁移中清除并吸收其扫过区相邻亚晶的位错，使亚晶界获得更多位错，与相邻亚晶取向差增大，变为大角度晶界，当大角界面达到临界曲率半径，便成为稳定再结晶核心。亚晶长大形核迁移机制如图 5.39 所示。

图 5.39　亚晶长大形核迁移机制

上述两种机制都是依靠亚晶粒的粗化发展为再结晶核心的。亚晶粒本身是在剧烈应变的基体通过多边化形成的，几乎无位错的低能量地区，它通过消耗周围的高能量区长大成为再结晶的有效核心，因此，随着形变度的增大，会产生更多的亚晶而有利于再结晶形核。这就可解释再结晶后的晶粒为什么会随着变形度的增大而变细的问题。

再结晶形核率指单位时间、单位体积形成的再结晶核心数目，以 $\dot{N}$ 表示，形核率 $\dot{N}$ 与以下因素有关。

①变形程度。

预先变形量越大，$\dot{N}$ 越大。这是因为变形程度增大，位错密度增高，变形储能增加，因而单位

体积畸变能 E_s 的绝对值也加大，由公式 $R = \dfrac{2\gamma}{E_s}$ 可知，作为再结晶核心的临界尺寸减小，因而核心数量增多。

②材料纯度。

材料纯度低，杂质原子多，对形核率有两方面影响：一方面由于阻碍变形，使变形储能增大，增加形核率；另一方面因杂质原子在界面处偏聚，阻碍形核时的界面迁移以及杂质原子钉扎位错，阻碍位错攀移和亚晶的长大，使再结晶核心不容易形成，从而降低形核率。

③晶粒大小。

晶粒细小，增大变形阻力，相同变形量下，位错塞积、畸变区增多，变形储能增高。另外，细晶界面积大，生核区域多，这两个因素均使形核率增大。

④温度。

再结晶温度升高，位错攀移容易，亚晶界容易迁移长大，亚晶也容易转动、聚合，发展成为再结晶核心，从而使形核率增大。有关系式

$$\dot{N} = \dot{N}_0 \exp\left(-\frac{Q_n}{RT}\right)$$

式中，Q_n 为形核激活能。

（2）长大。

再结晶晶核形成之后，它就借界面的移动而向周围畸变区域长大。界面迁移的推动力是无畸变的新晶粒本身与周围畸变的母体（即旧晶粒）之间的应变能差，**晶界总是背离其曲率中心**，向着畸变区域推进，直到全部形成无畸变的等轴晶粒为止，再结晶即完成。

长大速度：再结晶核心的长大速度以 $\dot{G}$ 表示，核心长大速度也即界面迁移速度。

①变形储能 E_s 增大，长大速度增加。

②增大预先变形量、原始细小晶粒均增大变形储能，增加长大速度。

③微量溶质原子和杂质原子阻碍界面迁移而使长大速度降低。

长大速度方程：

$$\dot{G} = \dot{G}_0 \exp\left(-\frac{Q_g}{RT}\right)$$

（3）再结晶动力学。

再结晶方程（与回复方程相同）：

$$t = A \exp\left(\frac{Q}{RT}\right)$$

式中，A 为常数，Q 为再结晶的激活能，R 为气体常数，T 为热力学温度。不同温度下，产生相同程度再结晶的时间关系满足：

$$\frac{t_1}{t_2} = \exp\left[\frac{Q}{R}\left(\frac{1}{T_1} - \frac{1}{T_2}\right)\right]$$

3. 再结晶温度

用 φ_R 表示再结晶体积分数，若取 φ_R=0.95 并以此作为再结晶完成的标志，则加热时间越长，再结晶温度便越低。这样，再结晶温度便是个不确定的值。

（1）再结晶温度。

再结晶温度指经过较大冷变形量（>70%）的金属，在 1 h 完成再结晶（体积分数大于等于 95%）所对应的温度。实验表明，对许多工业纯金属而言，再结晶温度 T_R 与其熔点 T_m 有如下关系：再结晶温度等于其熔点的 0.35～0.4。

（2）再结晶温度影响因素。

① 变形程度。

再结晶温度随变形程度的变化如图 5.40 所示，随着冷变形程度的增加，储能也增多，再结晶的驱动力就越大，因此再结晶温度越低，同时等温退火时的再结晶速度也越快。但当变形量增大到一定程度后，再结晶温度就基本上稳定不变了。对工业纯金属，经强烈冷变形后的最低再结晶温度 T_R 为 $(0.35～0.4)T_m$。**注意，在给定温度下发生再结晶需要一个最小变形量（临界变形度）。低于此变形度，不发生再结晶。**

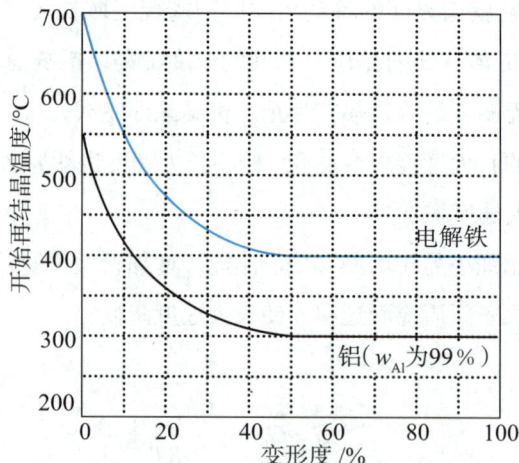

图 5.40　再结晶温度随变形程度的变化

② 微量溶质原子。

微量溶质原子的存在能显著提高再结晶温度的原因，可能是溶质原子与位错及晶界间存在着交互作用，使溶质原子倾向于在位错及晶界处偏聚，对位错的滑移与攀移和晶界的迁移起着阻碍作用，从而不利于再结晶的形核和核的长大，阻碍再结晶过程。不同材料的再结晶温度如表 5.3 所示。

表 5.3　不同材料的再结晶温度

材　　料	50% 再结晶的温度 /℃	材　　料	50% 再结晶的温度 /℃
光谱纯铜	140	光谱纯铜中加入 Sn（w_{Sn} 为 0.01%）	315
光谱纯铜中加入 Ag（w_{Ag} 为 0.01%）	205	光谱纯铜中加入 Sb（w_{Sb} 为 0.01%）	320
光谱纯铜中加入 Cd（w_{Cd} 为 0.01%）	305	光谱纯铜中加入 Te（w_{Te} 为 0.01%）	370

③原始晶粒尺寸。

在其他条件相同的情况下，金属的原始晶粒越细小，则变形的抗力越大，冷变形后储存的能量较高，再结晶温度则较低。

④第二相粒子。

当第二相粒子尺寸较大且间距较宽时，有利于再结晶进行；

当第二相粒子尺寸很小且又较密集时，则会阻碍再结晶的进行。

⑤再结晶退火工艺参数。

加热速度、加热温度与保温时间等退火工艺参数，对变形金属的再结晶有着不同程度的影响。

若加热速度过于缓慢，变形金属在加热过程中有足够的时间进行回复，使点阵畸变度降低，储能减小，从而使再结晶的驱动力减小，再结晶温度上升。但是，极快速度的加热也会因在各温度下停留时间过短而来不及形核与长大，致使再结晶温度升高。

当变形程度和退火保温时间一定时，退火温度愈高，再结晶速度愈快，产生一定体积分数的再结晶所需要的时间也愈短，再结晶后的晶粒愈粗大。

在一定范围内延长保温时间会降低再结晶温度，$\ln t = A + \dfrac{Q}{RT}$，$t$ 增加，T 降低。

4. 再结晶后的晶粒大小

$$d = K\left(\frac{\dot{G}}{\dot{N}}\right)^{\frac{1}{4}}$$

式中，K 为常数，$\dot{G}$ 为长大速率，$\dot{N}$ 为形核率。

（1）变形程度（见图 5.41）。

当变形程度很小时，晶粒尺寸即为原始晶粒的尺寸，这是因为变形量过小，造成的**储存能不足以驱动再结晶**，所以晶粒大小没有变化。

当变形程度增大到一定数值后，此时的畸变能已足以引起再结晶，但由于变形程度不大，$\dfrac{\dot{G}}{\dot{N}}$ 比值很大，形成少量的核心并长大，最后形成新的粗大的再结晶晶粒。

当变形量大于临界变形量之后，驱动形核与长大的储存能不断增大，而且形核率$\dot{N}$增大较快，使$\dfrac{\dot{G}}{\dot{N}}$变小，d减小，且变形度愈大，晶粒愈细化。

临界变形度：通常把对应于再结晶后得到特别粗大晶粒的变形程度称为"临界变形度"，一般金属的临界变形度为 2% ~ 10%。在生产实践中，要求细晶粒的金属材料应当避开这个变形量。

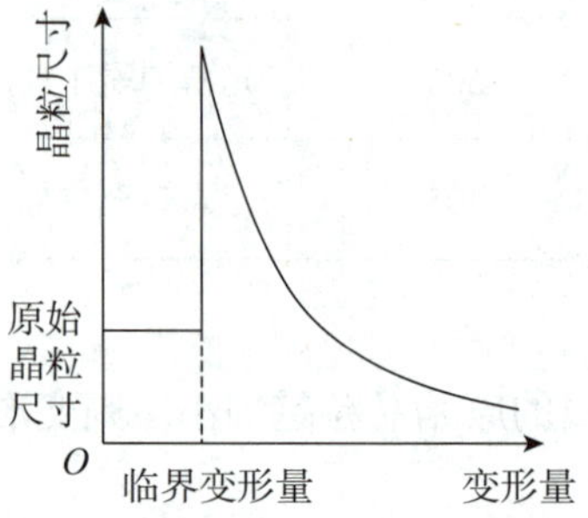

图 5.41　变形量和晶粒尺寸的关系

（2）退火温度。

再结晶后晶粒大小由$\dfrac{\dot{N}}{\dot{G}}$决定，而$\dot{N}$和$\dot{G}$都满足阿累尼乌斯方程，有以下关系：

$$\dot{G} = \dot{G}_0 \exp\left(-\frac{Q_g}{RT}\right), \dot{N} = N_0 \exp\left(-\frac{Q_n}{RT}\right)$$

Q_n 和 Q_g 接近相同，因而预计$\dfrac{\dot{N}}{\dot{G}}$在不同温度下将接近常数，故退火温度对晶粒大小只有较弱的影响。

（3）原始晶粒大小。

一定变形量下，细晶粒比粗晶粒有较大的变形储能，使$\dot{N}$、$\dot{G}$和$\dfrac{\dot{N}}{\dot{G}}$值均增大，d减小。

（4）杂质含量。

微量溶质原子的存在会提高变形抗力、使变形储能增大，使$\dot{N}$和$\dfrac{\dot{N}}{\dot{G}}$增大，并阻碍界面迁移使$\dot{G}$降低，其综合结果是$\dfrac{\dot{N}}{\dot{G}}$增大，因而再结晶后得到较细晶粒。

（5）形变温度。

T 低，不发生回复等过程，储存能大，晶粒细化。T 高，发生回复再结晶，储能降低，再结晶驱动力降低，形核率降低，晶粒较粗。

⚛ 5.4.4　再结晶后的晶粒长大

再结晶结束后，材料通常得到细小等轴晶粒，若继续提高加热温度或延长加热时间，将引起晶粒进一步长大。对晶粒长大而言，晶界移动的驱动力通常来自总的界面能的降低。晶粒长大按其特点可分为两类：正常晶粒长大与异常晶粒长大（二次再结晶），前者表现为大多数晶粒几乎同时逐渐均匀长大；而后者则为少数晶粒突发性的不均匀长大。

1. 正常晶粒的长大（见图 5.42）

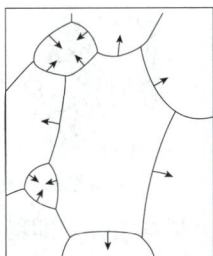

图 5.42　晶粒长大示意图

再结晶完成后，晶粒长大是一自发过程，因为它总是力图使界面自由能变小，所以晶粒长大的驱动力是来自晶界移动后**体系总的自由能的降低**。就个别晶粒长大的微观过程而言，**晶粒界面的不同曲率是造成晶界迁移的直接原因**。

实际上，晶粒长大时，**晶界总是向着曲率中心的方向移动。晶粒长大过程就是"大吃小"和凹面变平的过程。**

影响晶粒长大的因素有

①温度：温度越高，晶粒的长大速度也越快。

$$\bar{D}_t = Ct^n$$

②分散相粒子：由于分散颗粒对晶界有阻碍作用，会使晶粒长大速度降低。极限晶粒尺寸和分散相体积分数的关系为

$$\bar{D}_{\lim} = \frac{4r}{3\varphi}$$

式中，φ 为分散相体积分数，r 为分散相半径。

③晶粒间的位向差：当晶界两侧的晶粒位向较为接近或具有孪晶位向时，晶界迁移速度很小。但若晶粒间具有大角度晶界的位向差时，则由于晶界能和扩散系数相应增大，因而其晶界的迁移速度也随之加快。

④杂质与微量合金元素：由于微量杂质原子与晶界的交互作用及其在晶界区域的吸附，形成了一种阻碍晶界迁移的"气团"（如对位错运动的钉扎），从而随着杂质含量的增加，显著降低了晶界的迁移速度。

⑤热蚀沟：当金属在高温下长时间加热时，晶界与金属表面相交处会产生热蚀沟（为了达到表面张力互相平衡，通过表面扩散而产生），它的存在也影响晶粒长大。

2. 异常晶粒长大（二次再结晶）

异常晶粒长大是在一定条件下，继晶粒正常、均匀长大后发生的晶粒不均匀长大的过程。长大过程中，晶粒尺寸悬殊，少数几个晶粒择优生长，逐渐吞并周围小晶粒，直至这些择优长大的晶粒互相接触，周围细小晶粒消失，全部形成粗大晶粒，过程结束，异常晶粒长大过程如图 5.43 所示。在

不均匀长大过程中，少数大晶粒相当于核心，吞并其他晶粒而长大，故此过程也叫二次再结晶。

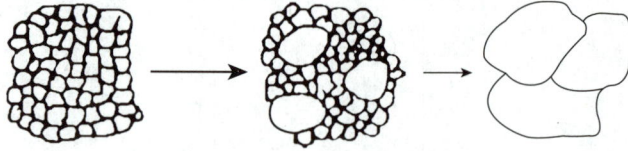

图 5.43　异常晶粒长大过程

发生异常晶粒长大或二次再结晶有三个基本条件，**即稳定基体、有利晶粒和高温加热。**

二次再结晶机制：

二次再结晶形成的大晶粒在长大到某一临界尺寸后便迅速长大。这一点不难解释，因为在初次再结晶的各晶粒中，达到临界晶体尺寸的晶粒必超过它周围的晶粒，由于大晶粒的晶界总是凹向外侧的，因而晶界总是向外迁移而扩大，结果它就愈长愈大，形成二次再结晶。

至于大晶粒是怎样长到临界尺寸的，一般认为，初次再结晶后，大多数晶粒具有明显的织构，但也有一些晶粒具有与这个织构不同的位向，其中更有少数具有特殊的位向，使其晶界的迁移率较高，因而能够长大到临界尺寸。

另外，要发生二次再结晶，还必须有某种阻碍晶粒正常长大的因素存在，如第二相质点、一次再结晶织构、热蚀沟等。只有晶粒正常长大进行得很慢时，二次再结晶才能发生。

对于弥散质点抑制晶粒正常长大的情况，当加热到更高温度时，由于质点的不均匀分布和不均匀溶解，在较少弥散质点以及质点尺寸较小的地方会有某几个晶粒的界面可以摆脱钉扎而迁动，结果发生二次再结晶。

图 5.44 所示为含有弥散 MnS 颗粒的 Fe-3%Si 合金和高纯的 Fe-3%Si 合金冷轧板（0.35 mm）缓慢加热退火过程中晶粒尺寸与退火温度的关系。

高纯材料晶粒尺寸比较均匀地增大，不会发生二次再结晶。而含 MnS 颗粒的合金在约 920 ℃时，部分铁素体晶粒尺寸突然增大，即发生了二次再结晶。

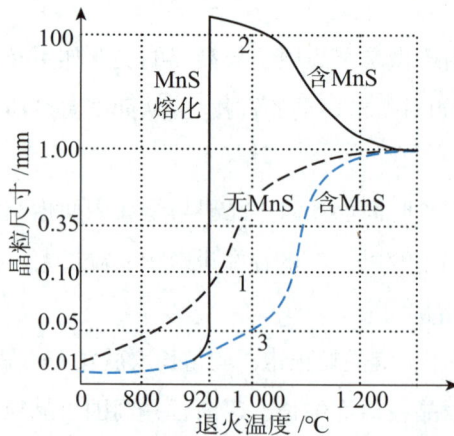

图 5.44　缓慢加热退火过程中晶粒尺寸与退火温度的关系

多数原始一次再结晶晶粒因MnS颗粒钉扎而非常缓慢地均匀长大。随温度进一步升高到约1 150 ℃时，二次再结晶晶粒数目增多，**其平均尺寸逐渐下降**，最后三条曲线基本合在一起。这是因晶粒达到比板厚略大的一个极限值时自由表面起作用的结果。920 ℃正好是第二相的显著溶解或粗化的温度。

5.4.5 再结晶退火后的组织

1. 再结晶退火后的晶粒大小

影响因素如下。

（1）预先变形程度：φ越大，退火后晶粒越细小。

（2）退火温度：T越高，晶粒越粗大。

再结晶全图：将冷变形量、退火温度及再结晶后晶粒大小的关系表示在一个立体图上，就构成了"再结晶全图"，它对于控制冷变形后退火的金属材料的晶粒大小有很好的参考价值。在临界变形量和二次再结晶阶段出现两个粗大晶粒。Fe 和 Al 的再结晶全图如图 5.45 所示。

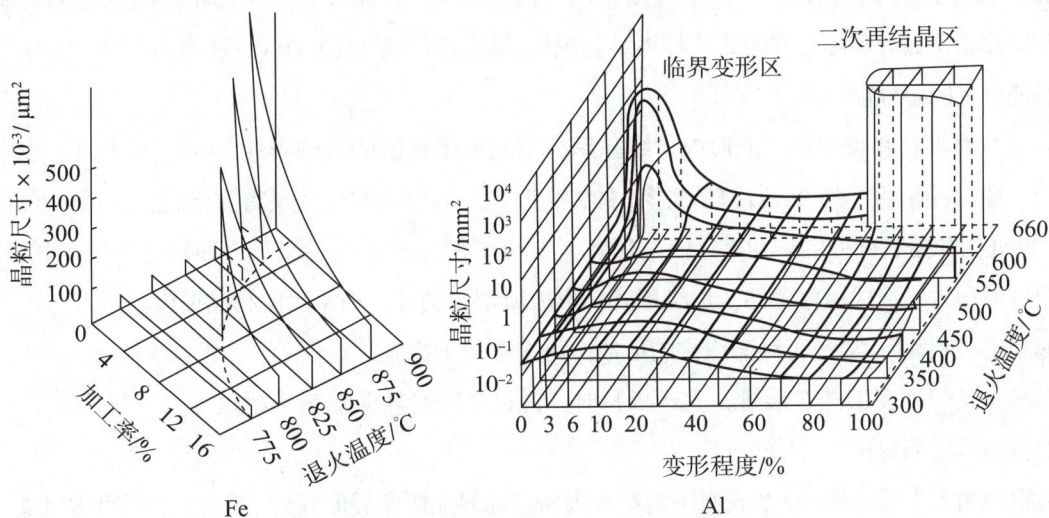

图 5.45　Fe 和 Al 的再结晶全图

2. 再结晶织构

通常具有变形织构的金属经再结晶后的新晶粒若仍具有择优取向，称为再结晶织构。它与退火织构不同，因为不发生再结晶的回复退火也能形成基本上与变形织构相同的退火织构。

（1）再结晶织构与原变形织构之间的关系。

①晶粒取向保持与原有织构一致。

②原有织构消失而代之以新的织构。

③原有织构消失不再形成新的织构。

（2）再结晶织构的形成机制。

①定向形核理论。

当变形量较大的金属组织产生变形织构时，因各亚晶的位向相近，而使再结晶形核具有择优取向，经长大形成再结晶织构（与原变形织构位向一致）。

②定向生长理论。

本理论认为再结晶的晶粒取向大都是无规则的，只有某些具有特殊位向的晶核才可能迅速向变形基体中长大，形成再结晶织构。因晶界的移动速度取决于晶界两侧晶粒间的**位向差**，当基体存在变形织构时，其中大多数晶粒取向是相近的，晶粒不易长大；而某些与变形织构呈特殊位向关系的再结晶晶核，其晶界则具有很高的迁移速度，故发生择优生长，并通过逐渐吞食其周围变形基体达到互相接触，形成与原变形织构取向不同的再结晶织构。

（3）再结晶织构对性能的影响。

形成再结晶织构，使材料具有各向异性。

一方面具有有利作用，如软磁材料磁性具有各向异性，体心立方金属 <100> 方向为易磁化方向，在小的外磁场下即可获得高的磁感应强度。以硅钢片为例，控制冷轧变形量和再结晶退火温度可使冷轧硅钢片获得具有易磁化方向的两种再结晶织构，即高斯织构 {110}<001> 和立方织构 {100}<001>，可以保证优良的磁性能。

另一方面具有有害作用，即形成再结晶织构引起力学性能的各向异性，对材料的加工性和使用性不利。如深冲铜板，经 90% 冷轧变形，800 ℃退火，形成立方织构具有方向性，不同方向的塑性不同，顺轧向和垂直轧向的 $\delta=40\%$，而与轧向呈 45°方向的 $\delta=75\%$。因此，在冲制筒形和杯形零件时，各向变形不均匀，造成薄厚不均、边缘不齐，形成所谓"制耳"现象而使制品报废。

为防止"制耳"，避免再结晶织构的形成，可采取以下措施。

①减小预先冷变形的变形量。生产板材时，退火前的冷轧压缩量不超过 50%，以避免形成强的形变织构和再结晶织构。

②铜中加入少量杂质，使杂质原子富集于大角度晶界而阻碍界面迁移，从而让立方织构不易形成。如已形成再结晶织构，可通过较小冷轧变形量、低温短时退火，重新再结晶以破坏织构。

③对某些材料，如工业纯铝，可通过控制杂质含量和生产过程，调整新生的立方织构和残留的形变织构的比例，以减弱或消除生产中的"制耳"现象。

3. 退火孪晶

某些面心立方金属和合金，如铜及铜合金、镍及镍合金和奥氏体不锈钢等，冷变形后经再结晶退火，其晶粒中会出现退火孪晶。

图 5.46 中的 A，B，C 代表三种典型的退火孪晶形态：A 为晶界交角处的退火孪晶；B 为贯穿晶粒的完整退火孪晶；C 为一端终止于晶内的不完整退火孪晶。孪晶带两侧互相平行的孪晶界属于共格的孪晶界，由 (111) 组成；孪晶带在晶粒内终止处的孪晶界，以及共格孪晶界的台阶处均属于非共格的孪晶界。

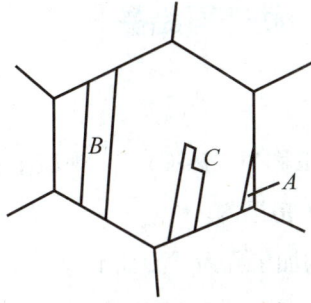

图 5.46　退火孪晶示意图

在面心立方晶体中形成退火孪晶需在 (111) 面的堆垛次序中发生层错，即由正常堆垛顺序 $ABCABCABC$ 改变为 $AB\bar{C}BACBACBA\bar{C}ABC$，如图 5.47 所示。其中 $\bar{C}$ 和 $\bar{C}$ 两面为共格孪晶界面，其间的晶体则构成一退火孪晶带。

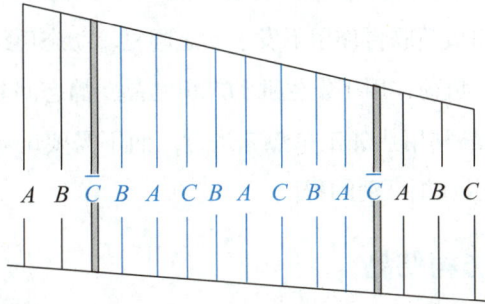

图 5.47　面心立方晶体形成退火孪晶时 (111) 面的堆垛次序

形成机制：一般认为退火孪晶是在晶粒生长过程中形成的，其形成机制如图 5.48 所示，当晶粒通过晶界移动而生长时，原子层在晶界角处 (111) 面上的**堆垛顺序偶然错堆**，就会出现一共格的孪晶界，并随之在晶界角处形成退火孪晶，这种退火孪晶通过**大角度晶界的移动**而长大。在长大过程中，如果原子在 (111) 表面**再次发生错堆而恢复原来的堆垛顺序**，则又形成第二个共格孪晶界，构成了孪晶带。同样，形成退火孪晶必须满足能量条件，层错能低的晶体容易形成退火孪晶。

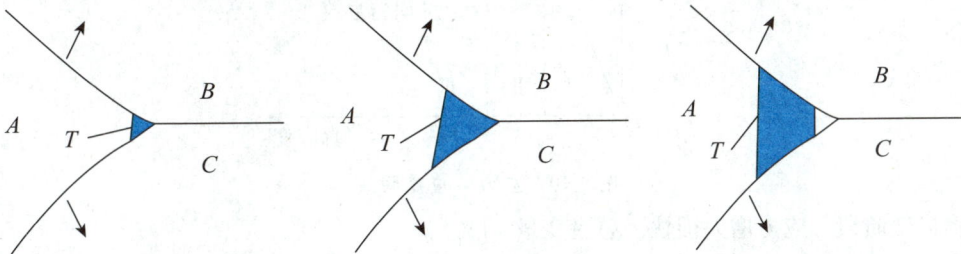

图 5.48　退火孪晶的形成机制

✿ 5.5　热变形与动态回复、动态再结晶

❀ 5.5.1　材料的热加工

（1）通常把再结晶温度以上的加工称为"热加工"。为减小变形抗力和加工动力能耗，其加热温度大多控制在固相线以下 100 ~ 200 ℃范围内。

（2）在再结晶温度以下又不加热的加工称为"冷加工"。

（3）温加工：加工温度低于再结晶温度，但高于回复温度。

冷加工所引起的加工硬化可通过退火使之发生回复、再结晶等软化过程来加以消除。

热加工时由于温度很高，在变形的同时就会发生回复和再结晶，因此，硬化过程与软化过程是同时进行的。

热加工的回复和再结晶过程比较复杂，按其特征不同，可分为：

（1）在变形时，即在温度和负荷联合作用下发生动态回复、动态再结晶。

（2）在变形停止后，即在无负荷作用下发生亚动态再结晶、静态回复、静态再结晶。

其中静态回复、静态再结晶利用热加工余热来进行，而不需要重新加热。热加工后材料组织和性能取决于软化作用与强化作用互相抵消的程度。

❀ 5.5.2　动态回复、动态再结晶

1. 动态回复

（1）动态回复时的应力 – 应变曲线特征。

应力 – 应变曲线分为三个阶段（见图 5.49）。

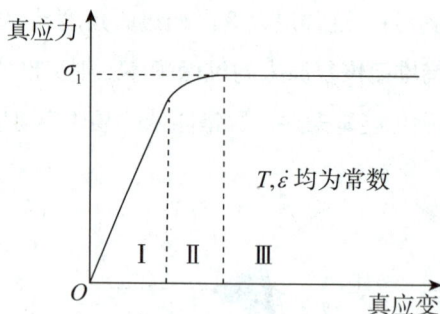

图 5.49　应力 – 应变曲线

Ⅰ：微应变阶段。应力增大很快，总应变量 <1%。

Ⅱ：均匀应变阶段。斜率逐渐下降，材料开始均匀塑性变形，并发生加工硬化，同时出现动态回复。

Ⅲ：稳态流变阶段。加工硬化与动态回复作用近于平衡，出现应力不随应变而增高的稳定状态，稳态流变的应力受 T 和 $\dot{\varepsilon}$ 影响很大。

当温度 $T=$ 常数时，$\dot\varepsilon$ 增大，σ 随之增大；当应变 $\dot\varepsilon=$ 常数时，T 增大，σ 随之增大。

（2）动态回复机制。

随着应变量的增加，位错通过增殖，其密度不断增加，开始形成位错缠结与胞状亚结构。由于所处温度较高，可通过以下途径使位错密度不断减小：

①刃型位错的攀移；

②螺型位错的交滑移；

③位错结点的脱钉；

④新滑移面上异号位错相遇而发生抵消。

当位错的增殖速率和消失速率达到平衡时，不发生硬化，**应力－应变曲线转为水平时的稳态流变阶段**。

（3）动态回复时的组织结构。

晶粒沿变形方向伸长呈纤维状，但晶粒内却保持等轴亚晶无应变的结构。动态回复所形成的亚晶，其完整程度、尺寸大小及相邻亚晶间的位向差，主要取决于变形温度和应变速率，关系为：

$$d^{-1}=a+b\lg Z$$

$$Z=\dot\varepsilon\exp\left(\frac{Q}{RT}\right)$$

式中，d 为亚晶的平均直径，a、b 为常数，Z 为用温度修正过的应变速率，Q 为过程激活能，R 为气体常数。

2. 动态再结晶

（1）动态再结晶时的应力－应变曲线（见图 5.50）。

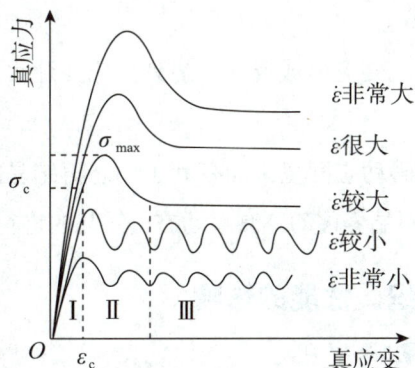

图 5.50　动态再结晶时的应力－应变曲线

当 $t=$ 常数时，随 $\dot\varepsilon$ 增加，曲线向上、向右移动，σ_{max} 所对应的 ε 增加。

当 $\varepsilon=$ 常数时，随 t 增加，曲线向下、向左移动，σ_{max} 所对应的 ε 减少。

①高应变速率下，动态再结晶过程分三个阶段。

Ⅰ：微应变加工硬化阶段，应力随应变增加而迅速增加（$\varepsilon<\varepsilon_c$ 不发生动态再结晶）。

165

Ⅱ：动态再结晶开始阶段，此时加工硬化仍占主导地位。当应力超过最大值后，再结晶占主导，应力随着应变增加略微下降。

Ⅲ：稳态流变阶段，加工硬化与动态再结晶软化达到动态平衡（发生均匀变形的应变量）。

②低应变速率。

在低应变速率下，应力－应变曲线上有较多的峰值出现。在Ⅰ阶段（微应变加工硬化阶段），曲线斜率即加工硬化率随应变速率的降低而减小。在Ⅱ阶段出现动态再结晶软化之后，由于应变速率低，加工硬化与动态软化达不到平衡，位错密度来不及增长到足以使再结晶达到能与加工硬化相抗衡的程度，因而不出现Ⅲ阶段稳态流变阶段。在第一个峰值之后，重新出现以硬化为主的曲线上升，之后当加工硬化，位错密度积累，使动态再结晶占据主导地位时，曲线又下降，出现另一峰值。如是反复进行，出现周期式变化。

（2）动态再结晶的机制。

动态再结晶也是通过形核与长大完成的（与冷变形后重新加热发生的再结晶过程一样）。动态再结晶具有反复形核、有限长大的特点。形核方式与 $\dot{\varepsilon}$ 及由此引起的位错组态变化有关。

①当 $\dot{\varepsilon}$ 较低时，通过原晶界弓出机制形核，出现锯齿形晶界。

②当 $\dot{\varepsilon}$ 较高时，通过亚晶聚集的长大方式进行（与静态再结晶类似）。

（3）动态再结晶的组织结构（通过低的变形终止温度、大的最终变形量、快的冷却速度可获得细小晶粒）。

在稳态变形期间，晶粒是等轴的，晶界呈锯齿状。晶粒内还会包含着被位错缠结所分割的亚晶粒。**这与退火时静态再结晶所产生的位错密度很低的晶粒显然不同，故同样晶粒大小的动态再结晶组织的强度和硬度要比静态再结晶的高。**

动态再结晶后的晶粒大小与流变应力成反比，另外，应变速率越低，变形温度越高，则动态再结晶后的晶粒越大且越完整。

此外，溶质原子的存在常阻碍动态回复，而有利于动态再结晶的发生；在热加工时形成的弥散分布沉淀物，能稳定亚晶粒，阻碍晶界移动，减缓动态再结晶的进行，有利于获得细小的晶粒。

5.5.3 热加工对材料组织、性能的影响

1. 热加工对室温力学性能的影响

热加工不会使金属材料发生加工硬化，但能消除铸造缺陷，如气孔、疏松焊合；改善夹杂物和脆性物的形态、大小和分布；部分消除某些偏析；将粗大柱状晶、树枝晶变为细小、均匀的等轴晶粒。金属热加工时通过对动态回复的控制使得亚晶细化，并借助适当的冷却速度保留至室温，获得的组织强度比动态再结晶的高。这可作为提高金属强度的有效途径。

通常把形成亚组织而产生的强化称为亚组织强化。例如，铝和铝合金的亚组织强化，钢和高温

合金的形变热处理，低合金高强度钢控制轧制等，均与亚晶细化有关。

室温下，金属屈服强度（σ_s）和亚晶粒平均直径（d）的关系：

$$\sigma_s = \sigma_0 + kd^{-\rho}$$

式中，σ_0为不存在亚晶界时单晶屈服强度，k为常数，ρ为 $1 \sim 2$。

2. 热加工材料的组织特征

（1）流线（见图 5.51）。

热加工时，钢中的偏析、夹杂物、第二相、晶界等沿变形方向延伸，所形成的热加工纤维组织，经腐蚀后用肉眼就能看到的叫作流线。流线使金属材料产生各向异性，顺流线方向具有较高的力学性能。加工时，**尽量使得流线与零件工作时所受最大拉应力方向一致，而与外加切应力或冲击力方向垂直。**

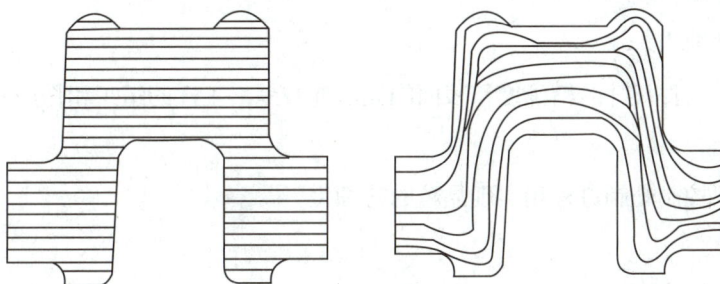

图 5.51　流线

（2）带状组织（见图 5.52）。

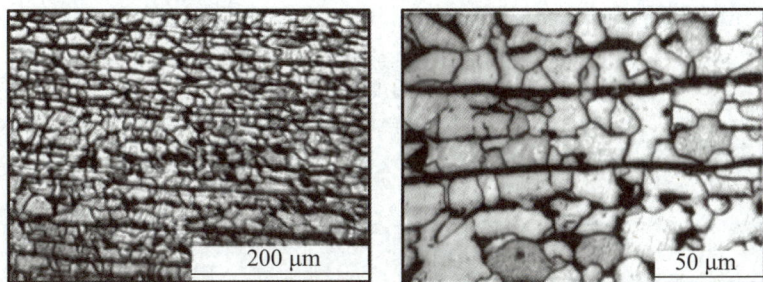

图 5.52　带状组织

带状组织：复相合金的各个相在热加工时沿着变形方向交替呈带状分布。

热加工角度：在两相区温度范围变形，铁素体沿奥氏体晶界析出后变形伸长，再结晶后奥氏体与铁素体变成等轴晶粒，但其分布成条带状。

凝固 + 冷却相变角度：铸锭中存在着偏析元素和夹杂物，变形后夹杂物形成流线，可作为冷却时铁素体析出的核心，使铁素体与珠光体呈条带状分布，微观分析可看到铁素体中夹杂物的存在。**带状组织同样使材料机械性能产生方向性。**

消除措施:

①不在两相区温度下变形;

②减少夹杂元素含量;

③采用高温扩散退火,消除元素偏析;

④经过相变温度时加快冷却速度抑制相变;

⑤对已出现带状组织的材料,可在单相区加热,进行正火处理,予以改善或消除。

热加工的优缺点及应用。

①热加工的主要优点。

a. 可持续大变形量加工。

b. 动力消耗小。

c. 提高材料质量和性能。

②热加工的主要缺点。

表面发生氧化,工件尺寸的精确度和表面的光洁度较差,工件的组织和性质不如冷加工的均匀。

③热加工的应用。

热加工可以用于控制轧制过程和实现晶粒的超细化。

5.5.4 蠕变

1. 蠕变概念

在某温度下,恒定应力(通常小于屈服应力)下所发生的缓慢而连续的塑性流变现象。

2. 蠕变曲线(见图 5.53)

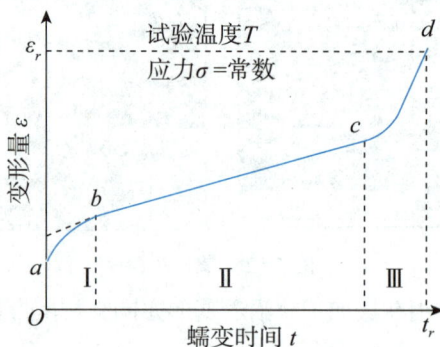

图 5.53 蠕变曲线

Ⅰ:瞬态或减速蠕变阶段。Oa 为外载荷引起的初始应变,从 a 点开始产生蠕变,且一开始蠕变速率很大,随时间延长,蠕变速率逐渐减小,是一加工硬化过程。

Ⅱ:稳态蠕变阶段。这一阶段特点是蠕变速率保持不变,因而也称恒速蠕变阶段。一般所指蠕变速率就是指这一阶段的 $\dot{\varepsilon}_s$。

Ⅲ：加速蠕变阶段。在蠕变过程后期，蠕变速率不断增大直至断裂。

不同材料在不同条件下的蠕变曲线是不同的。同一种材料的蠕变曲线随着温度和应力的增高，蠕变Ⅱ阶段变短，直至完全消失。若很快从Ⅰ→Ⅲ，在高温下服役的零件寿命将大大缩短。

3. 蠕变机制

（1）温度 $T<0.3T_m$，主要有滑移和孪生两种机制。

（2）温度 $T>0.3T_m$，主要有以下三种机制：

①**位错蠕变 (回复蠕变)：** 在蠕变过程中，**滑移仍然是一种重要的变形方式**。在一般情况下，若滑移面上的位错运动受阻产生塞积，滑移便不能进行，只有在更大的切应力下才能使位错重新开动增殖。

但在高温下，刃型位错可借助热激活攀移到邻近的滑移面上并可继续滑移，很明显，攀移减小了位错塞积产生的应力集中，也就是使加工硬化减弱了。这个过程和螺型位错交滑移能减少加工硬化相似，但交滑移只在较低温度下对减弱强化是有效的，而在 $0.3T_m$ 以上，刃型位错的攀移就起较大的作用了。**刃型位错通过攀移形成亚晶**，或正负刃型位错通过攀移后相互消失，回复过程能充分进行，故高温下的回复过程主要是**刃型位错的攀移**。当蠕变变形引起的加工硬化速率和高温回复的软化速率相等时，就形成稳定的蠕变Ⅱ阶段。

②**扩散蠕变：** 当温度很高 ($\sim 0.9T_m$) 和应力很低时，**扩散蠕变是其变形机理**。它是在高温条件下空位的移动造成的。图 5.54 所示为晶粒内部扩散蠕变示意图，当多晶体两端有拉应力 σ 作用时，与外力轴垂直的晶界受拉伸，与外力轴平行的晶界受压缩。因为晶界本身是空位的源和湮没阱，垂直于力轴方向的**晶界空位形成能低，空位数目多**；而平行于力轴的晶界空位形成能高，空位数目少，从而在晶粒内部形成一定的空位浓度差。空位沿实线箭头方向向两侧流动，原子则朝着虚线箭头的方向流动，从而使晶体产生伸长的塑性变形。

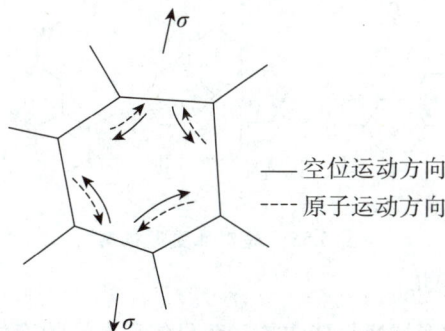

图 5.54　晶粒内部扩散蠕变示意图

③**晶界滑动蠕变：** 在高温下，由于晶界上的原子容易扩散，受力后易产生滑动，故促进蠕变进行。

随着温度升高、应力降低、晶粒尺寸减小，晶界滑动对蠕变的贡献也增大。但在总的蠕变量中所占比例并不大，一般为 10% 左右。

实际上，为了保持相邻晶粒之间的密合，扩散蠕变总伴随着晶界滑动。**晶界的滑动是沿着最大切应力方向进行的**，主要靠晶界位错源产生的固有晶界位错来进行，与温度和晶界形貌等因素有关。

5.5.5 超塑性

材料在一定条件下进行热变形，可获得伸长率达 500% ~ 2 000% 的均匀塑性变形，且不发生缩颈现象，材料的这种特性称为超塑性。

实现超塑性的条件：

①具有细小等轴晶粒的两相组织，晶粒直径 <10 μm，在超塑性变形过程中不显著长大；

②超塑性变形要求在一定温度范围内进行，一般为 $(0.5 \sim 0.65)T_m$；

③低的应变速率 $\dot{\varepsilon}$，一般在 $10^{-2} \sim 10^{-4}$ s^{-1} 范围内，以保证晶界扩散过程顺利进行。

1. 超塑性简介

高温下材料流变应力 σ 和应变速率 $\dot{\varepsilon}$ 的关系：

$$\sigma(\varepsilon,T) = K\dot{\varepsilon}^m$$

式中，K 为常数；m 为应变速率敏感指数。室温下一般金属材料 m 在 0.01 ~ 0.04 范围内。温度升高，晶粒变细，m 增大。要使材料具有超塑性，m 要在 0.3 以上。m 越大，材料塑性越好。所以在超塑性材料中，获得微晶相当关键。获得细晶粒的方法：

（1）共晶合金：经热变形使共晶组织发生再结晶获得。

（2）共析合金：经热变形或淬火后获得。

（3）析出型合金：经热变形或降温形变时析出。

2. 超塑性变形机制（见图 5.55）

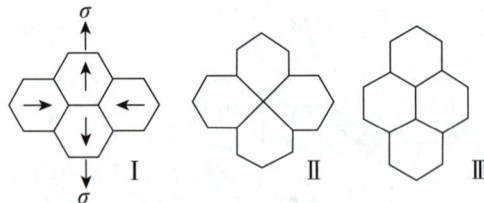

图 5.55 超塑性变形机制

扩散协助晶界滑动及晶粒转动。

不是由每个晶粒发生相应的形状变化造成的，而是依靠晶粒的换位。

不是依靠晶内滑移或晶界迁移。

3. 超塑性变形的组织结构变化具有的特征

（1）超塑性变形时，没有晶内滑移，也没有位错密度的增高。

（2）超塑性变形是在高温下长时间进行的，因此晶粒会有所长大。

（3）尽管变形量很大，但晶粒形状始终保持等轴。

（4）原来两相呈带状分布的合金，在超塑性变形后可变为均匀分布。

（5）当用冷形变和再结晶方法制取超细晶合金，如果合金具有织构，在超塑性变形后织构消失。

注：材料还有一种相变超塑性，即对具有固态相变的材料可以采用在相变温度上下循环加热与冷却，来诱导材料发生反复的相变，使其中的原子在未施加外力时就发生剧烈的运动，从而获得超塑性。

4. 超塑性的优缺点

优点：

（1）超塑性合金在一定温度和应力下，延展性非常大，可像玻璃一样进行吹制，而且形状复杂的零件可以一次成型。

（2）由于在形变时无弹性变形，成型后也就没有回弹，故尺寸精度较高，光洁度好。

（3）对于板材冲压，可以用一个阴模，利用压力或真空一次成型。

（4）对于大块金属也可用闭模压制，一次成型，所需设备吨位大大减小。

缺点：有时要求多次形变、多次热处理，才能实现超塑性。

本章精选习题

一、填空题

1. 塑性变形的方式主要有＿＿＿＿和＿＿＿＿，而大多数情况下是＿＿＿＿。

2. 滑移常沿晶体中＿＿＿＿的晶面及晶向发生。

3. 在体心立方晶格中，原子密度最大的晶面是＿＿＿＿，有＿＿＿＿个，原子密度最大的晶向是＿＿＿＿，有＿＿＿＿个，因此其滑移系数目为＿＿＿＿；在面心立方晶格中，原子密度最大的晶面是＿＿＿＿，有＿＿＿＿个，原子密度最大的晶向是＿＿＿＿，有＿＿＿＿个，因此其滑移系数目为＿＿＿＿。两者比较，具有＿＿＿＿晶格的金属塑性较好，其原因是＿＿＿＿。

4. 孪生时发生均匀切变的那个晶面称为＿＿＿＿，切变的方向称为＿＿＿＿。

5. 金属在塑性变形时，随变形量的增加，变形抗力迅速＿＿＿＿，即强度、硬度＿＿＿＿，塑性、韧性＿＿＿＿，产生所谓加工硬化现象。这种现象可通过＿＿＿＿加以消除。

二、选择题

1. 根据滑移系的数目，三种典型金属晶格的塑性好坏顺序是（　　）。

   A. 体心立方 > 面心立方 > 密排六方

   B. 面心立方 > 体心立方 > 密排六方

   C. 密排六方 > 体心立方 > 面心立方

2. 滑移面及滑移方向与外力（　　）时，最易滑移。

   A. 平行　　　　　　　　　　B. 成 45°夹角　　　　　　　　C. 垂直

3. 滑移过程中晶体转动的结果，使原来有利于滑移的晶面滑移到一定程度后变成不利于滑移的晶面，此现象称为（　　）。

   A. 物理硬化　　　　　　　　B. 几何硬化　　　　　　　　C. 加工硬化

4. 金属的晶粒愈细，（　　）。

   A. 塑性变形抗力愈高，塑性变形能力愈差

   B. 塑性变形抗力愈高，塑性变形能力愈好

   C. 塑性变形抗力愈低，塑性变形能力愈好

5. 滑移系的取向因子等于零时，则为（　　）。

   A. 软取向　　　　　　　　　B. 硬取向　　　　　　　　　C. 以上都对

三、判断题

（　　）1. 滑移只能在切应力的作用下发生。

（　　）2. 单晶体的塑性变形方式主要是滑移，而多晶体的塑性变形方式只能是孪生。

（　　）3. 加工硬化是由于位错密度增加以至于缠结，使金属强度提高。所以当金属中无位错存在时，强度最低。

（　　）4. α-Fe 与 γ-Fe 的滑移系数目都是 12，故塑性是一样的。

（　　）5. 原子密度最大的晶面之间的面间距最大。

（　　）6. 孪生开始时所需要的临界分切应力比滑移的临界分切应力小。

（　　）7. 再结晶后，晶粒外形与晶格类型都发生了改变。

（　　）8. 对经塑性变形的金属进行回复处理，可使金属的强度和塑性恢复到变形前的水平。

（　　）9. 一般来说，高纯金属比工业纯金属更易发生再结晶。

（　　）10. 第二相含量越多，半径越小，对晶界迁移阻力越大。

四、问答题

1. 在图示的应力 – 应变曲线中，分别指出（标出对应的纵坐标或横坐标的位置即可）：

   （1）弹性极限；

   （2）条件屈服强度 $\sigma_{0.2}$；

   （3）抗拉强度；

   （4）破坏强度；

   （5）断裂延伸率；

   （6）弹性模量。

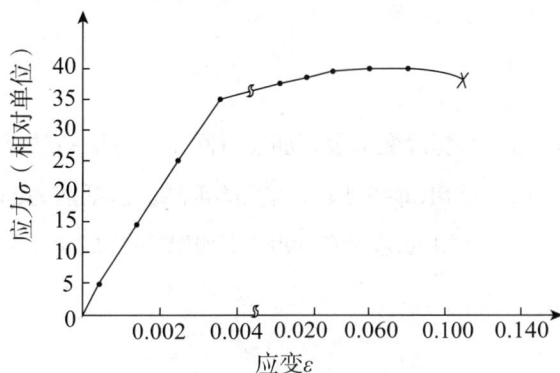

2. 一个 FCC 晶体在 [$\bar{1}$23] 方向 2 MPa 正应力下屈服，已测得开动的滑移系是 (111)[$\bar{1}$01]，请确定使该滑移系开动的分切应力。

3. 试分析冷塑性变形对合金组织结构、力学性能、物理化学性能、体系能量的影响。

4. 如何区分金属的热变形和冷变形？

5. 冷加工金属的微观组织，随温度升高（在某一温度下保温足够长时间）会发生如图（a）～（d）的变化，试从微观组织（包括驱动力和过程）和宏观性能两个方面，依次对这些变化加以解释。

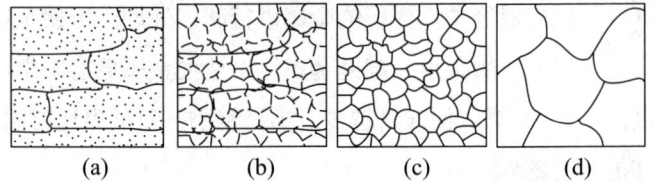

(a)   (b)   (c)   (d)

6. （1）解释冷变形金属加热时回复、再结晶过程的特点；

（2）已知 Cu-30%Zn 合金的再结晶激活能为 250 kJ/mol，此合金在 400 ℃的恒温下完成再结晶需要 1 h，试求此合金在 390 ℃的恒温下完成再结晶需要多少小时。

7. 指出合金强化的四种主要机制，解释强化原因。

8. 以下三种方法中：(1) 由厚钢板切出圆饼；(2) 由粗钢棒切下圆饼；(3) 由钢棒热镦成饼再加工成齿轮。哪种方法较为理想？为什么？

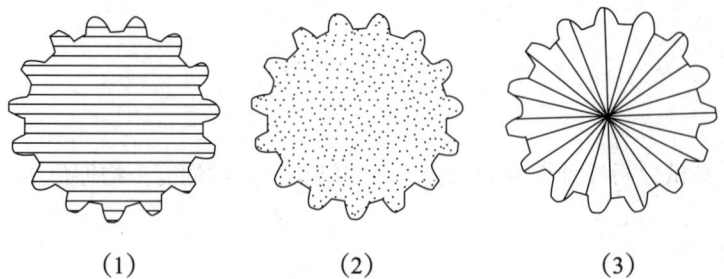

(1)   (2)   (3)

精选习题参考答案

一、填空题

1. 滑移；孪生；滑移。

2. 原子密度最大。

3. {110}；6；<111>；2；12；{111}；4；<110>；3；12；面心立方；滑移方向较多。

4. 孪生面；孪生方向。

5. 增大；提高；下降；再结晶退火。

二、选择题

1.【答案】B

　【解析】此题为常识题目。塑性好坏的排序为面心立方 > 体心立方 > 密排六方。

2.【答案】B

　【解析】滑移面及滑移方向与外力成 45°夹角时，取向因子最大，最易滑移。

3.【答案】B

　【解析】涉及晶体转动的硬化称为几何硬化。

4.【答案】B

　【解析】细晶强化的定义。

5.【答案】B

　【解析】取向因子越小，越难滑移，取向越硬。

三、判断题

1.【答案】√

　【解析】略。

2.【答案】×

　【解析】多晶体塑性变形方式也可能是滑移。

3.【答案】×

　【解析】当金属中无位错存在时，强度最高。

4.【答案】×

　【解析】γ–Fe 塑性好，面心立方中位错受到的 P–N 力小。

5.【答案】√

　【解析】略。

6.【答案】×

　【解析】孪生开始时所需要的临界分切应力比滑移的临界分切应力大。

7.【答案】×

【解析】再结晶后，晶格类型不发生改变。

8.【答案】×

【解析】对经塑性变形的金属进行再结晶处理，可使金属的强度和塑性恢复到变形前的水平。

9.【答案】√

【解析】略。

10.【答案】√

【解析】略。

四、问答题

1.【解析】如图所示：

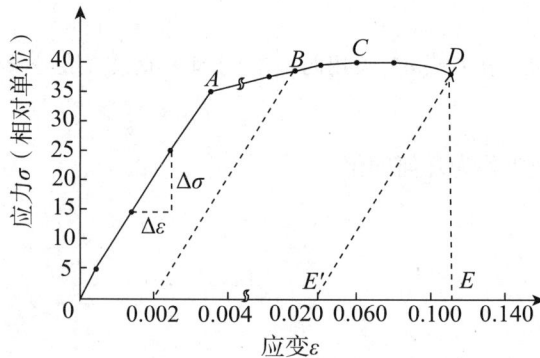

（1）A 点对应的纵坐标为弹性极限。

（2）B 点对应的纵坐标为条件屈服强度 $\sigma_{0.2}$。

（3）C 点（应力–应变曲线最高点）对应的纵坐标为抗拉强度。

（4）D 点对应的纵坐标为破坏强度。

（5）E 点或 E′ 点对应的横坐标为断裂延伸率。

（6）$\dfrac{\Delta\sigma}{\Delta\varepsilon}$ 为弹性模量。

2.【解析】在正应力下材料伸长，根据斯密特定律

$$\tau = \frac{F}{A}\cos\varphi\cos\lambda = \sigma\cos\varphi\cos\lambda$$

且

$$\cos\varphi = \frac{[\bar{1}23]\cdot[111]}{\left|[\bar{1}23]\cdot[111]\right|} = 0.617$$

$$\cos\lambda = \frac{[\bar{1}23]\cdot[\bar{1}01]}{\left|[\bar{1}23]\cdot[\bar{1}01]\right|} = 0.756$$

可得

$$\tau = 2\times0.617\times0.756 \approx 0.933\,(\text{MPa})$$

3.【解析】对组织结构的影响包括三部分:

①形成纤维组织: 晶粒沿变形方向被拉长;

②形成位错胞;

③晶粒转动形成变形织构。

对力学性能的影响: 位错密度增大, 位错相互缠绕, 运动阻力增大, 造成加工硬化。

对物理化学性能的影响: 变化复杂, 主要对导电、导热、化学活性、化学电位等有影响。

对体系能量的影响包括两部分:

①因冷变形产生大量缺陷引起点阵畸变, 使畸变能增大;

②因晶粒间变形不均匀和工件各部分变形不均匀引起微观内应力和宏观内应力。这两部分统称为储存能, 其中前者为主要的。冷变形后引起的组织性能变化为合金随后的回复、再结晶作了组织和能量上的准备。

4.【解析】根据变形温度与再结晶温度的高低关系区分, 高于再结晶温度的为热变形, 反之为冷变形。

5.【解析】①题图 (a) 所对应的为加工组织, 其特点如下。

a. 存在变形储能和内应力, 大量非平衡点缺陷, 高位错密度。

b. 拉长的晶粒和晶界。

c. 变形织构。

d. 高强度, 高硬度, 较低的延展性。

②题图 (b) 所对应的为回复过程, 其特点如下。

a. 回复的驱动力为变形储能。

b. 回复过程中变形引起的宏观 (第一类) 内应力全部消除, 微观 (第二类) 内应力大部分消除。

c. 回复过程组织不发生变化, 仍保持变形状态伸长的晶粒; 空位浓度下降至平衡浓度, 电阻率下降, 晶体密度增加; 同一滑移面异号位错相互抵消造成位错密度略有下降。

d. 高温回复阶段刃型位错通过滑移、攀移运动发生多边形化过程, 造成加工硬化现象保留, 强度、硬度略有下降, 塑性稍有提高。

③题图 (c) 所对应的为再结晶过程, 其特点如下。

a. 变形储能全部释放, 点阵畸变 (第三类内应力) 消除。

b. 组织发生变化, 由冷变形的伸长晶粒变为新的等轴晶粒。

c. 伴随再结晶过程原子的重新排列, 位错密度大大降低, 变形过程所产生的复杂位错交互作用消失, 加工硬化现象消失。

d. 力学性能发生急剧变化, 强度、硬度急剧降低, 塑性提高, 恢复至变形前状态。

④题图 (d) 所对应的为晶粒长大过程, 其特点如下。

a. 晶粒长大的驱动力是界面能的降低。

b. 晶粒长大是大晶粒吞并小晶粒的过程。

c. 引起一些性能变化，如强度、塑性、韧性下降。

d. 伴随晶粒长大，还发生其他结构上的变化，如再结晶结构等。

6.【解析】（1）冷变形金属加热时，回复、再结晶过程的特点如下。

①回复过程的特征。

a. 回复过程组织不发生变化，仍保持变形状态伸长的晶粒。

b. 回复过程使变形引起的宏观（第一类）内应力全部消除，微观（第二类）内应力大部分消除。

c. 回复过程中一般力学性能变化不大，硬度、强度仅稍有降低，塑性稍有提高，某些物理性能有较大变化，电阻率显著降低，晶体密度增大。

d. 变形储能在回复阶段部分释放。

②再结晶过程的特征。

a. 组织发生变化，由冷变形的伸长晶粒变为新的等轴晶粒。

b. 力学性能发生急剧变化，强度、硬度急剧降低，塑性提高，恢复至变形前的状态。

c. 变形储能在再结晶过程中全部释放，第三类内应力（点阵畸变）清除，位错密度降低。

（2）由公式有

$$\frac{t_2}{t_1} = \exp\left[-\frac{Q}{T}\left(\frac{1}{T_1} - \frac{1}{T_2} \right) \right]$$
$$= \exp\left[-\frac{250 \times 10^3}{8.314} \times \left(\frac{1}{400+273} - \frac{1}{390+273} \right) \right]$$
$$= 1.962$$

所以
$$t_2 = t_1 \times 1.962 = 1.962 (h)$$

7.【解析】（1）加工硬化。

形变强化，也叫加工硬化，指的是随变形程度增加，金属的强度、硬度提高，塑性、韧性下降，材料得到强化的现象。

机制：变形量越大，变形程度越高，位错密度越大，位错运动产生交割形成固定的割阶、位错缠结，阻碍位错运动，使材料变形抗力增加，材料得到强化。

规律：变形量越大，位错密度越大，由 $\Delta\sigma = \alpha \boldsymbol{b} G \rho^{1/2}$ 可知，屈服强度的增加与位错密度的 1/2 次方成正比，与柏氏矢量成正比，柏氏矢量越大、位错密度越大，屈服强度越高。

方法：金属冷塑性变形。

意义：

①为不能热加工的材料提供了强化的方法；

②提高材料的强度；

③为工件的冷成型提供了理论基础；

④增大抗偶然过载能力，提高服役安全性；

⑤增加表面光洁度和加工精度。

（2）细晶强化。

晶粒越细，材料的塑性、韧性越好，强度、硬度越大。细晶强化是唯一在改善强度和硬度的同时也提高塑性和韧性的材料强化方法。

机制：晶粒越细，应力集中的位错塞积数量越少，所以需要更大的外力才能开动。

规律：由 $\sigma_s = \sigma_0 + kd^{-1/2}$ 可知，晶粒越细，应力集中越小，晶界越多，变形更均匀，裂纹不宜扩展，屈服强度越高。

意义：细晶强化是唯一既能提高强度、硬度，又能改善材料塑性、韧性的强化方式。

①铸造。

a. 控制过冷度：提高过冷度，细化晶粒；

b. 变质处理：加入形核剂，促进非均匀形核；

c. 搅拌振动、超声处理，细化晶粒。

②冷塑性变形：控制变形度和退火温度。

③热加工处理。

a. 控制变形度；

b. 控制热加工温度；

c. 控制终锻温度和锻后冷却速度。

④金属的热处理原理：主要控制奥氏体化过程。

a. 控制加热温度；

b. 控制保温时间；

c. 控制碳钢含碳量；

d. 加入适量合金元素控制奥氏体化过程；

e. 控制加热速度，高温快速加热，短时保温。

⑤第二相粒子的弥散分布控制晶粒大小：加入合金元素。

⑥包晶转变细化晶粒。

（3）第二相强化。

材料中均匀弥散的细小微粒对材料有显著的强化作用，这种强化作用称为第二相强化，分为可变形粒子带来的沉淀强化和不可变形粒子造成的弥散强化。

①弥散强化：当运动着的位错与不可变形粒子相遇时，位错线将在粒子处发生弯曲。当外力继续增加，位错线弯曲绕过粒子而相遇，异号位错相互抵消，在粒子处留下一个包围粒子的位错环，而剩余位错线则继续向前移动。每一个位错环都有对位错源的反向应力，而且这种粒子对位错的阻力很大，为了克服这种反向应力必须加大外力，而使材料继续变形。强化作用与粒子间距成反比，不可变形粒子越多、越细小，强化作用越好。

②沉淀强化：运动着的位错与可变形的粒子相遇时，将切过粒子与基体一同运动，需要消耗更大的能量才能变形。

（4）固溶强化。

固溶体中溶质质量分数越大，材料的强度、硬度增加，塑性、韧性下降的现象。

机理：溶质原子溶入晶格引起的晶格畸变，对运动着的位错有阻碍作用；溶质原子在位错线上偏聚形成柯氏气团钉扎位错，使位错难以移动，变形阻力增大；溶质原子在层错处偏聚使扩展位错运动受阻，凡是能阻碍位错运动的因素均能提高金属强度。

规律：

①在固溶体的固溶度范围内，溶质原子质量分数越大，强化作用越好；

②溶质原子与溶剂原子的尺寸相差越大，强化作用越好；

③间隙溶质原子的强化作用好于置换溶质原子；

④溶质原子和溶剂原子电子数差越大，强化作用越好。

方式：加入合金元素使材料合金化。

8.【解析】第三种方法较为理想。

三种方法都经过了热加工过程。金属材料经热加工后，由于夹杂物、偏析、晶界等沿流变方向分布，导致经浸蚀的宏观磨面上出现流线或热纤维组织。经热轧后，钢板的流线平行于板面；经挤压而成的粗钢棒中流线平行于棒轴线；经热镦成饼后，其流线呈放射状。它们加工成齿轮后的流线分布示意图如题图所示。

钢材中流线的存在，会使其机械性能呈现出各向异性，顺流线方向较垂直于流线方向具有较高的机械性能。因此，要尽可能使流线与零件工作时所承受的最大拉应力方向一致，而与外加切应力或冲击力的方向垂直。由齿轮的受力情况和流线分布分析，在第三种情况下，金属的流线分布最有利于抵抗工作中所遭受的外力，所以比较理想。

第六章

▼

单组元相图和纯晶体的凝固

第六章　单组元相图和纯晶体的凝固

本章复习导图

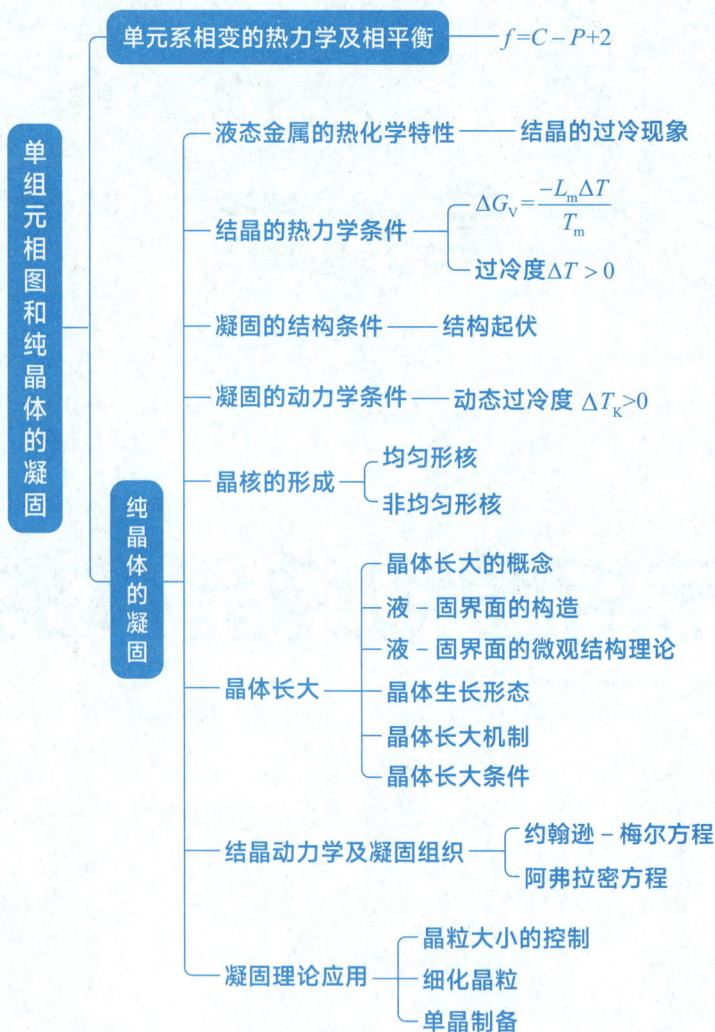

单组元相图和纯晶体的凝固
- 单元系相变的热力学及相平衡 —— $f = C - P + 2$
- 纯晶体的凝固
  - 液态金属的热化学特性 —— 结晶的过冷现象
  - 结晶的热力学条件
    - $\Delta G_\mathrm{V} = \dfrac{-L_\mathrm{m}\Delta T}{T_\mathrm{m}}$
    - 过冷度 $\Delta T > 0$
  - 凝固的结构条件 —— 结构起伏
  - 凝固的动力学条件 —— 动态过冷度 $\Delta T_\mathrm{K} > 0$
  - 晶核的形成
    - 均匀形核
    - 非均匀形核
  - 晶体长大
    - 晶体长大的概念
    - 液－固界面的构造
    - 液－固界面的微观结构理论
    - 晶体生长形态
    - 晶体长大机制
    - 晶体长大条件
  - 结晶动力学及凝固组织
    - 约翰逊－梅尔方程
    - 阿弗拉密方程
  - 凝固理论应用
    - 晶粒大小的控制
    - 细化晶粒
    - 单晶制备

本章章节重点

✿ 6.1　单元系相变的热力学及相平衡

　　相律表示在平衡条件下，系统的自由度数 f、组元数 C 和相数 P 之间的关系，是系统平衡条件的数学表达式，可写成$f = C - P + 2$，在凝聚系统中$f = C - P + 1$。

组元：组成一个系统的基本单元，例如单质（元素）和稳定化合物。

相：系统中具有相同物理与化学性质的，且与其他部分以界面分开的均匀部分。

单元系：由一种元素或化合物构成的晶体称为单组元晶体或纯晶体，该系统称为单元系。

相变：从一种相到另一种相的转变。

凝固：由液相至固相的转变。如果凝固后的固体是晶体，则又可称为结晶。

相律应用实例：

（1）利用相律可以确定系统中可能存在的最大平衡相数（自由度$f = 0$时得出同时共存的平衡相数的最大值）。单元系中同时共存的平衡相数最多有2个，二元合金系最多存在三相平衡。

（2）利用相律可以解释纯金属与二元合金结晶时的一些差别（纯金属只能在恒温下进行结晶；二元合金将在一定温度范围内结晶）。

纯金属结晶，液 - 固共存，$f = 1 - 2 + 1 = 0$，说明结晶为恒温。

二元系金属结晶两相平衡，$f = 2 - 2 + 1 = 1$，说明有一个可变因素（T），表明它在一定（T）范围内结晶。

二元系三相平衡，$f = 2 - 3 + 1 = 0$，此时**温度恒定**，成分不变，各因素恒定。三元系四相平衡转变恒温。

单元系相图：通过几何图形描述，由单一组元构成的系统在不同温度和压力条件下可能存在的相及多相的平衡。

在单元系中，除了可以出现气、液、固三相之间的转变外，某些物质还可能出现固态中的同素异构转变。除了某些纯金属，如铁等具有同素异构转变之外，在某些化合物中也有类似的转变，称为同分异构转变或多晶型转变。纯Fe的相图如图6.1所示，相图中的曲线所表示的是两相平衡时的温度和压力的定量关系，可由克劳修斯 - 克拉珀龙方程决定，即

$$\frac{dP}{dT} = \frac{\Delta H}{T \Delta V_m}$$

式中，ΔH为相变潜热；ΔV_m为摩尔体积变化；T是两相平衡温度。

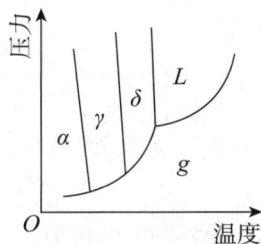

图 6.1　纯 Fe 的相图

当高温相转变为低温相时，$\Delta H < 0$：

如果相变后体积收缩，即 $\Delta V_m < 0$，则 $\dfrac{dp}{dT} > 0$，相界线斜率为正；

如果相变后体积膨胀，即 $\Delta V_m > 0$，则 $\dfrac{dp}{dT} < 0$，相界线斜率为负。

同素（分）异构转变时的体积变化很小，故固相线几乎是垂直的。

奥斯特瓦尔德阶段：有些物质稳定相形成需要很长的时间，在稳定相形成前，先形成自由能较稳定相高的亚稳相，这称为奥斯特瓦尔德阶段，即在冷却过程中相变顺序为高温相→亚稳相→稳定相。

6.2 纯晶体的凝固

凝固：物质由液态转变为具有晶体结构的固相的过程。

6.2.1 液态金属的热化学特性

金属熔化后，内部原子之间的距离改变不大（比固体中略大）。对于密排结构，液体中原子的配位数比固体小；但对于非密排结构的晶体，如 Sb、Bi、Ga、Ge 等，则液态时配位数反而增大，故熔化时体积略为收缩。

液态结构的最重要特征是原子排列为长程无序、短程有序，存在结构起伏。

以下是金属结晶过程的宏观现象。

结晶潜热：在温度保持不变的情况下，单位质量金属结晶时从液相转变为固相放出的热量。

热分析法与冷却曲线：将金属熔化成液体，然后缓慢冷却，每隔一定时间，测一次温度，最后将实验结果绘在温度－时间坐标图上，所得到的曲线称为冷却曲线（见图 6.2），这种实验方法称为热分析法。

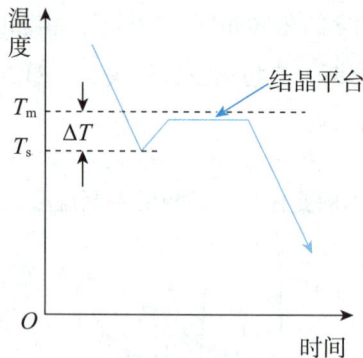

图 6.2　金属冷却曲线

金属冷却曲线解释如下。

过冷现象：液态金属在熔点 T_m 以下仍保持液态的现象。

过冷度 ΔT：过冷度与金属种类、纯度、冷却速度有关。$V_冷$ 增加，ΔT 增加。

平衡冷却：当 $V_冷$ 极小时，$\Delta T = 0.02$ ℃，可将 T_s 近似为 T_m。

结晶平台：结晶潜热 = 散热。

6.2.2 结晶的热力学条件

热力学：研究系统转变的方向和转变的可能性。

热力学第二定律：在等温等压条件下，物质系统总是自发地从自由能较高的状态向自由能较低的状态转变。即 $\Delta G = G_{转变后} - G_{转变前} < 0$ 时，转变会自发进行。

恒压条件下，纯晶体在液态、固态时的自由能 G_L、G_S 随温度的变化如图 6.3 所示。自由能 G 可由下式表示：

$$G = H - TS$$

式中，H 是焓；T 是热力学温度；S 是熵，表征系统中原子排列混乱程度的参数。恒温下可得

$$\frac{\mathrm{d}G}{\mathrm{d}T} = -S$$

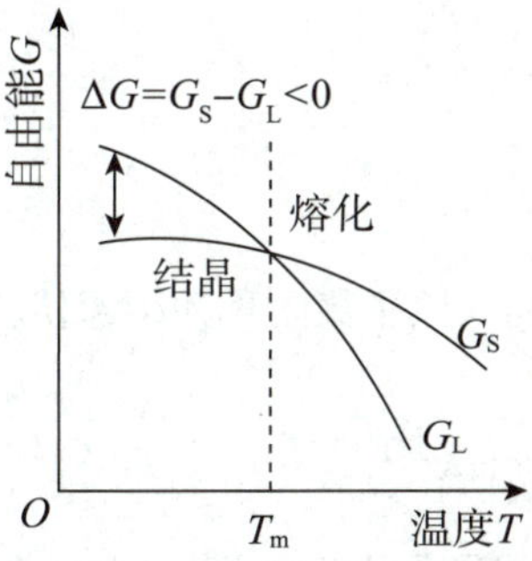

图 6.3 纯晶体在液态、固态时的自由能变化

分析图 6.3：

(1) 固相和液相斜率不同的原因：$S_L > S_S$。这样两线必然相交于一点，该点表示液、固两相的自由能相等，故两相处于平衡而共存，此点温度即理论凝固温度，也就是晶体的熔点 T_m。

(2) 事实上，结晶时只有 ΔT 存在才能保证 $\Delta G_V = G_S - G_L < 0$，从而使 L → S（结晶存在过冷度 ΔT 的原因），也即 $T < T_m$；同理，$T > T_m$ 时材料才会发生熔化。

结晶热力学条件证明。

一定温度下，从一相变为另一相的自由能变化：

$$\Delta G = \Delta H - T\Delta S$$

令液相到固相转变的单位体积自由能变化为 ΔG_V，则

$$\Delta G_V = G_S - G_L$$

$$\Delta G_V = (H_S - H_L) - T(S_S - S_L)$$

恒压下有

$$\Delta H_P = H_S - H_L = -L_m$$

$$\Delta S_m = S_S - S_L = -\frac{L_m}{T_m}$$

式中，L_m 是熔化热，表示固相转变为液相时，系统向环境吸热，定义为正值；ΔS_m 是固体的熔化熵。

所以，在一定温度下，液相到固相转变（凝固）的单位体积自由能变化：

$$\Delta G_V = \frac{-L_m \Delta T}{T_m}$$

式中，$\Delta T = T_m - T$，是熔点与实际凝固温度之差，称为过冷度；ΔG_V 为结晶驱动力。

当 $T > T_m$ 时，$\Delta G_V > 0$，液相稳定，不能结晶。

当 $T = T_m$ 时，$\Delta G_V = 0$，两相平衡。若有新相出现，会产生表面能，$\Delta G_总 > 0$，难以结晶。

当 $T < T_m$ 时，$\Delta G_V < 0$，自发结晶。

过冷度 $\Delta T > 0$ 为金属结晶的必要条件。

大分子结构的高分子和无机材料，因 S_L 与 S_S 相差很小，即使在很大的过冷度下，也难以获得足够的相变驱动力，因此难以结晶。

⚛ 6.2.3　凝固的结构条件

1. 结构起伏（相起状）

液相中不断变化着的短程规则排列的原子集团称为相起伏。

2. 结构起伏特点

（1）瞬时出现，瞬时消失，此起彼伏；

（2）相起伏或大或小，不同尺寸相起伏出现的概率不同，过大或过小的相起伏出现概率均小；

（3）过冷度越大，最大相起伏尺寸越大，即实际凝固温度越低，相起伏尺寸越大。过冷液体中的相起伏称为晶胚。只有在过冷液体中出现的尺寸较大的相起伏，才有可能在结晶时转变为晶核。

结晶的实质：由短程有序状态转变为长程有序状态的过程。

⚛ 6.2.4　凝固的动力学条件

动态过冷度 $\Delta T_K > 0$ 是凝固的动力学条件。动态过冷度是指凝固时，固液前沿液体实际温度和熔点（T_m 要高一点点）的差值，其示意图如图 6.4 所示。

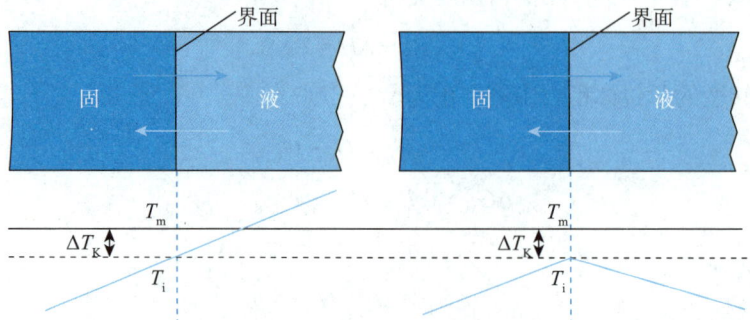

图 6.4　动态过冷度示意图

6.2.5　晶核的形成

形核方式分为**均匀形核**和**非均匀形核**。

均匀形核（自发形核、均质形核）：过冷液体中依靠稳定的原子集团自发形成晶核的过程。液相中各区域出现新相晶核的概率相同。

非均匀形核（非自发形核、异质形核）：晶核依附于液态金属中现成的微小固相杂质质点的表面形成。

1. 均匀形核（见图 6.5）

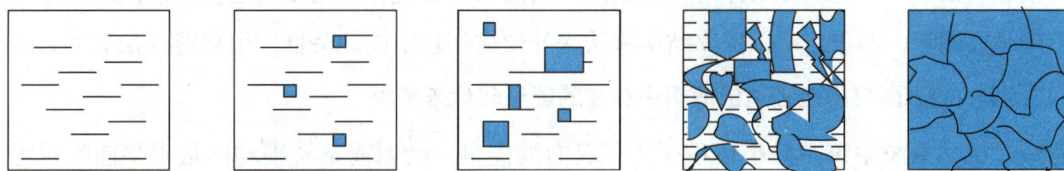

图 6.5　均匀形核示意图

（1）结晶驱动力：固液两相系统自由能差值。

过冷液态金属中出现晶胚时，引起这个晶胚的微小体积内自由能降低，这部分降低的自由能称为体积自由能差，即金属结晶的**驱动力**。

（2）结晶阻力：表面自由能的升高。

晶胚出现及长大形成新的表面，使系统自由能升高，这部分能量称为表面自由能。表面自由能的升高是金属结晶的**阻力**。

注：在液 – 固相变中，晶胚形成时的体积应变能可在液相中完全释放掉，故在凝固中不考虑这项阻力。但在固 – 固相变中，体积应变能这一项是不可忽略的。

①临界晶核半径推导。

假设晶胚体积为 $V=\dfrac{4}{3}\pi r^3$，表面积为 $S=4\pi r^2$，则系统总的自由能变化：

$$\Delta G = \frac{4}{3}\pi r^3 \Delta G_V + 4\pi r^2 \sigma$$

式中，σ 为单位面积表面能，ΔG_V 为液固两相单位体积自由能之差。

$$\frac{\mathrm{d}\Delta G}{\mathrm{d}r}=0 \Rightarrow r^* = -\frac{2\sigma}{\Delta G_V} = \frac{2\sigma \cdot T_m}{L_m \cdot \Delta T}$$

由上式可见，临界半径由过冷度 ΔT 决定，ΔT 越大，r^* 越小，这样液态金属中出现大于临界晶核半径的晶胚数量越多，凝固后晶粒越细。当 $T = T_m$ 时，$\Delta T = 0$，$r^* = \infty$，故任何晶胚都不能成为晶核，凝固不能发生。

$$\Delta G^* = \frac{16\pi\sigma^3}{3(\Delta G_V)^2} = \frac{16\pi\sigma^3 T_m^2}{3(L_m \cdot \Delta T)^2}$$

由上式可知，过冷度越大，所需形核功（ΔG^*）越小。

临界晶核表面积：

$$A^* = 4\pi(r^*)^2 = \frac{16\pi\sigma^2}{(\Delta G_V)^2}$$

所以

$$\Delta G^* = \frac{1}{3}A^*\sigma$$

式中，$A^* \cdot \sigma$为结晶总阻力。事实上，只要$A > A^*$，就是稳定晶核。

液相必须处于一定的过冷条件时方能结晶，而液体中客观存在的结构起伏和能量起伏是促成均匀形核的必要因素。形核功可以依靠结构起伏来补偿体积自由能的降低，但只能补偿表面自由能增加的$\frac{2}{3}$，还有$\frac{1}{3}$的表面自由能必须由液相中存在的**能量起伏**来提供。

能量起伏： 系统中每个微小体积所实际具有的能量，会偏离系统平均能量水平而瞬时涨落的现象。

分析图6.6（记总结）：

当$r < r^*$时，晶胚长大导致系统自由能增加，晶胚不稳定，难以长大，最终熔化消失。

当$r \geq r^*$时，晶胚的长大使系统自由能下降，这些晶胚就成为稳定的晶核。此时，结晶过程可发生，形成稳定晶核，故r^*称为临界晶核半径（只有半径达到r^*的晶胚，才能实现形核）。

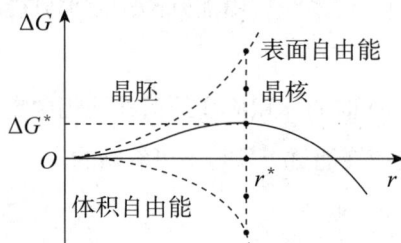

图 6.6　均匀形核自由能变化示意图

总结：纯晶体凝固需要的四大条件。

过冷度——热力学条件，结构起伏——结构条件，能量起伏——能量条件，动态过冷度——动力学条件。

②**形核率** N（个 $\text{cm}^{-3} \cdot \text{s}^{-1}$）：单位时间单位体积液相中所形成的晶核数目。

意义：N越大，结晶后获得的晶粒越细小，材料的强度高，塑性、韧性也好。

N_1**为形核功因子**：$N_1 \propto \exp\left(-\frac{\Delta G^*}{kT}\right)$。$\Delta T$增大，$N_1$增大。

ΔT增大，r^*及ΔG^*减小，所需的能量起伏小，易于形成稳定晶核。

N_2**为扩散因子**：$N_2 \propto \exp\left(-\frac{Q}{kT}\right)$。$\Delta T$增大，$N_2$减小。

晶胚的形成是原子的扩散过程，ΔT 增大，T 减小，原子扩散速度减慢。

总的形核率：

$$N = KN_1 \cdot N_2 = K\exp\left(\frac{-\Delta G^*}{kT}\right) \cdot \exp\left(\frac{-Q}{kT}\right)$$

式中，ΔG^* 是形核功，K 是比例因子，Q 为原子越过液、固相界面的扩散激活能，k 为玻尔兹曼常数，T 为热力学温度。

形核率与温度和过冷度之间的关系图如图 6.7 所示，图 6.7(a) 出现峰值的原因：

a. 在过冷度较小时，形核率主要受形核功因子控制，随着 ΔT 增加，所需的临界晶核半径减小，因此 N 迅速增加，并达到最高值；

b. 随后当 ΔT 继续增大时，尽管所需的临界晶核半径继续减小，但原子在较低温度下难以扩散，此时，形核率受扩散因子所控制，即过峰值后，随温度的降低，N 随之减小。

注：对于易流动液体来说，形核率随温度下降至某值 T^* 时突然显著增大，此温度 T^* 可视为**均匀形核的有效形核温度**。随过冷度增加，形核率继续增大，未达图 6.7(a) 中的峰值前，结晶已完毕。从多种易流动液体的结晶实验研究结果表明，对于大多数液体，观察到均匀形核的有效形核过冷度 $\Delta T^* \approx 0.2T_m$（$T_m$ 用热力学温度表示），如图 6.7(b) 所示。

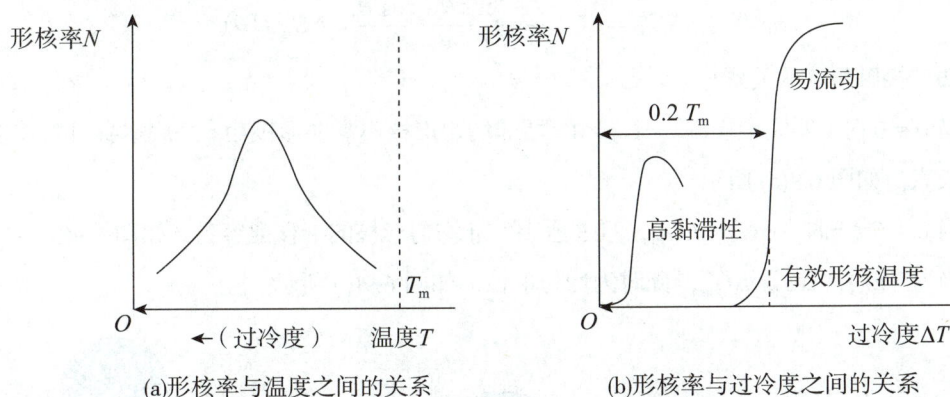

图 6.7　形核率与温度和过冷度之间的关系

对高黏滞性的液体，均匀形核速率很小，以至于常常不存在有效形核温度。

2. 非均匀形核（非自发形核）

晶核依附于液态金属中现成的微小固相杂质质点的表面形成。

非均匀形核特点： 形核功小；有效形核过冷度 $\Delta T^* \approx 0.02T_m$，远小于均匀形核。

非均匀形核的机理（形核功推导）： 设一晶核 α 在型壁平面 W 上形成，非均匀形核示意图如图 6.8 所示，并且 α 是圆球（半径为 r）被 W 平面所截得的球冠，故其顶视图为圆，令其半径为 R。

图 6.8　非均匀形核示意图

球冠晶核 α 的体积为

$$V_\alpha = \frac{1}{3}\pi h^2(3r-h) = \pi r^3\left(\frac{2-3\cos\theta+\cos^3\theta}{3}\right)$$

晶核形核时系统总的自由能变化为

$$\Delta G = \left(\frac{4}{3}\pi r^3\Delta G_V + 4\pi r^2\sigma_{\alpha L}\right)\left(\frac{2-3\cos\theta+\cos^3\theta}{4}\right)$$

式中，$\sigma_{\alpha L}$ 为液体单位面积表面能，ΔG_V 为液固两相单位体积自由能之差。

$$\frac{\mathrm{d}\Delta G}{\mathrm{d}r} = 0 \Rightarrow r^* = -\frac{2\sigma_{\alpha L}}{\Delta G_V}$$

$$\Delta G_{\text{非}}^* = \Delta G_{\text{均}}^* \frac{2-3\cos\theta+\cos^3\theta}{4} = \Delta G_{\text{均}}^* f(\theta)$$

形核功与接触角 θ 的关系：

（1）当 $\theta=0$ 时，叫完全润湿，$\Delta G_{\text{非}}^*=0$，即非均匀形核不需要形核功，基底本身可看作现成晶核，可以直接长大，如图 6.9(a) 所示。

（2）当 $0<\theta<\pi$ 时，$\Delta G_{\text{非}}^*<\Delta G_{\text{均}}^*$，且 θ 愈小，非均匀形核的形核愈容易，如图 6.9(b) 所示。

（3）当 $\theta=\pi$ 时，$\Delta G_{\text{非}}^*=\Delta G_{\text{均}}^*$，此时为均匀形核，如图 6.9(c) 所示。

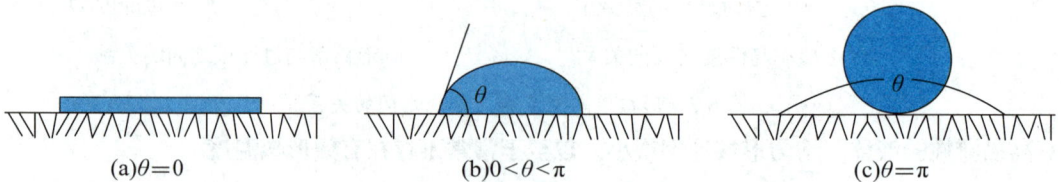

图 6.9　接触角

注：晶核大小与接触角的关系为晶核大小 $R^*=r^*\sin\theta$，θ 越小，R^* 越小，晶核越小。

基底对形核功的影响：

$$\cos\theta = \frac{\sigma_{LW}-\sigma_{\alpha W}}{\sigma_{\alpha L}}$$

$\sigma_{\alpha W}$ 越小，θ 越小。

晶核与基底的晶体结构相同，点阵常数接近，则$\sigma_{\alpha W}$小，或这两者之间有一定的位向关系，点阵匹配好，θ角越小，则易形核。基底若有导电性，界面能越小，则易形核。

由于$\Delta G_{\text{非}}^{*} = \Delta G_{\text{均}}^{*} f(\theta)$，$\Delta G_{\text{V}} = -\dfrac{L_{\text{m}} \Delta T}{T_{\text{m}}}$，因此，**非均匀形核过冷度较小**。图 6.10 所示为均匀形核率和非均匀形核率随过冷度变化的对比。

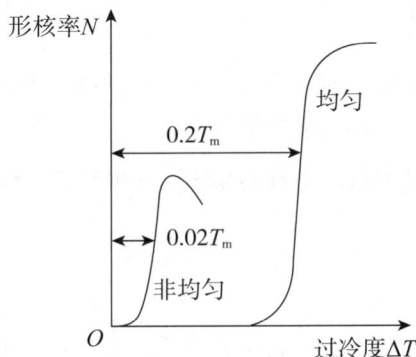

图 6.10　均匀形核率和非均匀形核率随过冷度变化的对比

非均匀形核在过冷度约为$0.02T_{\text{m}}$时，形核率达到最大值。另外，非均匀形核率由低向高的过渡较为平缓；达到最大值后，结晶并未结束，形核率下降至凝固完毕。这是因为非均匀形核需要合适的"基底"，随新相晶核的增多而减少，在"基底"减少到一定程度时，将使形核率降低。

在杂质和型壁上形核可减少单位体积的表面能，因而使临界晶核的原子数比均匀形核少。

非均匀形核（见图 6.8）的影响因素：

$$N_{\text{非}} = fC\exp\left(\frac{-\Delta G^{*}}{\Delta T^{2}}\right) = fC\exp\left[\frac{-\Delta G_{\text{均}}^{*} f(\theta)}{\Delta T^{2}}\right]; \quad \cos\theta = \frac{\sigma_{LW} - \sigma_{\alpha W}}{\sigma_{\alpha L}}$$

式中，f为单位时间自液相转移到固相晶核的原子数；C为单位体积液体与非均匀形核部位接触的原子数。

（1）过冷度：过冷度越大，非均匀形核率也越大。

（2）外来夹杂。

①夹杂特性：$\cos\theta$越大，$f(\theta)$越小，则$N_{\text{非}}$越大。夹杂与固相晶核间的界面张力$\sigma_{\alpha W}$越小，则$\cos\theta$越大。

②夹杂基底表面的形态。

夹杂基底表面形态不同，形成临界晶核的体积不同，非均匀形核夹杂基底形态示意图如图 6.11 所示。在形成具有相同临界半径和接触角的晶核时，凹形基底的夹杂形成临界晶核的体积最小，形核容易，形核率大。

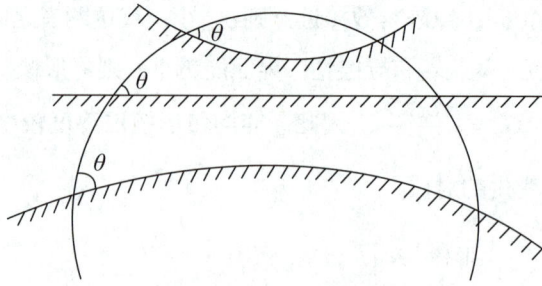

图 6.11　非均匀形核夹杂基底形态示意图

③夹杂数量：夹杂数量越多，非均匀形核率越大。

（3）其他因素：如振动、搅动可打碎生长的晶体造成机械式形核。

6.2.6　晶体长大

1. 晶体长大的概念

宏观角度：晶体的界面向液相逐步推移的过程。

微观角度：晶体的长大是通过液体中单个原子或若干个原子同时依附到晶体的表面上，并按照晶面原子排列的要求与晶体表面原子结合起来的过程。

2. 液 – 固界面的构造

形核之后，晶体长大，涉及长大的形态、长大方式和长大速率。形态常反映出凝固后晶体的性质，而长大方式决定了长大速率，也就是决定结晶动力学的重要因素。

长大速率（液 – 固界面推进速度）与界面处液相的过冷程度有关；

长大方式取决于液 – 固界面的微观结构；

生长形态取决于界面前沿的温度分布。

经典理论认为，晶体长大的形态还与液、固两相的界面结构有关。**按原子尺度（微观尺度）**，把相界面结构分为粗糙界面和光滑界面两类。

（1）光滑界面。

微观：平滑界面或小台阶界面，液固界线分明，无过渡层。

宏观：台阶状小平面（弯折小平面）。

特点：

①大部分为半金属、半导体（Bi、Si、Ca）；

② $\Delta T_K = 1 \sim 2$ ℃；

③界面处两相截然分开，固相上结点的位置大部分被占据或者大部分空缺。

（2）粗糙界面。

微观：粗糙界面，**高低不平**，存在几个原子层厚度的过渡层。

宏观：非小平面界面（平直状界面），平滑。

特点：

①大部分为金属；

② ΔT_{K}=0.001 ～ 0.05 ℃；

③固相上结点的位置被占据与空缺的概率各占 50%。

3. 液－固界面的微观结构理论

杰克逊（K. A. Jackson）提出了决定粗糙和光滑界面的定量模型

$$\frac{\Delta G_{\mathrm{S}}}{N_{\mathrm{T}}kT_{\mathrm{m}}} = \alpha x(1-x) + x\ln x + (1-x)\ln(1-x)$$

式中，ΔG_{S} 为界面自由能的相对变化；x 是界面上被固相原子占据位置的分数；$\alpha = \dfrac{\xi L_{\mathrm{m}}}{kT_{\mathrm{m}}}$，其中 $\xi = \dfrac{\eta}{\nu}$，η 是界面原子的平均配位数，ν 是晶体配位数。

液－固界面的微观关系曲线图如图 6.12 所示。

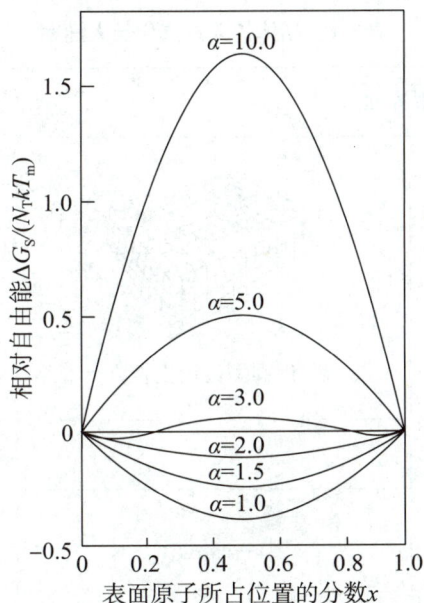

图 6.12　液－固界面的微观关系曲线图

（1）当 $\alpha \leqslant 2$ 时，在 $x = 0.5$ 处界面能具有极小值，界面上约有一半的原子位置被固相原子占据，而另一半位置空着，形成粗糙界面。

（2）当 $\alpha>2$ 时，在 $x = 0$ 和 $x = 1$ 处，界面能极小，界面上绝大多数原子位置被固相原子占据或空着，为光滑界面。

金属和某些有机化合物 $\alpha \leqslant 2$，其液－固界面为**粗糙界面**，如图 6.13(a) 所示；

多数无机化合物 $\alpha>2$，某些亚金属（Bi、Sb、Ga、Ge、Si 等）$\alpha>5$，其液－固界面为**光滑界面**，如图 6.13(b) 所示。

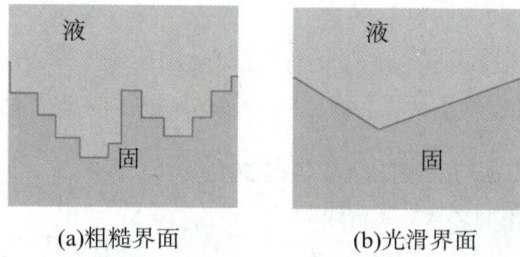

(a)粗糙界面   (b)光滑界面

图 6.13　液－固界面示意图

此理论并不完善，它没有考虑界面推移的动力学因素，故不能解释在非平衡温度凝固时过冷度对晶体形状的影响。例如，磷在接近熔点凝固（1 ℃范围内），长大速率甚低时，液－固界面为小平面界面，但过冷度增大，长大速率快时，则为粗糙界面。

4. 晶体生长形态

晶体长大方式和长大速率如表 6.1 所示。

表 6.1　晶体长大方式和长大速率

光滑界面		粗糙界面
二维晶核生长	借螺型位错生长	垂直生长（连续长大）
非常慢	较快	很快
$v_{\mathrm{g}} = u_2 \exp\left(\dfrac{-b}{\Delta T_{\mathrm{K}}}\right)$	$v_{\mathrm{g}} = u_3 \Delta T_{\mathrm{K}}^2$	$v_{\mathrm{g}} = u_1 \Delta T_{\mathrm{K}}$

5. 晶体长大机制

动态过冷度： 液－固界面向液相移动时所需的过冷度。

（1）二维晶核生长。

二维晶核是指一定大小的单分子或单原子的平面薄层。当 ΔT_{K} 很小时，v_{g} 非常小，这是因为二维晶核形核功较大。二维晶核需达到一定临界尺寸后才能进一步扩展。

界面的推移通过二维晶核的不断形成和横向扩展而进行，二维晶核的长大机制如图 6.14 所示。这种界面的推移是不连续的。最终结晶形成的晶粒外表面多由原子密排面和次密排面所组成，具有较规则的几何外形。研究表明：二维晶核生长需要较大的形核功，成长不连续，速度很慢，在金属凝固中尚未发现，在无机材料中有发现。

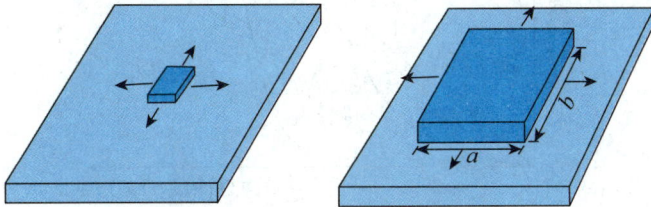

图 6.14 二维晶核的长大机制

（2）连续长大。

对于粗糙界面，由于界面上约有一半的原子位置空着，故液相的原子可以进入这些位置与晶体结合起来，晶体便连续地向液相中生长，故这种生长方式为垂直生长。

连续长大机制如图 6.15 所示。

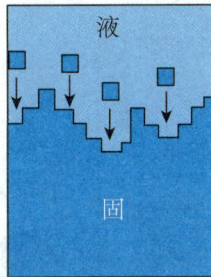

图 6.15 连续长大机制

对于无机化合物如氧化物，以及有机化合物等黏性材料，随过冷度增大到一定程度后，长大速率达到极大值后随即下降。凝固时长大速率还受释放潜热的传导速率所控制，由于粗糙界面的物质一般只有较小的结晶潜热，所以长大速率较高。

（3）借螺型位错长大。

若光滑界面上存在螺型位错时，垂直于位错线的表面呈现螺旋型的台阶，且不会消失。因为原子很容易填充台阶，而当一个面的台阶被原子进入后，又出现螺旋型的台阶。在最接近位错处，只需要加入少量原子就完成一周，而离位错较远处需较多的原子加入。这样就使晶体表面呈现由螺旋型台阶形成的蜷线。螺型位错长大机制如图 6.16 所示。

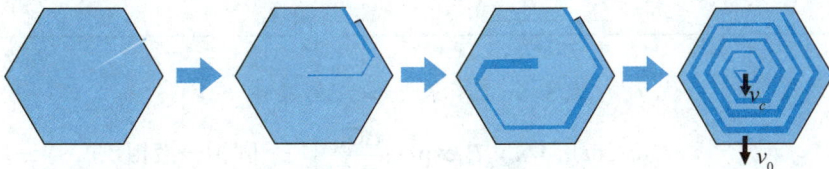

图 6.16 螺型位错长大机制

晶体的三种生长方式如图 6.17 所示。

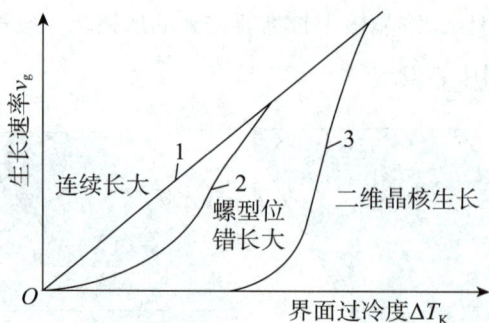

图 6.17　晶体的三种生长方式

6. 晶体长大条件

（1）液相不断地向晶体扩散供应原子。

（2）晶体表面能够不断而牢固地接纳这些原子（晶核的界面结构、界面附近的温度分布及潜热的释放和逸散条件）。

晶体结晶的示意图如图 6.18 所示。

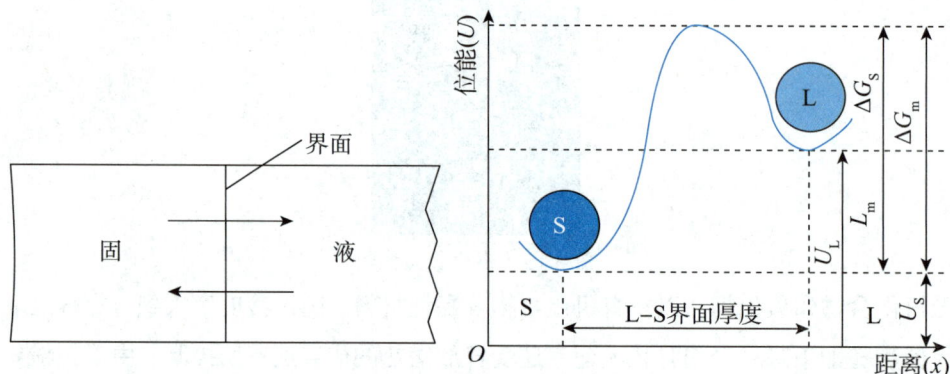

图 6.18　晶体结晶的示意图

晶体长大的动力学条件如图 6.19 所示。

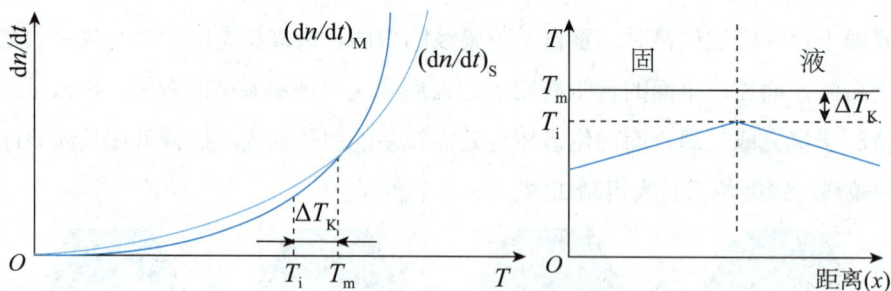

图 6.19　晶体长大的动力学条件

$$(dn/dt)_M = n_S v_S P_M \exp\left(-\frac{\Delta G_M}{kT}\right) \qquad 固相 \rightarrow 液相$$

$$(dn/dt)_S = n_L v_L P_S \exp\left(-\frac{\Delta G_S}{kT}\right) \qquad 液相 \rightarrow 固相$$

长大的条件：$(dn/dt)_M < (dn/dt)_S$。

晶体长大的动力学条件：

$$\Delta T_K = T_m - T_i > 0$$

式中，ΔT_K 为动态过冷度，即液 – 固相界面上的过冷度；T_i 为界面温度。

6.2.7　结晶动力学及凝固组织

1. 结晶动力学（重点）

约翰逊 – 梅尔结晶动力学方程为

$$\varphi_r = 1 - \exp\left(-\frac{\pi}{3} N v_g^3 t^4\right)$$

式中，φ_r 为已转变体积分数，N 为形核率，v_g 为长大速率。

运用此方程的前提是：均匀形核；N 及 v_g 为常数；孕育时间很短（N 是温度的函数）。

对于不同 v_g 和 N，结晶动力学方程的曲线如图 6.20 所示，这些"S"形曲线是**形核与长大型转变**所特有的。这些曲线表明，长大速率 v_g 对已转变体积分数 φ_r 的影响远大于形核率对 φ_r 的影响。当 φ_r **为 50% 时，相变速率（曲线斜率）最大。**

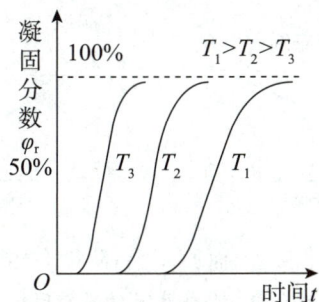

图 6.20　晶体生长动力学曲线

孕育期：不同的温度下开始相变所需要的不同孕育时间。

缺点：适用面窄，忽略了已形成晶核对后形核的影响。

如果 N 与时间有关，阿弗拉密推导出相应的方程为

$$\varphi_r = 1 - \exp(-kt^n)$$

式中，n 为阿弗拉密指数（n 取值：$1 \sim 4$），n 值的大小与相变机制有关。

阿弗拉密方程不仅可以描述结晶过程（液 – 固相变），还可以描述固态相变，是相变的唯象动力学方程。

2. 纯晶体凝固生长形态

纯晶体凝固时的生长形态不仅与液 – 固界面的微观结构有关，而且取决于界面前沿液相中的温度分布情况。温度分布可有两种情况：正的温度梯度和负的温度梯度，分别如图 6.21(a)，图 6.21(b) 所示。

(a)正的温度梯度   (b)负的温度梯度

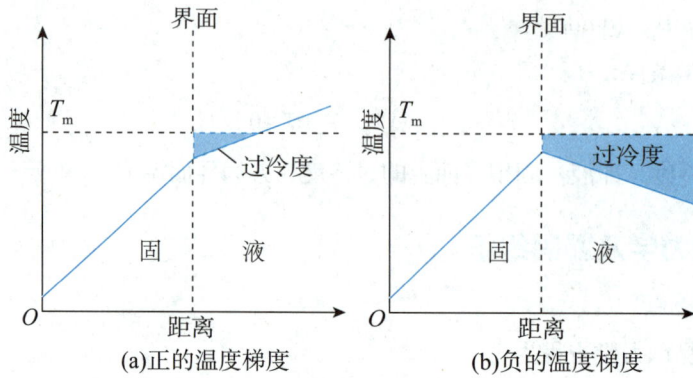

图 6.21   温度梯度

正的温度梯度：液相温度随至界面的距离的增加而升高。靠近型壁处液体温度最低，结晶发生最早。

负的温度梯度：液相温度随至界面的距离的增加而降低。

晶体生长的界面形状——晶体形态，如图 6.22 所示。

台阶状（光滑界面）   平面状（粗糙界面）   台阶状（光滑界面）   平面状（粗糙界面）

图 6.22   晶体生长的界面形状

（1）在正的温度梯度下。

结晶时产生的热量（结晶潜热）只能从固相散出，晶体生长时界面宏观上以平面的方式推进。正梯度前方液相的温度高，界面前沿有凸起时，过冷度减小，生长速度减慢，所以整个界面是整体推进。

①光滑界面。

其生长形态呈台阶状，组成台阶的平面（前述的小平面）是晶体的特定晶面。液－固界面自左向右推移，虽与等温面平行，但小平面却与溶液等温面呈一定的角度。易于形成具有规则形状的晶体。

②粗糙界面。

"平面长大"方式，界面与液相等温面平行——平面晶。

（2）在负的温度梯度下。

①粗糙界面。

树枝晶：在负的温度梯度的情况下，界面前沿液相的温度比界面处低，界面上有一处向前凸起时，由于过冷度加大，因此凸起部分推进速度加快，迅速向前生长，成为主干（一次晶轴）。同样，主干上有凸起时，因前沿过冷度大，会形成枝干（二次晶轴），二次晶轴再长出三次晶轴，树枝晶生长示意图如图 6.23 所示。

②光滑界面。

多为小平面树枝晶，有时为规则外形晶体。

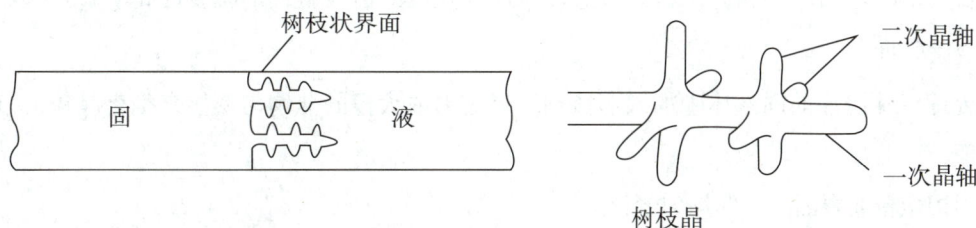

图 6.23　树枝晶生长示意图

补充：关于粗糙界面和光滑界面。

粗糙界面是指在液 – 固界面上的原子排列从微观来看比较混乱，原子分布高高低低不平整，仅在几个原子厚度的界面上，液、固两相原子各占位置的一半。但是从宏观来看，界面反而较为平直，不出现曲折的小平面，故也称为非小平面界面，或称为非结晶学界面。常用的金属元素均属于粗糙界面，如 Fe、Al、Cu、Ag。

光滑界面是指在液 – 固界面上的原子排列比较规则，界面处两相截然分开，所以从微观来看，界面光滑，但是宏观上它往往是由若干小平面所组成的，故也称为小平面界面，或称为结晶学界面。属于光滑界面结构的物质主要是无机化合物和亚金属（Ga、As、Sb、Bi、Si）。

❀ 6.2.8　凝固理论应用

1. 晶粒大小的控制

晶粒的大小称为晶粒度，通常用晶粒的平均面积或平均直径来表示。

（1）晶粒大小对材料性能的影响。

常温下，金属的晶粒越细小，强度和硬度越高，塑性和韧性也越好。常温下采用**细晶强化**——细化晶粒的方法来提高材料强度。但高温下晶界为弱区，晶粒细小，强度反而下降，晶粒过于粗大又会降低塑性，此时须采用**适当粗晶粒度**。

（2）铸造中晶粒大小的控制。

形核率越大，长大速率越小，则单位体积中的晶粒数目越多，晶粒越细小。

单位体积中的晶粒数目为

$$P = k \left(\frac{N}{v_g} \right)^{\frac{3}{4}}$$

细化晶粒：提高形核率 N，降低晶体长大速率 v_g。

2. 工业上常用细化晶粒的方法

（1）增加过冷度。

由于 $N \propto \exp\left(-\dfrac{1}{\Delta T^2}\right)$，而 v_g 也与 ΔT_K 正相关（连续长大：$v_g = u_1 \Delta T_K$；二维晶核生长：$v_g = u_2 \exp\left(\dfrac{-b}{\Delta T_K}\right)$；螺型位错长大：$v_g = u_3 \Delta T_K^2$），因此，过冷度增大，$N$，$v_g$ 均增大，但 N 提高的幅度远高于 v_g，所以 P 增加。

（2）变质处理。

变质处理：在浇注前向液体中加入形核剂，促进形成大量的非均匀形核来细化晶粒，该工艺称为变质处理。

添加固相微粒或表面——非均匀形核。

变质剂选择原则：

①变质剂熔点远高于金属本身。

②点阵匹配：结构相似、尺寸相当，与金属液体的接触角尽可能小。

液相中现成基底对非均匀形核的促进作用取决于接触角 θ。θ 角越小，形核剂对非均匀形核的作用越大。由 $\cos \theta = \dfrac{\sigma_{LW} - \sigma_{\alpha W}}{\sigma_{\alpha L}}$ 可知，为了使 θ 角减小，应使 $\sigma_{\alpha W}$ 尽可能降低，故要求现成基底与形核晶体具有相近的结合键类型，而且与晶核相接的晶面彼此具有相似的原子配置和小的点阵错配度 δ。

长大抑制剂——阻止晶粒长大的作用。

（3）振动、搅拌。

机械振动、电磁波振动、超声波振动等——依靠从外面输入能量促使晶核提前形成，成长中的枝晶破碎，晶核数目增加，晶核从型壁脱落，增加形核位置。

3. 单晶制备

（1）垂直提拉法（籽晶法）［见图 6.24(a)］：无位错 Si 单晶的制备。

①加热器先将坩埚中的原料加热熔化，并使其温度保持在稍高于材料的熔点。

②将籽晶夹在籽晶杆上。

③将籽晶杆下降，使籽晶与液面接触，籽晶的温度在熔点以下，而液体和籽晶的液－固界面处的温度恰好为材料的熔点。

④为了保持液体的均匀和液－固界面处温度的稳定，籽晶与坩埚通常以相反的方向旋转。籽晶杆一边旋转，一边向上提拉，这样液体就以籽晶为晶核不断地结晶生长而形成单晶。

（2）尖端形核法［见图 6.24(b)］：在液体中利用容器的特殊形状形成一个单晶。

①将原料放入一个尖底的圆柱形坩埚中加热熔化。

②让坩埚缓慢地向冷却区下降，底部尖端的液体首先到达过冷状态，开始形核。恰当地控制凝

固条件，就可能只形成一个晶核。

③随着坩埚的继续下降，晶体不断生长而获得单晶。

（3）水热法 ［见图6.24(c)］：以 $\beta-$ 石英单晶的水热生长为例。

①将石英的籽晶挂在高压釜上端，保持一定温度；底部是无定形二氧化硅石英碎块，保持温度在更高温度（比上部籽晶温度高）。

②整个高压釜内保持高压，并充有稀碳酸氢钠溶液。

③由于底部温度高且为无定形二氧化硅，因此溶解度大，这些溶解了的 SiO_2 随着上下温差所造成的热对流上升到上部。在上部，由于温度低，溶解度减小，从而出现过饱和，于是溶解了的 SiO_2 在籽晶周围生长，长大成一块大的 SiO_2 单晶。

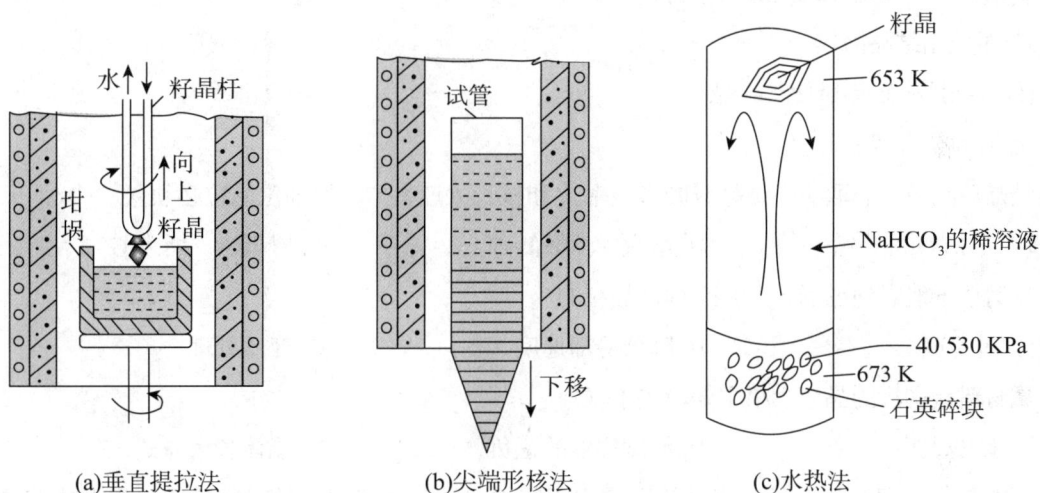

(a)垂直提拉法　　　　　(b)尖端形核法　　　　　(c)水热法

图6.24　单晶制备原理图

本章精选习题

一、选择题

1. 非均匀形核比均匀形核所需的过冷度小得多，这是因为（　　　）。

    A. 非均匀形核的临界半径较小

    B. 在未溶杂质上不需要再形核

    C. 非均匀形核的临界形核功较小

2. 金属结晶的热力学条件是（　　　）。

    A. 固相自由能高于液相自由能　　B. 一定的过冷度　　　　　　C. 能量起伏

3. 纯金属结晶时，冷却曲线上的水平台阶表示（　　　）。

    A. 结晶时放出结晶潜热

    B. 由外界补偿一定热量使其结晶

    C. 结晶时的孕育期

4. 金属结晶后晶粒大小取决于结晶时的形核率 N 和核长大速率 G，要细化晶粒必须（　　　）。

    A. 增大 N 和 G　　　　　　　　B. 增大 N、降低 G　　　　　C. 降低 N、增大 G

5. 较大型铸件一般是通过（　　　）来细化晶粒的。

    A. 增大过冷度　　　　　　　　　B. 降低冷却速度　　　　　　　C. 变质处理

6. 纯金属材料凝固后的晶粒大小主要取决于（　　　）。

    A. 过冷度的大小　　　　　　　　B. 温度梯度的正负　　　　　　C. 晶体长大方式

7. 凝固时在形核阶段，只有晶胚半径等于或大于临界尺寸时才能成为结晶的核心。当形成的晶胚半径等于临界尺寸时，系统的自由能变化（　　　）。

    A. 大于零　　　　　　　　　　　B. 等于零　　　　　　　　　　C. 小于零

8. 液态金属的结构是金属原子呈（　　　）。

    A. 远程有序　　　　　　　　　　B. 完全无序　　　　　　　　　C. 近程有序

9. 非均匀形核时，最有效的活性质点总是使接触角 θ（　　　）。

    A. 趋于 $180°$　　　　　　　　　B. 趋于 $90°$　　　　　　　　　C. 趋于 $0°$

二、判断题

（　　　）1. 在相同过冷度下，非均匀形核的临界半径与均匀形核的临界半径相等。

（　　　）2. 金属液体在凝固时产生临界晶核半径的大小主要取决于过冷度。

（　　　）3. 均匀形核时，形核率随过冷度的增加而不断增加。

（　　　）4. 液态金属冷却速度越快，其实际结晶温度越接近理论结晶温度。

（　　　）5. 结晶时非均匀形核总比均匀形核容易。

（　　）6. 在铁水中加入硅铁颗粒，使铸铁晶粒细化，这种方法称为变质处理。

（　　）7. 所谓临界晶核，就是体积自由能的减少完全补偿表面自由能增加时的晶胚大小。

（　　）8. 在液态金属中，凡是涌现出大于临界半径的晶胚，就已经从能量起伏中获得了形核功，其值小于 $\frac{1}{3}$ 表面能。

（　　）9. 宏观上观察，若液－固界面是平直的，称为光滑界面结构；若金属界面呈锯齿形，称为粗糙界面结构。

三、问答题

1. 名词解释。

结构起伏、过冷、过冷度、热过冷、动态过冷度、临界过冷度、有效过冷度、均匀形核、非均匀形核、能量起伏、液－固光滑界面、液－固粗糙界面。

2. 为什么结晶时需要过冷度？

3. 什么是临界晶核？其物理意义是什么？临界晶核半径与过冷度的定量关系是什么？

4. 临界形核功的物理意义是什么？

5. 影响形核率的因素是什么？

6. 为什么非均匀形核比均匀形核更容易？

7. 简述金属结晶的热力学条件、动力学条件、能量和结构条件。

8. 工业上细化晶粒的方法都有哪些？

9. 为什么正的温度梯度下凝固时，纯金属以平面状方式生长，而固溶体合金通常以树枝晶方式生长？

精选习题参考答案

一、选择题

1.【答案】C

【解析】形核功小是过冷度小的根本原因。

2.【答案】B

【解析】过冷度大于 0 是结晶热力学条件。

3.【答案】A

【解析】结晶时，放热与吸热达到平衡，冷却曲线呈现平台。

4.【答案】B

【解析】增大形核率 N，降低长大速率 G 可以细化晶粒。

5.【答案】C

【解析】大型铸件一般通过变质处理来细化晶粒。

6.【答案】A

【解析】过冷度越大，形核率越高，晶粒越细。

7.【答案】A

【解析】当形成的晶胚其半径等于临界尺寸时，系统的自由能大于零，大小为表面能的 $\frac{1}{3}$。

8.【答案】C

【解析】液态金属的结构是金属原子呈近程有序，远程无序。

9.【答案】C

【解析】当接触角为 0°时，最容易形核。

二、判断题

1.【答案】√

【解析】略。

2.【答案】√

【解析】略。

3.【答案】×

【解析】过冷度过大，形核率也会降低。

4.【答案】×

【解析】液态金属冷却速度越慢，其实际结晶温度越接近理论结晶温度。

5.【答案】√

【解析】略。

6.【答案】√

【解析】略。

7.【答案】×

【解析】所谓临界晶核，就是体积自由能的减少补偿 $\frac{2}{3}$ 表面自由能增加时的晶胚大小。

8.【答案】√

【解析】略。

9.【答案】×

【解析】微观上观察，若液－固界面是平直的，称为光滑界面结构；若金属界面呈锯齿形，称为粗糙界面结构。

三、问答题

1.【解析】**结构起伏**：液态结构最重要的特征是原子排列的长程无序、短程有序，并且短程有序的原子集团并不是固定不变的，它是一种此消彼长、瞬息万变、尺寸不稳定的结构，这种现象称为结构起伏。

过冷：液体的实际温度低于理论结晶温度 T_m 的现象。

过冷度：理论结晶温度 T_m 与实际结晶温度 T_n 之差。

热过冷：金属凝固时所需的过冷度，完全由热扩散控制的过冷。

动态过冷度：当液－固界面温度低于熔点一定程度时，便可使固相界面上原子向液相中跳动的概率小于液相中原子向固相界面上跳动的概率，即使前者的迁移速率小于后者的迁移速率。这种使晶核表面能够向液相中推进而在界面上所具有的过冷度称为动态过冷度，即液－固界面向液相中移动时产生的过冷度。

临界过冷度：液体结晶时所需要的最小过冷度。结晶时只有大于临界过冷度才可以结晶形核。

有效过冷度：对于易流动的液体来说，形核率随温度下降至某值时，突然显著增大，此温度可视为均匀形核的有效温度。

均匀形核：新相晶核在母相中均匀地生成，即晶核由液相中的一些原子团直接形成，不受杂质粒子或外表面的影响。

非均匀形核：指新相优先在母相的异质处形核，即依附于母相杂质或外表面形核。

能量起伏：指系统中每个微小的体积所实际具有的能量，会偏离系统平均能量水平瞬时涨落的现象。

液－固光滑界面：固相表面为基本完整的原子密排面，液、固两相截然分开，微观上看光滑，宏观上看粗糙，由不同位向的小平面组成。

液－固粗糙界面：液、固两相之间的界面从微观上看高低不平，存在几个原子层厚度的过渡层，在过渡层中约有半数的位置为固相原子所占据，但由于过渡层很薄，因此，宏观来看，界面显得平直，不出现曲折的小平面。

2.【解析】$\Delta G = \dfrac{-L_m \Delta T}{T_m}$，式中，$\Delta T = T_m - T$，是熔点 T_m 与实际凝固温度 T 之差。要使$\Delta G < 0$，必须使 $\Delta T > 0$，即 $T < T_m$，故 ΔT 称为过冷度。晶体凝固的热力学条件表明，实际温度 T 应低于熔点 T_m，即需要过冷度。

3.【解析】①临界晶核：能够长大的最小半径的晶核。

②过冷液体中，不是所有的晶胚都能成为稳定的晶核，只有达到临界半径的晶胚才能实现。

③临界晶核半径与过冷度之间的定量关系为 $r^* = \dfrac{2\sigma \cdot T_m}{L_m \cdot \Delta T}$。

4.【解析】形核的临界晶核自由能仍然是增加的（$\Delta G^* > 0$），其增值相当于其表面能的 $\dfrac{1}{3}$，即液、固之间的体积自由能差值只能补偿形成临界晶核表面所需能量的 $\dfrac{2}{3}$，而不足的 $\dfrac{1}{3}$ 则需依靠液相中存在的能量起伏来补充。

5.【解析】①形核率受形核功因子、原子扩散因子两个因素的控制。

②在过冷度较小时，形核率主要受形核功因子控制，随着过冷度的增加，所需的临界晶核半径减小，因此形核率增加，并达到最大值。

③随后当过冷度继续增加时，尽管所需的临界晶核半径减小，但由于原子在较低温度下难以扩散，因此，形核率受扩散因子控制，即过峰值后，随温度降低，形核率随之减小。

6.【解析】与均匀形核相比，非均匀形核的特点：

①非均匀形核与固体杂质接触，减少了表面自由能的增加。

②非均匀形核的晶核体积小，形核功小，形核所需的结构起伏和能量起伏就小，形核更容易。

③非均匀形核时，晶核形状和体积由临界半径和接触角共同决定。临界晶核半径相同时，接触角越小，晶核体积越小，形核越容易。

7.【解析】①热力学条件：$\Delta G = \dfrac{-L_m \Delta T}{T_m}$，式中，$\Delta T = T_m - T$，是熔点 T_m 与实际凝固温度 T 之差。要使$\Delta G < 0$，必须使 $\Delta T > 0$，即 $T < T_m$，故ΔT称为过冷度。晶体凝固的热力学条件表明，实际温度应低于熔点，即需要过冷度。

②动力学条件：液 – 固界面前沿液体的温度 $T < T_m$，即存在动态过冷度。

③能量条件：形核的临界晶核自由能仍然是增加的（$\Delta G^* > 0$），其增值相当于其表面能的 $\dfrac{1}{3}$，即液、固之间的体积自由能差值只能补偿形成临界晶核表面所需能量的 $\dfrac{2}{3}$，而不足的 $\dfrac{1}{3}$ 则需依靠液相中存在的能量起伏来补充。

④结构条件：液体中的结构起伏是结晶时产生晶核的基础。

结构起伏：液态结构最重要的特征是原子排列的长程无序、短程有序，并且短程有序的原子集团并不是固定不变的，它是一种此消彼长、瞬息万变、尺寸不稳定的结构，这种现象称为结构起伏。

8.【解析】①增加过冷度：在一般凝固条件下，增加过冷度使凝固后的晶粒细化。

②加入形核剂促进非均匀形核：液相中的现成基底对非均匀形核的促进作用取决于接触角 θ。θ 角越小，形核剂对非均匀形核的作用越大。一般情况下，形核剂与凝固的金属之间晶体结构相同，接触面上原子匹配好，则界面能小，形核效果好。

③振动促进形核：对金属熔液凝固时施加振动或搅拌作用可得到细小的晶粒。振动方式可采用机械振动、电磁振动或超声波振动等，都具有细化效果。其主要作用是振动使枝晶破碎，这些碎片又可作为结晶核心，使形核增殖。

9.【解析】①对于纯金属：正的温度梯度指的是随着离开液－固界面的距离 z 的增大，液相温度 T 随之升高的情况，即 $\dfrac{\mathrm{d}T}{\mathrm{d}z} > 0$。在这种条件下，结晶潜热只能通过固相而散出，相界面的推移速度受固相传热速度所控制。晶体的生长以接近平面状向前推移，这是由于温度梯度是正的，当界面上偶尔有凸起部分而伸入温度较高的液体中时，它的生长速度就会减缓甚至停止，周围部分的过冷度比凸起部分大而会赶上来，使凸起部分消失，这种过程使液－固界面保持稳定的平面形态。

②对于固溶体合金：在凝固过程中，由于液相中溶质的分布发生变化而改变了凝固温度，这可由相图中的液相线来确定，因此界面前沿液体中的实际温度低于溶质分布所决定的凝固温度时产生过冷，称为成分过冷，它可使合金在正的温度梯度下凝固得到树枝状组织。

第七章

▼

二元相图和合金的凝固与制备原理

第七章　二元相图和合金的凝固与制备原理

本章复习导图

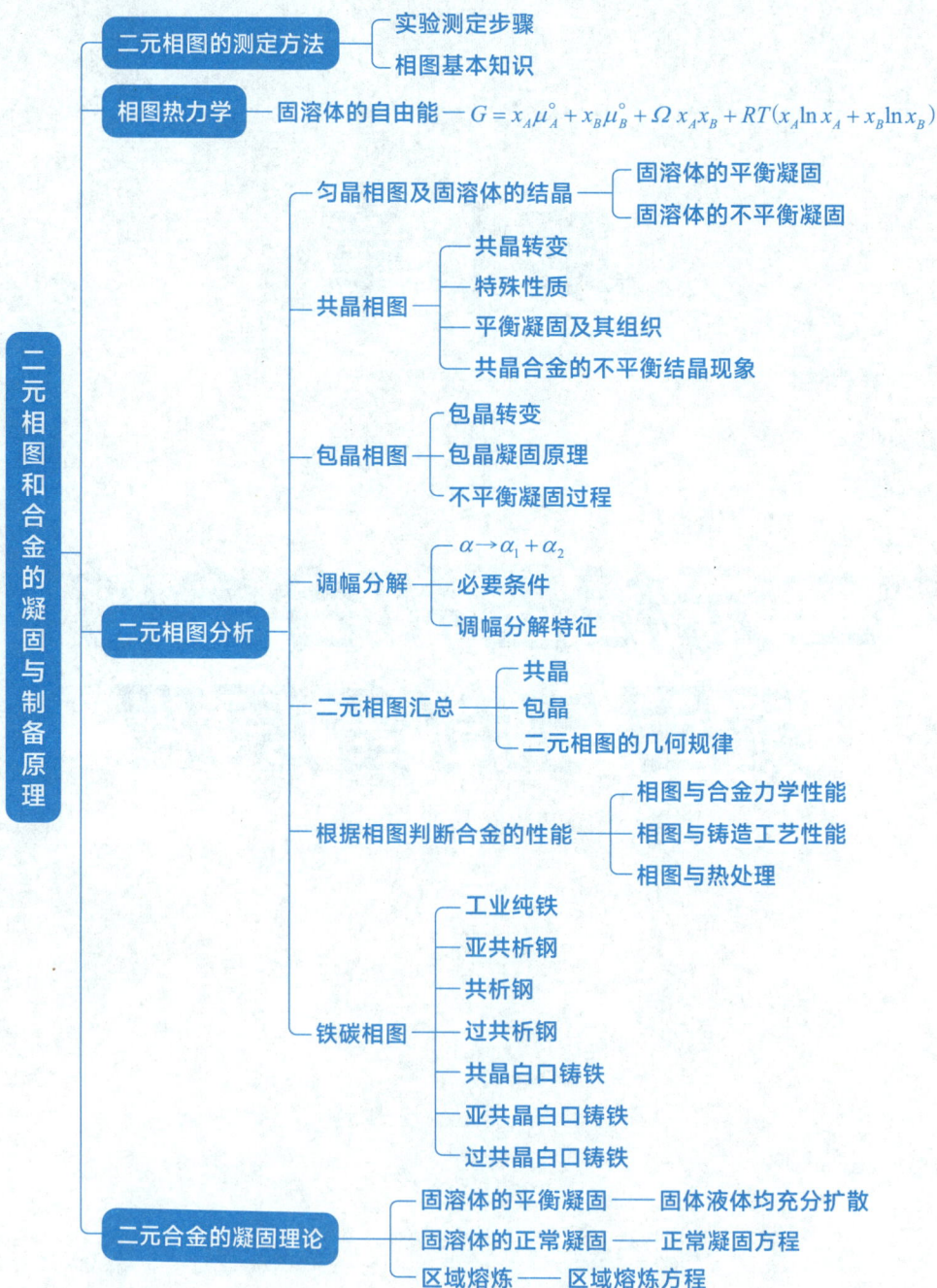

- 二元相图和合金的凝固与制备原理
  - 二元相图的测定方法
    - 实验测定步骤
    - 相图基本知识
  - 相图热力学 —— 固溶体的自由能 —— $G = x_A \mu_A^\circ + x_B \mu_B^\circ + \Omega x_A x_B + RT(x_A \ln x_A + x_B \ln x_B)$
  - 二元相图分析
    - 匀晶相图及固溶体的结晶
      - 固溶体的平衡凝固
      - 固溶体的不平衡凝固
    - 共晶相图
      - 共晶转变
      - 特殊性质
      - 平衡凝固及其组织
      - 共晶合金的不平衡结晶现象
    - 包晶相图
      - 包晶转变
      - 包晶凝固原理
      - 不平衡凝固过程
    - 调幅分解
      - $\alpha \rightarrow \alpha_1 + \alpha_2$
      - 必要条件
      - 调幅分解特征
    - 二元相图汇总
      - 共晶
      - 包晶
      - 二元相图的几何规律
    - 根据相图判断合金的性能
      - 相图与合金力学性能
      - 相图与铸造工艺性能
      - 相图与热处理
    - 铁碳相图
      - 工业纯铁
      - 亚共析钢
      - 共析钢
      - 过共析钢
      - 共晶白口铸铁
      - 亚共晶白口铸铁
      - 过共晶白口铸铁
  - 二元合金的凝固理论
    - 固溶体的平衡凝固 —— 固体液体均充分扩散
    - 固溶体的正常凝固 —— 正常凝固方程
    - 区域熔炼 —— 区域熔炼方程

二元相图和合金的凝固与制备原理

二元合金的凝固理论

- 非正常凝固
  - 有效平衡分配系数
  - 液相内溶质完全混合（正常凝固）
  - 液相内溶质部分混合
  - 液相内溶质仅靠扩散混合
- 成分过冷
  - 成分过冷的定义
  - 产生成分过冷的临界条件
  - 影响成分过冷的因素
  - 成分过冷对晶体生长形态的影响
- 共晶凝固理论
  - 共晶转变机制
  - 共晶组织形貌
  - 亚共晶与过共晶合金中初生相形态
  - 共晶系合金的非平衡结晶
- 合金铸锭的组织与缺陷
  - 铸锭三晶区
  - 铸锭（件）的缺陷

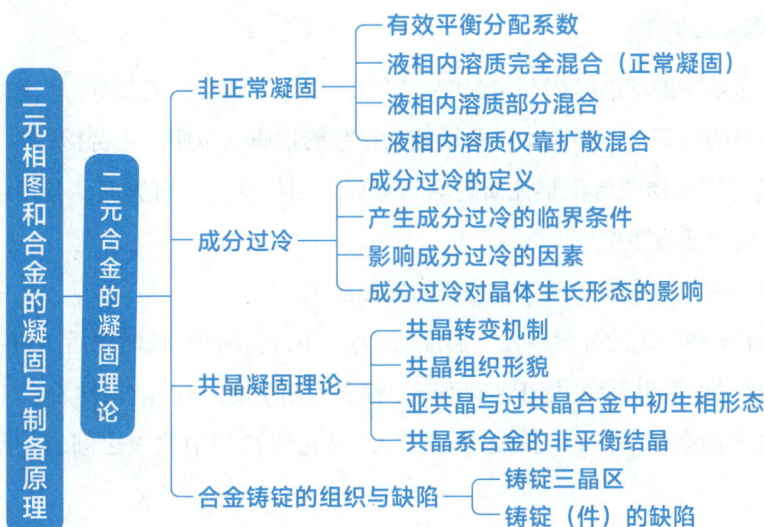

本章章节重点

✧ 7.1　二元相图的测定方法

⚛ 7.1.1　实验测定步骤

（1）配制合金，熔化；

（2）测冷却曲线；

（3）根据转折点确定相变温度；

（4）标在温度 – 成分坐标平面；

（5）将各意义相同的点连接成线，这些线就在坐标图中划分出一些区域，这些区域称为相区，标出各相区所存在的相名称后，相图即建立完成（见图 7.1）。

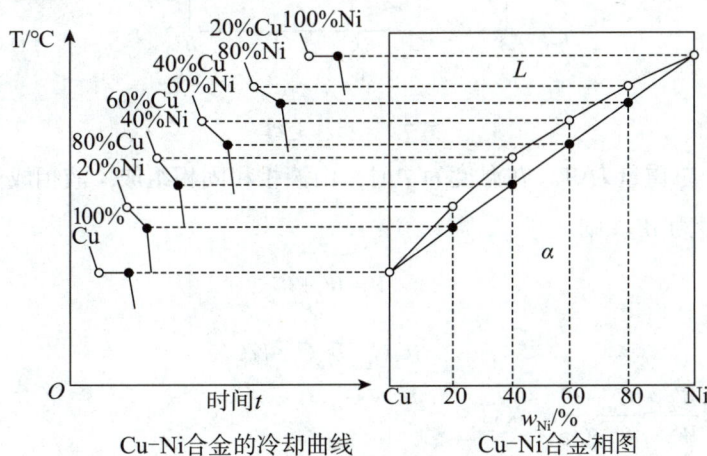

Cu-Ni合金的冷却曲线　　　Cu-Ni合金相图

图 7.1　相图的绘制

⚛ 7.1.2　相图基本知识

相图：表示合金系中的状态（相）与温度、压力、成分之间关系的图解，又称状态图或平衡图。

组元：构成材料的最简单、最基本、可以独立存在的物质（单质、化合物）。

相：系统中具有相同物理与化学性质的均匀部分，相与相之间有界面，各相可以用机械方法加以分离，越过界面时性质发生突变。

组织：由不同形貌及含量的相或组元构成的显微图像。

相平衡：合金系统在一定的外界条件（温度、压力）下，经历任意长时间后，各相的成分都是均匀、不变的，且各相的相对重量也不变，处于平衡状态，称之为相平衡，这时的相称为这种条件下的平衡相。

相律：表示在平衡条件下，系统的自由度数 f、组元数 C 和相数 P 之间的关系，数学表达式为 $f=C-P+2$。

利用相律可以确定系统中可能存在的最大平衡相数（自由度 $f = 0$ 时得出同时共存的平衡相数的最大值）。单元系中同时共存的平衡相数最多 2 个，二元合金系最多存在三相平衡。

利用相律可以解释纯金属与二元合金结晶时的一些差别（纯金属只能在恒温下进行结晶；二元合金将在一定温度范围内结晶）。

自由度：平衡相数不变的前提下，能够在一定范围内独立可变的因素（如温度、压力、成分）的数目。

杠杆定律（见图 7.2**）**：

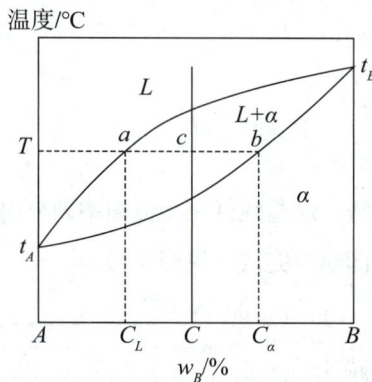

图 7.2　杠杆定律

合金成分为 C，总重量为 W。在温度为 T 时，由液相和固相组成，液相成分为 C_L，重量为 W_L；固相成分为 C_α，重量为 W_α。则

$$W=W_L+W_\alpha$$

$$W_L C_L+W_\alpha C_\alpha=WC$$

由以上两式可得 $\dfrac{W_L}{W_\alpha}=\dfrac{C_\alpha-C}{C-C_L}$，故有

$$\frac{W_L}{W_\alpha} = \frac{cb}{ac} \text{ 或 } \frac{W_L}{W} = \frac{cb}{ab}$$

✿ 7.2　相图热力学

固溶体的自由能：

$$G = x_A \mu_A^\circ + x_B \mu_B^\circ + \Omega x_A x_B + RT(x_A \ln x_A + x_B \ln x_B)$$

式中，x_A、x_B 分别为 A、B 两组元的摩尔分数，μ_A°、μ_B° 分别为 A、B 两组元在 T 温度下的化学势，Ω 为相互作用参数，R 为气体常数。

示例：（1）写出混合前自由能、混合焓、混合熵表达式；

（2）根据相互作用参数的大小，画出成分自由能曲线。

解：（1）固溶体的自由能为

$$G = x_A \mu_A^\circ + x_B \mu_B^\circ + \Omega x_A x_B + RT(x_A \ln x_A + x_B \ln x_B)$$

①两相混合前自由能总和：$G^\circ = x_A \mu_A^\circ + x_B \mu_B^\circ$。

式中，x_A、x_B 分别为 A、B 两组元的摩尔分数，μ_A°、μ_B° 分别为 A、B 两组元混合前的化学势。

②混合焓：$\Delta H_m = \Omega x_A x_B$。

③混合熵：$\Delta S_m = -R(x_A \ln x_A + x_B \ln x_B)$。

由于 x_A、x_B 均小于 1，故混合熵为正值，混合时引起熵增，使得吉布斯自由能减少。

在计算 ΔH_m 时只考虑最近邻原子的相互作用，即

$$\Omega = N_A z \left(e_{AB} - \frac{e_{AA} + e_{BB}}{2} \right)$$

式中，N_A 为阿伏加德罗常数，z 为配位数，e_{AA}、e_{BB}、e_{AB} 分别为 A–A、B–B、A–B 原子对的结合能。

（2）固溶体自由能为 G°、ΔH_m 和 $-T\Delta S_m$ 三项综合的结果，故其成分–自由能曲线如图 7.3 所示。

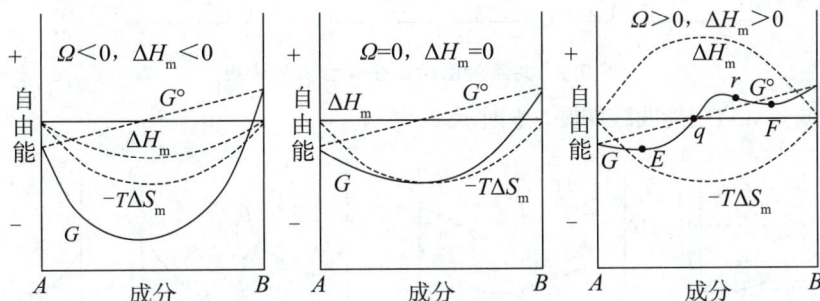

图 7.3　固溶体的成分–自由能曲线

匀晶相图的成分–自由能曲线如图 7.4 所示。

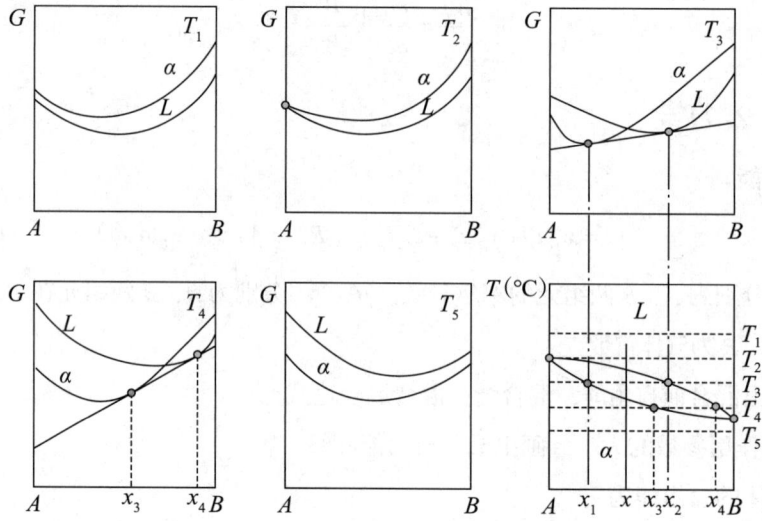

图 7.4 匀晶相图的成分 - 自由能曲线

共晶相图的成分 - 自由能曲线如图 7.5 所示。

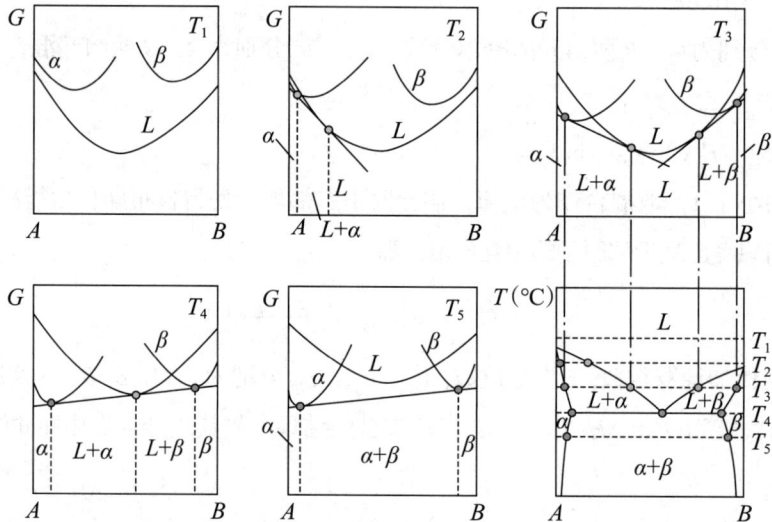

图 7.5 共晶相图的成分 - 自由能曲线

包晶相图的成分 - 自由能曲线如图 7.6 所示。

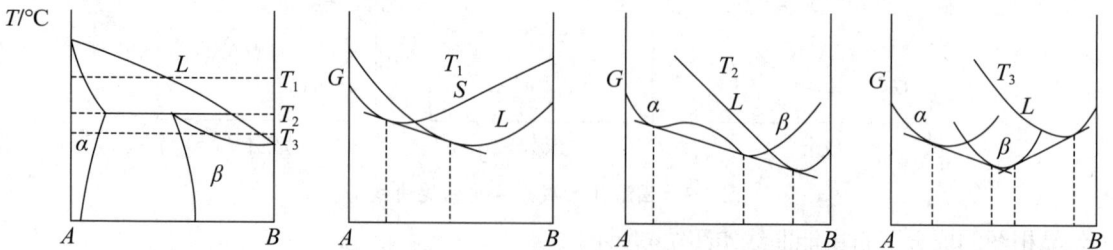

图 7.6 包晶相图的成分 - 自由能曲线

复合相图的成分 - 自由能曲线如图 7.7 所示。

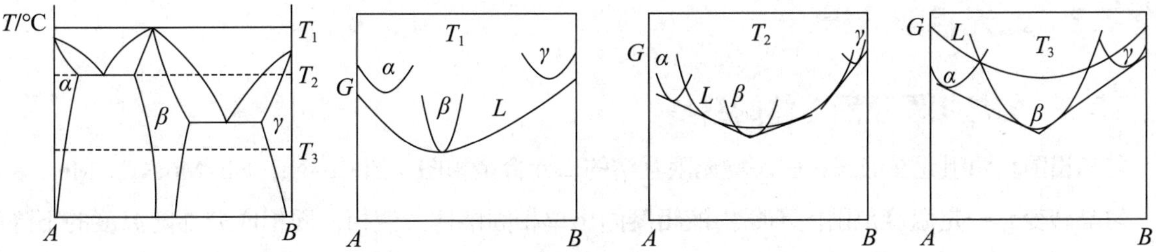

图 7.7　复合相图的成分 – 自由能曲线

混溶间隙相图的成分 – 自由能曲线如图 7.8 所示。

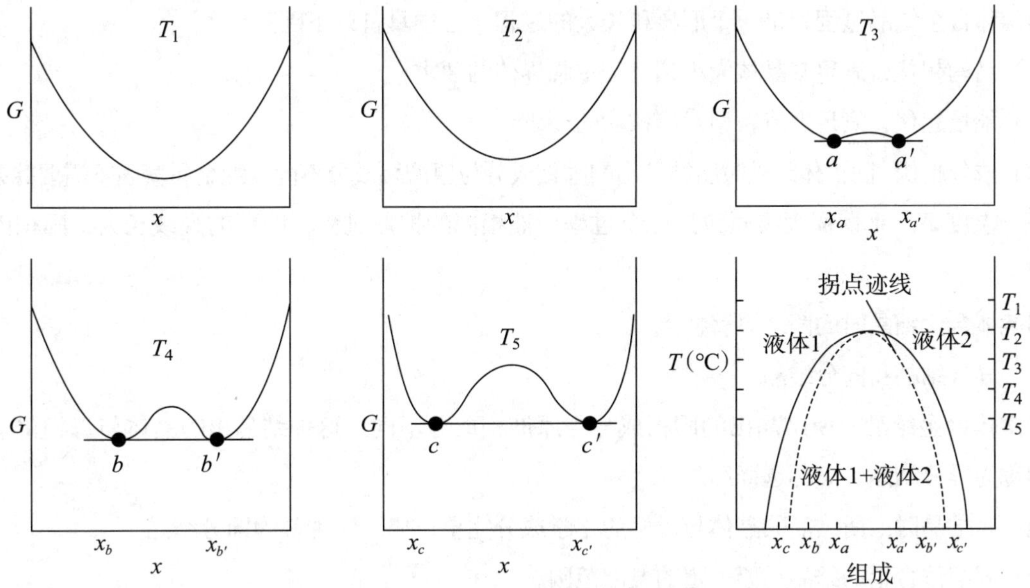

图 7.8　混溶间隙相图的成分 – 自由能曲线

Fe–C 相图及其在 1 148 ℃、1 180 ℃的成分 – 自由能曲线如图 7.9 所示。

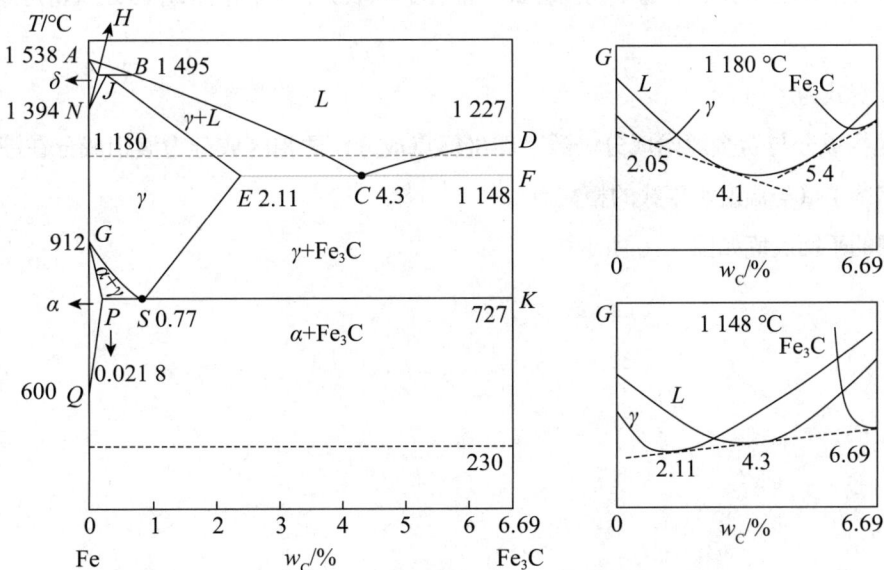

图 7.9　Fe–C 相图的成分 – 自由能曲线

✿ 7.3 二元相图分析

⚛ 7.3.1 匀晶相图及固溶体的结晶

匀晶相图: 两组元在液态和固态均无限互溶的二元合金相图。如 Cu–Ni、Nb–Mo、Cr–Mo。

匀晶转变: 一定温度范围内不断由液相凝固出单相固溶体, 液相、固相成分都随温度的下降而沿液相线和固相线变化的凝固过程。

1. 固溶体的平衡凝固

固溶体合金结晶过程也是一个形核和长大的过程, 必须具备以下因素:

(1) 结构起伏: 满足其晶核大小超过一定临界值的要求;

(2) 能量起伏: 满足形成新相对形核功的要求;

(3) 成分起伏: 固溶体结晶时所结晶出的固相成分与原液相成分不同 (纯金属凝固不需要此条件)。

每一温度下, 平衡凝固实质包括三个过程: 液相内的扩散过程、固相的继续长大、固相内的扩散过程。

固溶体合金结晶时的两个显著特点:

(1) 异分结晶和同分结晶。

固溶体合金结晶时所结晶出的固相成分与原液相成分不同, 这种结晶出的晶体与母相化学成分不同的称为异分结晶, 又称选择结晶。

纯金属结晶时, 所结晶的晶体与母相的化学成分完全一样, 这种称为同分结晶。

(2) 固溶体合金的结晶需要一定的温度范围。

固溶体晶核的形成 (或原晶体的长大), 产生相内 (液相或固相) 的浓度梯度, 从而引起相内的扩散过程, 这就破坏了相界面处的平衡, 因此, 晶体必须长大, 才能使相界面处重新达到平衡。

结论:

①匀晶转变式为 $L \rightarrow \alpha$;

②**单相区相成分与合金原始成分一致, 即坐标点成分;** 两相区成分为液相成分在液相线上, 固相成分在固相线上 (与温度水平线的相交点)。

匀晶相图的平衡凝固如图 7.10 所示。

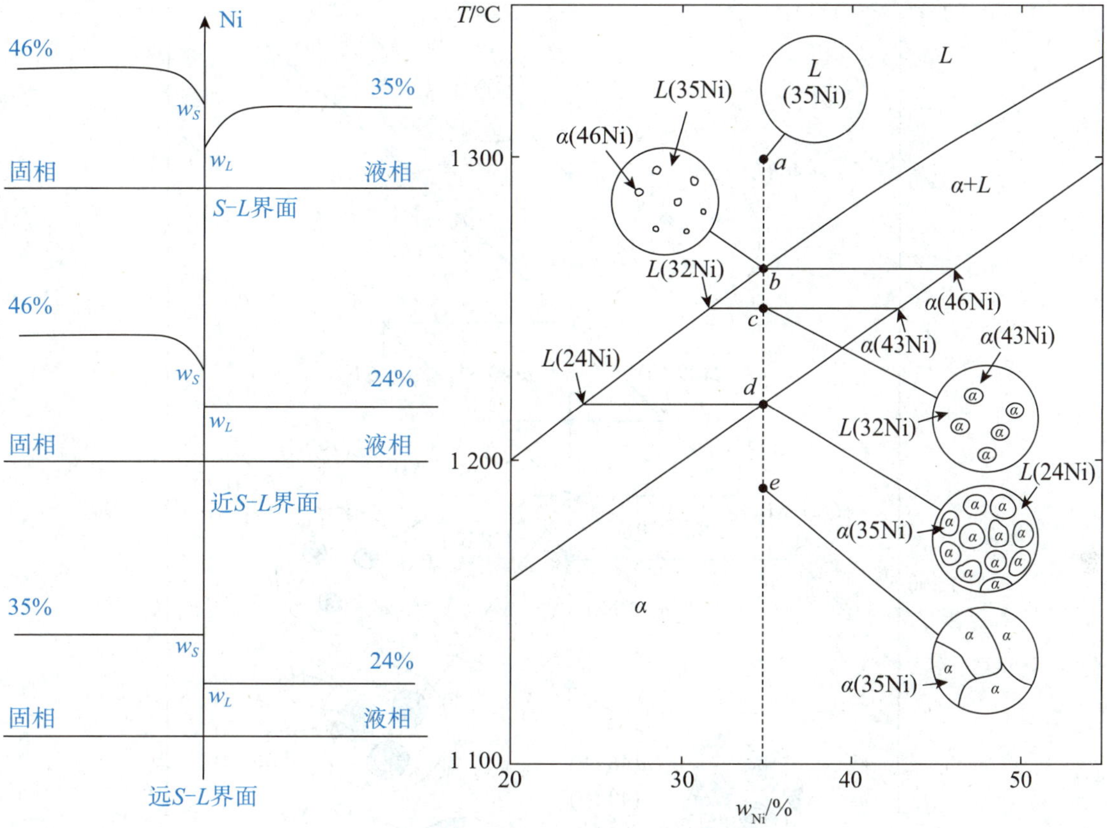

图 7.10 匀晶相图的平衡凝固

2. 固溶体的不平衡凝固

在实际生产中，液态冷却速度较快，一定温度下液相和固相内的原子扩散过程尚未进行完全时，温度会继续下降，液相和固相，尤其是固相中仍保持着一定的浓度梯度，造成各相内成分的不均匀，使凝固过程偏离了平衡条件，这称为不平衡凝固。

晶内偏析：在一个晶粒内部化学成分不均匀的现象。

枝晶偏析：固溶体总是以树枝状生长方式结晶，不平衡凝固导致枝晶内部即枝干和枝间的化学成分不同。

枝晶偏析的原因：合金凝固，$L \rightarrow \alpha$ 时在一定温度范围内结晶，树枝晶主干在较高温度先凝固，枝间及边部在较低温度后凝固。

理论上，冷却速度无限缓慢时，扩散使先凝固与后凝固的固溶体成分均匀一致，即固溶体晶体的长大过程是平衡→不平衡→平衡→……循环往复直到最后相图规定的平衡成分。

实际上，冷却过程非无限缓慢，因为扩散不完全，所以枝晶内部中心区域与边部区域化学成分不均匀，从而产生枝晶偏析。

匀晶相图的不平衡凝固如图 7.11 所示。

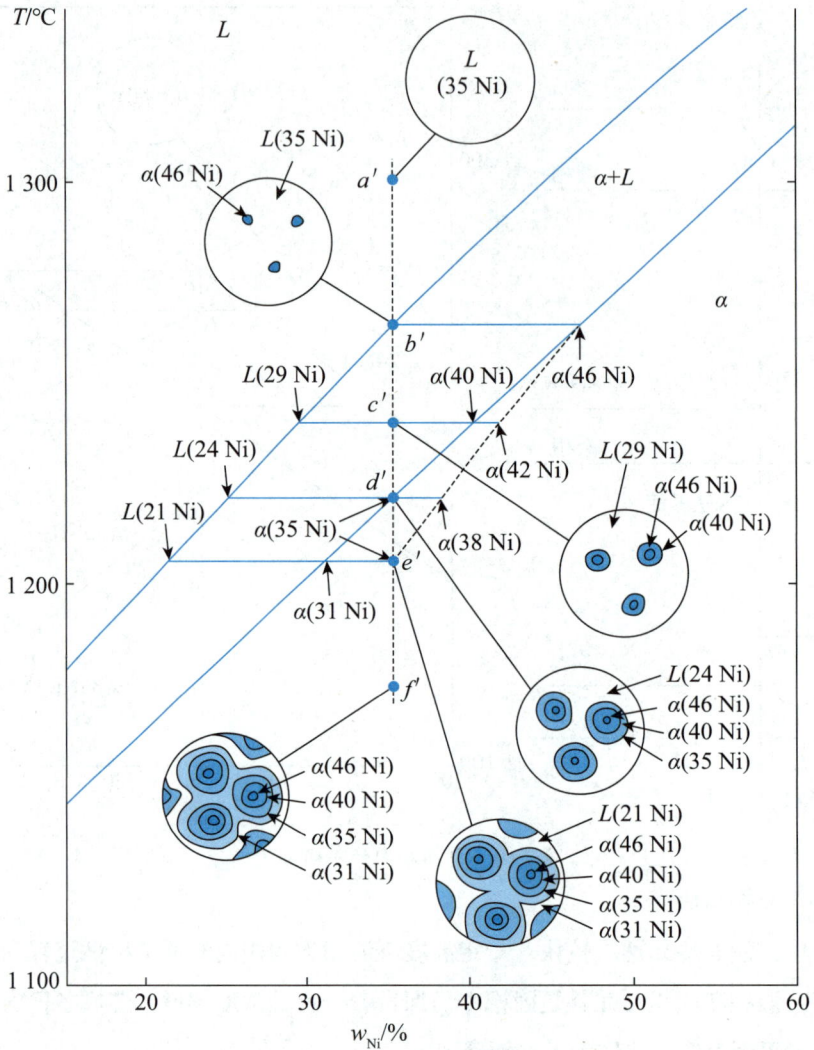

图 7.11　匀晶相图的不平衡凝固

结论：

①固相平均成分线和液相平均成分线与固相线和液相线不同，它们和冷却速度有关，冷却速度越快，它们偏离固、液相线越严重；反之，冷却速度越慢，它们越接近固、液相线，表明冷却速度越接近平衡冷却条件。

②先结晶部分总是富高熔点组元，后结晶的部分是富低熔点组元。

③非平衡凝固总是导致凝固终结温度低于平衡凝固时的终结温度。

固溶体通常以树枝状生长方式结晶，非平衡凝固导致先结晶的枝干和后结晶的枝间的成分不同，故称为枝晶偏析。由于一个树枝晶是由一个核心结晶而成的，故枝晶偏析属于晶内偏析。图 7.12(a) 所示为 Cu–Ni 合金的铸态组织，如用电子探针测定，可以得出：先凝固的部分富 Ni，不易浸蚀，呈现亮白色，成为枝干；后凝固的部分富 Cu，易被浸蚀，呈现暗黑色，分布于枝间。

枝晶偏析是非平衡凝固的产物，在热力学上是不稳定的，通过**"均匀化退火"**或称**"扩散退火"**，即在固相线以下较高的温度（要确保不能出现液相，否则会使合金"过烧"）经过长时间的保温使原子扩散充分，使之转变为平衡组织。图 7.12(b) 所示为经扩散退火后的 Cu–Ni 合金的显微组织，树枝状形态已消失，由电子探针微区分析的结果也证实了枝晶偏析已消除。

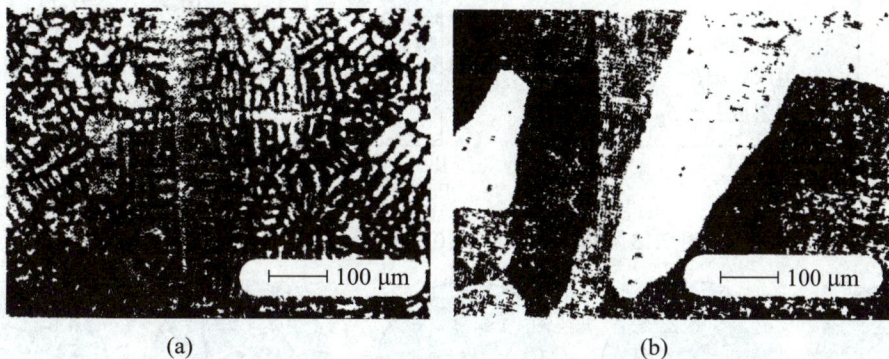

(a)　　　　　　　　　　　(b)

图 7.12　Cu–Ni 合金的铸态组织和经扩散退火后的显微组织

7.3.2　共晶相图

共晶相图：两组元在液态时无限互溶，在固态时有限互溶或者完全不互溶，发生共晶转变，形成共晶组织的二元系相图。

共晶转变：在一定温度下，由一定成分的液相同时结晶出两个成分一定的固相的转变过程，也叫共晶反应。共晶转变式为 L（液）$\rightarrow \alpha$（固）$+\beta$（固）。

共晶组织：共晶转变的产物为两个相的混合物。也可称为共晶体。

共晶温度：共晶相图内两条液相线的交点所对应的温度。

1. 共晶合金的特点

（1）比纯组元熔点低。

（2）比纯组元有更好的流动性，凝固过程中避免了枝晶的形成，改善了铸造性能。

（3）恒温转变减少了铸造缺陷（如偏聚和缩孔）。

（4）共晶凝固可以获得多种形态的显微组织，例如层状、杆状共晶组织可能成为原位复合材料。

2. 相图分析

共晶组织形态：由共晶反应形成的**细密**的两相或多相混合物。

组织组成物：在显微组织中能清楚地区分开，是组成显微组织的独立部分，可以是单一相，也可以是两相或多相混合组成的化合物。

相组成物：组成组织组成物的单一相，如 α、β 相。

结晶过程分析：

（1）平衡凝固过程分析（见图 7.13 和图 7.14）。

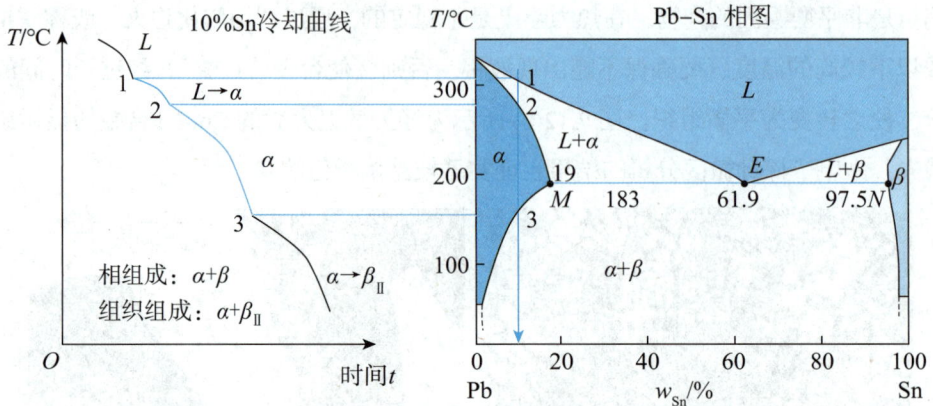

图 7.13　Pb–Sn 相图及 10% Sn 合金的冷却曲线

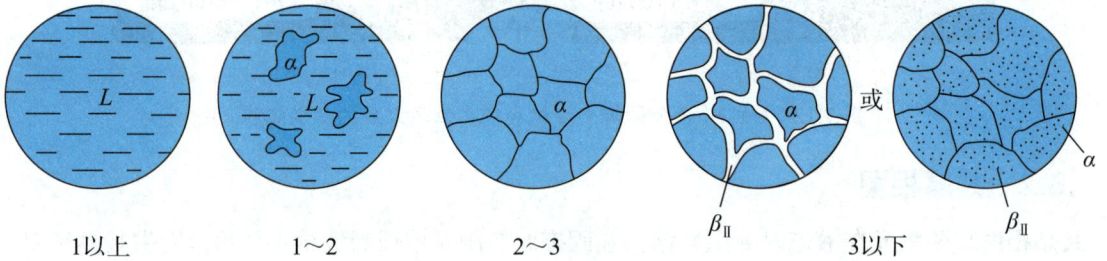

图 7.14　Pb–Sn 相图 10% Sn 合金的平衡凝固组织示意图

（2）亚共晶合金平衡凝固过程分析（见图 7.15 和图 7.16）。

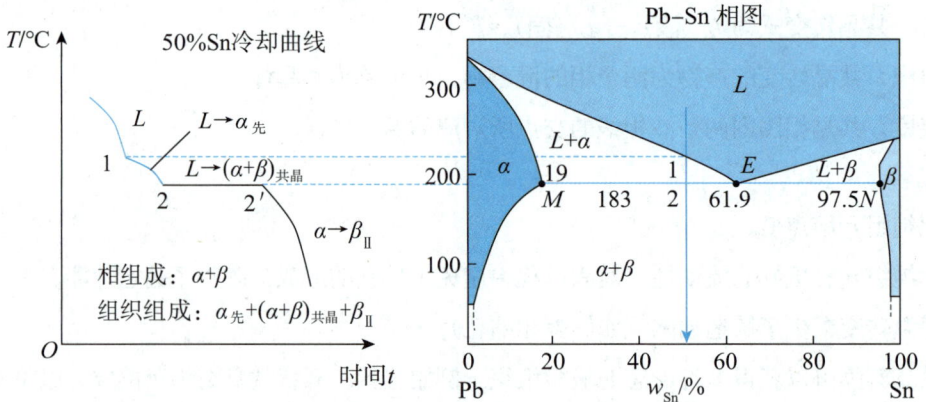

图 7.15　Pb–Sn 相图及亚共晶合金的冷却曲线

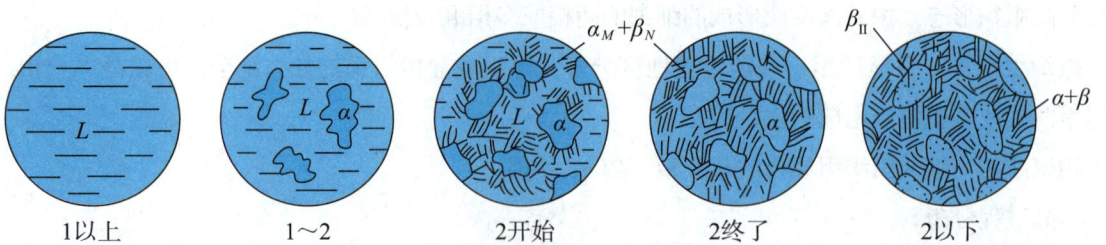

图 7.16　Pb–Sn 相图亚共晶合金的平衡凝固组织示意图

（3）共晶合金平衡凝固过程分析（见图7.17和图7.18）。

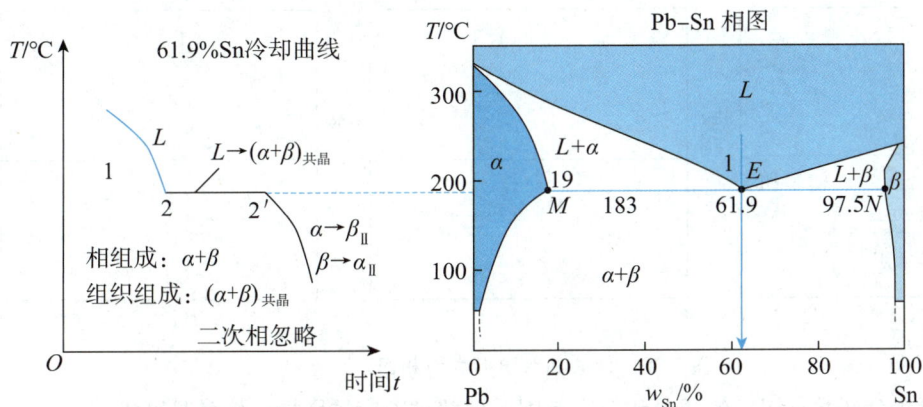

图 7.17　Pb-Sn 相图及共晶合金的冷却曲线

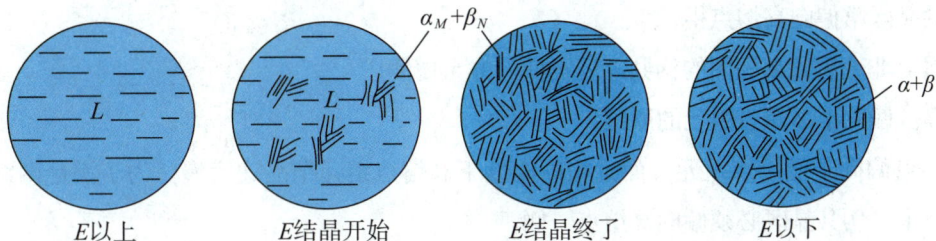

图 7.18　Pb-Sn 相图共晶合金的平衡凝固组织示意图

（4）过共晶合金平衡凝固过程分析（见图7.19）。

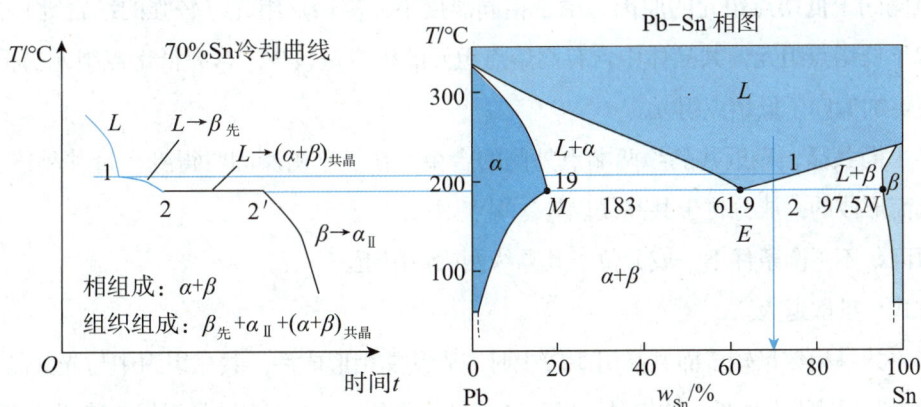

图 7.19　Pb-Sn 相图及过共晶合金的冷却曲线

3. 共晶合金的不平衡结晶现象

不平衡结晶分为三种：伪共晶、不平衡共晶、离异共晶。

（1）在非平衡凝固条件下，某些亚共晶或过共晶成分的合金也能得到全部的共晶组织，这种由非共晶成分的合金所得到的共晶组织称为**伪共晶**。伪共晶组织形成的相图如图 7.20 所示。

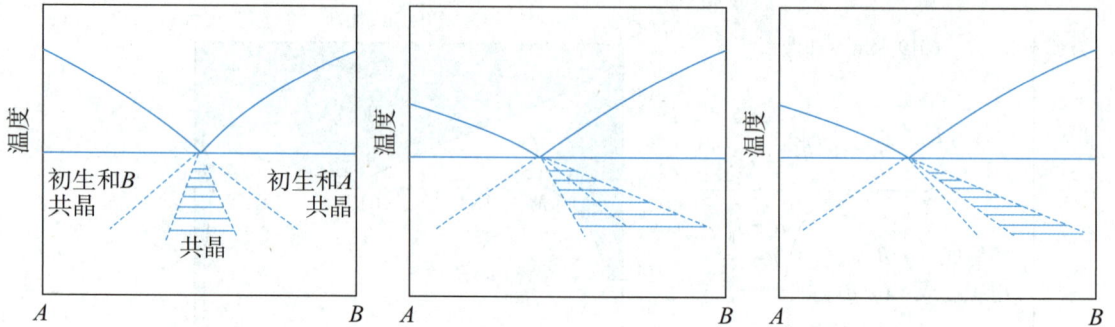

图 7.20　伪共晶组织形成的相图

伪共晶区：形成全部共晶组织的成分和温度范围。随着过冷度的增加，伪共晶区扩大。

① ΔT 增大，伪共晶区扩大；

②伪共晶区常偏向高熔点相；

③金属 – 非金属共晶相图的伪共晶区需偏向非金属侧。

伪共晶区偏向于高熔点组元的原因：

①共晶点偏向于低熔点组元，而且相同温度下高熔点组元结晶速度慢，为了满足两组成相形成对扩散的要求，伪共晶区必须偏向高熔点一侧。

②不平衡冷却时，冷却速度较快，产生强烈过冷，高熔点组元扩散更难，溶液含有更多高熔点组元才有利于伪共晶的形成。

共晶点偏向于低熔点组元的原因：由于相同温度下，高熔点组元（较强的结合键）在液体中的扩散速度慢于低熔点组元，共晶体中含有高熔点组元的相对量较少，含有低熔点组元的相对量较多，所以共晶点更加偏向于低熔点组元。

（2）**不平衡共晶**：靠近共晶线两端点外侧的合金，在不平衡凝固时得到少量共晶体。这是因为不平衡结晶而形成的，成分位于共晶线以外，端点附近。

形成原因：不平衡条件下，成分位于共晶线两端点附近。

消除方式：扩散退火。

（3）当先共晶相数量较多而共晶组织较少时，先共晶相形成后，共晶组织中与先共晶相相同的那一相会依附在先共晶相上生长，致使另一相单独存在于晶界，从而失去共晶组织的特征，这种两相分离的共晶体称为**离异共晶**（共晶线两端成分的合金）。离异共晶可通过非平衡凝固得到，也可能在平衡凝固时得到。

7.3.3　包晶相图

1.包晶相图

包晶相图：两组元在液态无限相互溶解，在固态有限相互溶解，并发生包晶转变的二元合金系相图。包晶转变式：$L+\alpha \rightarrow \beta$。

2.相图分析

（1）平衡凝固：

Pt-Ag 相图 57% Ag 合金的平衡凝固过程分析如图 7.21 和图 7.22 所示。

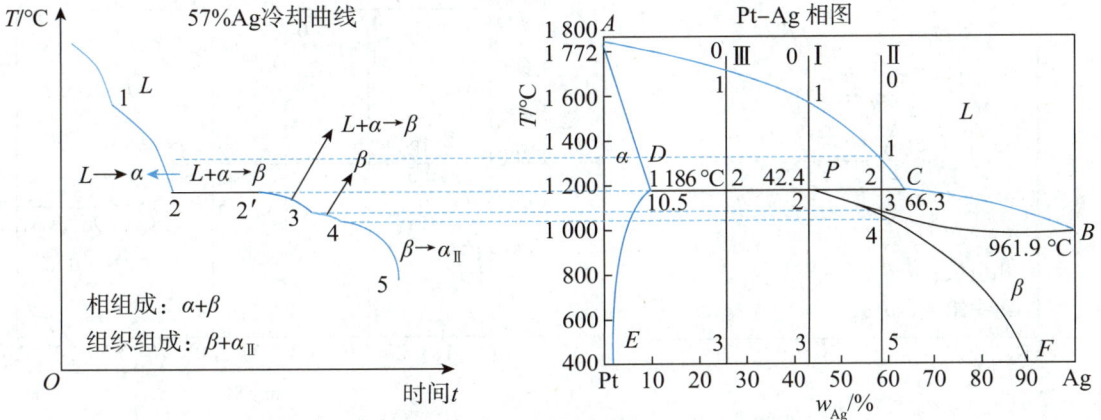

图 7.21　Pt-Ag 相图及 57% Ag 合金的冷却曲线

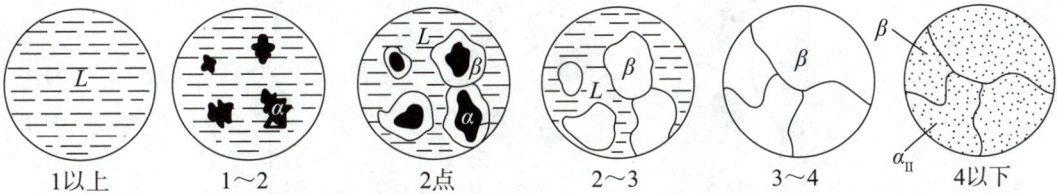

图 7.22　Pt-Ag 相图 57% Ag 合金的平衡凝固组织示意图

Pt-Ag 相图 25% Ag 合金的平衡凝固过程分析如图 7.23 和图 7.24 所示。

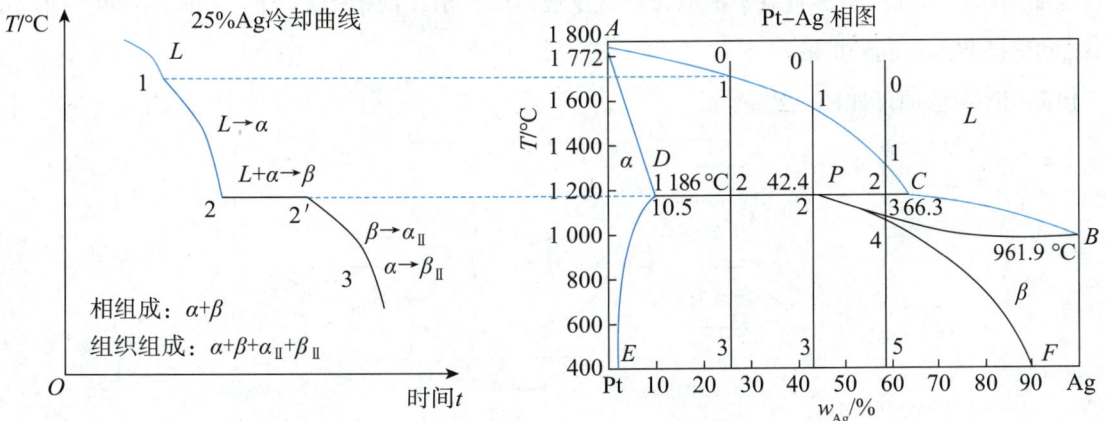

图 7.23　Pt-Ag 相图及 25% Ag 合金的冷却曲线

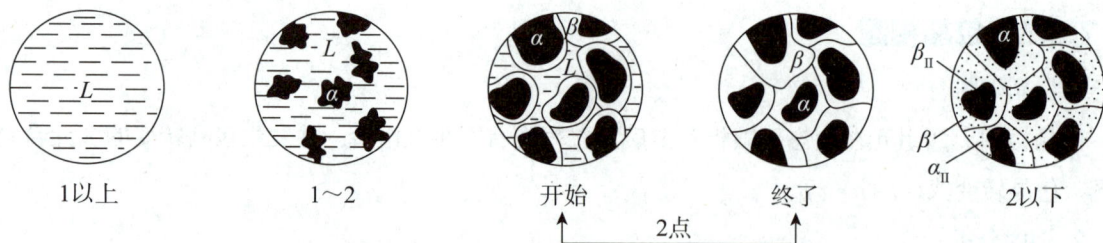

图 7.24　Pt–Ag 相图 25% Ag 合金的平衡凝固组织示意图

包晶合金的平衡凝固过程分析如图 7.25 和图 7.26 所示。

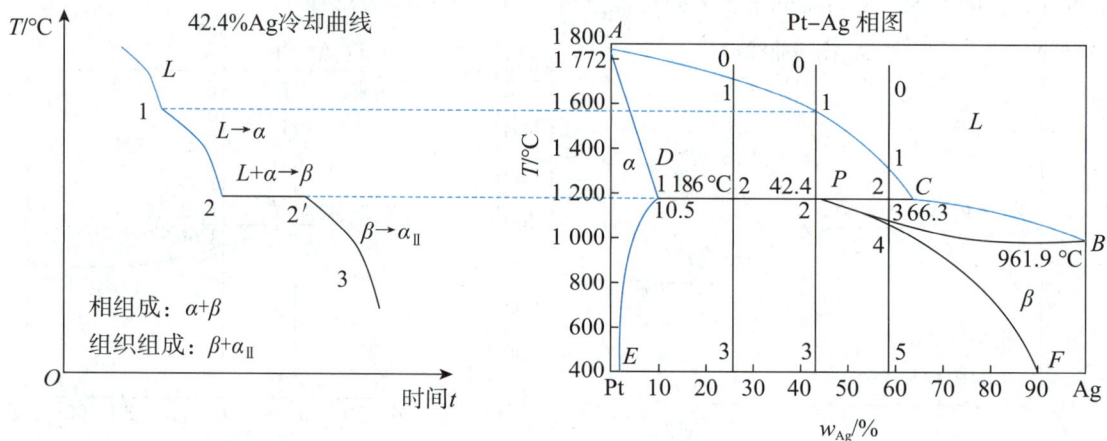

图 7.25　Pt–Ag 相图 42.4% Ag 合金的冷却曲线

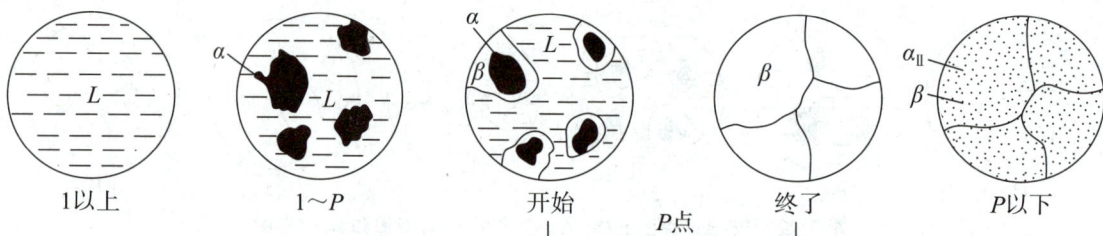

图 7.26　Pt–Ag 相图 42.4% Ag 合金的平衡凝固组织示意图

包晶形核长大过程中溶质原子扩散特点：反应伴随扩散，液相中富 Ag，α 相中富 Pt，所以反应时 Ag 向里扩散，Pt 向外扩散。

包晶相图凝固原理如图 7.27 所示。

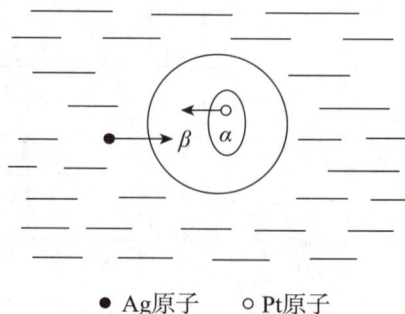

● Ag原子　○Pt原子

图 7.27　包晶相图凝固原理

（2）不平衡结晶过程及组织：

不平衡包晶相图凝固原理如图 7.28 所示。

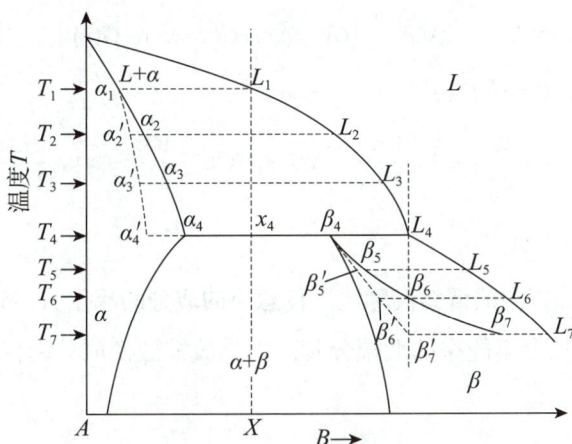

图 7.28 不平衡包晶相图凝固原理

包晶偏析： 由于包晶转变不能充分进行而产生的化学成分不均匀的现象（α 有剩余）。

不平衡包晶组织： 快冷时，包晶反应线的固相端点外侧的合金中，仍有少量 L 相会发生包晶反应，形成的少量的组织。

消除方式： 扩散退火。

7.3.4 混溶间隙相图调幅分解

混溶间隙是两种液相或两种固溶体不相混溶的现象。它可以出现在单相的液相中，也可以出现在单一固溶体区内。混溶间隙转变可写成 $L \to L_1 + L_2$，$\alpha \to \alpha_1 + \alpha_2$。混溶间隙转变中，$\alpha \to \alpha_1 + \alpha_2$ 是通过没有形核阶段的不稳定的分解的反应。

调幅反应： $\alpha \to \alpha_1 + \alpha_2$。

必要条件：

（1）合金成分在拐点内侧；

（2）相变驱动力大于梯度能和应变能。

调幅分解示意图如图 7.29 所示。

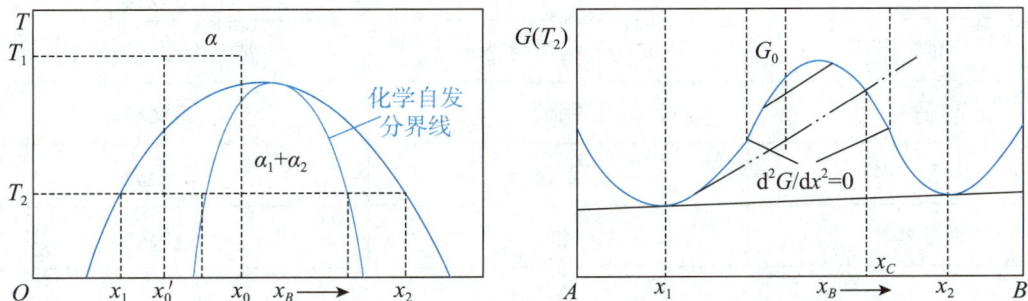

图 7.29 调幅分解示意图

对于混溶间隙中拐点迹线内发生调幅分解的原因，可从经调幅分解前后自由能的变化 ΔG 来解释。假设母相的成分为 x，分解的两个相成分分别为 $x+\Delta x$ 和 $x-\Delta x$ 时，系统的吉布斯自由能变化为

$$\Delta G = \frac{1}{2}\left[G(x+\Delta x)+G(x-\Delta x)\right]-G(x)$$

对 $G(x+\Delta x)$ 和 $G(x-\Delta x)$ 作泰勒展开：

$$\Delta G \approx \frac{1}{2}\left[G(x)+\frac{\mathrm{d}G}{\mathrm{d}x}(\Delta x)+\frac{1}{2}\frac{\mathrm{d}^2G}{\mathrm{d}x^2}(\Delta x)^2+G(x)+\frac{\mathrm{d}G}{\mathrm{d}x}(-\Delta x)+\frac{1}{2}\frac{\mathrm{d}^2G}{\mathrm{d}x^2}(-\Delta x)^2\right]-G(x)$$

$$=\frac{1}{2}\frac{\mathrm{d}^2G}{\mathrm{d}x^2}(\Delta x)^2$$

由此表明，在拐点迹线以内的混溶间隙区，**任意小的成分的起伏 Δx 都能使系统自由能下降**，导致母相不稳定，并发生无热力学能垒的调幅分解，由上坡扩散使成分起伏增大，从而直接导致新相的形成，即发生调幅分解。

调幅分解特征：

（1）α、α_1、α_2 结构相同，点阵常数不同。

（2）通过扩散偏聚机制（上坡扩散）形成，没有形核过程分解速度快，晶粒细小。

（3）成分分布呈调幅波。

（4）调幅产物只有贫溶质区和富溶质区，二者周期性分布，之间无清晰相界面。

（5）调幅组织弥散度大，分布均匀，较高的屈服强度。

（6）调幅组织的方向易受到应力场、磁场等影响，可据此调整其组织结构。

（7）**调幅分解区域极小**，只有在电镜下才能观测到。

脱溶分解和调幅分解总结（见表 7.1）：

表 7.1 脱溶分解和调幅分解

项目	脱溶分解	调幅分解
成分自由能曲线	凹	凸
条件	过冷度 +$G''<0$	过冷度 + 临界形核功
是否形核	是	否
新相特点	成分、结构均变化	成分变化，结构不变
界面特点	明晰	宽泛模糊
扩散方式	下坡	上坡
转变速率	慢	快

项目	脱溶分解	调幅分解
能量	需要能垒	不需要能垒
组织	不均匀	均匀规则
第二相有序性	颗粒尺寸位置在母相中无序分布	第二相分布在尺寸上和间距上均有规则
分解时间	分相所需时间长	分相所需时间极短
第二相形貌	球形	高度连续蠕虫状

脱溶分解与调幅分解在形成析出相时最主要的区别在于**形核驱动力和新相的成分变化**。脱溶转变时，形成新相要有较大的浓度起伏，新相与母相的成分相比有突变，因而产生界面能，这也就需要较大的形核驱动力以克服界面能，亦即需要较大的过冷度。而对调幅分解，没有形核过程，没有成分的突变，任意小的浓度起伏都能形成新相而长大。还应注意到，调幅分解过程中成分变化是通过上坡扩散来实现的；而脱溶转变时第二相的形成是通过下坡扩散来实现的，调幅分解和形核长大时的第二相长大示意图如图7.30所示。

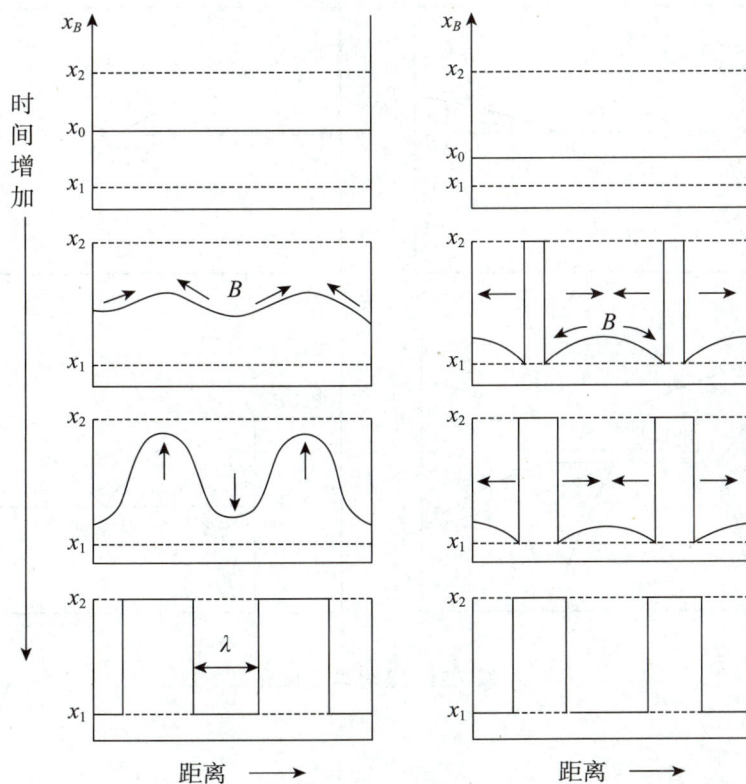

图 7.30　调幅分解和形核长大时的第二相长大示意图

🔬 7.3.5 二元相图汇总（见图 7.31）

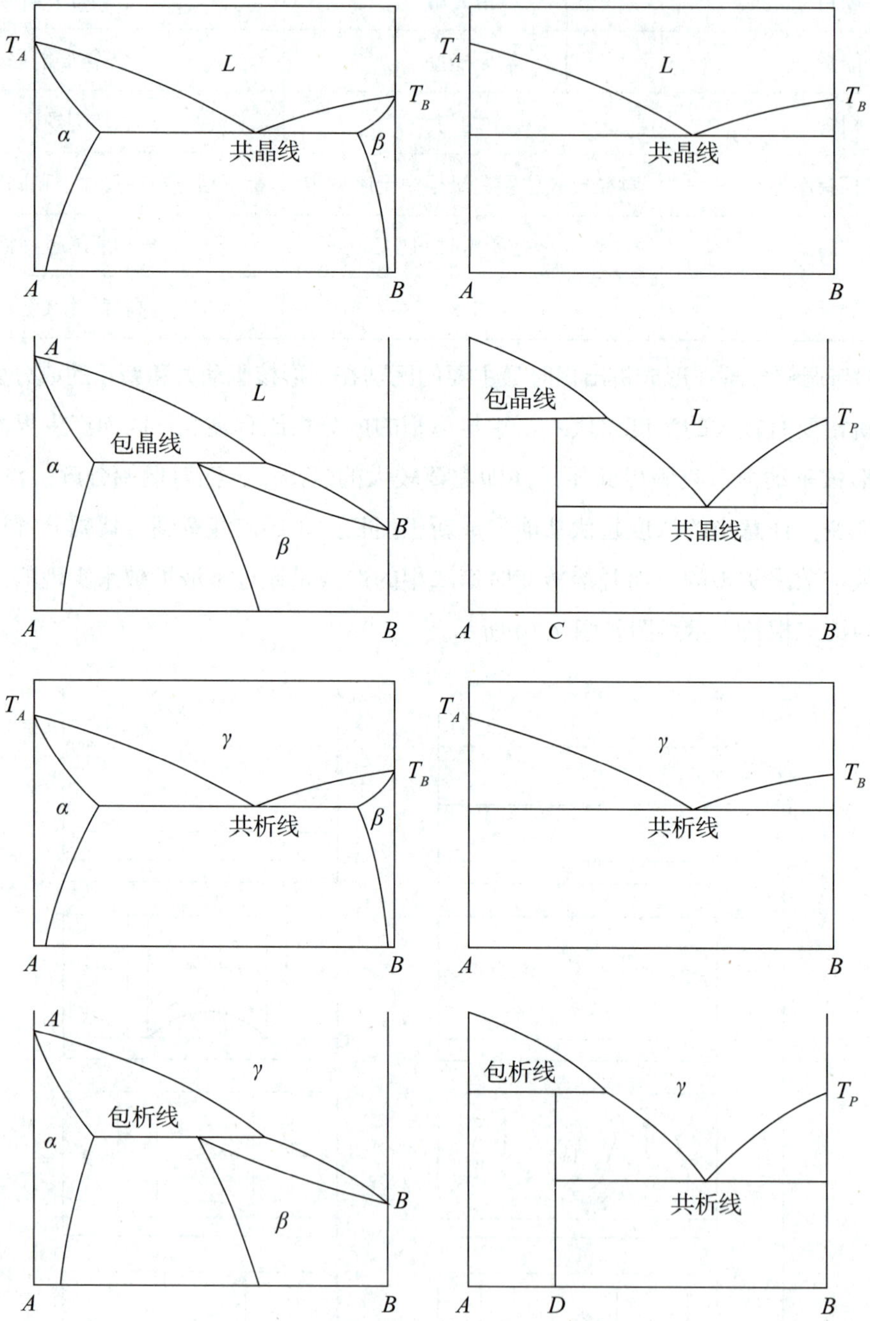

图 7.31 各种二元相图

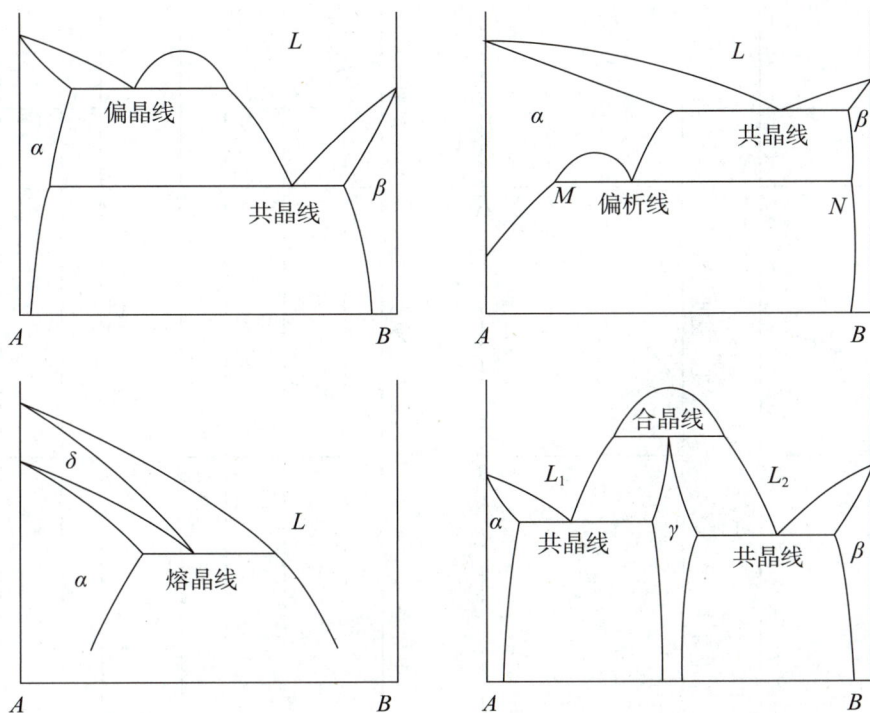

图 7.31 各种二元相图（续）

二元合金相图的几何规律：

（1）相区接触法则——相邻相区相数差为 1。

（2）两个单相区之间，必有一个由这两个单相构成的两相区。

（3）三相平衡必定是一条水平线。

（4）两个三相区中有两个共同的相，这两条水平线之间必定是这两个相组成的两相区。

（5）单相区边界线的延长线进入相邻的两相区。

7.3.6 根据相图判断合金的性能

1. 相图与合金力学性能（见图 7.32）

（1）当合金的组织为两相组成的混合物时，其性能与合金的成分呈直线关系。它的强度、硬度和导电性一般介于两组成相之间，大致为两组成相性能的算术平均值。

（2）当合金的组织为单相固溶体时，其性能与合金的成分呈曲线关系，固溶体合金的强度、硬度一般均高于纯金属，并随溶质组元浓度的增加而增加；但导电性低于纯金属，并随溶质浓度的升高而降低。

（3）当合金系中形成稳定化合物时，在合金系的性能－成分线上出现奇异点（即升高点或降低点）。

（4）两相合金在不平衡凝固时，由于凝固速度越快，两组成相越细小，因此其强度、硬度越高。

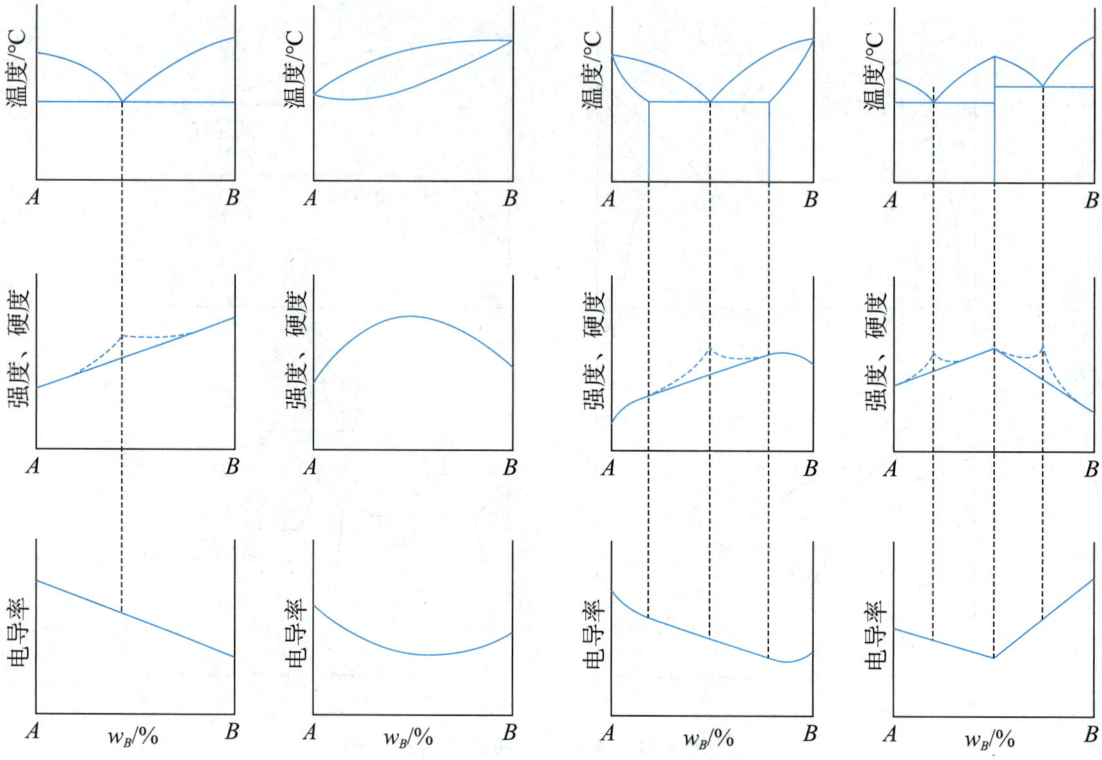

图 7.32 相图与合金力学性能的关系

2. 相图与铸造工艺性能（见图 7.33）

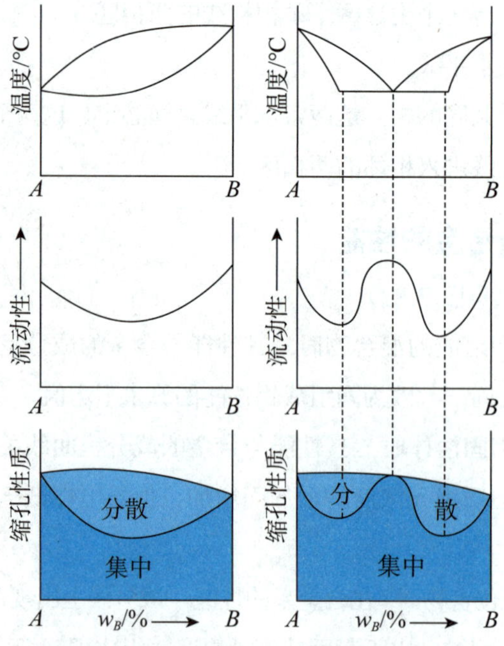

图 7.33 相图与铸造工艺性能的关系

（1）共晶合金熔点低，恒温结晶，故流动性好，易形成集中缩孔，合金致密。

（2）固溶体合金的流动性不如金属和共晶合金，且结晶温度范围越大，流动性越差，分散缩孔就越多。

3. 相图与热处理

（1）对于无固态相变的合金，只能进行消除枝晶偏析的扩散退火。

（2）当合金具有同素异构转变时，可以通过重结晶退火或正火使合金的晶粒细化。

（3）当合金的固溶体在加热、冷却过程中有溶解度变化时，可以固溶处理、时效处理。

（4）某些具有共析转变的合金，先经加热形成固溶体相，然后快冷，抑制共析转变而发生亚稳定转变，根据溶解度变化进行化学热处理。

7.3.7 铁碳相图

1. 纯铁知识

$$L \xrightarrow{1\,538\ ℃} \delta\text{--Fe(BCC)} \xrightarrow{1\,394\ ℃} \gamma\text{--Fe(FCC)} \xrightarrow{912\ ℃} \alpha\text{--Fe(BCC)}$$

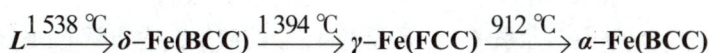

纯铁在冷却过程中经历两次同素异构转变，具有固态相变是钢铁材料能够热处理的前提与原因之一。

纯铁的显微组织：单相的 α--Fe。

纯铁（工业纯铁）的性能：

①强度低。

②硬度低。

③塑性好。

④铁磁性。

应用：仪器、仪表用软磁铁芯（铁磁性）。

2. 铁碳合金中的基本相和基本组织

基本组元：Fe、C。

基本相：

（1）铁素体（α 或 F）。

定义：C 在体心立方 α--Fe 中的间隙固溶体。但 C 在 α--Fe 中的溶解度极小，为 0.000 8%（20 ℃）～0.021 8%（727 ℃）。

性能：强度硬度低；塑性韧性好。

（2）奥氏体（γ 或 A）。

定义：C 在面心立方 γ--Fe 中的间隙固溶体，溶碳量较大，为 0.77%（727 ℃）～2.11%（1 148 ℃）。

性能：强度、硬度较低；塑性较好；变形抗力较低；易于锻压成形；顺磁性。

（3）渗碳体（Fe$_3$C）（钢中强化相）。

定义：Fe 与 C 形成的间隙化合物，含 6.69% 的 C，复杂正交晶系。

性能：强度低，σ_b=30 MPa；硬度高，800 HB；无塑性，δ=0，ψ=0，α_k=0。

（4）石墨（六方结构）。

3. 组织

（1）单相组织。

①铁素体（F）；②奥氏体（A）；③渗碳体（Fe$_3$C）。

（2）两相组织。

①珠光体（P）：铁碳二元系中，含碳量为 0.77% 的液相发生**共析转变**的产物，它是铁素体和渗碳体一起组成的机械混合物（F + Fe$_3$C），用符号"P"表示。

②莱氏体（L_d）：铁碳二元系中，含碳量为 4.3% 的液相在 1 148 ℃发生**共晶转变**的产物，它是奥氏体和渗碳体一起组成的机械混合物（A + Fe$_3$C），用符号"L_d"表示。

③低温莱氏体（L_d'）：铁碳二元系中，含碳量为 4.3% 的液相在冷却至 1 148 ℃时发生共晶反应，生成由渗碳体和奥氏体组成的莱氏体（L_d），继续冷却至 727 ℃时，莱氏体中的奥氏体发生共析反应转变为珠光体，此时组织由珠光体和渗碳体组成（P + Fe$_3$C），称为低温莱氏体，用符号 L_d' 表示。

渗碳体的种类：

一次渗碳体：在铁－渗碳体相图中，碳含量大于 4.3% 时，在 L(Fe) + Fe$_3$C 两相区内结晶析出的初生 Fe$_3$C 为一次渗碳体，形成温度介于共晶温度（1 148 ℃）以上，形貌为长条状（其间为共晶组织）。碳含量于 4.3% ～ 6.69% 是其典型成分区间。

二次渗碳体：在铁－渗碳体相图中，碳含量大于 0.77% 时，在 A(Fe) + Fe$_3$C 两相区内析出的 Fe$_3$C 为二次渗碳体，形成温度介于共晶温度（1 148 ℃）与共析温度（727 ℃）之间，形貌以网状为典型。碳含量于 0.77% ～ 6.69% 是其典型成分区间。

三次渗碳体：在铁－渗碳体相图中，F(Fe) + Fe$_3$C 两相区内析出的 Fe$_3$C 为三次渗碳体，形成温度于共析温度（727 ℃）以下，形貌为细片状或粒状。

共晶渗碳体：于共晶温度（1 148 ℃）形成的共晶组织（A + Fe$_3$C）中的 Fe$_3$C，形貌为鱼骨状，碳含量约为 4.3%。

共析渗碳体：于共析温度（727 ℃）形成的共析组织（F(Fe)+Fe$_3$C）中的 Fe$_3$C，形貌为层片状，碳含量约为 0.77%。

Fe–C 相图（见图 7.34）**概述：**

包晶线 **HJB**：$L_B+\delta_H\rightarrow\gamma_J$。

共晶线 **ECF**：$L_C\rightarrow\gamma_E+$**Fe$_3$C**（共晶渗碳体）。

共析线 *PSK*：$\gamma_S \rightarrow \alpha_P + Fe_3C$（共析渗碳体）。

ES：C 在 γ 相的溶解度曲线，二次渗碳体开始析出线。

PQ：C 在 α 相的溶解度曲线，当 α 相从 727 ℃冷却下来时，从 α 相中析出渗碳体（三次渗碳体）。

GS：先共析 α 相析出线。

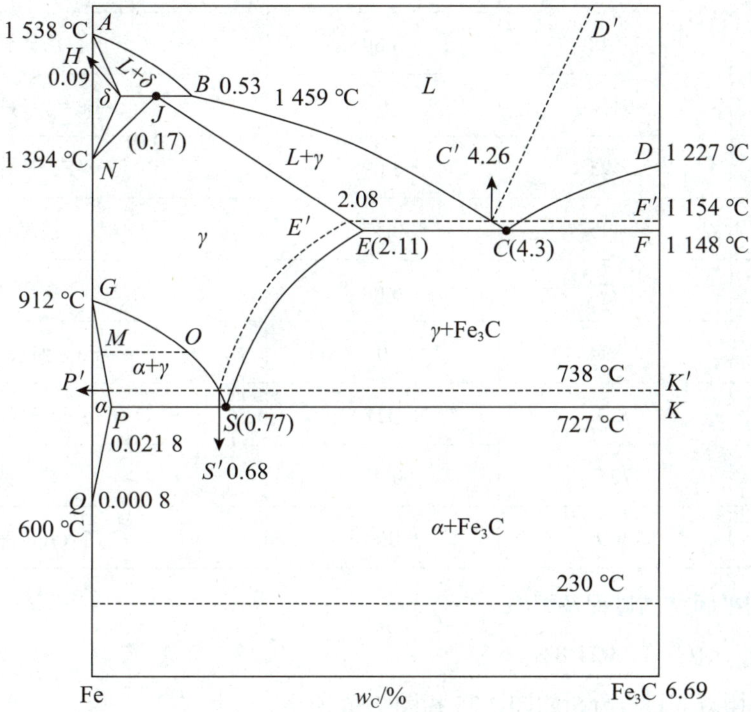

图 7.34　Fe–C 相图

HJB	1 495 ℃	$L_{0.53} + \delta_{0.09} \rightarrow \gamma_{0.17}$	包晶
E'C'F'	1 154 ℃	$L_{4.26} \rightarrow \gamma_{2.08} + C$	共晶
ECF	1 148 ℃	$L_{4.3} \rightarrow \gamma_{2.11} + Fe_3C_{\text{II}}$	共晶（莱氏体 L_d）
P'S'K'	738 ℃	$L_{0.68} \rightarrow \alpha_{0.0218} + C$（*G*）	共析
PSK	727 ℃	$\gamma_{0.77} \rightarrow \alpha_{0.0218} + Fe_3C$	共析

铁碳相图各个成分点介绍如表 7.2 所示。

表 7.2　铁碳相图各个成分点介绍

点	温度 /℃	含碳量 w_C/%	特点
A	1 538	0	纯铁熔点
B	1 495	0.53	包晶反应液相浓度
C	1 148	4.3	共晶点

点	温度 /℃	含碳量 $w_C/\%$	特点
D	1 227	6.69	渗碳体熔点
E	1 148	2.11	C 在 γ–Fe 最大溶解度
F	1 148	6.69	渗碳体
G	912	0	α–Fe = γ–Fe 转变点
H	1 495	0.09	C 在 δ–Fe 中最大溶解度
J	1 495	0.17	包晶点
K	727	6.69	渗碳体
N	1 394	0	δ–Fe = γ–Fe 转变点
P	727	0.021 8	C 在 α–Fe 中最大溶解度
S	727	0.77	共析点
Q	600	0.000 8	C 在 α–Fe 中溶解度

4. 铁碳合金的平衡结晶过程及组织

（1）工业纯铁，$w(C) \leqslant 0.021\ 8\%$。

工业纯铁的平衡凝固过程分析如图 7.35 和图 7.36 所示。

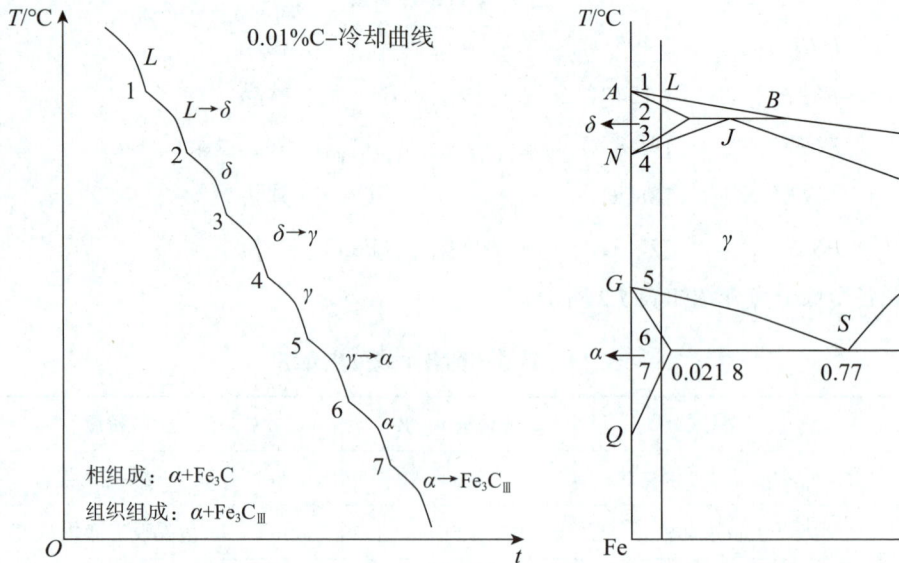

图 7.35　工业纯铁的冷却曲线

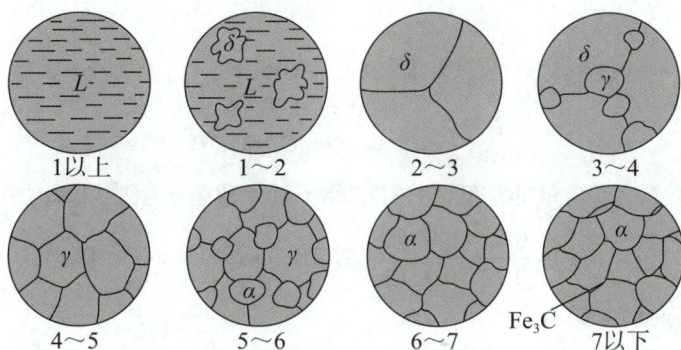

图 7.36　工业纯铁的平衡凝固组织示意图

①室温组织组成：

$$w(\mathrm{Fe_3C_{III}})=\frac{0.01-0.0008}{6.69-0.0008}=0.1\%,\quad w(\alpha)=1-\frac{0.01-0.0008}{6.69-0.0008}=99.9\%$$

②当碳含量达到 0.021 8% 时，三次渗碳体含量达到最高，

$$w(\mathrm{Fe_3C_{III}})=\frac{0.0218-0.0008}{6.69-0.0008}=0.3\%$$

（2）亚共析钢，**0.021 8% < $w(\mathrm{C})$ < 0.77%**。

亚共析钢的平衡凝固过程分析如图 7.37 和图 7.38 所示。

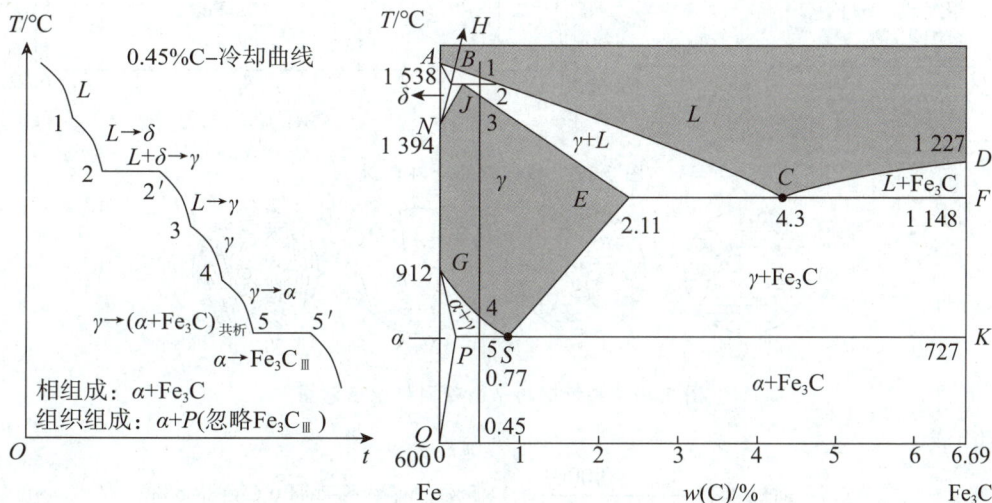

图 7.37　亚共析钢的冷却曲线

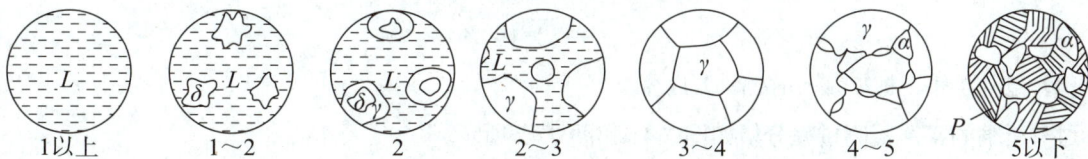

图 7.38　亚共析钢的平衡凝固组织示意图

①室温相组成：

$$w(Fe_3C)=\frac{0.45-0.000\,8}{6.69-0.000\,8}=6.7\%$$

$$w(\alpha)=1-w(Fe_3C)=93.3\%$$

②组织组成：由于 Fe_3C_{III} 含量非常低，往往忽略不计，故组织组成只考虑 P 和 α，则

$$w(P)=\frac{0.45-0.0218}{0.77-0.0218}=57.2\%,\quad w(\alpha)=1-w(P)=42.8\%$$

（3）共析钢，$w(C)=0.77\%$。

共析钢的平衡凝固过程分析如图 7.39 和图 7.40 所示。

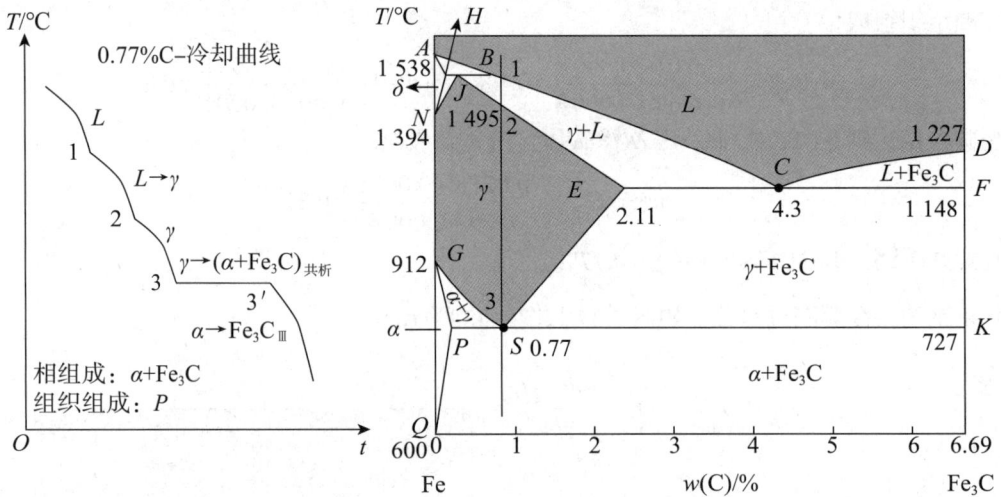

图 7.39　共析钢的冷却曲线

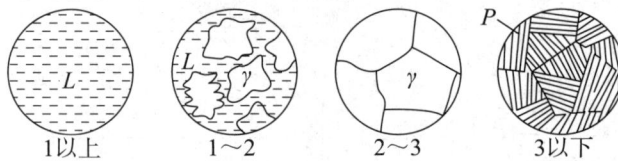

图 7.40　共析钢的平衡凝固组织示意图

①相组成：

$$w(Fe_3C)=\frac{0.77-0.000\,8}{6.69-0.000\,8}=11.5\%,\quad w(\alpha)=1-w(Fe_3C)=88.5\%$$

②组织组成：

$$w(P)=100\%$$

（4）过共析钢，$0.77\%<w(C)<2.11\%$。

过共析钢的平衡凝固过程分析如图 7.41 和图 7.42 所示。

图 7.41 过共析钢的冷却曲线

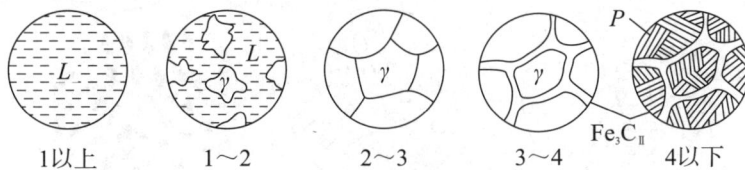

图 7.42 过共析钢的平衡凝固组织示意图

①相组成：

$$w(\text{Fe}_3\text{C}) = \frac{1.2 - 0.000\,8}{6.69 - 0.000\,8} = 17.9\%, \quad w(\alpha) = 1 - w(\text{Fe}_3\text{C}) = 82.1\%$$

②组织组成：

$$w(\text{Fe}_3\text{C}_{\text{II}}) = \frac{1.2 - 0.77}{6.69 - 0.77} = 7.3\%, \quad w(P) = 1 - w(\text{Fe}_3\text{C}_{\text{II}}) = 92.7\%$$

③当碳含量达到 2.11% 时，二次渗碳体含量达到最高，

$$w(\text{Fe}_3\text{C}_{\text{II}}) = \frac{2.11 - 0.77}{6.69 - 0.77} = 22.6\%$$

（5）共晶白口铸铁，$w(\text{C}) = 4.3\%$。

共晶白口铸铁的平衡凝固过程分析如图 7.43 和图 7.44 所示。

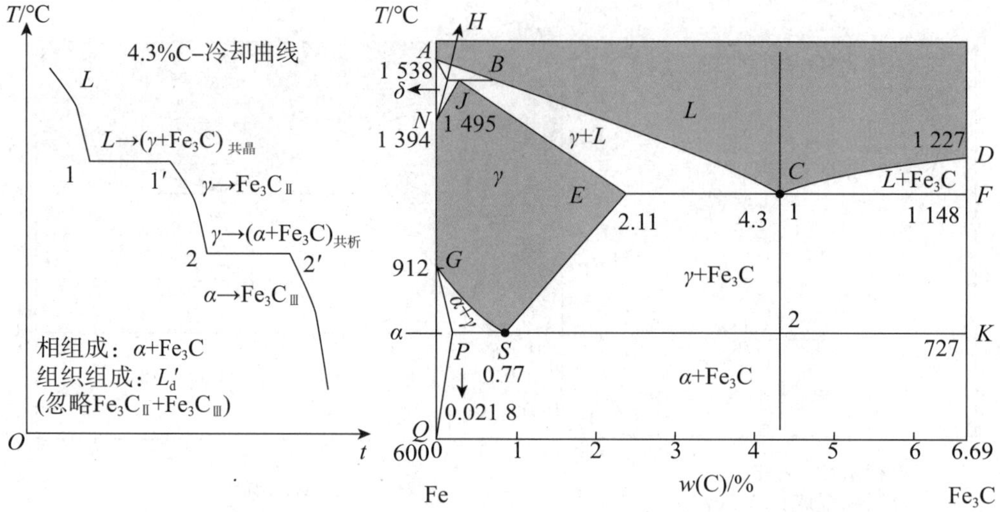

图 7.43　共晶白口铸铁的冷却曲线

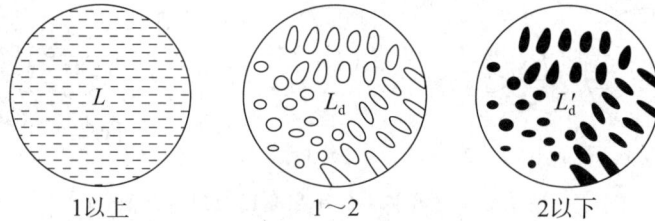

图 7.44　共晶白口铸铁的平衡凝固组织示意图

①高温时，L_d' 是共晶 γ 和共晶 Fe_3C 的机械混合物，为蜂窝状，此时，

$$w(\gamma)=\frac{4.3-2.11}{6.69-2.11}=47.8\%,\quad w(Fe_3C)=1-w(\gamma)=52.2\%$$

②温度降至点 2 的温度 727 ℃以下时，γ 发生共析转变，转变为 P。这种由 P 和共晶渗碳体组成的组织称为低温莱氏体 L_d'。

③室温相组成：

$$w(Fe_3C)=\frac{4.3-0.000\,8}{6.69-0.000\,8}=64.3\%,\quad w(\alpha)=1-w(Fe_3C)=35.7\%$$

（6）亚共晶白口铸铁，**2.11% < w(C) < 4.3%**。

亚共晶白口铸铁的平衡凝固过程分析如图 7.45 和图 7.46 所示。

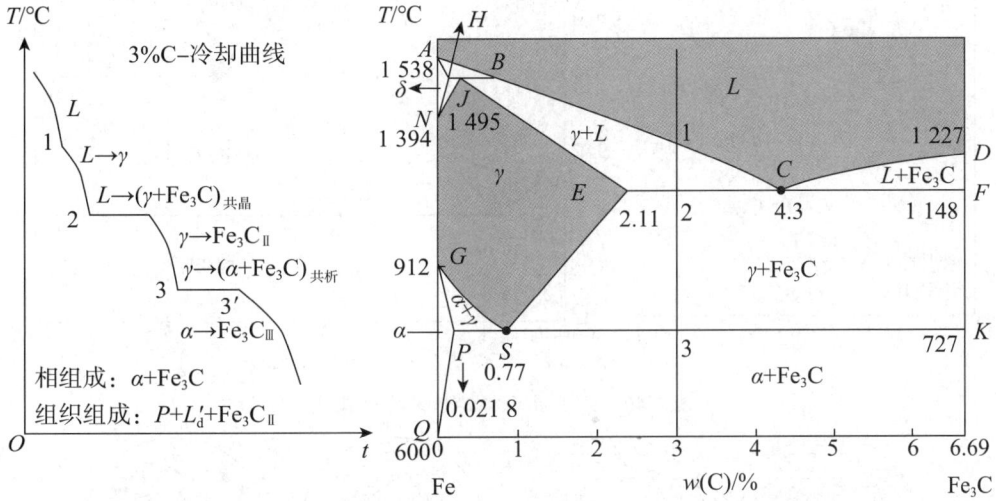

图 7.45 亚共晶白口铸铁的冷却曲线

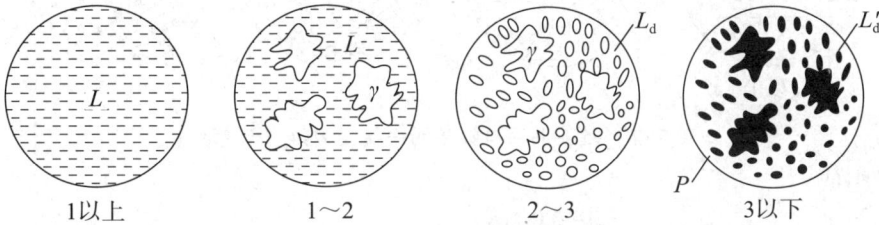

图 7.46 亚共晶白口铸铁的平衡凝固组织示意图

①室温相组成：

$$w(Fe_3C)=\frac{3.0-0.000\,8}{6.69-0.000\,8}=44.8\%, \quad w(\alpha)=1-w(Fe_3C)=55.2\%$$

②组织组成：

$$w(L'_d)=w(L_d)=\frac{3.0-2.11}{4.3-2.11}=40.6\%$$

$$w(Fe_3C_{II})=\frac{4.3-3.0}{4.3-2.11}\times\frac{2.11-0.77}{6.69-0.77}=13.4\%$$

$$w(P)=\frac{4.3-3.0}{4.3-2.11}\times\frac{6.69-2.11}{6.69-0.77}=45.9\%$$

（7）过共晶白口铸铁，**4.3% < $w(C)$ < 6.69%**。

过共晶白口铸铁的平衡凝固过程分析如图 7.47 和图 7.48 所示。

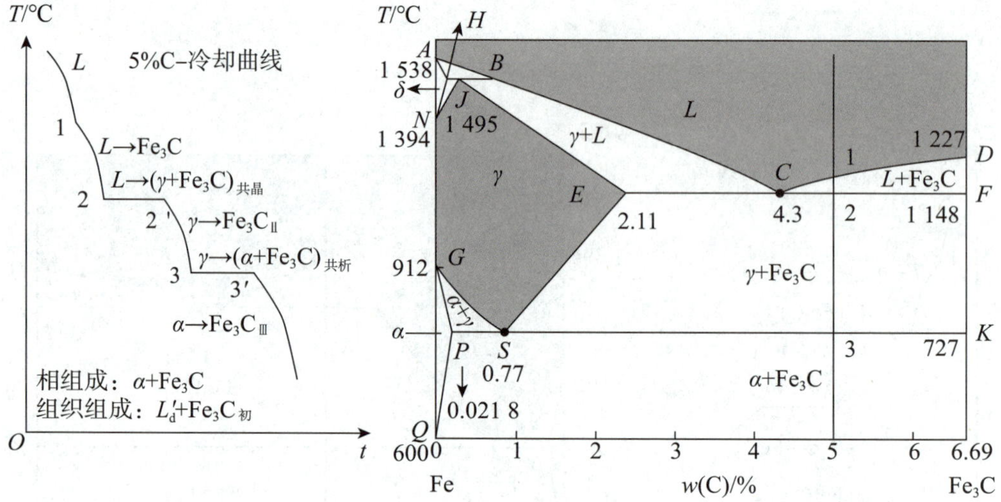

图 7.47　过共晶白口铸铁的冷却曲线

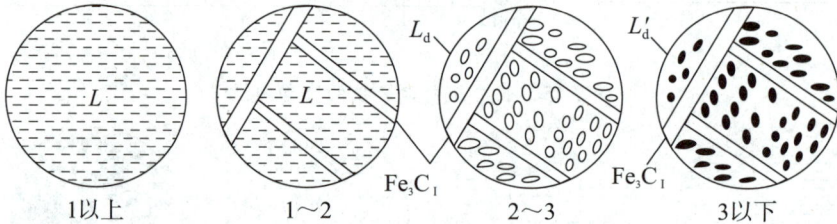

图 7.48　过共晶白口铸铁的平衡凝固组织示意图

①室温相组成：

$$w(Fe_3C)=\frac{5.0-0.000\ 8}{6.69-0.000\ 8}=74.7\%,\quad w(\alpha)=1-w(Fe_3C)=25.3\%$$

②组织组成：

$$w(Fe_3Fe_I)=\frac{5.0-4.3}{6.69-4.3}=29.3\%,\quad w(L'_d)=1-w(Fe_3Fe_I)=70.7\%$$

5. 碳含量对钢（平衡态）的组织与性能的影响（见图 7.49）

①碳钢组织组成物。

F：强度、硬度低；塑性、韧性高。

Fe_3C：脆而硬，塑性几乎为零。

P：由 F 和 Fe_3C 混合而成，性能取决于 P 的两相混合比和片间距，片间距越小，强度越高，塑性越高。

②碳含量对组织和力学性能的影响。

亚共析钢：C 增多→F 减少，P 增多→强度、硬度提高，塑性、韧性下降。

过共析钢：C 增多→Fe_3C_{II} 增多→硬度、强度提高，塑性、韧性下降。

当 C>1.0% 时，Fe_3C_{II} 增多，强度下降，但硬度继续提高。

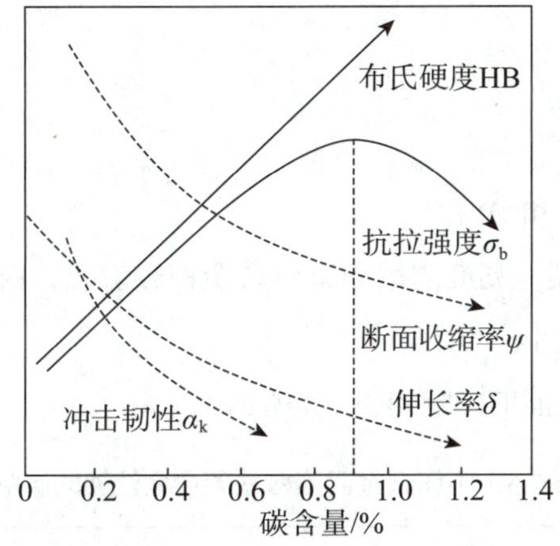

图 7.49　碳含量对钢（平衡态）的性能的影响

6. 杂质元素对钢的组织和性能的影响

①硅和锰。

来源：脱氧剂或炼钢生铁。

作用：固溶于奥氏体或铁素体中，提高强度（固溶强化），硅和锰两者含量小于 1.0% 时，不会降低塑性、韧性。

②硫。

来源：炼钢生铁和铁矿石。

危害：在热加工时引起**热脆性**，影响钢材焊接性能。

红脆是指含硫量偏高的钢在高温状态下呈现较大脆性的现象。因为钢中的硫化铁及硫的氧化物易形成共晶体，网状地分布在晶界上，在高温下网状共晶明显软化，使晶间强度减弱而易脆裂。钢中含硫量应严格限制，控制标准为普通钢≤ 0.055%，优质钢≤ 0.040%，高级优质钢≤ 0.020%。

③磷。

来源：炼钢生铁。

危害：显著降低低温韧性，引起冷脆。

P 含量要严格限制，控制标准为普通钢≤ 0.045%，优质钢≤ 0.040%，高级优质钢≤ 0.035%。

利用：在炮弹钢、易切削钢、低碳钢中，同时加入 P 和 Cu，可增强抗大气腐蚀，如 09MnCuPTi。

④氮。

来源：炉料（潮湿、生锈）和炉气。

a. 蓝脆。炼钢时氮通过炉气进入钢中，钢件快速冷却时，氮因来不及被析出而过饱和固溶在铁素体中，在随后放置中逐渐以 Fe_4N 形式析出，钢的韧性降低（300 ℃上下应变时最易产生）。

蓝脆是造成船舶、桥梁灾难性事故的原因之一。

b. 淬火时效、应变时效。

消除方法：加 Al 形成 AlN。

⑤氢。

来源：炉料（潮湿、生锈）和炉气。

危害：氢脆，产生脆性断裂，高度的钢和某些合金钢较敏感；白点，使钢材内部产生大量细小的裂纹，强度越高，氢脆敏感越小。

不同合金元素对铁碳合金性能的影响如表 7.3 所示。

表 7.3　不同合金元素对铁碳合金性能的影响

元素	优点	缺点
硅	≤ 0.5%，增加钢液流动性，提高强度	0.8% ～ 1.0%，降低韧性；夹杂
锰	≤ 0.8%，固溶于 γ 或 α，消除 S 的有害性	—
硫	**提高切削性**	严重偏析；**热脆**
磷	含 C 量低的钢中，提高强度，抗腐蚀；炮弹钢，易切削钢	**低温韧性降低：冷脆**
氧	—	夹杂；降低各种性能
氮	形成氮化物，细化晶粒；沉淀强化	淬火时效；应变时效；降低塑性
氢	—	**氢脆；白点**

✿✿ 7.4　二元合金的凝固理论

知识框架（见图 7.50）：

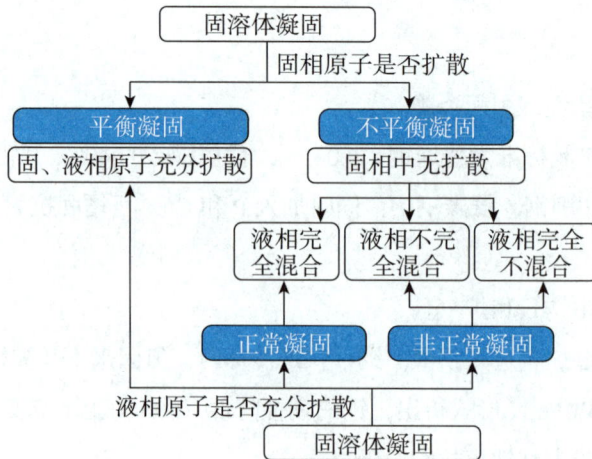

图 7.50　知识框架

背景介绍：k_0 定义为平衡凝固时固相质量分数 w_S 和液相质量分数 w_L 之比，即

$$k_0 = \frac{w_S}{w_L}$$

在非平衡凝固时，已凝固的固相成分随着凝固的先后而变化，即随凝固距离 x 而变化。

7.4.1　固溶体的平衡凝固

将成分为 w_0 的单相固溶体合金的熔液置于圆棒形锭子内，由左向右进行定向凝固，如图 7.51(a) 所示，在平衡凝固条件下，在任何时间已凝固的固相成分是均匀的，其对应该温度下的固相线成分。凝固终结时的固相成分就变成满足 w_0 的原合金成分，如图 7.51(b) 所示。

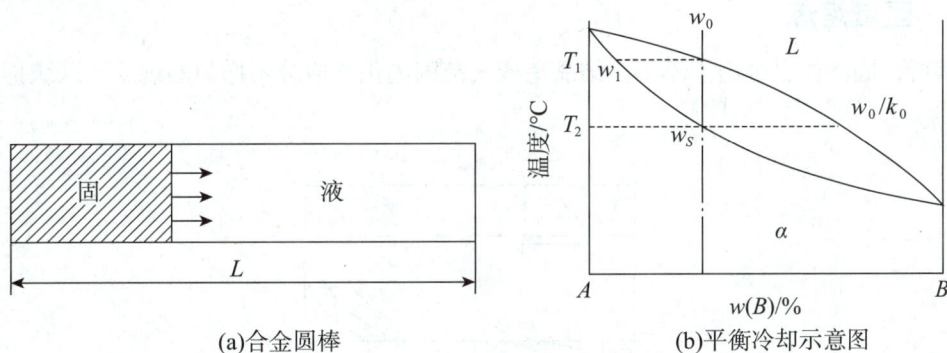

(a)合金圆棒　　　　　　　　　　　(b)平衡冷却示意图

图 7.51　长度为 L 的合金圆棒和平衡冷却示意图

7.4.2　固溶体的正常凝固

五个假设：

（1）液相成分任何时候都是均匀的；

（2）液 – 固界面是平直的；

（3）液 – 固界面处维持着局部的平衡，即在界面处满足 k_0 为常数；

（4）忽略固相内的扩散；

（5）固相和液相密度相同。

固溶体正常凝固时固相质量浓度 ρ_S 与凝固距离的解析式为

$$\rho_S = \rho_0 k_0 \left(1 - \frac{x}{L}\right)^{k_0 - 1}$$

凝固结束后，合金棒的左右两端浓度差异十分显著。

固溶体经正常凝固后整个锭子的质量浓度分布曲线如图 7.52 所示（$k_0 < 1$），这符合一般铸锭中浓度的分布，因此称为正常凝固。这种溶质质量浓度由锭表面向中心逐渐增加的不均匀分布称为正偏析，它是宏观偏析的一种，这种偏析通过扩散退火也难以消除。

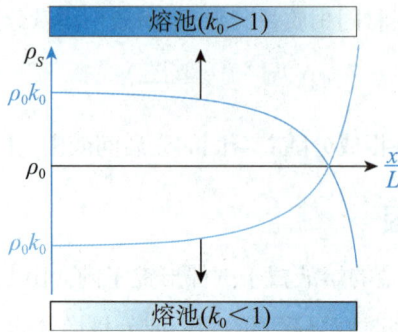

图 7.52　合金圆棒中的溶质质量浓度分布曲线

7.4.3　区域熔炼

区域偏析：固溶体合金由于不平衡结晶造成大范围内化学成分不均匀的现象。区域提纯示意图如图 7.53 所示。

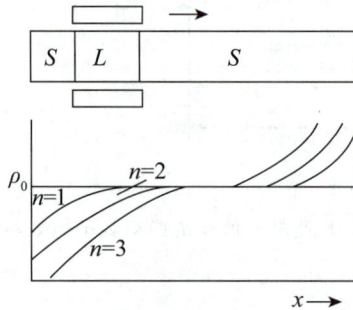

图 7.53　区域提纯示意图

区域熔炼方程：

$$\rho_S = \rho_0 \left[1 - (1 - k_0) \mathrm{e}^{\frac{-k_0 x}{l}} \right]$$

l 越大，k_0 越小，去除杂质效果越好。该式不能用于大于一次（$n>1$）的区域熔炼后的溶质分布，因为经一次区域熔炼后，圆棒的成分不再是均匀的。该式也不能用于最后一个熔区，原因是最后熔区再前进 $\mathrm{d}x$，熔料的长度小于熔区长度 l，则不能获得 $\mathrm{d}m$ 的表达式。

7.4.4　非正常凝固

层流：当液体以低速流过一根水管时，液体中的每一点都平行于管壁流动，层流示意图如图 7.54 所示。

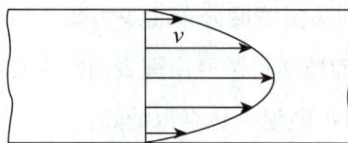

图 7.54　层流示意图

在较快结晶条件下，液相中溶质只能通过对流和扩散而部分混合。根据流体力学，液体在管道流动时紧靠管壁的薄层流速为零，这里不发生对流，边界层的形成如图 7.55(a) 所示。由于冷却速度快，液相原子只能部分混合，在紧靠界面处的液体薄层不会发生对流，只能通过扩散进行混合，这个薄层叫作边界层。

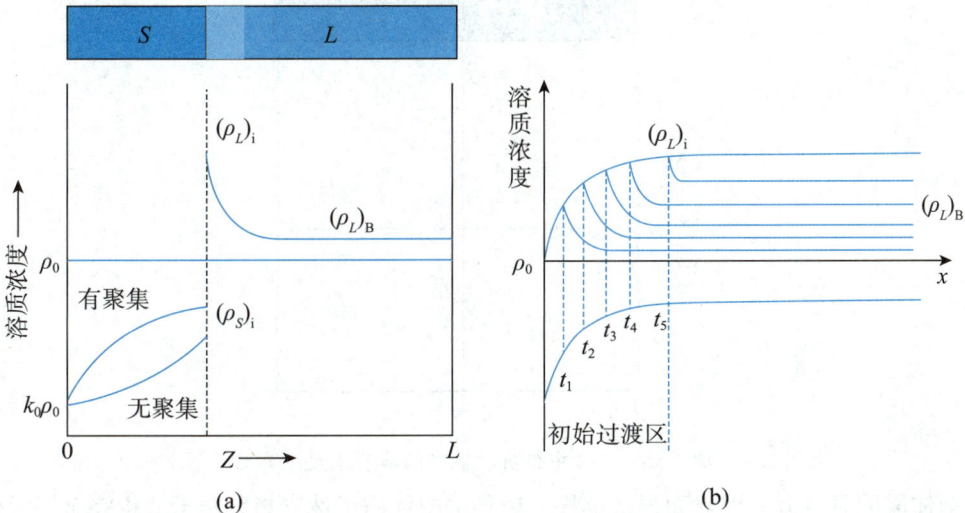

图 7.55　边界层的形成

由于扩散速度较慢，溶质从液-固界面处固体中排出的速度高于从边界层中扩散出去的速度，这样，在边界层中就产生溶质原子"富集"。边界层外的液体因对流而获得均匀的浓度 $(\rho_L)_B$，液-固界面达到局部平衡，即

$$(\rho_S)_i = k_0(\rho_L)_i$$

随着液-固界面不断向前移动，边界层中溶质原子富集越来越多，浓度梯度加大，扩散速度加快，达到一定速度后，溶质从液-固界面处固体中排出的量刚好等于溶质从边界层中扩散出去的量，直至凝固结束，此比值一直保持不变。此时，

$$\frac{(\rho_L)_i}{(\rho_L)_B} = k_1$$

把凝固开始直到 $(\rho_L)_i / (\rho_L)_B$ 开始变为常数的阶段称为初始过渡区，如图 7.55(b) 所示，一般初始过渡区约 $1\,\mathrm{cm}$ 长。

有效分配系数：$k_e = k_0 \cdot k_1 = \dfrac{(\rho_S)_i}{(\rho_L)_i} \cdot \dfrac{(\rho_L)_i}{(\rho_L)_B} = \dfrac{(\rho_S)_i}{(\rho_L)_B}$，故 $k_e = \dfrac{(\rho_S)_i}{(\rho_L)_B}$。

通过质量平衡的表达式，用 k_e 代替 k_0，可求得部分混合情况下固溶体非正常凝固过程溶质分布方程为

$$\rho_S = \rho_0 k_e \left(1 - \frac{x}{L}\right)^{k_e - 1} \tag{*}$$

245

式中，$k_0 < k_e < 1$，$k_e = k_0 k_1$，$k_1 = (\rho_L)_i / (\rho_L)_B > 1$。

（＊）表示凝固过程中，**在初始过渡区建立后**，液相和固相成分随凝固体积分数的变化而变化。凝固结束后合金棒中溶质宏观偏析程度不如液相完全混合情况（正常凝固）。

在凝固速度极快时，液相完全不混合时的溶质浓度分布如图 7.56 所示。

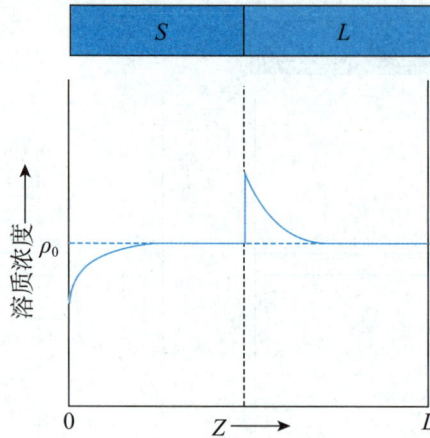

图 7.56　液体中仅有扩散时的溶质浓度分布

当固溶体凝固时，液-固界面很快推移，边界层中溶质迅速富集；由于液相完全不混合，扩散又十分缓慢，液-固界面推移将固相中溶质浓度由 $k_0 \rho_0$ 提高到 ρ_0，而又不足以将边界层以外的液相成分 $(\rho_L)_B$ 提高到合金平均成分 ρ_0。

当初始过渡区形成后，边界层溶质浓度一直保持不变，而液-固界面上固溶体的溶质浓度与原始液相成分保持相等，此时，$k_e = 1$。

液相完全不混合溶质分布方程为

$$\rho_S = \rho_0$$

下面讨论液相混合的三种情况（见图 7.57）。

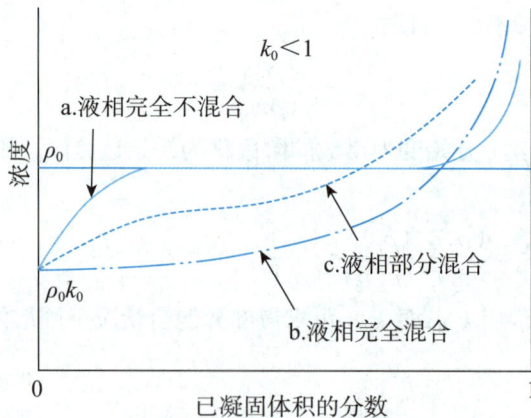

图 7.57　不同液相混合情况下铸锭溶质浓度分布曲线

a. 液相完全不混合，边界层厚（$0.01 \sim 0.02$ m），冷却速度 $R \to \infty$，$k_e=1$，$\rho_S=\rho_0$，成分均匀。

b. 液相完全混合，无边界层，$\delta=0$，冷却速度慢，$k_e=k_0$，$\rho_S = k_0\rho_0\left(1-\dfrac{x}{L}\right)^{k_0-1}$，成分偏析显著。

c. 液相部分混合，边界层厚度只有 0.001 m，$k_0<k_e<1$，$\rho_S = k_e\rho_0\left(1-\dfrac{x}{L}\right)^{k_e-1}$，少量的成分偏析。

7.4.5 成分过冷

1. 热过冷

纯金属在凝固时，其理论凝固温度 T_m 不变，当液态金属中的实际温度低于 T_m 时，就引起过冷，这种过冷称为热过冷。

2. 成分过冷

将界面前沿液体中的实际温度低于由溶质分布所决定的凝固温度时产生的过冷，称为成分过冷。成分过冷能否产生及产生程度取决于液 - 固界面前沿液体中的溶质浓度分布和实际温度分布这两个因素。

（1）成分过冷的推导。

$k_0<1$ 时合金的成分过冷示意图如图 7.58 所示。

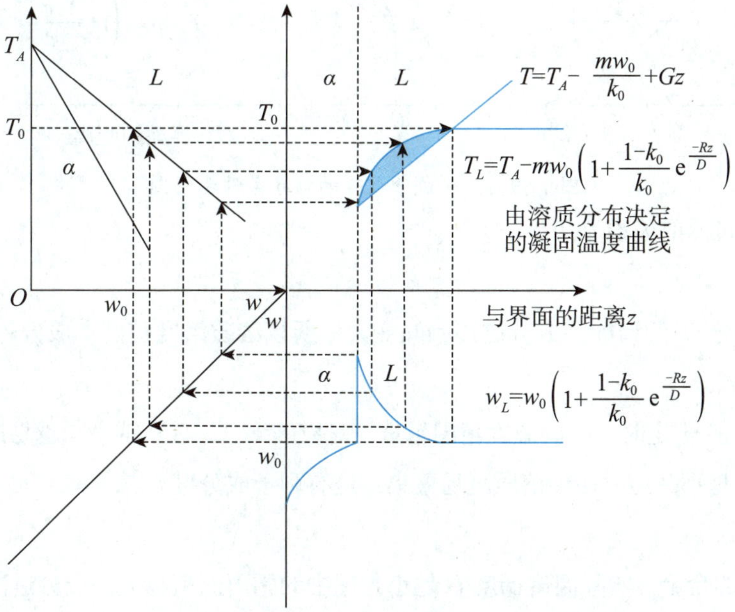

图 7.58 $k_0 < 1$ 时合金的成分过冷示意图

图 7.58 左上部分为 $k_0<1$ 二元相图一角，所选的合金成分为 w_0。

图 7.58 右上部分中的直线为液 - 固界面（$z=0$）前沿液体的实际温度分布线。

图 7.58 右下部分为液体中完全不混合（$k_e=1$）时液 - 固界面前沿溶质浓度的分布情况。该曲线

上每一点溶质的质量分数 w_L 可直接在相图上找到所对应的凝固温度 T_L，这种凝固温度变化曲线如图 7.58 右上部分中的曲线所示。实际温度分布线和液－固界面前沿温度梯度分布曲线相交的阴影部分为成分过冷区。

（2）产生成分过冷的临界条件（见图 7.59）。

临界条件为 $z=0$ 处实际温度分布曲线与凝固温度曲线相切，此时，

$$G = \frac{Rmw_0}{D}\frac{1-k_0}{k_0}$$

当 $G < \dfrac{Rmw_0}{D}\dfrac{1-k_0}{k_0}$，也即 $\dfrac{G}{R} < \dfrac{mw_0}{D}\dfrac{1-k_0}{k_0}$ 时，才会产生成分过冷。

由几何关系得 $m = \dfrac{-\Delta T}{w_0 - w_0/k_0}$，从而 $\Delta T = mw_0\dfrac{1-k_0}{k_0}$，所以有

$$\frac{G}{R} < \frac{mw_0}{D}\frac{1-k_0}{k_0} = \frac{\Delta T}{D}$$

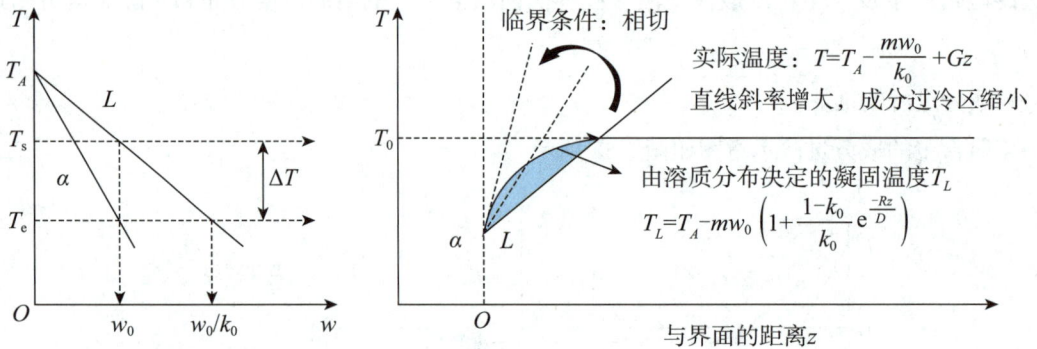

图 7.59　产生成分过冷的临界条件示意图

（3）影响成分过冷的因素。

①内因：

a. 随着溶质成分 w_0 的增加，成分过冷倾向变大，所以溶质浓度越低，成分越接近纯金属的合金越不易产生成分过冷。

b. 当合金成分 w_0 一定时，凝固温度范围越宽，对应的 k_0（$k_0<1$）越小，越易产生成分过冷。

c. 扩散系数 D 越小，边界层中溶质越易聚集，这有利于成分过冷。

②外因：

a. 对一定成分的合金，实际温度梯度 G 越小，图中的阴影面积越大，成分过冷倾向增大。

b. 凝固速度 R 增大，则液体的混合程度减小，边界层的溶质聚集增大，这也有利于成分过冷。

注：上面的推导是假定液体完全不混合的情况，即 $k_e=1$。若是 $k_0<k_e<1$ 的液体部分混合的情况，应进行修正，但上述的基本结论不变。**若 $k_e=k_0$（正常凝固），在液体完全混合的情况下，液－固界面前沿没有溶质的聚集，不会产生边界层，故不会出现成分过冷。**

（4）成分过冷对晶体生长形态的影响。

不同程度的成分过冷示意图如图 7.60 所示。

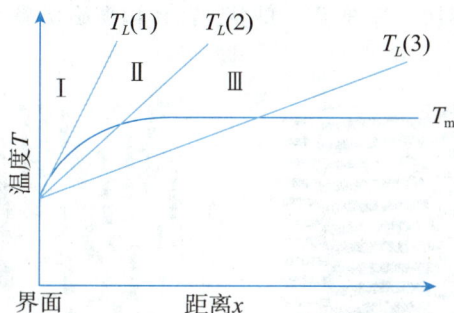

图 7.60　不同程度的成分过冷示意图

在 I 区，不产生成分过冷，离开界面，过冷度减小，液相内部处于过热状态，此时固溶体以平面方式生长，界面上的小凸起进入过热区，会使其生长减慢或停止，周围部分就会赶上，故保持稳定的平面界面［见图 7.61(a)］。

在 II 区，产生小的成分过冷区，此时界面不稳定，界面上偶然的凸起，进入过冷液体可以长大，但因过冷区窄，凸出距离不大，不产生侧向分枝，发展不成枝晶而形成胞状共晶，最后出现胞状结构［见图 7.61(b)］。$k_0 < 1$，**溶质富集于胞界**。

在 III 区，成分过冷程度很大，液相很大范围处于过冷状态，晶体以树枝状方式生长，界面上偶然的凸起，进入到过冷液体，得到大的生长速度，并不断分枝，形成树枝骨架。晶体生长中，周围液相富集溶质，使结晶温度降低，过冷度降低。同时，因放出潜热，周围温度升高，进一步减小过冷度，因而分枝生长停止，最后依靠固相散热，以平面方式生长，填充枝晶间隙，直至结晶完成，形成晶粒［见图 7.61(c)］。$k_0 < 1$，**溶质富集于枝间**。

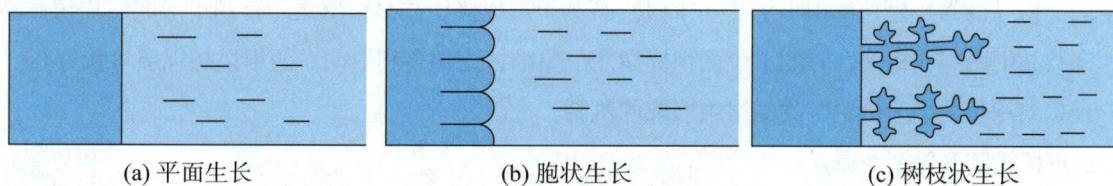

(a) 平面生长　　　　　　　(b) 胞状生长　　　　　　　(c) 树枝状生长

图 7.61　不同程度的成分过冷下固溶体生长方式示意图

总结：金属一般为粗糙界面。

①纯金属：取决于液固前沿温度分布。

负温度梯度——树枝晶；正温度梯度——平面晶。

②固溶体：取决于液固前沿温度分布和成分过冷。

负温度梯度——树枝晶；正温度梯度——平面晶、胞状晶、树枝晶。

7.4.6 共晶凝固理论

1. 共晶组织分类及其形成机制

共晶组织可分为层片状、棒状（纤维状）、球状、针状和螺旋状等，常见的共晶组织形态如图 7.62 所示。

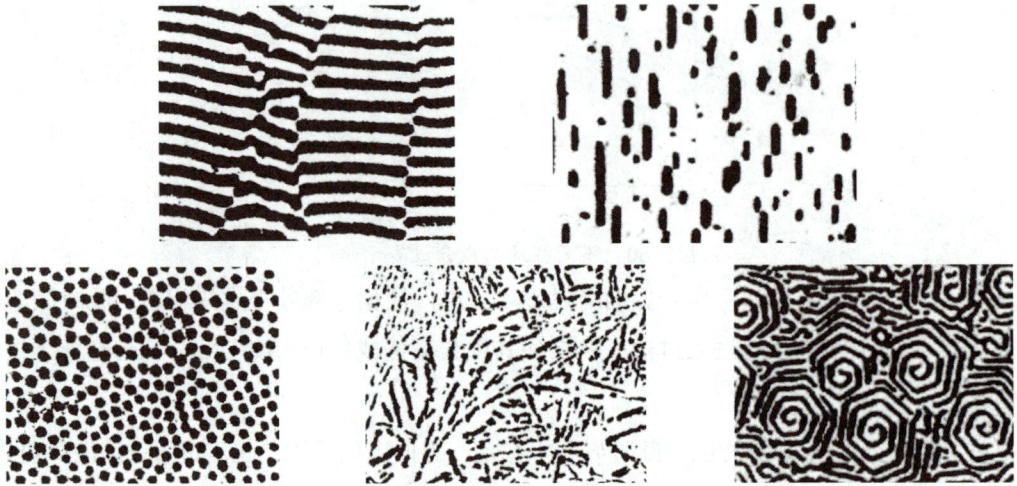

图 7.62　常见的共晶组织形态

按共晶两相凝固生长时液 – 固界面的性质，即按反映微观结构的参数 α 值大小来分类（见第六章），可将共晶组织划分为三类：(1)金属 – 金属型(粗糙 – 粗糙界面)；(2)金属 – 非金属型(粗糙 – 光滑界面)；(3)非金属 – 非金属型（光滑 – 光滑界面）。

下面讨论**金属 – 金属型（粗糙 – 粗糙界面）**。这类共晶大多是**层片状或棒状共晶**。形成层片状还是棒状共晶，取决于以下两个因素：

①共晶中两组成相的相对量（体积百分数）。如果层片之间或棒之间的中心距离 λ 相同，并且两相中的一相（设为 α 相）体积小于 27.6% 时，有利于形成棒状共晶；反之，有利于形成层片状共晶。

②共晶中两组成相配合时的单位面积界面能。要维持这种有利取向，两相只能以层片状分布。

现以层片状共晶为例说明**共晶组织形成的机制**。

a. 形核机制（见图 7.63）：

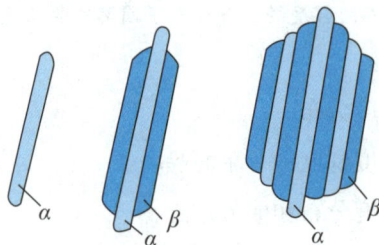

图 7.63　共晶形核

共晶合金结晶时，设领先相为 α，α 相在 ΔT_E 过冷度下从液体中形核并长大。

交替形核机制：α 形核→B 富集→β 形核→A 富集→α 形核，反复交替形核。

b. 生长机制：

并肩生长机制（纵向）：短程横向长大扩散→满足成分要求；L/S 类型相同→满足长大速度。二者共同决定以平行长大进行。共晶晶核形成之后，α 相和 β 相将沿层片纵向长大，并分别向液体中排出 B 组元和 A 组元，随后这些 B、A 组元分别向相邻的 β 相和 α 相前沿进行短程横向扩散，破坏了 β 相和 α 相各自的液相间的平衡，这又为 β 相和 α 相的继续长大创造了条件，最后形成一个相互平行的 α 相和 β 相层片相间的共晶领域或共晶晶团。

搭桥生长机制（横向）：层片状共晶中两相的交替生长并不需要反复形核，层片状共晶很可能是由图 7.64 所示的"搭桥"方式来形成的，以至逐渐长成每个层片近似平行的共晶领域。α 相通过分枝在 β 相上面长大，β 相同样通过分枝在 α 相上面搭桥生长，最终形成两相交替排列的层状共晶组织。

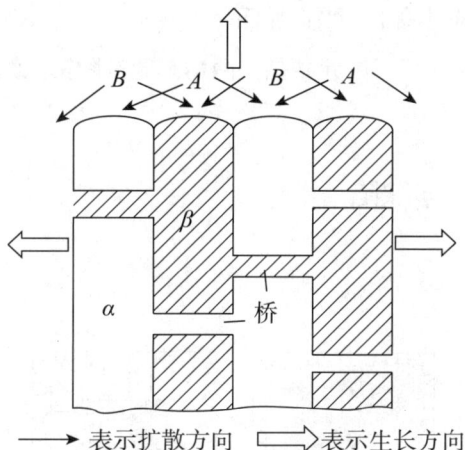

图 7.64 搭桥生长机制

综上，共晶合金凝固过程是形核→相界平衡→短程扩散破坏平衡→长大→相界平衡的过程，此过程在恒温下重复进行。每个共晶晶核各自长大成为一个共晶领域，直至熔液全部转变为由不同共晶领域组成的共晶组织为止。

凝固速度 R 与层片间距 λ 之间的关系为

$$\lambda = \frac{k}{\sqrt{R}}$$

式中，k 为常数，因不同合金而异。由此可见，过冷度越大，凝固速度越大，层片间距越小，共晶组织越细。

共晶的层片间距显著影响合金的性能，可用霍尔－佩奇公式表示：

$$\sigma = \sigma^* + m\lambda^{-\frac{1}{2}}$$

式中，m 为常数。

2. 共晶界面稳定性

当一个纯二元共晶成分的熔液凝固时，由相图可知，若领先相 α 的结晶排出多余 B 组元溶质，与之平衡的液相成分为共晶成分；而随后 β 相的结晶排出的 A 组元溶质，与之平衡的液相成分仍然是共晶成分。因此，不能在液－固相界前沿液相中产生溶质的聚集，也不能产生成分过冷。若有过冷度 ΔT_E 存在，则在两相的液－固界面前沿就有溶质的聚集和贫化，这样就会产生成分过冷。

对于金属－金属型（粗糙－粗糙界面）共晶，由于 ΔT_E 很小，不会产生明显的成分过冷，所以在正的温度梯度下，平直界面是稳定的，一般不会出现树枝晶。

而对于金属－非金属型（粗糙－光滑界面）共晶，可能由于非金属生长的动态过冷度较大，会造成较大的溶质聚集，在较小的温度梯度下，由此产生明显的成分过冷，**可能形成树枝晶**。

成分过冷对共晶合金液－固界面形貌的影响：

（1）纯二元共晶合金：成分过冷小，平直界面。

（2）不纯二元共晶合金：加入第三组元共晶，两相都要排除第三组元。界面处有成分过冷区，成分过冷大，形成胞状或树枝状。

✿ 7.4.7 合金铸锭的组织与缺陷

1. 铸锭三晶区

铸锭组织如图 7.65 所示。

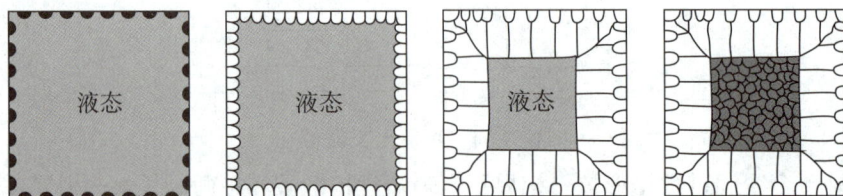

图 7.65 铸锭组织

（1）表层细晶区。

当液态金属注入锭模中后，型壁温度低，与型壁接触的很薄一层熔液产生强烈过冷，而且型壁可作为非均匀形核的基底，因此，立刻形成大量的晶核，这些晶核迅速长大至互相接触，形成由细小的、方向杂乱的等轴晶粒组成的细晶区。

（2）柱状晶区。

由于各柱状晶的生长方向是相同的，例如，立方晶系的各柱状晶的长轴方向为 <100> 方向，这种晶体学位向一致的铸态组织，称为"铸造织构"或"结晶织构"。纯金属凝固时，结晶前沿的液体具有正的温度梯度，无成分过冷区，故柱状晶前沿大致呈平面状生长；对于合金来说，当柱状晶前沿液相中有较大成分过冷区时，柱状晶便以树枝状方式生长，但是，柱状树枝晶的一次轴仍垂直于型壁，沿着散热最快的反方向。

（3）中心等轴晶区。

关于中心等轴晶形成有许多不同观点，现概括如下。

①成分过冷。

随着柱状晶的生长，发生成分过冷，使成分过冷区从液－固界面前沿延伸至熔液中心，导致中心区晶核大量形成并向各方向生长而成为等轴晶，这样就阻碍了柱状晶的发展，形成中心等轴晶区。

②熔液对流。

由于外层较冷的液体密度大而下沉，中心较热的液体密度小而上升，于是造成激烈的对流。对流冲刷已结晶的部分，可能将某些细晶带入中心液体，作为籽晶而生长成为中心等轴晶。

③枝晶局部重熔产生籽晶。

合金铸锭的柱状晶呈树枝状生长时，枝晶的二次晶通常在根部较细，这些"细颈"处发生局部重熔（由于温度的波动）使二次轴成为碎片，漂移到液体中心，成为籽晶而长大成为中心等轴晶。

总结： 通常快的冷却速度、高的浇注温度和定向散热有利于柱状晶的形成。如果金属纯度较高、铸锭（件）截面较小时，柱状晶快速成长，有可能形成穿晶；而慢的冷却速度，低的浇注温度，加入有效形核剂或搅动等均有利于形成中心等轴晶。

优缺点分析：

a. 柱状晶。

优点：组织致密，另外柱状晶的"铸造织构"也可被利用。例如，立方金属的 <001> 方向与柱状晶长轴平行，这一特性被用来生产用作磁铁的铁合金。磁感应是各向异性的，沿 <001> 方向较高，这可用定向凝固方法使所有晶粒均沿 <001> 方向排列。"铸造织构"还可被用来提高合金的力学性能。

缺点：相互平行的柱状晶接触面，尤其是相邻垂直的柱状晶区交界面较为脆弱，并常聚集易熔杂质和非金属夹杂物，所以铸锭热加工时极易沿这些弱面开裂，或铸件在使用时也易在这些地方断裂。

b. 等轴晶。

优点：无择优取向，没有脆弱的分界面，同时取向不同的晶粒彼此咬合，裂纹不易扩展，故获得细小的等轴晶可提高铸件的性能。

缺点：等轴晶组织的致密度不如柱状晶。

c. 表层细晶。

对铸件性能影响不大，由于很薄，通常在机加工时被除掉。

2. 铸锭（件）的缺陷

（1）缩孔。

熔液浇入锭模后，与型壁接触的液体先凝固，中心部分的液体则后凝固。多数金属在凝固时发生体积收缩（只有少数金属如锑、镓、铋等在凝固时体积会膨胀），使铸锭（件）内形成收缩孔洞，或称缩孔。

缩孔可分为集中缩孔和分散缩孔两类，分散缩孔又称疏松。集中缩孔有多种不同形式，如缩管、缩穴、单向收缩等，而疏松也有一般疏松和中心疏松等。集中缩孔一般控制在钢锭或铸件的冒口处，然后加以切除。疏松是枝晶组织凝固本性的必然结果：在树枝晶生长过程中，各枝晶间互相穿插有可能使其中的液体被封闭，当凝固收缩得不到液体补充时，便形成细小的分散缩孔。因此，即使有了正确的冒口设计，它也会存在。

铸件中的缩孔类型与金属凝固方式有密切关系。

①共晶成分的合金和纯金属相同，在恒温下进行结晶。在控制适当的结晶速率和液相内的温度梯度时，其液-固界面前沿的液相中几乎不产生成分过冷，液-固界面呈平面推移，因此凝固自型壁开始后，主要以柱状晶循序向前延伸的方式进行，这种凝固方式称为"壳状凝固"。这种方式的凝固不但流动性好，而且熔液也易补缩，缩孔集中在冒口。因此，铸件内分散缩孔体积较小，成为较致密的铸件。

②在固溶体合金中，当合金具有较宽的凝固温度范围、平衡分配系数 k_0 较小时，容易在液-固界面前沿的液相中产生成分过冷，使籽晶以树枝状方式生长，形成等轴晶，在完全固相区和完全液相区之间存在着宽的固相和液相并存的糊状区，因此，这种凝固方式称为"糊状凝固"。显然，这种凝固方式熔液流动性差，而且，糊状区中晶体以树枝状方式生长，多次蔓生的树枝往往互相交错，使在枝晶最后凝固部分的收缩不易得到熔液的补充，形成分散的缩孔，导致铸件的致密性变差。

为了改善呈糊状凝固的补缩性，常采用细化铸件晶粒的方法，可减少发达树枝晶的形成，也就削弱了交叉的树枝晶网，从而有效地改善液体的流动性。另外，由于疏松往往分布在晶粒之间，细化晶粒使每个孔洞的体积减小，也有利于铸件的气密性。

实际合金的凝固方式常是壳状凝固和糊状凝固之间的中间状态。合金凝固时，液体内因溶入气体过饱和而析出，形成气泡，也会使铸件内形成孔隙，减小了铸件的致密度。因此，为了减小铸件内的孔隙度，也应注意液体内气体的含量。

（2）偏析。

偏析是指化学成分的不均匀性。当树枝状的界面向液相延伸时，溶质将沿纵向和侧向析出，纵向的溶质输送会引起平行枝晶轴方向的宏观偏析，而横向的溶质输送会引起垂直于枝晶方向的显微偏析。宏观偏析经浸蚀后是由肉眼或低倍放大可见的偏析，而显微偏析是在显微镜下才能检视到的偏析。

①宏观偏析，又称区域偏析。按所呈现的不同现象又可分为正常偏析、反偏析和比重偏析三类。

a. 正常偏析（正偏析）：当合金的分配系数 $k_0<1$ 时，先凝固的外层中溶质含量较后凝固的内层低，因此合金铸件中心含溶质浓度较高的现象是凝固过程的正常现象。

防止正常偏析的措施：正常偏析一般难以完全避免，它的存在使铸件性能不良。随后的热加工和扩散退火处理也难以根本改善，故应在浇注时采取适当的控制措施（增加冷速）。

b. 反偏析：与正常偏析相反，即在 $k_0<1$ 的合金铸件中，溶质浓度在铸件中的分布是表层比中心高。像 Cu–Sn 合金铸件，往往表面会出现"冒汗"现象，这就是反偏析的明显征兆。

防止反偏析的措施：扩大铸件内中心等轴晶带，阻止柱状晶的发展，使富集溶质的液体不易从中心排向表层；减少液体中的气体含量等。

c. 比重偏析：通常产生在结晶的早期，由于初生相与溶液之间密度悬殊，轻者上浮，重者下沉，从而导致上下成分不均匀。例如，$w(Sb)=15\%$ 的 Pb–Sb 合金在结晶过程中，先共晶 Sb 相密度小于液相，而共晶体（Pb+Sb）的密度大于液相，因此 Sb 晶体上浮，而（Pb+Sb）共晶体下沉，形成比重偏析。铸铁中的石墨漂浮也是一种比重偏析。

防止（减轻）比重偏析的措施：增大铸件的冷却速度，使初生相来不及上浮或下沉；或者加入第三种合金元素，形成熔点较高的、密度与液相接近的树枝晶化合物，在结晶初期形成树枝骨架，以阻挡密度小的相上浮或密度大的相下沉〔如 Cu–Pb 合金中加入 Ni 或 S（形成高熔点的 Cu–Ni 固溶体或 Cu_2S）；Sb–Sn 合金中加入 Cu（形成 Cu_6Sn_5 或 Cu_3Sn）〕。

②显微偏析，可分为胞状偏析、枝晶偏析和晶界偏析三种。

a. 胞状偏析：当成分过冷度较小时，固溶体晶体呈胞状方式生成。如果合金的分配系数 $k_0<1$，则在胞壁处将富集溶质；若 $k_0>1$，则胞壁处的溶质将贫化。由于胞体尺寸较小，即成分波动的范围较小，因此很容易通过均匀化退火消除胞状偏析。

b. 枝晶偏析：由非平衡凝固造成，使先凝固的枝干和后凝固的枝干间的成分不均匀。合金通常以树枝状生长，一棵树枝晶就形成一颗晶粒，因此枝晶偏析在一个晶粒范围内。

影响枝晶偏析程度的主要因素有：凝固速度越大，晶内偏析越严重；偏析元素在固溶体中的扩散能力越小，则晶内偏析越大；凝固温度范围越宽，晶内偏析也越严重。

c. 晶界偏析：由溶质原子富集（$k_0<1$）在最后凝固的晶界部分而造成。当 $k_0<1$ 的合金在凝固时使液相富含溶质组元，又当相邻晶粒长大至相互接壤时，把富含溶质的液体集中在晶粒之间，凝固成为具有溶质偏析的晶界。

影响晶界偏析程度的因素大致有：溶质含量越高，偏析程度越大；非树枝晶长大使晶界偏析的程度增加，也就是说枝晶偏析可减弱晶界的偏析；结晶速度慢使溶质原子有足够的时间扩散而富集在液－固界面前沿液相中，从而增加晶界偏析程度。

晶界偏析往往容易引起晶界断裂。减弱晶界偏析的办法：

控制溶质含量。

加入适当的第三种元素来减小晶界偏析的程度。如在铁中加入碳来减弱氧和硫的晶界偏析；加入钼来减弱磷的晶界偏析；在铜中加入铁来减弱锑在晶界上的偏析。

增加冷速。

本章精选习题

一、填空题

1. 二元合金相图中的恒温转变包括_____反应、_____反应和_____反应等。

2. 固溶体的结晶温度变化范围及成分范围越大，铸造性能越_____，越有利于_____状晶体的生成和长大，因而流动性越_____，分散缩孔越_____，集中缩孔越_____。

3. 纯铁的同素异构转变为_____$\xleftrightarrow{1\ 394\ ℃}$_____$\xleftrightarrow{912\ ℃}$_____，它们的晶体结构依次为_____、_____和_____。

4. 共晶白口铁的含碳量为_____，室温平衡组织中 P 占_____%，$Fe_3C_{共晶}$占_____%，$Fe_3C_{Ⅱ}$ 占_____%。

5. 铁素体（F）是_____在_____中的间隙固溶体，其晶体结构为_____立方。

二、选择题

1. 固溶体合金中产生晶内偏析是因为（　　）。

　A. 冷却较快，原子扩散来不及充分进行

　B. 结晶时无限缓慢冷却，使高熔点组元过早结晶

　C. 结晶过程的温度变化范围太大

2. A 和 B 组成的二元系中出现 α 和 β 两相平衡时，两组元的成分（x）– 自由能（G）的关系为（　　）。

　A. $G^\alpha = G^\beta$　　　　　　B. $\dfrac{\mathrm{d}G^\alpha}{\mathrm{d}x} = \dfrac{\mathrm{d}G^\beta}{\mathrm{d}x}$　　　　　　C. $G_A = G_B$

3. 铁碳合金在平衡结晶过程中，（　　）。

　A. 只有含碳 0.77% 的合金才有共析转变发生

　B. 只有含碳小于 2.06% 的合金才有共析转变发生

　C. 含碳 0.021 8% ～ 6.69% 的合金都有共析转变发生

4. 一次渗碳体、二次渗碳体、三次渗碳体（　　）。

　A. 晶体结构不同，组织形态相同

　B. 晶体结构相同，组织形态不同

　C. 晶体结构与组织形态都不同

三、判断题

（　　）1. 凡二元合金从液相结晶成固相后，晶体结构便不再改变。

（　　）2. 合金中的相、相的成分和相对量、组织形态、晶粒大小都可在相图上反映出来。

（　　）3. 在共晶线成分范围内的合金室温组织都是共晶体。

（　　）4. 固溶体合金凝固时，在正温度梯度下晶体也可能以树枝晶形态长大。

四、问答题

1. 指出图中各相图的错误，并加以解释。

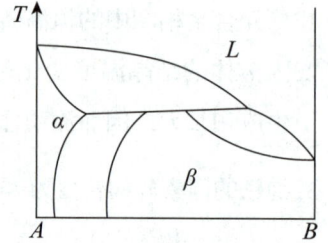

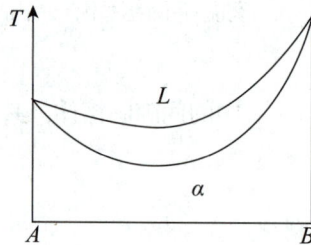

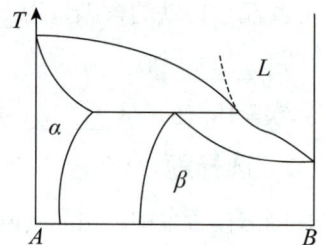

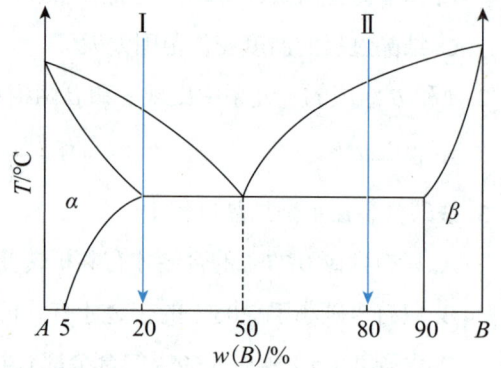

2. 请根据图所示二元共晶相图分析和解答下列问题：

(1) 分析合金 I、II 的平衡结晶过程，并绘出冷却曲线。

(2) 说明室温下合金 I、II 的相和组织是什么，并计算出相和组织的相对含量。

(3) 如果希望得到共晶组织和 5% 的 $\beta_{初}$ 的合金，求该合金的成分。

(4) 分析在快速冷却条件下，合金 I、II 获得的组织有何不同。

3. 铁碳合金中可能出现的渗碳体有哪几种？平衡结晶后是什么样的形态？

精选习题参考答案

一、填空题

1. 共晶；包晶；共析。

2. 差；树枝；差；多；少。

3. δ–Fe；γ–Fe；α–Fe；BCC；FCC；BCC。

4. 4.3%；40.4；47.8；11.8。

5. C；α–Fe；体心。

二、选择题

1. 【答案】A

【解析】原子扩散来不及充分进行就会导致晶内偏析。

2. 【答案】B

【解析】两相平衡时，G–x 曲线具有公切线。

3. 【答案】C

【解析】0.021 8% ~ 6.69% 为共析线长度。

4. 【答案】B

【解析】一次渗碳体、二次渗碳体、三次渗碳体、共晶渗碳体和共析渗碳体都是晶体结构相同，组织形态不同。

三、判断题

1. 【答案】×

【解析】有的合金会发生固相转变，如共析转变。

2. 【答案】×

【解析】组织形态、晶粒大小在相图上反映不出来。

3. 【答案】×

【解析】只有共晶点成分合金，室温组织才是共晶体。

4. 【答案】√

【解析】略。

四、问答题

1. 【解析】（1）根据相律：$f = C - P + 1$。

在共晶反应中，组元数 $C = 2$，相数 $P = 3$，所以自由度 $f = 0$，因此在共晶反应中温度恒定，共晶反应线在相图中应对应于一条水平线，而不是斜线。

（2）根据相律：$f = C - P + 1$。

在包晶反应中，组元数 $C = 2$，相数 $P = 3$，所以自由度 $f = 0$，因此在包晶反应 $\alpha + L = \beta$ 中 β 的成分

应该不可变，而相图中 β 成分在一个区间内可变，所以是错误的。

（3）匀晶相图中某一温度下，只能是确定成分的液相与确定成分的固相相平衡。在某一温度下，不可能有两个不同成分的液相（或固相）平衡。

（4）根据热力学，所有两相区的边界线不应延伸到单相区，而应伸向两相区。

2.【解析】（1）（2）:

合金 I 的冷却曲线如图 (a) 所示，其平衡结晶过程分析如下。

1 以上，合金处于液相。

1～2 时，$L \to \alpha$。

到达 2 时，全部凝固完毕。

2～3 时，发生脱溶转变: $\alpha \to \beta_{\text{II}}$。

室温下，合金 I 由两个相组成，即 α 相和 β 相，其相对量为

$$w(\alpha)=\frac{90-20}{90-5}\approx82\%,\quad w(\beta)=18\%$$

室温下，合金 I 的组织为 α 和 β_{II}，其相对量与相组成物相同。

合金 II 的冷却曲线如图 (b) 所示，其结晶过程分析如下。

1 以上，处于均匀的液相。

1～2 时，进行匀晶转变 $L \to \beta$。

2～2' 时，剩余液相发生共晶反应: $L_{50} \to \alpha_{20}+\beta_{90}$。

2～3 时，发生脱溶转变: $\alpha \to \beta_{\text{II}}$。

室温下，合金 II 由两个相组成，即 α 相和 β 相，其相对量为

$$w(\alpha)=\frac{90-80}{90-5}\approx12\%,\quad w(\beta)=88\%$$

室温下，合金 II 的组织为 β 和 $(\alpha+\beta)_{\text{共晶}}$，其相对量为

$$w(\beta)=\frac{80-50}{90-50}=75\%,\quad w(\alpha+\beta)=25\%$$

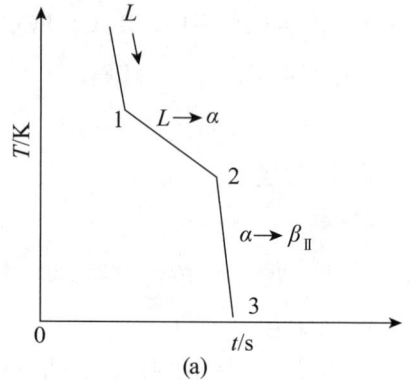
(a)

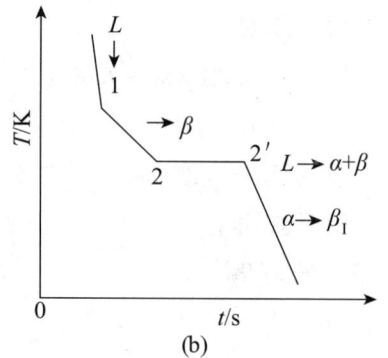
(b)

（3）利用杠杆原理:

$$w(\beta)=\frac{x-50}{90-50}=5\%,\quad x=52$$

该合金为 52%B 含量的合金。

（4）在快冷不平衡状态下结晶，合金 I 的组织中将不出现 β_{II}，而会出现少量非平衡共晶（即离异共晶）；合金 II 的组织中 $\beta_{\text{初}}$ 将减少，且呈树枝状，而 $(\alpha+\beta)$ 共晶组织变细，相对量将增加。

3.【解析】一次渗碳体（规则的、粗大条状）、共晶渗碳体（鱼骨状）、二次渗碳体（沿奥氏体晶界分布，量多时为连续网状，量少时是不连续网状）、共析渗碳体（层片状）、三次渗碳体（细片状或粒状）。

第八章

▼

三元相图

第八章　三元相图

本章复习导图

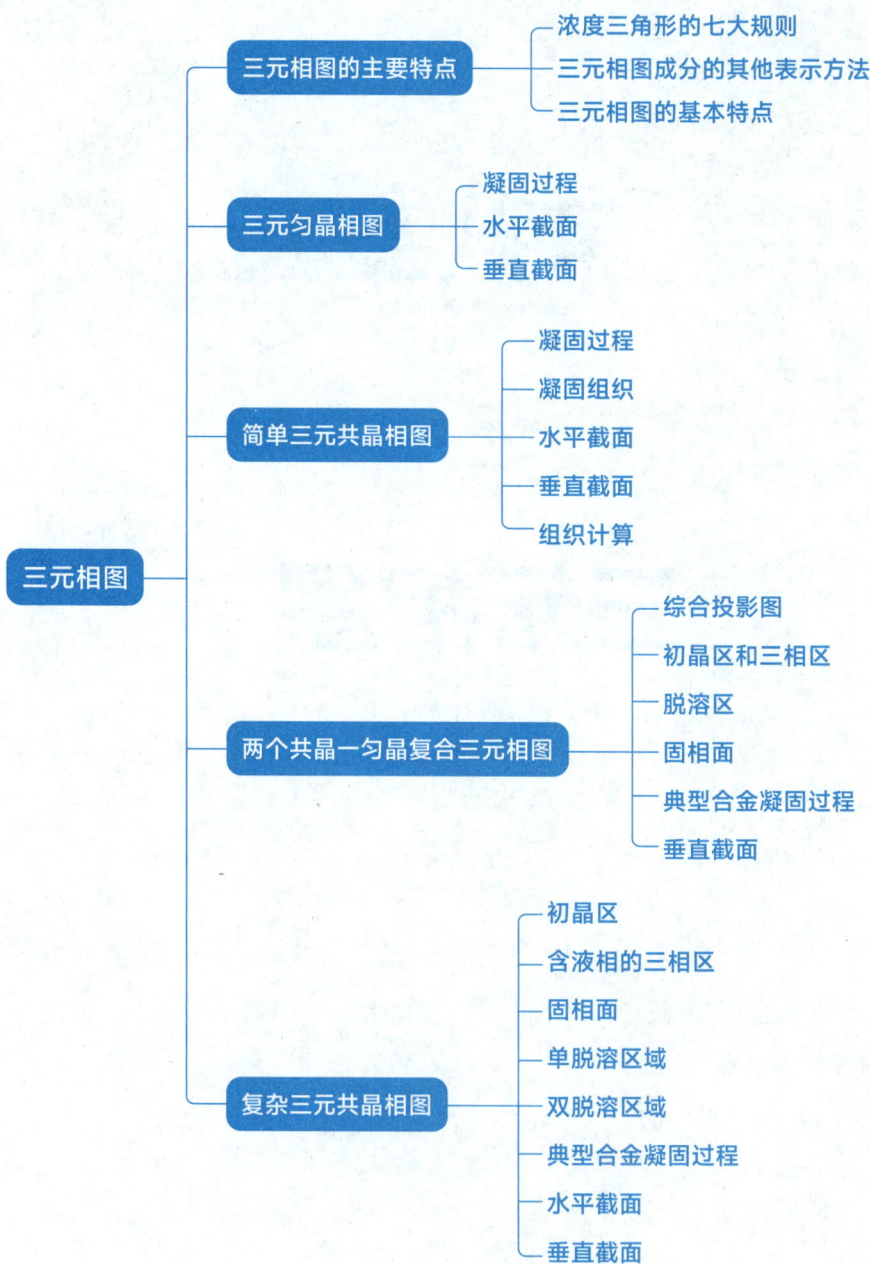

三元相图
- 三元相图的主要特点
  - 浓度三角形的七大规则
  - 三元相图成分的其他表示方法
  - 三元相图的基本特点
- 三元匀晶相图
  - 凝固过程
  - 水平截面
  - 垂直截面
- 简单三元共晶相图
  - 凝固过程
  - 凝固组织
  - 水平截面
  - 垂直截面
  - 组织计算
- 两个共晶一匀晶复合三元相图
  - 综合投影图
  - 初晶区和三相区
  - 脱溶区
  - 固相面
  - 典型合金凝固过程
  - 垂直截面
- 复杂三元共晶相图
  - 初晶区
  - 含液相的三相区
  - 固相面
  - 单脱溶区域
  - 双脱溶区域
  - 典型合金凝固过程
  - 水平截面
  - 垂直截面

```
                                    ┌─ 初晶区
                                    ├─ 三相区
                                    ├─ 四相区
                                    ├─ 固相面
                        三元包晶相图 ┤─ 单脱溶区域
                                    ├─ 双脱溶区域
                                    ├─ 包晶反应后液体有剩余的区域
                                    ├─ 典型合金凝固过程
                                    └─ 垂直截面
                                                        ┌─ 三元包共晶相图的综合投影图
                                                        ├─ 初晶区
                                                        ├─ 包共晶反应前的含液相的三相平衡区
                                                        ├─ 包共晶反应后的含液相的三相平衡区
                                                        ├─ 四相区
      三元相图 ┤   三元包共晶相图 ──────────────────────────┤─ 固相面
                                                        ├─ 不发生单脱溶的区域
                                                        ├─ 双脱溶区域
                                                        ├─ 包晶反应后液体有剩余的区域
                        简单包共晶–共晶复合三元相图      ├─ 典型合金凝固过程
                                                        └─ 垂直截面
                        复杂包共晶–共晶复合三元相图

                        三元相图总结
```

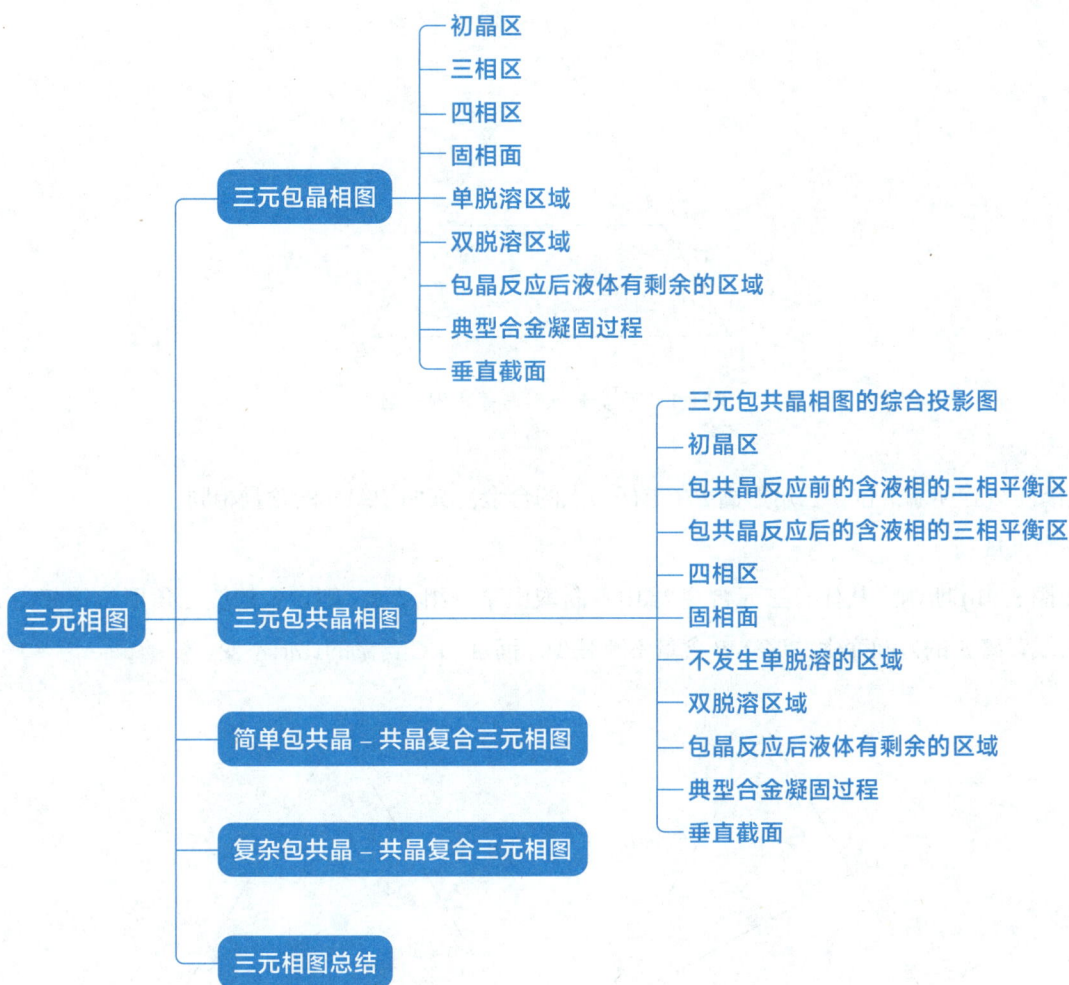

本章章节重点

✿ 8.1 三元相图的主要特点

⚛ 8.1.1 浓度三角形的七大规则

1. 等含量规则（见图 8.1）

成分点平行于三角形任一边的直线上，所有合金中有一组元含量相同，该组元为直线所对应顶角上的元素。如图 8.1 中的 MN 线上，$B\%$ 值恒定（根据成分的确定方法）。

2. 等比例规则（见图 8.1）

成分点通过三角形顶点的任一直线上的所有合金，其直线两边的组元含量之比为定值。如图 8.1 中 CG 线上的任何合金，$A\%$ 与 $B\%$ 的比值为定值，即 $A\%/B\%=BG/GA$。

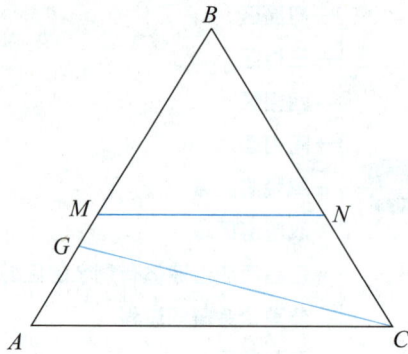

图 8.1　等含量规则与等比例规则

3. 推论

如图 8.2(a) 所示，位于三角形高 BH 上任一点的合金，其两边组元的含量相同。

4. 背向规则

如图 8.2(b) 所示，从任一三元合金 M 中不断取出某一组元 B，则合金浓度三角形位置将沿 BM 的延长线背离 B 的方向变化，这样 B 含量不断减少，而 A 与 C 含量的比值不变。

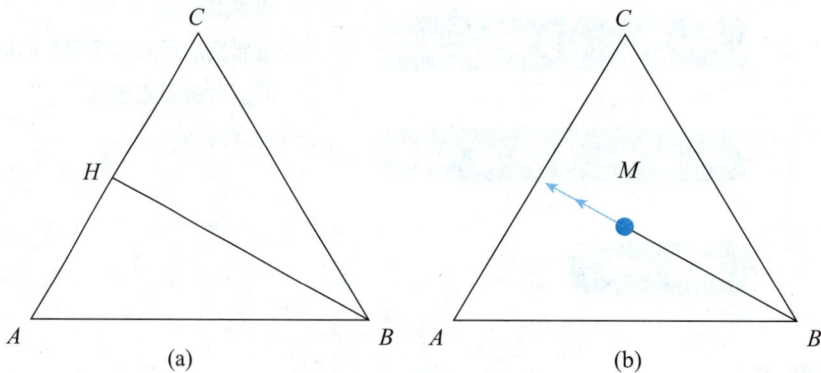

图 8.2　背向规则

5. 直线法则

在某一温度下，当某三元合金处于两相平衡时，合金的成分点和两平衡相的成分点必定位于成分三角形中的同一条直线上（三点共线原则）。

6. 杠杆定律（见图 8.3）

由图 8.3 推导可得，两相平衡时的比例为

$$w_\alpha \% = \frac{fg}{eg} = \frac{qP}{qs}$$

$$w_\beta \% = \frac{ef}{eg} = \frac{Ps}{qs}$$

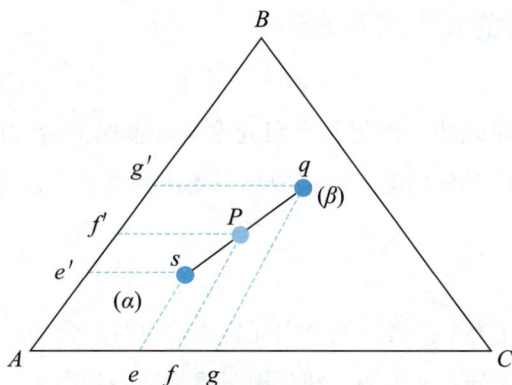

图 8.3　杠杆定律

7. 重心定律（见图 8.4）

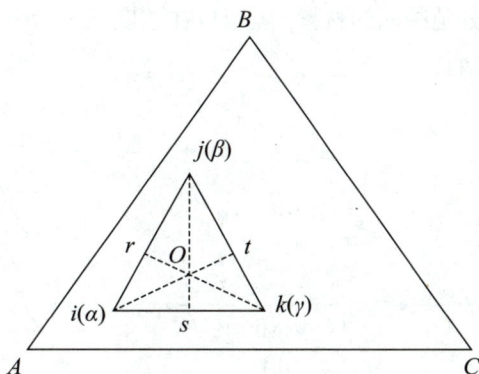

图 8.4　重心定律

三相平衡时，成分和相对量的关系：假设合金 O 在某一温度由 α、β 和 γ 三相组成，则合金 O 的成分点一定在 α、β 和 γ 的三相成分点 i、j、k 组成的共轭三角形中。设想先把 α 和 β 混合成一体，合金 O 便是由 γ 相和这个混合体组成的。按照直线法则，这个混合体的成分点应在 i 和 j 的连线上，同时也在 k 和 O 的连线的延长线上。满足这个条件的成分点就是 kO 延长线和 ij 直线的交点 r。利用杠杆定律，计算出 α 相、β 相、γ 相在合金中的百分比含量分别为

$$\frac{w_\alpha}{w_O}\% = \frac{Ot}{it} \times 100\%$$

$$\frac{w_\beta}{w_O}\% = \frac{Os}{js} \times 100\%$$

$$\frac{w_\gamma}{w_O}\% = \frac{Or}{kr} \times 100\%$$

上式表明，O 点正好位于三角形 ijk 的重心（质量中心），所以把它叫作三元系的**重心定律**。

8.1.2 三元相图成分的其他表示方法

1. 等腰成分三角形

当三元系中某一组元含量较少，而**另两个组元含量较多时**，合金成分点将靠近等边三角形的某一边。为了清晰地表示出该部分相图，可将成分三角形两腰放大，成为等腰三角形，如图 8.5(a) 所示。

2. 直角成分坐标

当三元系成分以某一组元为主，其他两个组元含量较少时，合金成分点将靠近等边三角形某一顶角。若采用直角坐标表示成分，则可使该部分相图清楚地表示出来。设直角坐标原点代表高含量的组元，两个互相垂直的坐标轴则代表其他两个组元的成分，如图 8.5(b) 所示。

3. 局部图形表示法

若只研究三元系中一定成分范围内的材料，就可以在浓度三角形中取出有用的局部［见图 8.5(c)］加以放大，这样会表现得更加清晰。

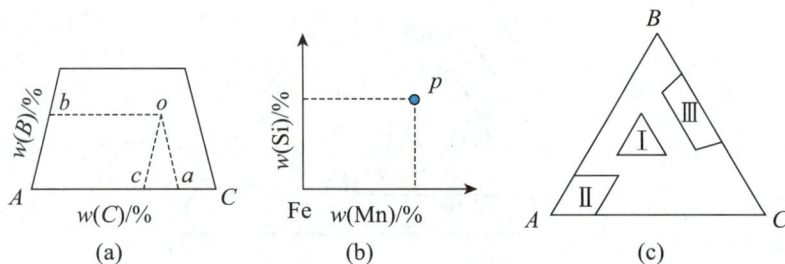

图 8.5　三元相图成分的其他表示方法

8.1.3 三元相图的基本特点

（1）完整的三元相图是三维的立体模型。

（2）由相律可以确定三元系中的最大平衡相数为 4，三元相图中的四相平衡区是恒温水平面。

（3）根据相律得知，三元系三相平衡时存在一个自由度，所以三相平衡转变是变温过程，反映在相图上，三相平衡区必将占有一定空间，不再是二元相图中的水平线。

8.2 三元匀晶相图

8.2.1 凝固过程

三条二元匀晶相图的液相线和固相线分别连接成三元合金相的液相曲面和固相曲面（见图 8.6）。液相面区域以上为液相区，固相面区域以下为固相区，而两面之间为液、固两相共存的两相区。

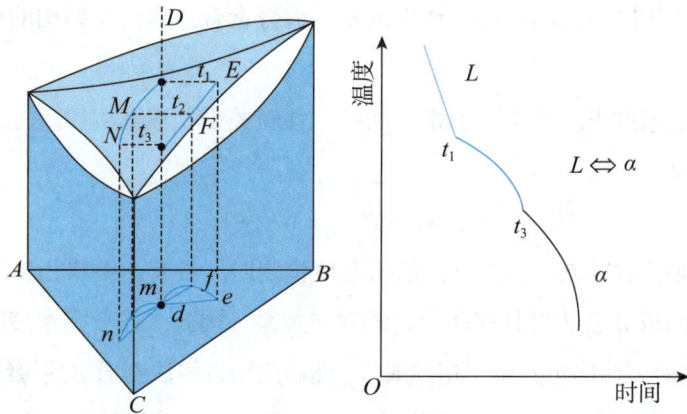

图 8.6　三元固溶体合金的平衡凝固过程分析

8.2.2　水平截面

等温截面图，又称水平截面图，它是以某一恒定温度所作的水平面与三元相图立体模型相截得的图形在成分三角形上的投影。三元匀晶相图水平截面如图 8.7 所示，两相平衡区与两个单相区之间的界线由一对曲线构成。

等温截面的作用：

①表示在某温度下三元系中各种合金所存在的相态；

②表示平衡相的成分，并可以应用杠杆定律计算平衡相的相对含量。

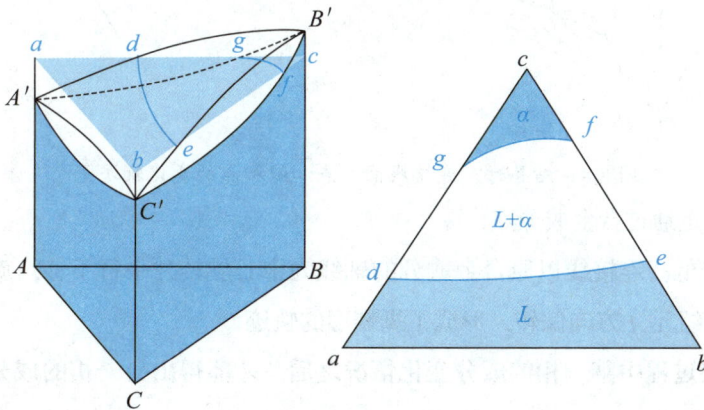

图 8.7　三元匀晶相图水平截面

连接线：连接两平衡相对应成分的水平线称为连接线或共轭线。它是一对处于平衡状态的液相和固相成分的连线，由实验方法测定，必要时也可近似地画出。

连接线的基本性质：

①在两相区内各条直线不能相交，否则不符合相律；

②连接线不通过顶点，连接线的液相端向低熔点组元方向偏移一角度；

③位于等温截面两相区中的同一连接线上的不同成分合金，其两平衡相的成分不变，但相对含量各不相同。

在三元系中，一定温度下，两个平衡相之间存在共轭关系。根据相律，三元合金处于两相平衡时具有两个自由度，即

$$f = C - P + 1 = 3 - 2 + 1 = 2$$

如果温度恒定，则 $f = C - P = 3 - 2 = 1$，故当温度恒定时，具有一个自由度，即当一个平衡相的成分确定后，另一相的成分必然与其存在一定的对应关系。因此，在一定温度下，欲确定两个平衡相的成分，必须先用实验方法确定其中一相的成分，然后应用直线法则通过连接线确定另一相的成分。

在凝固过程中，固相和液相的成分分别沿着 ss_1s_2O'' 和 $O'l_1l_2l$ 曲线发生变化（见图8.8）。

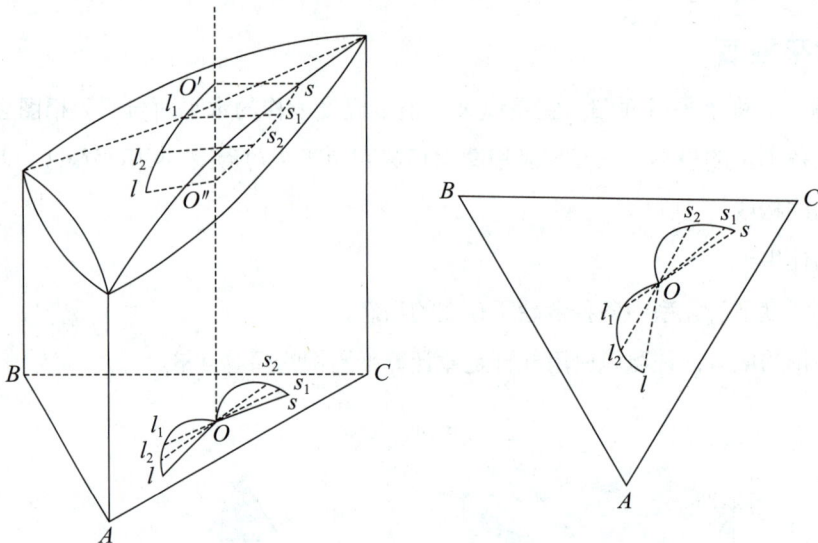

图8.8　结晶时，连接线固相点和液相点的变化轨迹图

注：①连接线一定通过合金成分点；

②随着温度的降低，连接线以原合金成分的轴线为中心旋转并平行下移，旋转的方向是从液相成分点逐渐向低熔点组元 A 方向偏转，形成了**蝴蝶形**的轨迹；

③只有知道凝固过程中某一相的成分变化情况之后，才能得出另一相的成分变化规律（由相律可知）。

🔹 8.2.3　垂直截面

垂直截面：固定一个成分变量并保留温度变量的截面，必定与浓度三角形垂直，所以称为垂直截面（或称为变温截面）。

用垂直截面图可以分析合金的平衡结晶过程，了解合金在平衡冷却过程中发生相变的临界温度，

也可以了解合金在一定温度下所处的平衡状态。但是，**用垂直截面图不能了解合金在一定温度下的平衡相成分和平衡相的重量。**

常用的垂直截面有两种：一种是通过浓度三角形的顶角，使其他两组元的含量比固定不变，如图 8.9 中所示的 CK 垂直截面；另一种是固定一个组元的成分，其他两组元的成分可相对变动，如图 8.10 中所示的 $A'B'$ 垂直截面。$A'B'$ 截面的成分轴的两端并不代表纯组元，而代表 C 组元为定值的是两个二元系 $A+C$ 和 $C+B$。例如，图 8.10 中 A' 点合金只含 A 组元和 C 组元，而 B' 点合金只含 B 组元和 C 组元。

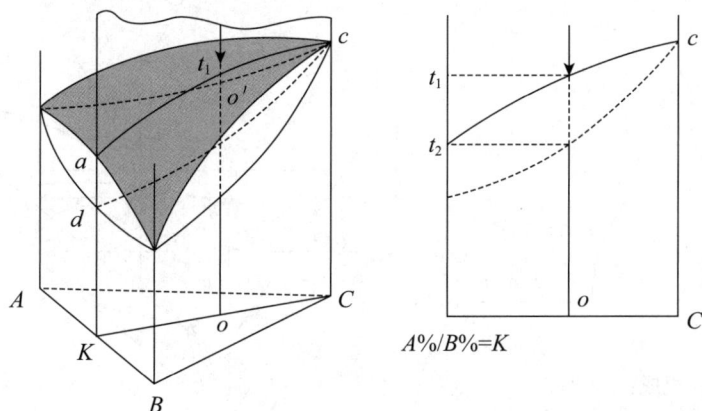

图 8.9 匀晶相图过成分三角形顶点的垂直截面图

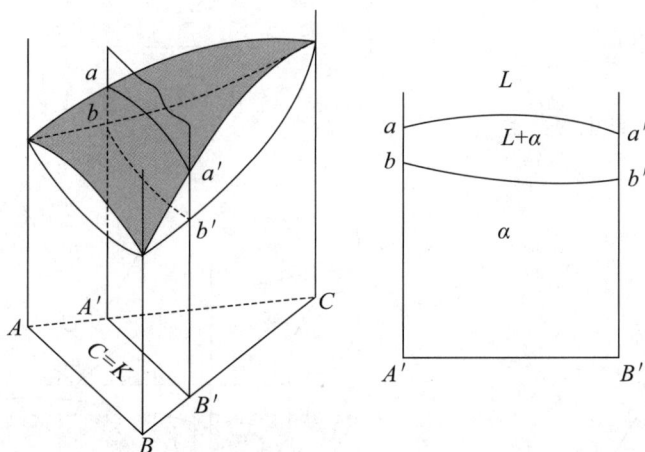

图 8.10 匀晶相图平行于成分三角形一边的垂直截面图

注： 在垂直截面中，二相区中的液、固相线不是合金结晶过程中两相的成分变化的轨迹。因为三元合金在结晶过程中，液、固两相成分点的连接线随温度的变化不在一个平面内，连接线的投影是蝴蝶形轨迹。故一般**不能在垂直截面运用连接线确定两相的平衡成分和相对量**，除非特殊的垂直截面，连接线始终在该截面内。

✿ 8.3　简单三元共晶相图

⚛ 8.3.1　凝固过程（见图 8.11）

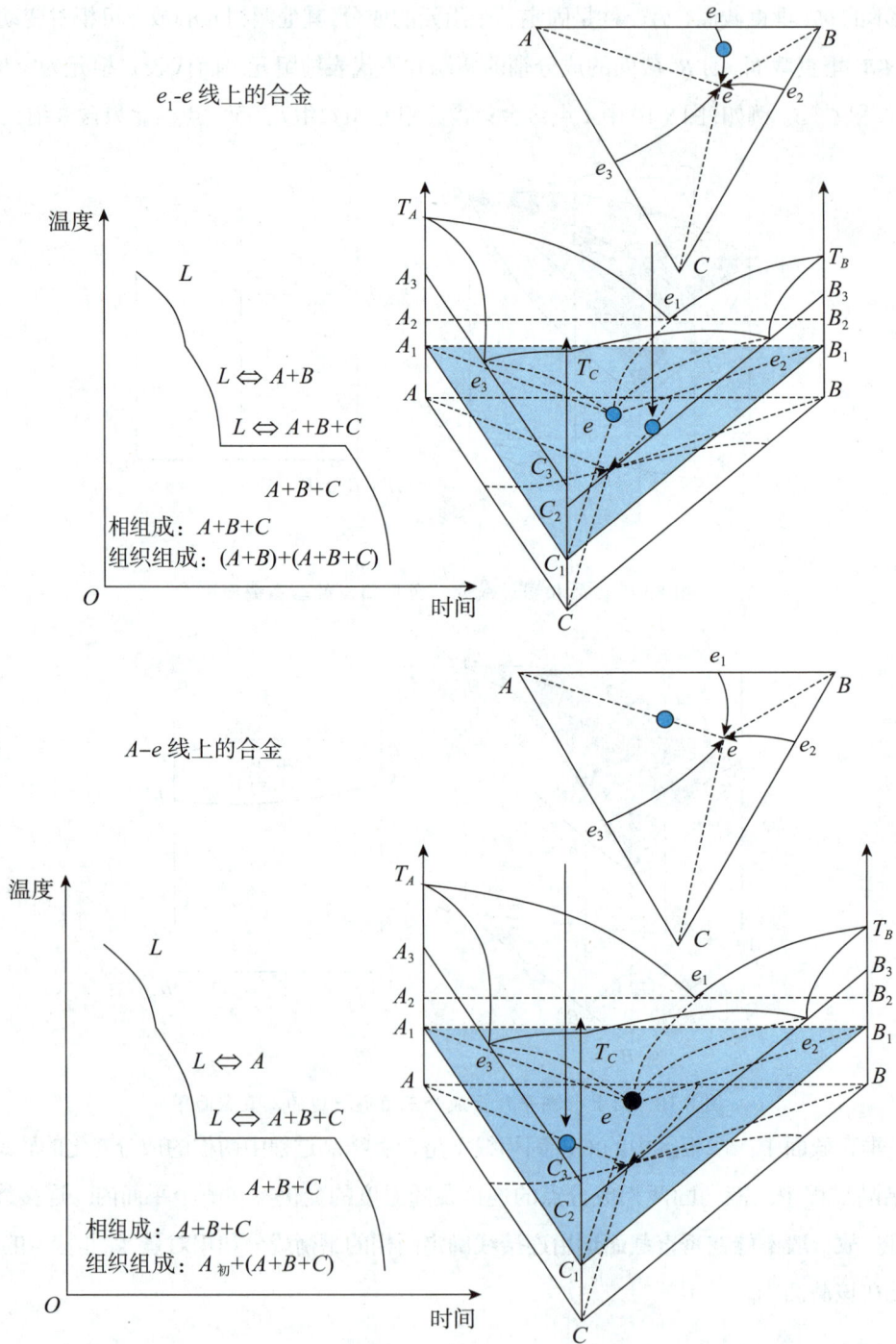

e_1-e 线上的合金

A-e 线上的合金

图 8.11　简单三元共晶相图凝固过程

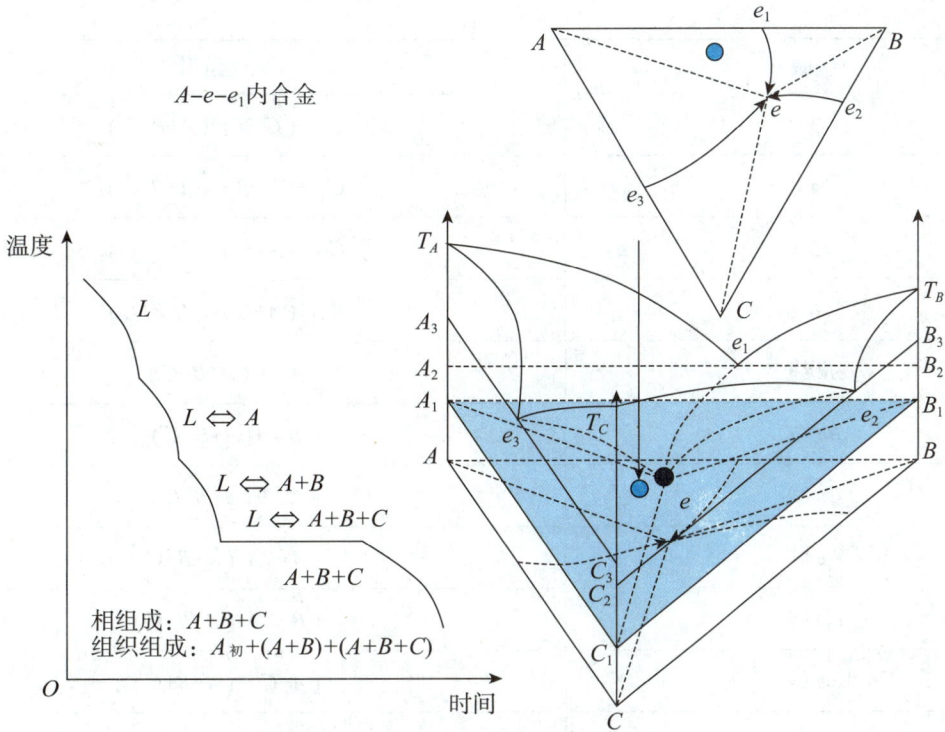

$A\text{-}e\text{-}e_1$内合金

温度

L

$L \Leftrightarrow A$

$L \Leftrightarrow A+B$

$L \Leftrightarrow A+B+C$

$A+B+C$

相组成：$A+B+C$
组织组成：$A_初+(A+B)+(A+B+C)$

O　　　　　　　　时间

图 8.11　简单三元共晶相图凝固过程（续）

8.3.2　凝固组织（见图 8.12）

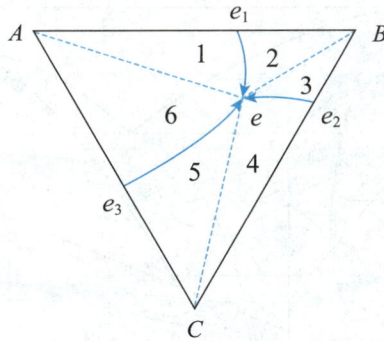

图 8.12　简单三元共晶相图凝固组织

简单三元共晶相图凝固组织，如表 8.1 所示。

表 8.1　简单三元共晶相图凝固组织

区域	凝固组织
1	$A_初+(A+B)+(A+B+C)$
2	$B_初+(A+B)+(A+B+C)$

区域	凝固组织
3	$B_{初}+(C+B)+(A+B+C)$
4	$C_{初}+(C+B)+(A+B+C)$
5	$C_{初}+(A+C)+(A+B+C)$
6	$A_{初}+(A+C)+(A+B+C)$
Ae 线	$A_{初}+(A+B+C)$
Be 线	$B_{初}+(A+B+C)$
Ce 线	$C_{初}+(A+B+C)$
e_1e 线	$(A+B)+(A+B+C)$
e_2e 线	$(B+C)+(A+B+C)$
e_3e 线	$(A+C)+(A+B+C)$
e 点	$A+B+C$

8.3.3 水平截面（见图 8.13）

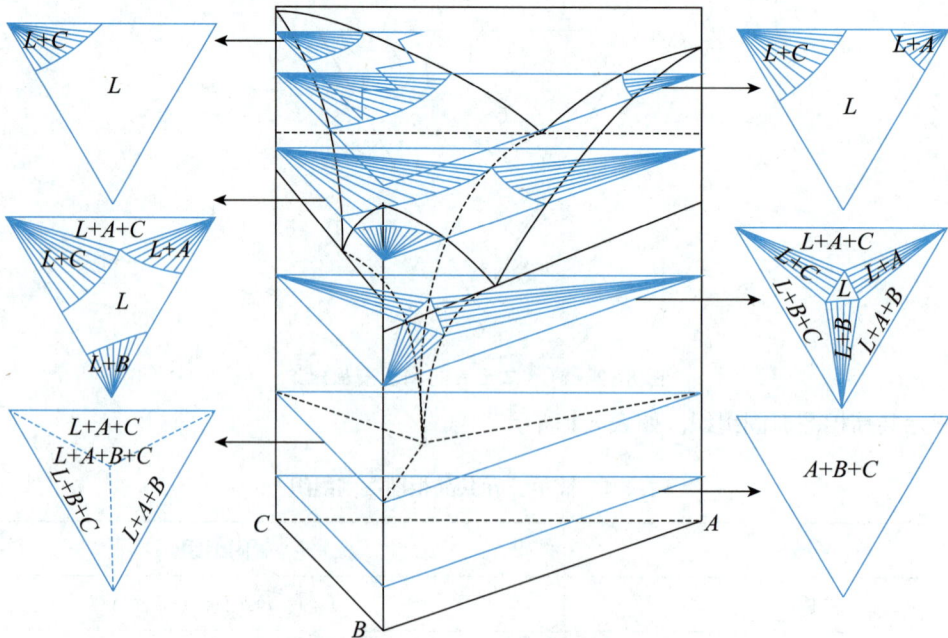

图 8.13 简单三元共晶相图的水平截面

8.3.4 垂直截面（见图 8.14）

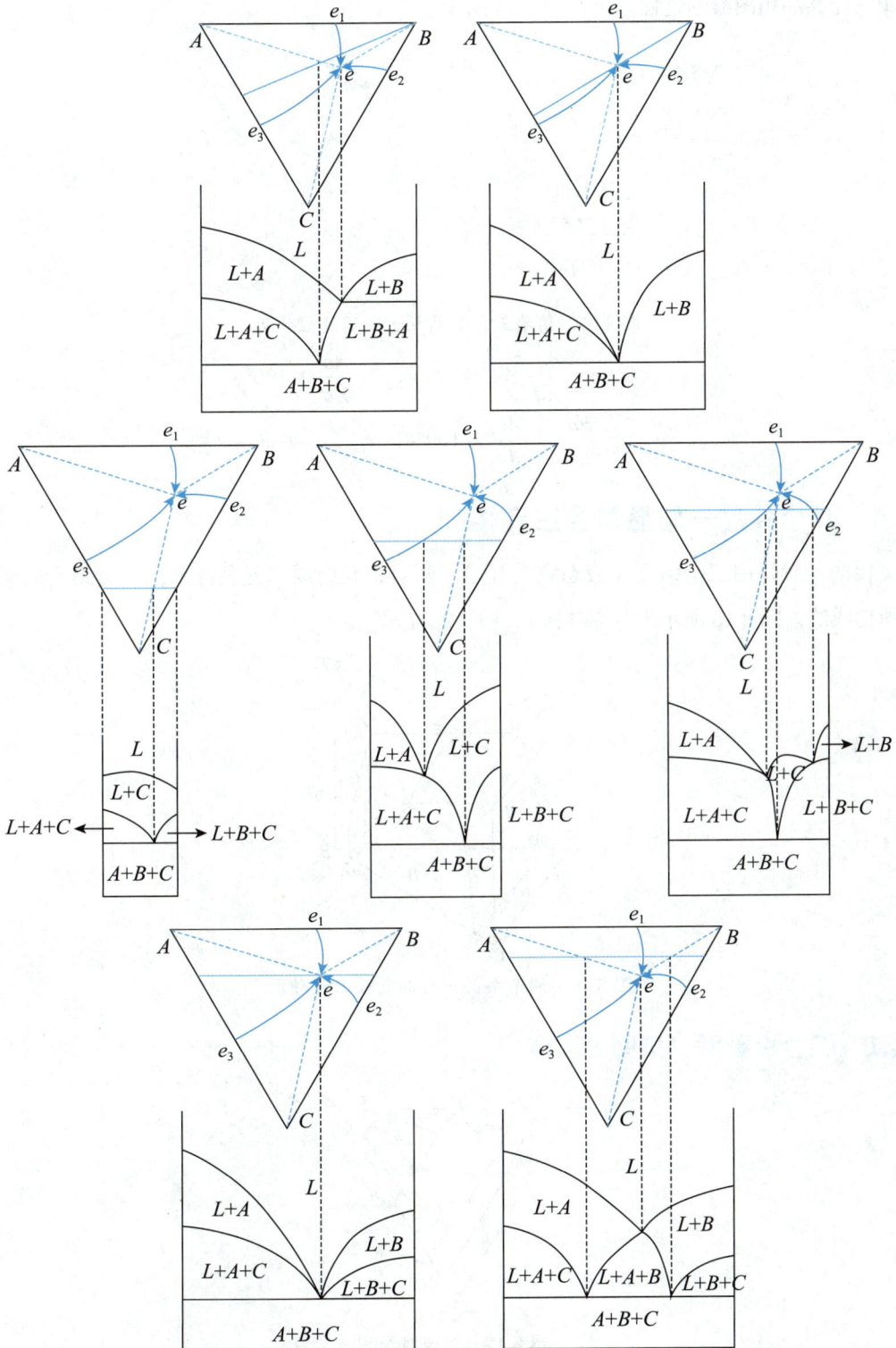

图 8.14 简单三元共晶相图的垂直截面

🏵 8.3.5　组织计算

简单三元共晶相图凝固过程分析如图 8.15 所示。

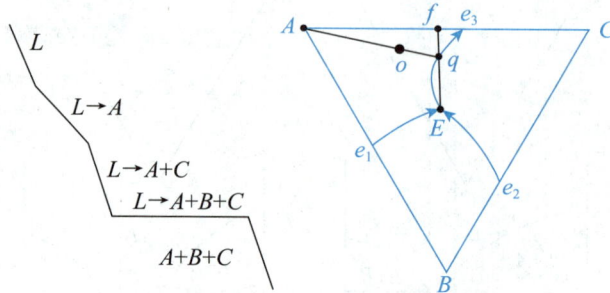

图 8.15　简单三元共晶相图凝固过程分析

$$w_A = \frac{oq}{Aq} \times 100\%; \quad w_{L_{剩余}} = \frac{Ao}{Aq} \times 100\%$$

$$w_{(A+C)} = \frac{Eq}{Ef} \times \frac{Ao}{Aq} \times 100\%; \quad w_{(A+B+C)} = 1 - w_A - w_{(A+C)}$$

⬡ 8.4　两个共晶一匀晶复合三元相图

该类相图一般是由三个组元在液态完全互溶，两对组元组成二元共晶系，一对组元组成二元匀晶系时所构成的，图 8.16 所示为其立体图（$T_B > T_A > T_C > T_e > T_{e1}$）。

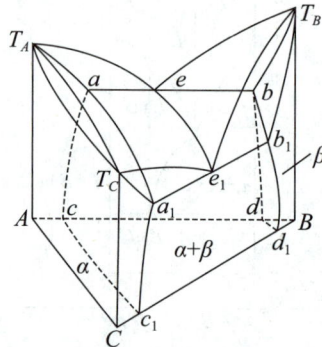

图 8.16　两个共晶一匀晶复合三元相图

🏵 8.4.1　综合投影图（见图 8.17）

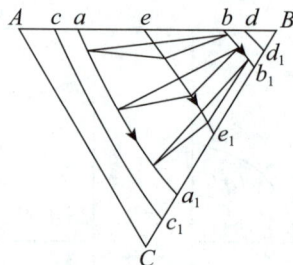

图 8.17　综合投影图

8.4.2　初晶区和三相区（见图 8.18 和图 8.19）

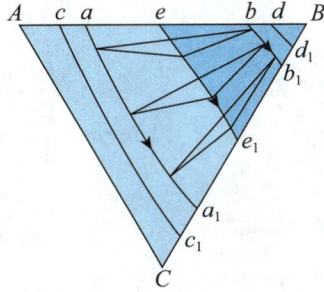

图 8.18　初晶区

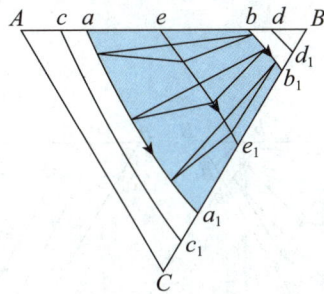

图 8.19　三相区

8.4.3　脱溶区（见图 8.20）

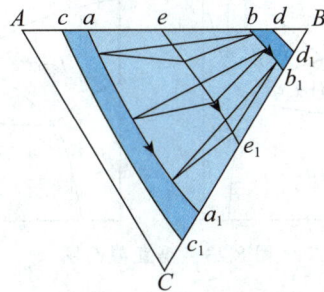

图 8.20　脱溶区

8.4.4　固相面（见图 8.21）

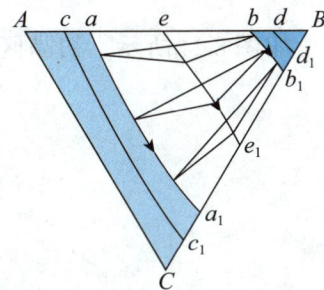

图 8.21　固相面

✦ 8.4.5 典型合金凝固过程（见图 8.22）

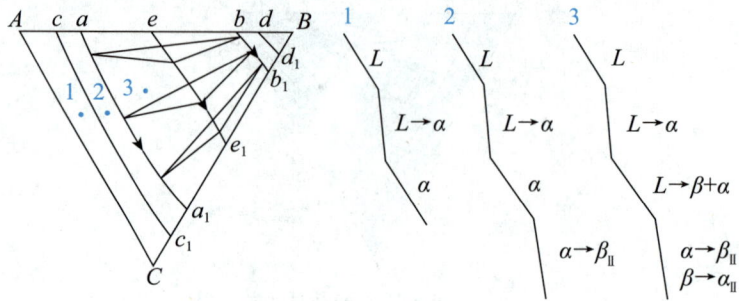

图 8.22 典型合金凝固过程

✦ 8.4.6 垂直截面（见图 8.23）

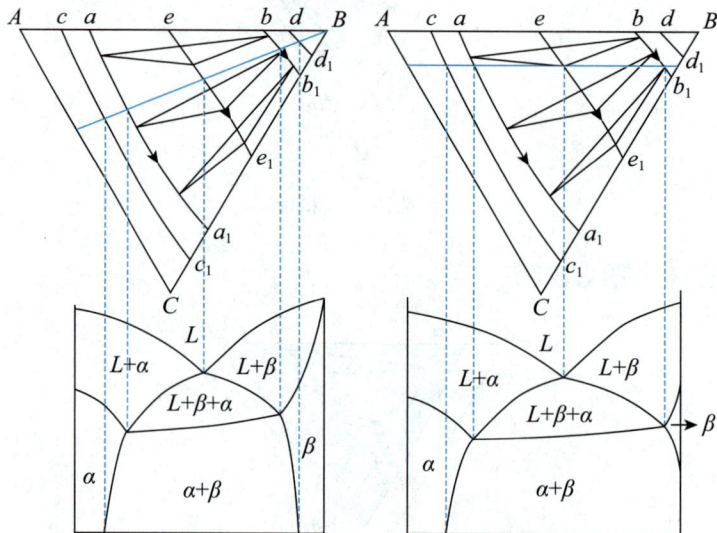

图 8.23 垂直截面图

✿ 8.5 复杂三元共晶相图

✦ 8.5.1 初晶区

复杂三元共晶中有 3 个初晶区，如图 8.24 所示，初晶区内发生匀晶反应，分别为 $L \to \alpha$，$L \to \beta$，$L \to \gamma$。

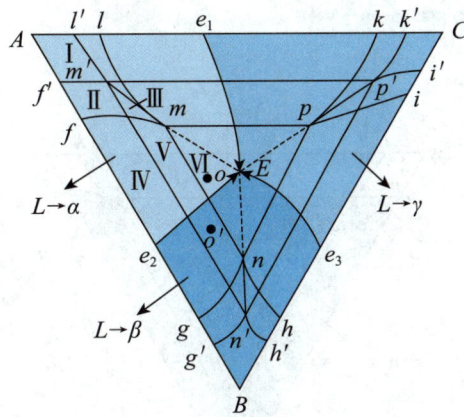

图 8.24 复杂三元共晶相图的初晶区

8.5.2 含液相的三相区

复杂三元共晶中有 3 个含液相的三相区，如图 8.25 所示，含液相的三相区内发生二元共晶反应。

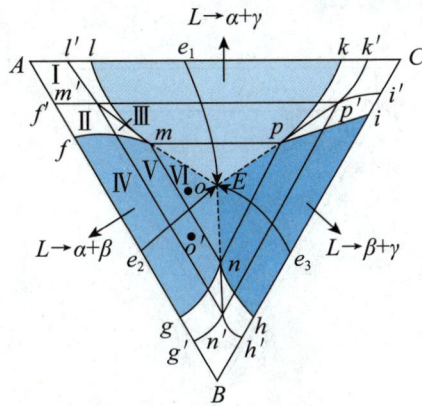

图 8.25 3 个含液相的三相区

8.5.3 固相面

复杂三元共晶中有 3 个固相面，如图 8.26 所示，固相面内的合金凝固时会经过单相区。

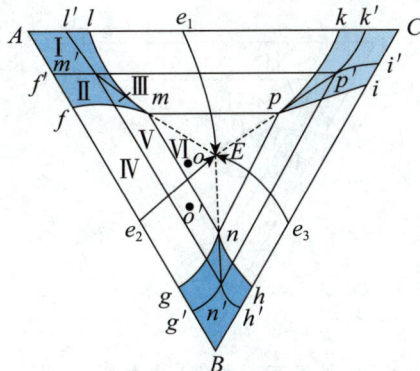

图 8.26 复杂三元共晶相图的固相面

8.5.4　单脱溶区域（见图8.27）

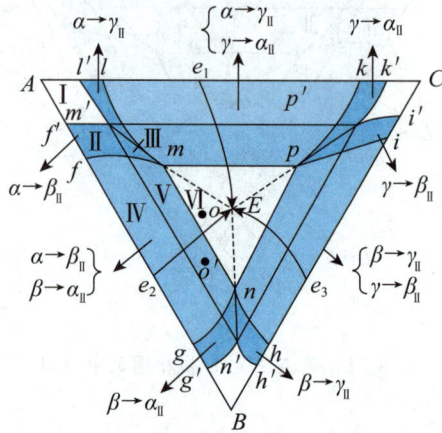

图 8.27　复杂三元共晶相图的单脱溶区域

8.5.5　双脱溶区域（见图8.28）

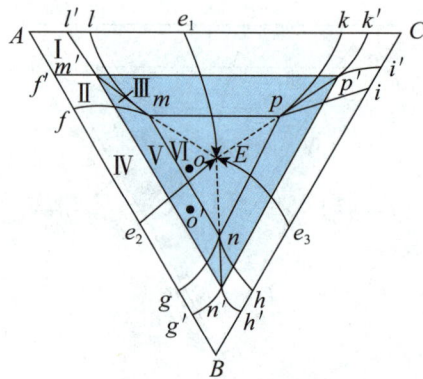

图 8.28　复杂三元共晶相图的双脱溶区域

8.5.6　典型合金凝固过程

复杂共晶相图如图 8.29 所示。

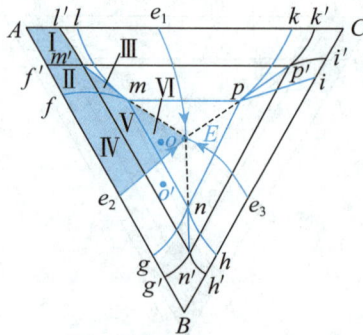

图 8.29　复杂共晶相图

凝固过程分析（见图 8.30）：

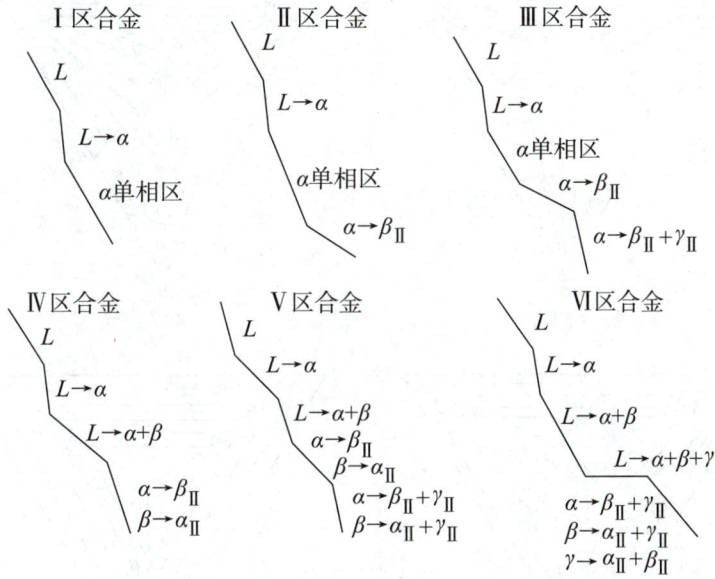

图 8.30 复杂共晶相图中典型合金的凝固过程

8.5.7 水平截面

复杂三元共晶相图立体图和水平截面图，如图 8.31 和图 8.32 所示。

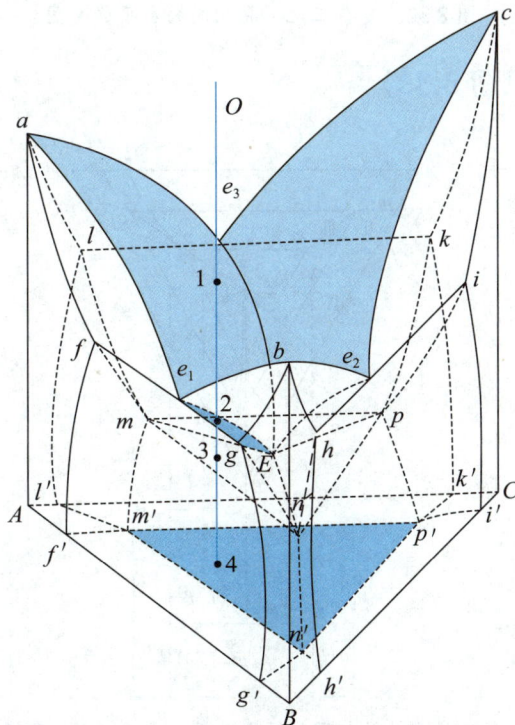

图 8.31 复杂三元共晶相图立体图

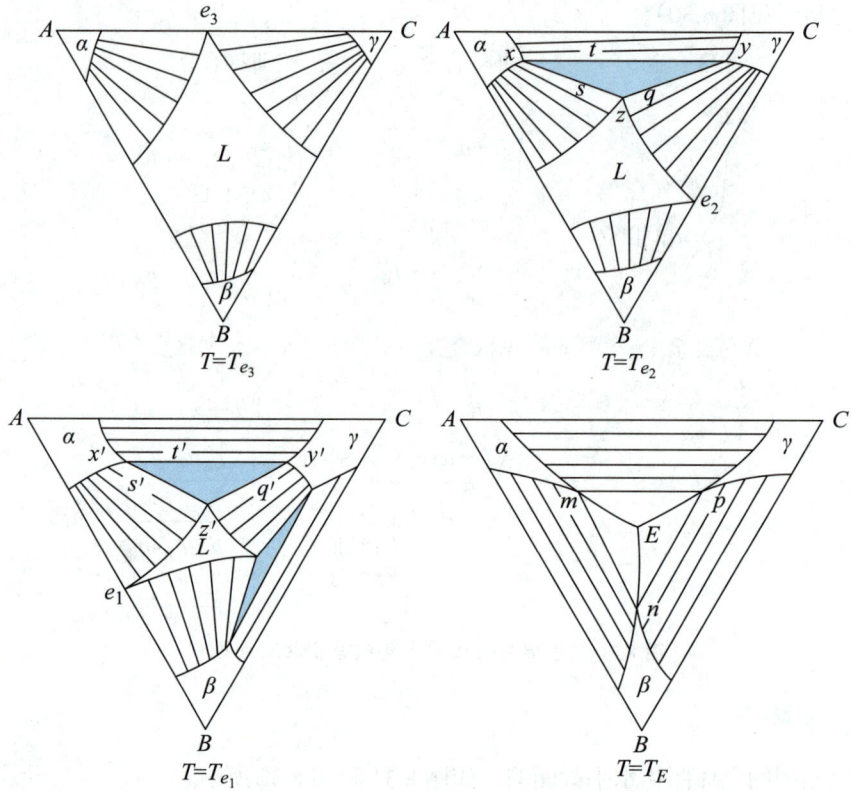

图 8.32　复杂三元共晶相图的水平截面图

8.5.8　垂直截面（见图 8.33）

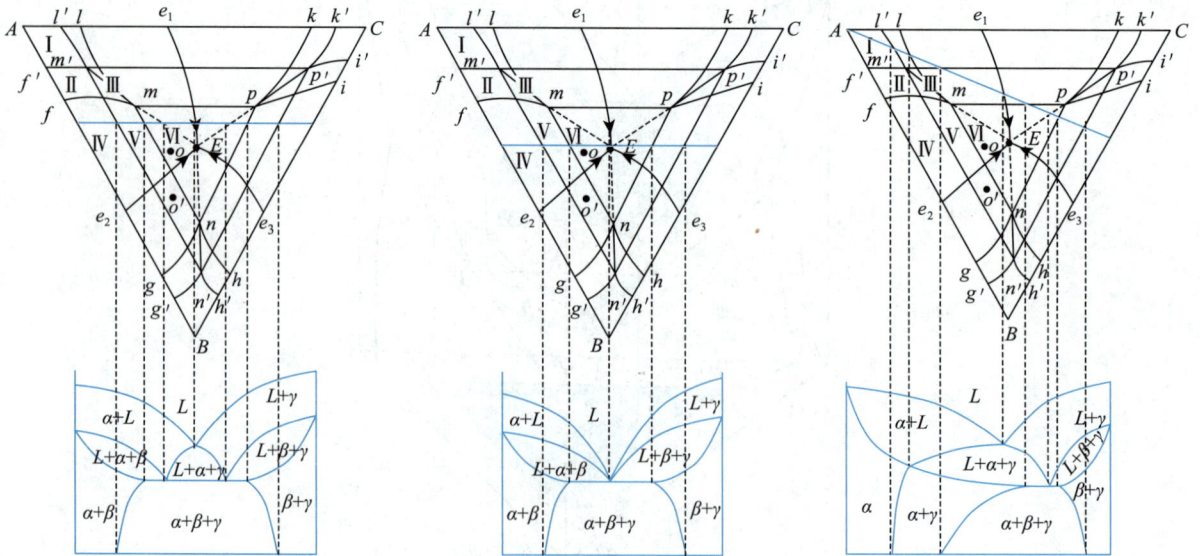

图 8.33　复杂三元共晶相图的等含量垂直截面和等比例垂直截面

❀ 8.6 三元包晶相图

❀ 8.6.1 初晶区

三元包晶相图中有 3 个初晶区，如图 8.34 所示，初晶区内发生匀晶反应，分别为 $L \rightarrow \alpha$，$L \rightarrow \beta$，$L \rightarrow \gamma$。

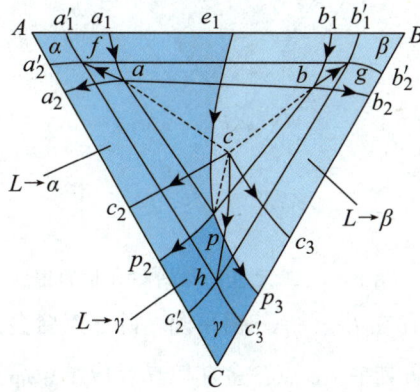

图 8.34 三元包晶相图的初晶区

❀ 8.6.2 三相区（见图 8.35）

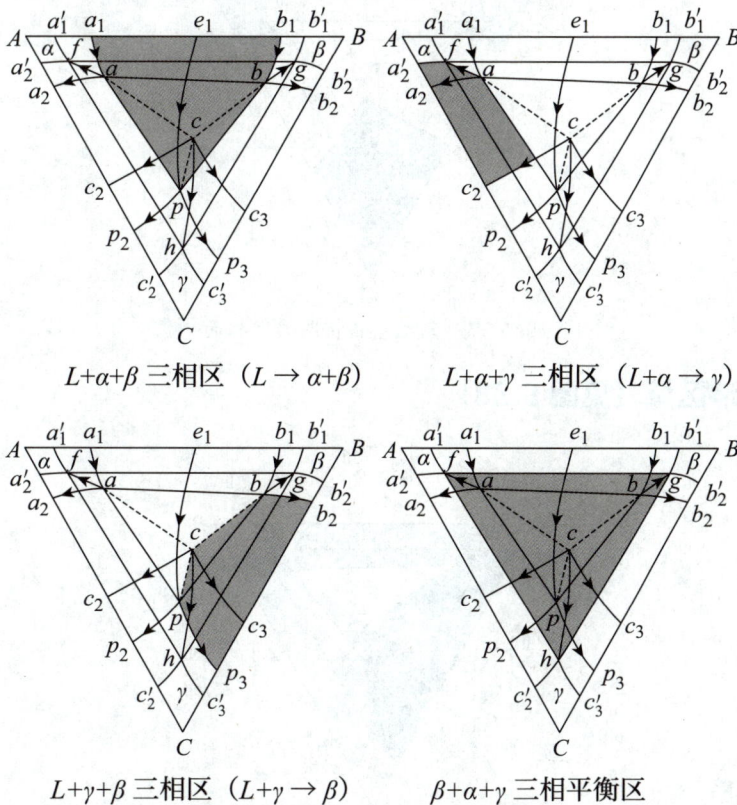

$L+\alpha+\beta$ 三相区（$L \rightarrow \alpha+\beta$） $L+\alpha+\gamma$ 三相区（$L+\alpha \rightarrow \gamma$）

$L+\gamma+\beta$ 三相区（$L+\gamma \rightarrow \beta$） $\beta+\alpha+\gamma$ 三相平衡区

图 8.35 三元包晶相图的三相区

8.6.3 四相区

四相平衡包晶转变的反应式为 $L+\alpha+\beta \to \gamma$。图 8.36 所示为三元包晶相图综合投影图，凡是位于三角形 abp 内的合金都会发生三元包晶反应。

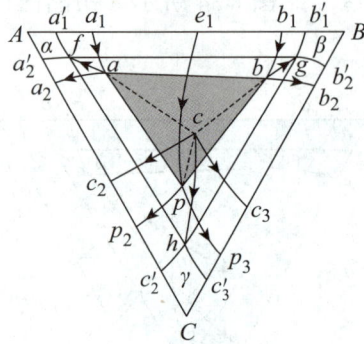

图 8.36 三元包晶相图综合投影图

四相平衡包晶转变之前，应存在 $L+\alpha+\beta$ 三相平衡。除 c 点合金外，三个反应相不可能在转变结束时同时完全消失，也不可能都有剩余。c 点合金在包晶反应结束后反应物全部消耗光。

8.6.4 固相面（见图 8.37）

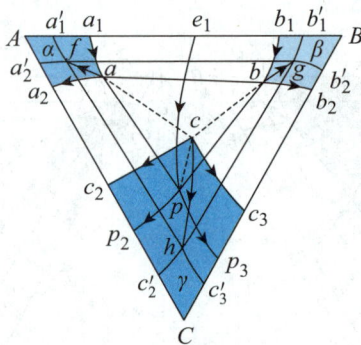

图 8.37 三元包晶相图的固相面

8.6.5 单脱溶区域（见图 8.38）

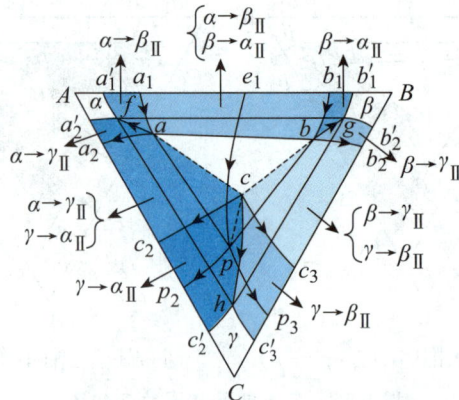

图 8.38 三元包晶相图的单脱溶区域

8.6.6 双脱溶区域（见图 8.39）

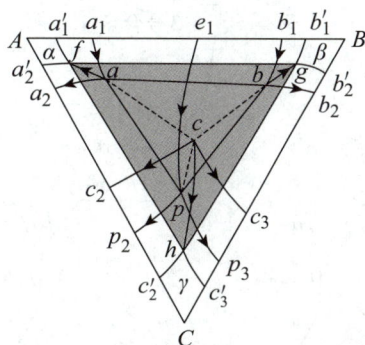

图 8.39　三元包晶相图的双脱溶区域

8.6.7 包晶反应后液体有剩余的区域（见图 8.40）

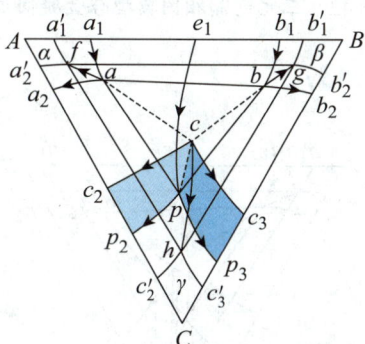

图 8.40　三元包晶相图包晶反应后液体有剩余的区域

注：凝固过程中位于该区域的合金发生二元包晶反应后，液体会有剩余，进一步进行匀晶反应。

8.6.8 典型合金凝固过程

三元包晶相图及其典型合金凝固过程，如图 8.41 和图 8.42 所示。

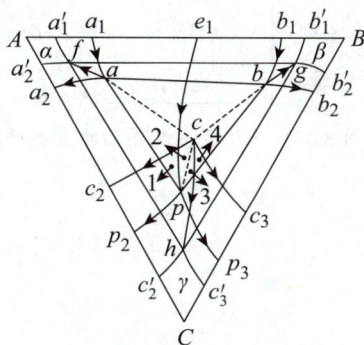

图 8.41　三元包晶相图

1号合金

L

$L \to \alpha$

$L \to \beta + \alpha$

$L + \beta + \alpha \to \gamma$

$L + \alpha \to \gamma$

$L \to \gamma$

γ

$\gamma \to \alpha_{II}$

$\gamma \to \alpha_{II} + \beta_{II}$

2号合金

L

$L \to \beta$

$L \to \beta + \alpha$

$L + \beta + \alpha \to \gamma$

$L + \alpha \to \gamma$

$L \to \gamma$

γ

$\gamma \to \alpha_{II}$

$\gamma \to \alpha_{II} + \beta_{II}$

3号合金

L

$L \to \beta$

$L \to \beta + \alpha$

$L + \beta + \alpha \to \gamma$

$L + \beta \to \gamma$

$L \to \gamma$

γ

$\gamma \to \alpha_{II}$

$\gamma \to \alpha_{II} + \beta_{II}$

4号合金

L

$L \to \beta$

$L \to \beta + \alpha$

$L + \beta + \alpha \to \gamma$

$L + \beta \to \gamma$

$L \to \gamma$

γ

$\gamma \to \beta_{II}$

$\gamma \to \alpha_{II} + \beta_{II}$

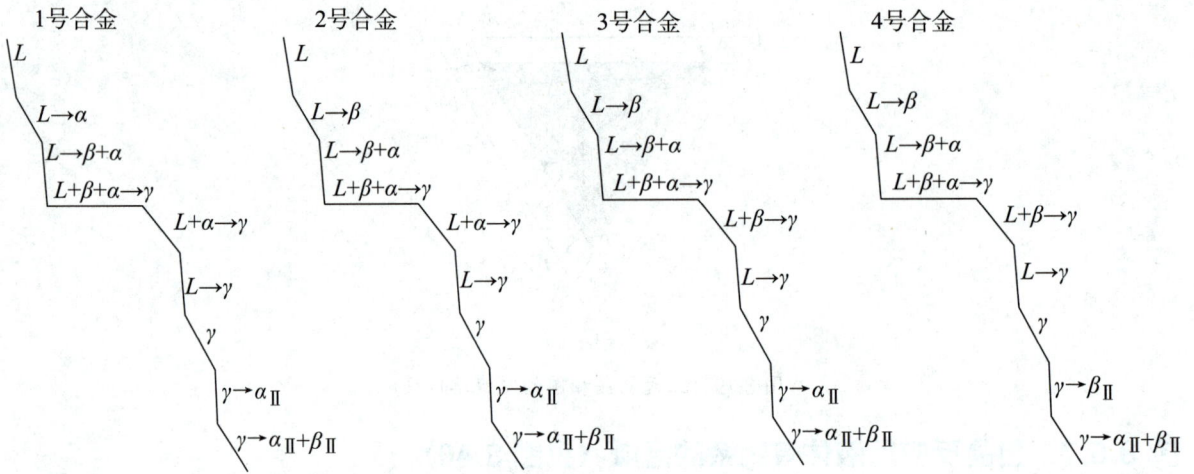

图 8.42　三元包晶相图典型合金凝固过程

8.6.9　垂直截面（见图 8.43）

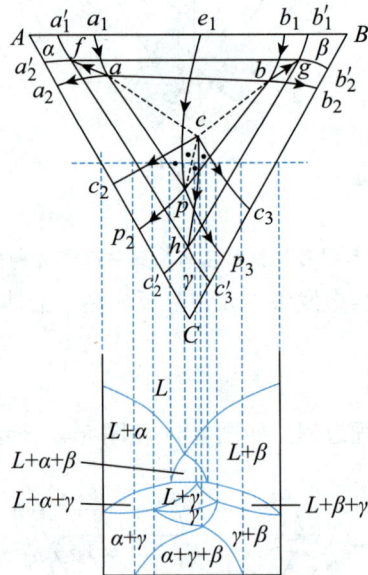

图 8.43　三元包晶相图的垂直截面

8.7 三元包共晶相图

8.7.1 三元包共晶相图的综合投影图（见图 8.44）

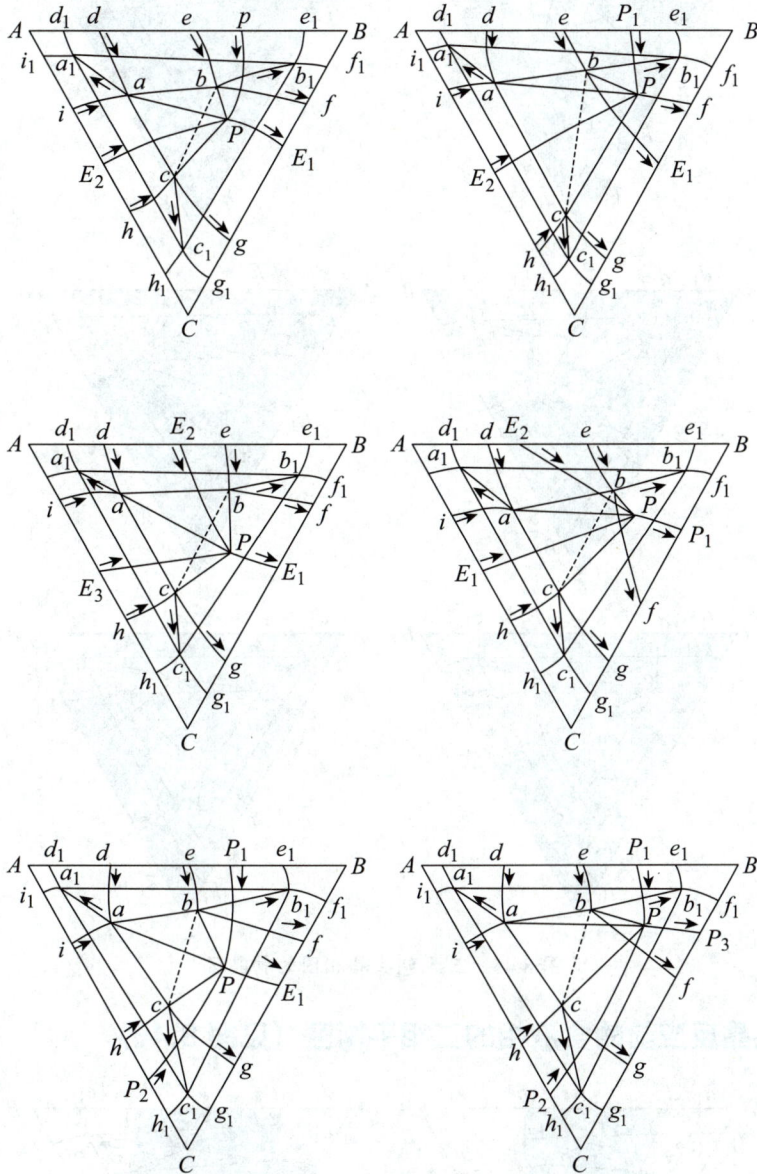

图 8.44 三元包共晶相图的综合投影图

8.7.2 初晶区（见图 8.45）

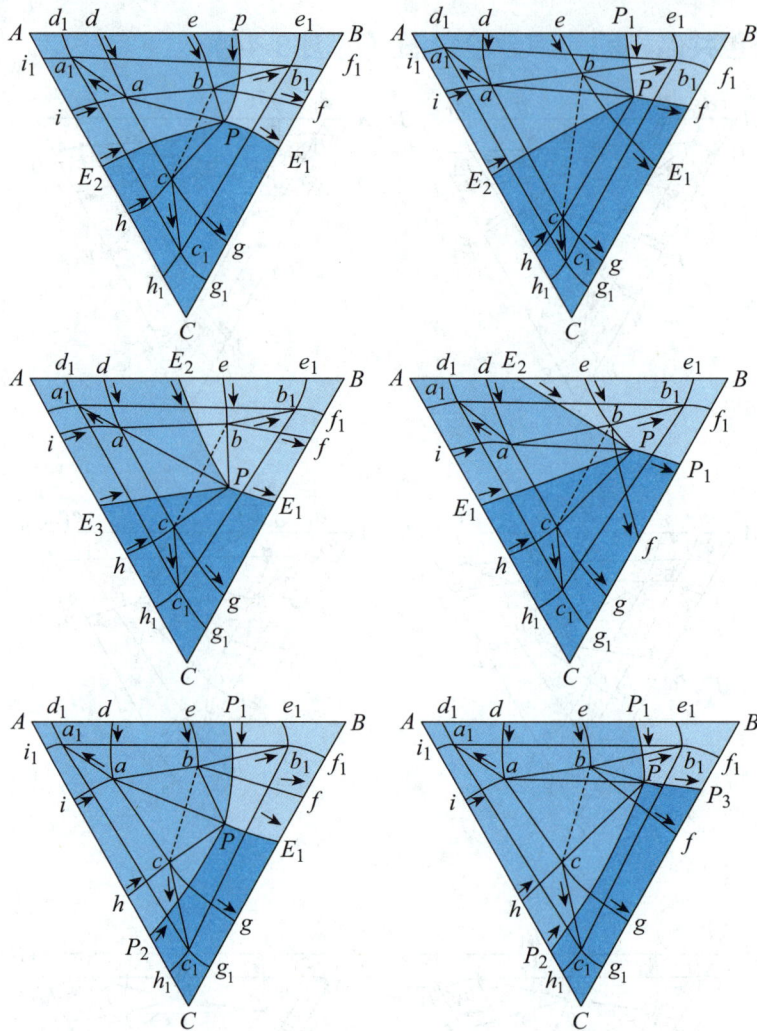

图 8.45 三元包共晶相图的初晶区

8.7.3 包共晶反应前的含液相的三相平衡区（见图 8.46）

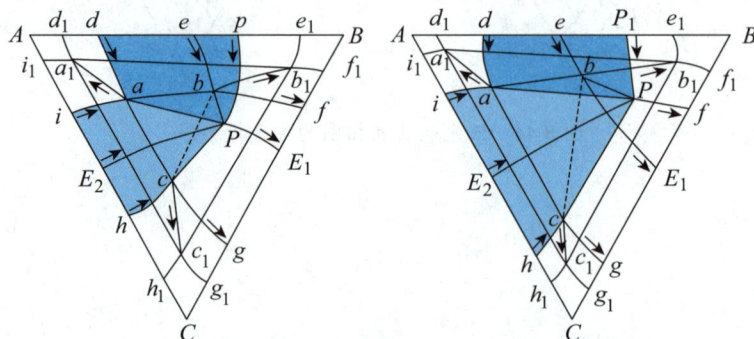

图 8.46 包共晶反应前的含液相的三相平衡区

286

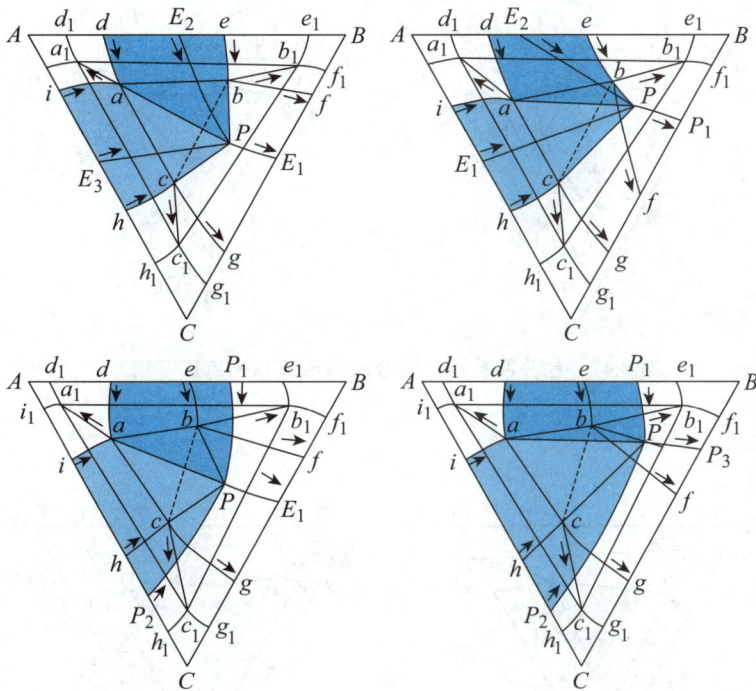

图 8.46 包共晶反应前的含液相的三相平衡区（续）

⚛ 8.7.4 包共晶反应后的含液相的三相平衡区（见图 8.47）

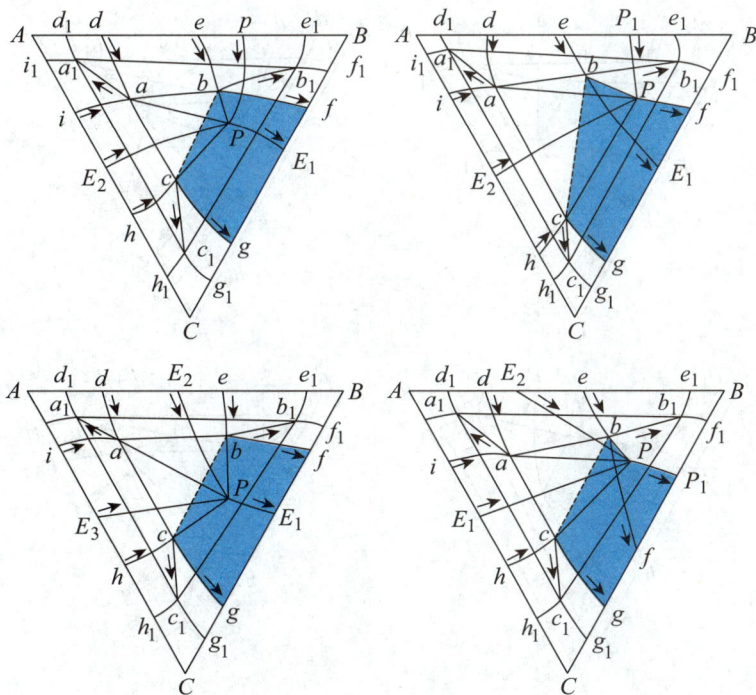

图 8.47 包共晶反应后的含液相的三相平衡区

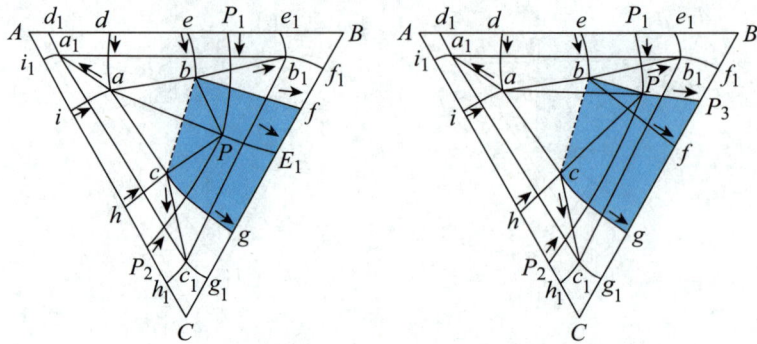

图 8.47　包共晶反应后的含液相的三相平衡区（续）

8.7.5　四相区（见图 8.48）

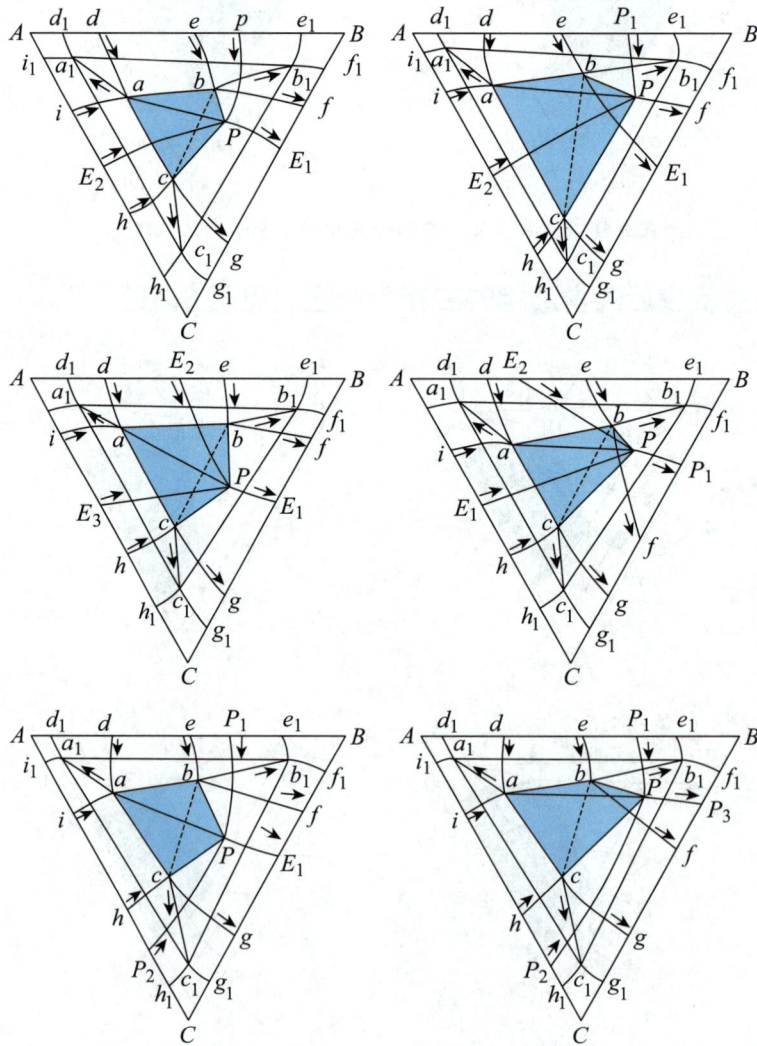

图 8.48　三元包共晶相图的四相区

8.7.6 固相面（见图8.49）

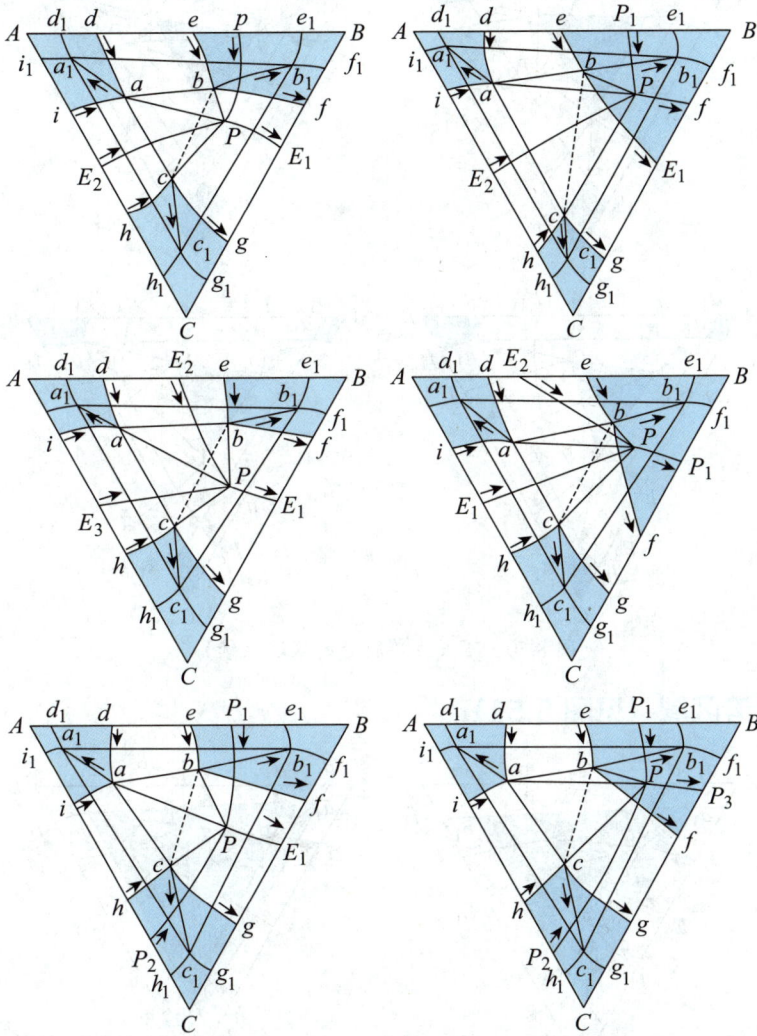

图 8.49 三元包共晶相图的固相面

8.7.7 不发生单脱溶的区域（见图8.50）

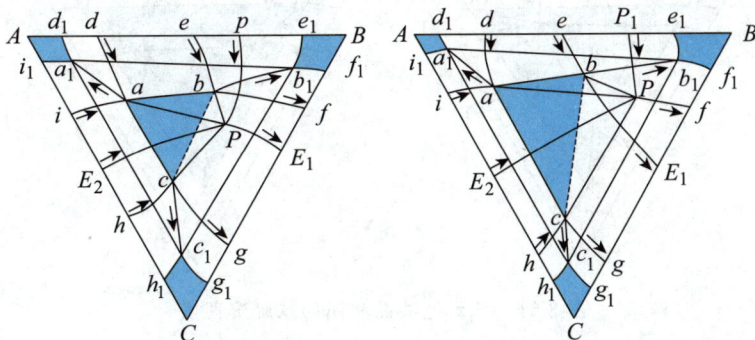

图 8.50 不发生单脱溶的区域

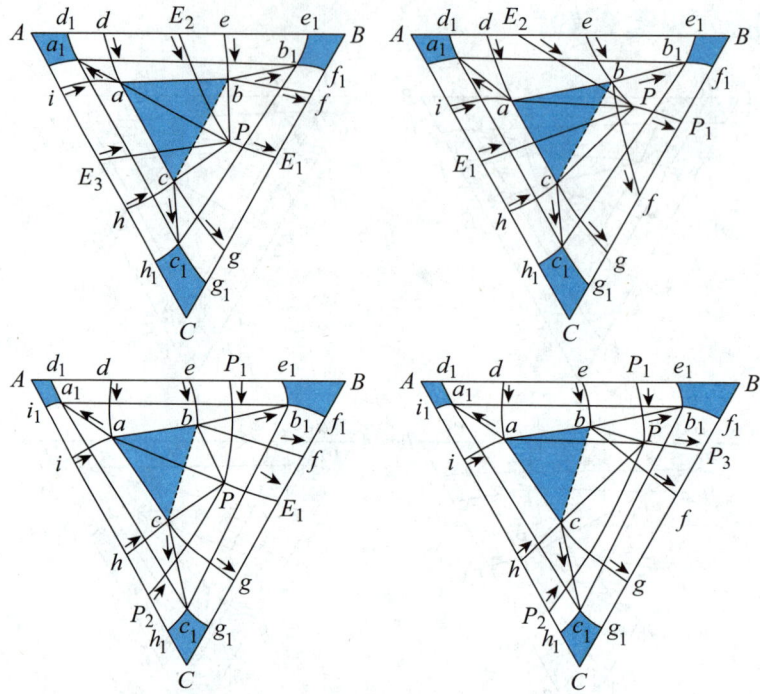

图 8.50 不发生单脱溶的区域（续）

8.7.8 双脱溶区域（见图 8.51）

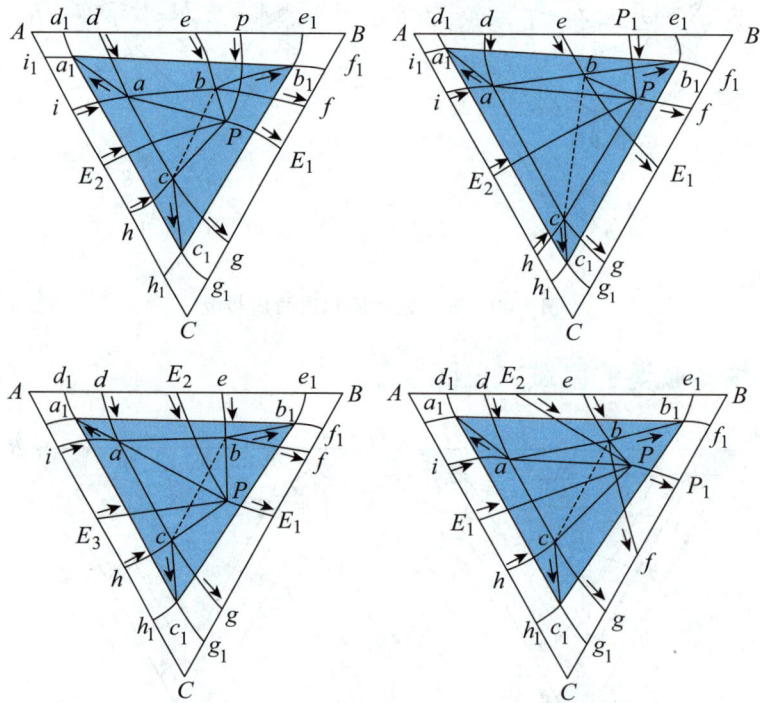

图 8.51 三元包共晶相图的双脱溶区域

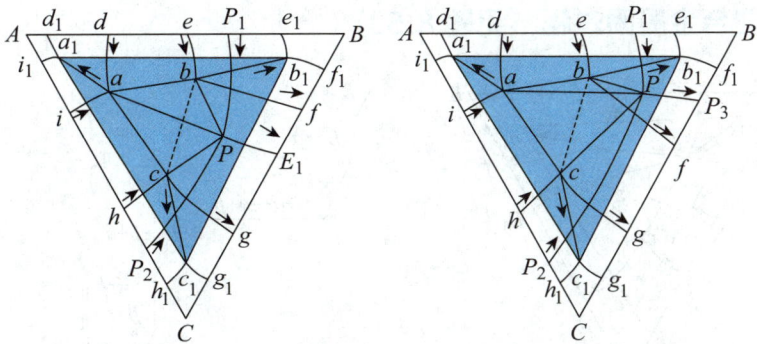

图 8.51　三元包共晶相图的双脱溶区域（续）

8.7.9　包晶反应后液体有剩余的区域（见图 8.52）

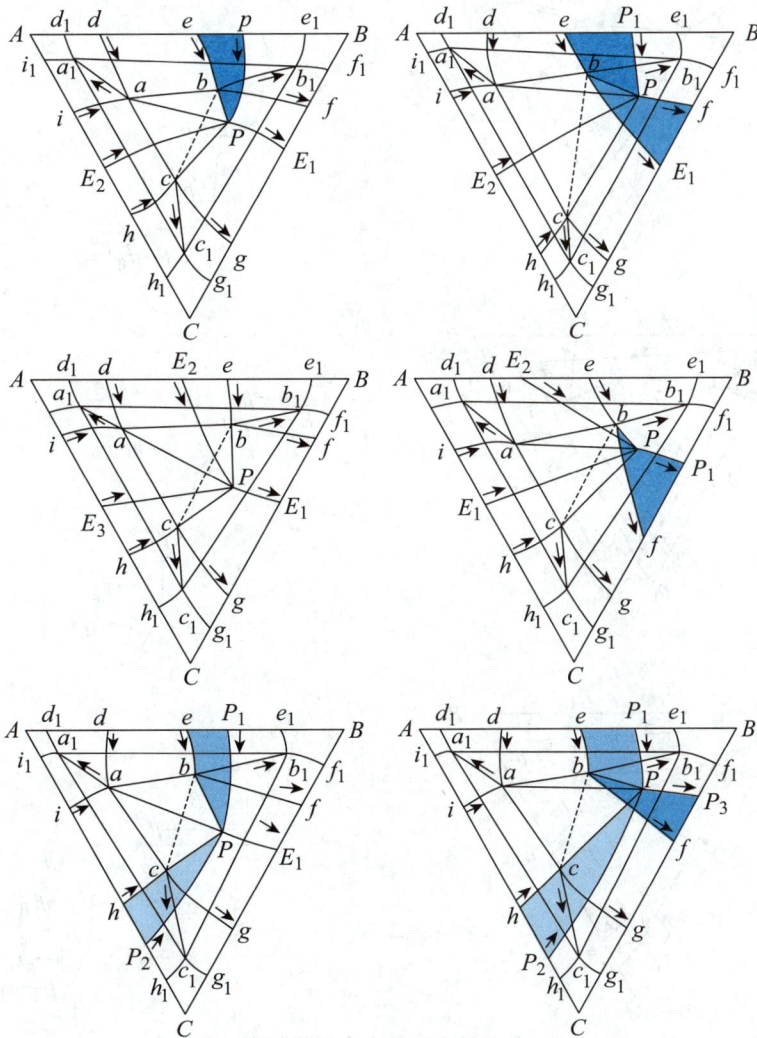

图 8.52　包晶反应后液体有剩余的区域

8.7.10 典型合金凝固过程（见图 8.53）

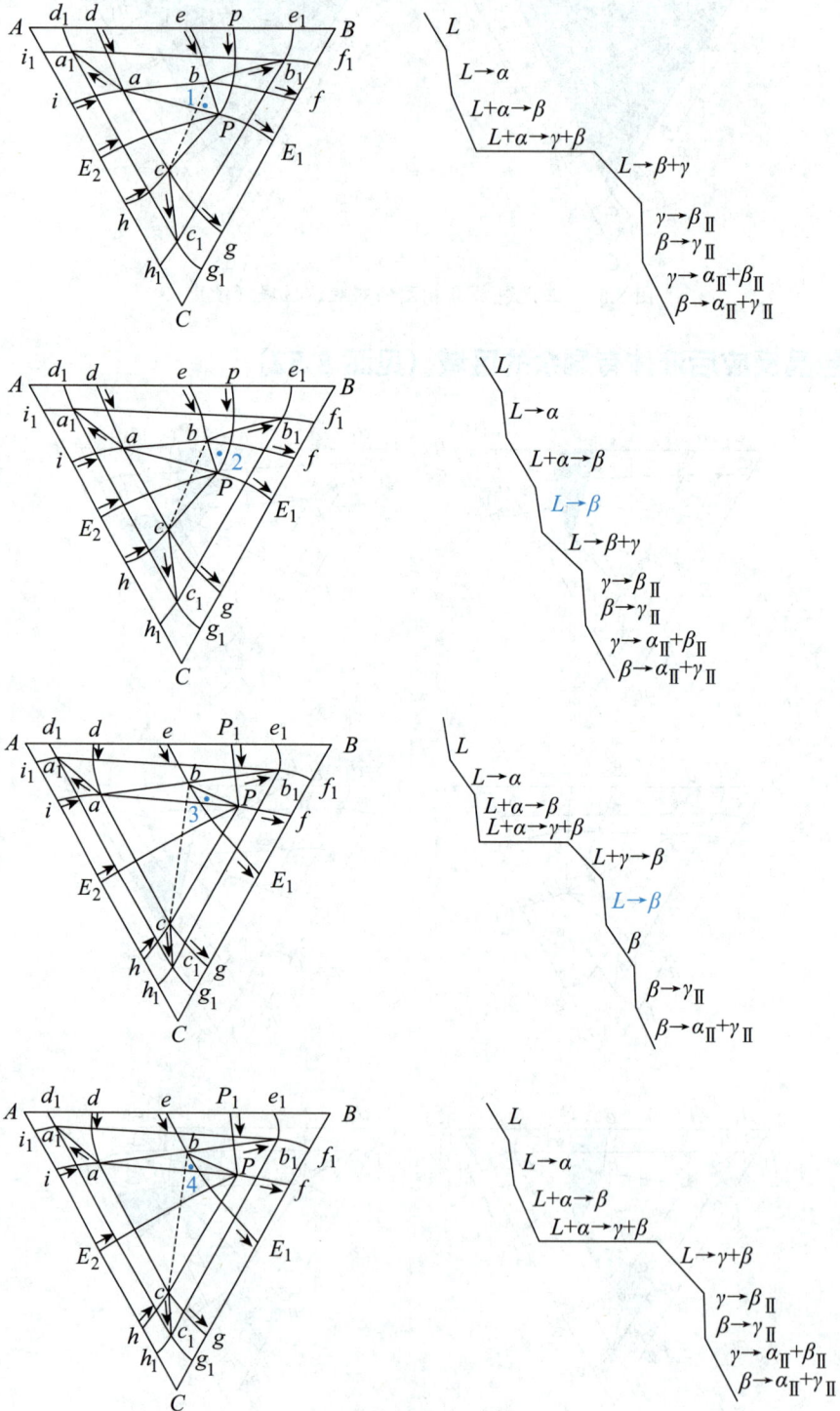

图 8.53　典型合金凝固过程

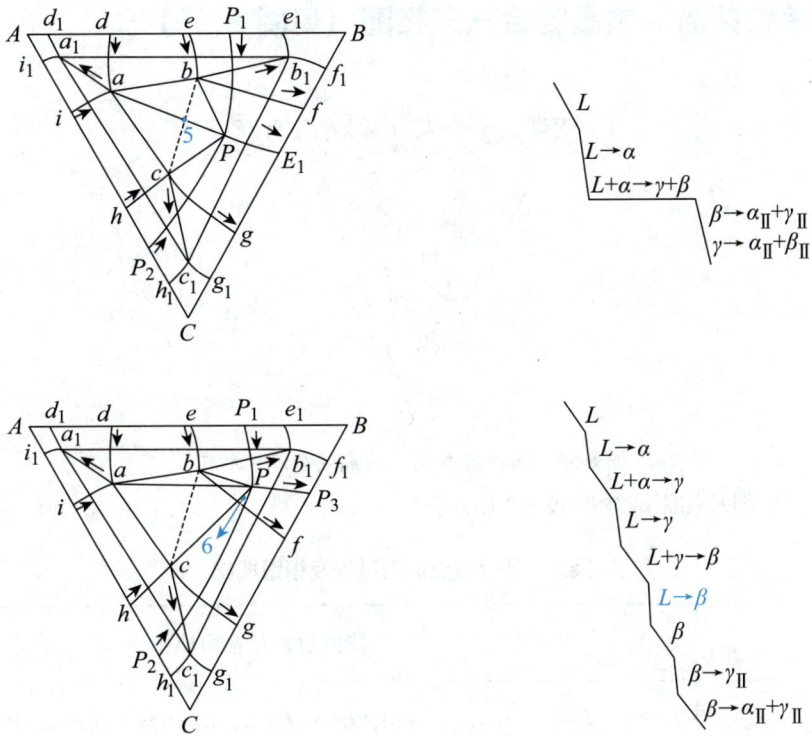

图 8.53　典型合金凝固过程（续）

⚛ 8.7.11　垂直截面（见图 8.54）

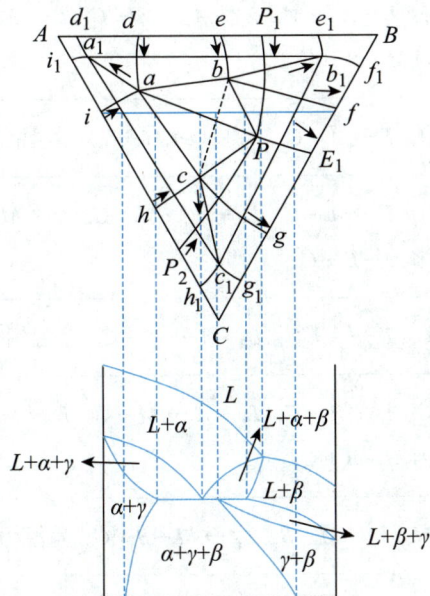

图 8.54　垂直截面

✿ 8.8 简单包共晶－共晶复合三元相图（见图 8.55）

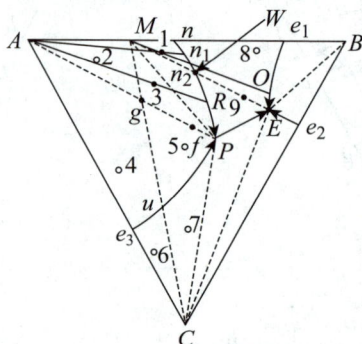

图 8.55 简单包共晶－共晶复合三元相图

各合金点凝固过程及相组成物如表 8.2 所示。

表 8.2 各合金点凝固过程及相组成物

合金点（区）	凝固过程及相组成物
1（nMP 区）	$L \rightarrow A$，$L+A \rightarrow M$，$L \rightarrow M$，$L \rightarrow M+B$，$L_E \rightarrow M+B+C$。室温相组成物为 $M+B+C$
2（AgM 区）	$L \rightarrow A$，$L+A \rightarrow M$，$L_P+A \rightarrow M+C$。室温相组成物为 $A+M+C$
3（gMP 区）	$L \rightarrow A$，$L+A \rightarrow M$，$L_P+A \rightarrow M+C$，$L \rightarrow M+C$，$L_E \rightarrow M+B+C$。室温相组成物为 $M+B+C$
4（Ae_3ug 区）	$L \rightarrow A$，$L \rightarrow A+C$，$L_P+A \rightarrow M+C$。室温相组成物为 $A+M+C$
5（uPg 区）	$L \rightarrow A$，$L \rightarrow A+C$，$L_P+A \rightarrow M+C$，$L \rightarrow M+C$，$L_E \rightarrow M+B+C$。室温相组成物为 $M+B+C$
6（Ce_3u 区）	$L \rightarrow C$，$L \rightarrow A+C$，$L_P+A \rightarrow M+C$。室温相组成物为 $A+M+C$
7（CuP 区）	$L \rightarrow C$，$L \rightarrow A+C$，$L_P+A \rightarrow M+C$，$L \rightarrow M+C$，$L_E \rightarrow M+B+C$。室温相组成物为 $M+B+C$
8（ne_1EW 区）	$L \rightarrow M$，$L \rightarrow M+B$，$L_E \rightarrow M+B+C$。室温相组成物为 $M+B+C$
9（ME 线）	$L \rightarrow M$，$L \rightarrow M+B+C$。室温相组成物为 $M+B+C$

续表

合金点（区）	凝固过程及相组成物
g（AP 与 MC 交点）	$L \rightarrow A$，$L_P + A \rightarrow M + C$。室温相组成物为 $M + C$
f（gP 线）	$L \rightarrow A$，$L_P + A \rightarrow M + C$，$L \rightarrow M + C$，$L_E \rightarrow M + B + C$。室温相组成物为 $M + B + C$
u（e_3P 与 MC 交点）	$L \rightarrow A + C$，$L_P + A \rightarrow M + C$。室温相组成物为 $M + C$

✿ 8.9　复杂包共晶－共晶复合三元相图（见图 8.56）

分析图 8.56(a) 中合金 x 的凝固过程，当从高温冷却时，从液体中凝固出 α 初晶；当液体成分变至 nP 线上时，开始发生二元包晶反应 $(L+\alpha \rightarrow M)$；当液体成分变至 P 点时，则发生包共晶反应 $(L+\alpha \rightarrow M+\gamma)$，包共晶反应进行完毕后，$\alpha$ 相消失，还有多余的液体。图 8.56(b) 中所示剩余液体由 M 点进入 $L+M+\gamma$ 三相区进行二元共晶反应 $(L \rightarrow M+\gamma)$，当合金冷却至与二元共晶完毕面接触时 $(N$ 点$)$，此时液相成分到达 PE 上的 W 点，全部液体凝固完毕。

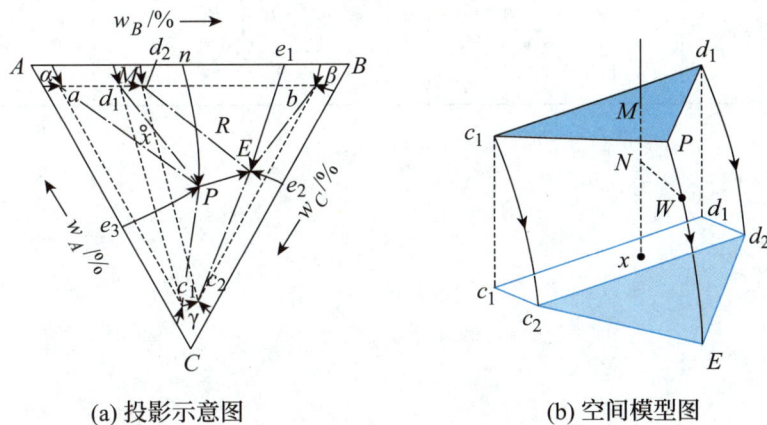

(a) 投影示意图　　　　　　(b) 空间模型图

图 8.56　复杂包共晶－共晶复合三元相图

✿ 8.10　三元相图总结（见表 8.3）

（1）单变量线及走向在投影图中一般只有液相线标出箭头。

（2）四相平衡区共有 4 个点，每个点上有三条单变量线。

（3）从液相线走向可判别四相平衡区的类型并可写出反应式。

①三箭头向里，共晶。

②两箭头向里，一箭头向外，包共晶。

③一箭头向里，两箭头向外，包晶。

表 8.3　三元相图总结

转变类型	$L \to \alpha + \beta + \gamma$	$L + \alpha \to \beta + \gamma$	$L + \alpha + \beta \to \gamma$
转变前的三相平衡			
四相平衡			
转变后的三相平衡			
液相面交线的投影			

本章精选习题

一、选择题

1. 三元合金的相平衡状态可在（　　　）上反映出来。

    A. 水平截面　　　　　　　　　　B. 垂直截面　　　　　　　　　　C. 投影图

2. 在三元系中，如果合金 O 在某一温度处于两相平衡，这两个相的成分点分别为 a 和 b，则 O、a、b 三点一定在一条直线上，且（　　　）。

    A. O 点位于 a、b 两点之间　　　B. O 点位于 a、b 的延长线上　　　C. O 点位于 b、a 的延长线上

3. 在三元系浓度三角形中，凡成分位于（　　　）上的合金，所含此线两旁另两个顶点所代表的两组元含量相等。

    A. 通过三角形顶角的中垂线

    B. 通过三角形顶角的任一直线

    C. 通过三角形顶角与对边成 45° 的直线

4. 在三元系相图中，三相区的等温截面都是一个连接的三角形，其顶点触及（　　　）。

    A. 单相区　　　　　　　　　　　B. 两相区　　　　　　　　　　　C. 三相区

二、判断题

（　　）1. 三元相图中，由三条单变量线的走向可判断四相反应的类型。

（　　）2. 三元系三相平衡时自由度为零。

（　　）3. 三元系变温截面上也可应用杠杆定律确定各相相对含量。

（　　）4. 三元相图仅根据液相面投影图就可以判断合金系凝固过程中所有相平衡关系。

（　　）5. 三元系固相面等温线投影图可用于确定合金开始凝固的温度。

三、问答题

1. 在图示的浓度三角形中：

    (1) 写出点 P、R、S 的成分；

    (2) 设有 2 kg P、4 kg R、2 kg S，求它们混熔后的液体成分点 X；

    (3) 若有 2 kg P，问需要何种成分的合金 Z 才能混熔得到 6 kg 的合金 R？

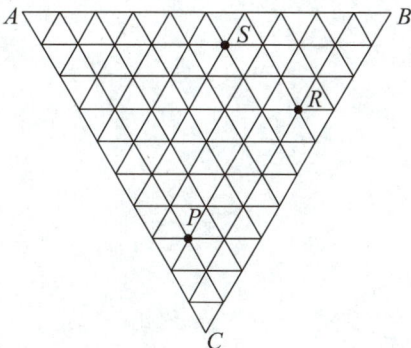

2. 图示为 Pb–Bi–Sn 相图的投影图。

（1）写出点 P、E 的反应式和反应类型；

（2）写出合金 Q（$w_{Bi}=0.70$，$w_{Sn}=0.20$）的凝固过程及室温组织；

（3）计算合金 Q 在室温下组织的相对量。

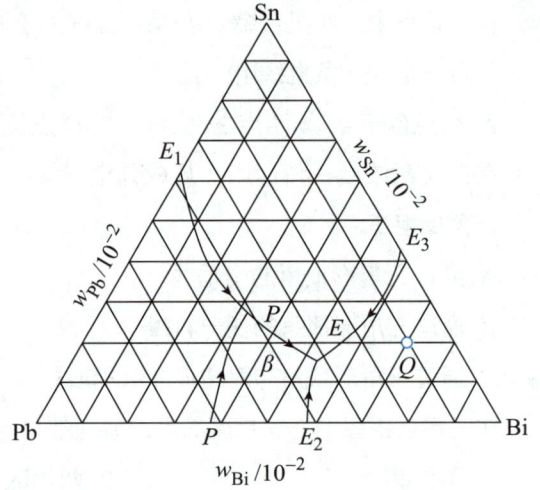

3. 图示为三元相图的投影图，回答下列问题：

（1）写出该相图四相平衡反应范围。

（2）组成该三元系的三个二元系中是否都有三相平衡反应？若有，写出反应式。

（3）写出合金 Q 在平衡冷却过程中发生的四相平衡反应。

（4）图中合金 R 在平衡冷却过程中是否会发生四相平衡反应和三相平衡反应？若会，请写出反应式。

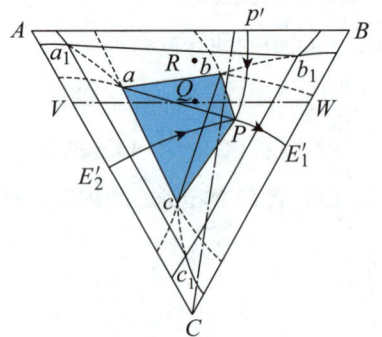

精选习题参考答案

一、选择题

1.【答案】A

【解析】水平截面可以看出相组成。

2.【答案】A

【解析】这是直线法则的本质。

3.【答案】A

【解析】含量相等时，合金位于连线中点，这是直线法则的推论。

4.【答案】A

【解析】这属于三元相图相接触法则。

二、判断题

1.【答案】√

【解析】略。

2.【答案】×

【解析】$f=3-3+1=1$。

3.【答案】×

【解析】三元系变温截面上**不可**应用杠杆定律确定各相相对含量。

4.【答案】×

【解析】三元相图仅根据**综合投影图**就可以判断合金系凝固过程中所有相平衡关系。

5.【答案】×

【解析】三元系固相面垂直截面图可用于确定合金开始凝固的温度。

三、问答题

1.【解析】（1）点 P、R、S 的成分如表所示。

成分	成分点		
	P	R	S
w_A	0.20	0.10	0.40
w_B	0.10	0.60	0.50
w_C	0.70	0.30	0.10

（2）已知 2 kg P、4 kg R、2 kg S，则它们混熔后的液体成分点 X 如图所示。

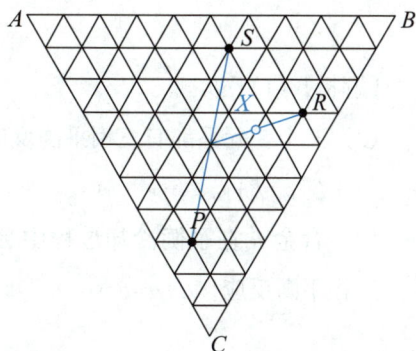

（3）如图所示，若有 2 kg P，则需要成分为 5%A、85%B、10%C 的合金 Z 才能混熔得到 6 kg 的合金 R。

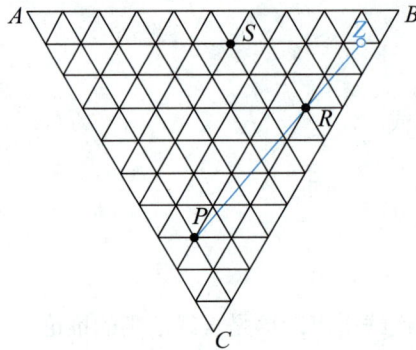

2.【解析】（1）P：包共晶反应 $L+Pb \rightarrow Sn+\beta$；

E：共晶反应 $L \rightarrow Bi+Sn+\beta$。

（2）冷却曲线：

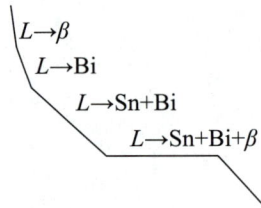

合金 Q 的室温组织：$Bi+(Sn+Bi)+(Sn+Bi+\beta)$。

（3）如图所示，合金 Q 在室温下组织的相对量为

$$Bi\% = \frac{AQ}{ABi} \times 100\%$$

$$(Bi+Sn)\% = \frac{QBi}{ABi} \times \frac{EA}{EB} \times 100\%$$

$$(Bi+Sn+\beta)\% = \frac{QBi}{ABi} \times \frac{AB}{EB} \times 100\%$$

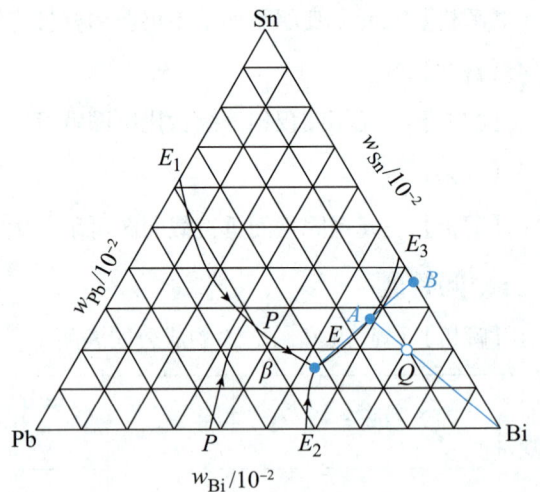

3.【解析】（1）$abPc$。

（2）三个二元系都有三相平衡反应。AB 系：$L+\alpha=\beta$；AC 系：$L=\alpha+\gamma$；BC 系：$L=\beta+\gamma$。

（3）$L+\alpha=\beta+\gamma$。

（4）合金 R 在平衡冷却过程中会发生四相平衡反应和三相平衡反应。四相平衡反应：$L+\alpha=\beta+\gamma$；

三相平衡反应：$L+\alpha=\beta$。

第九章

▼

固态相变

第九章　固态相变

本章复习导图

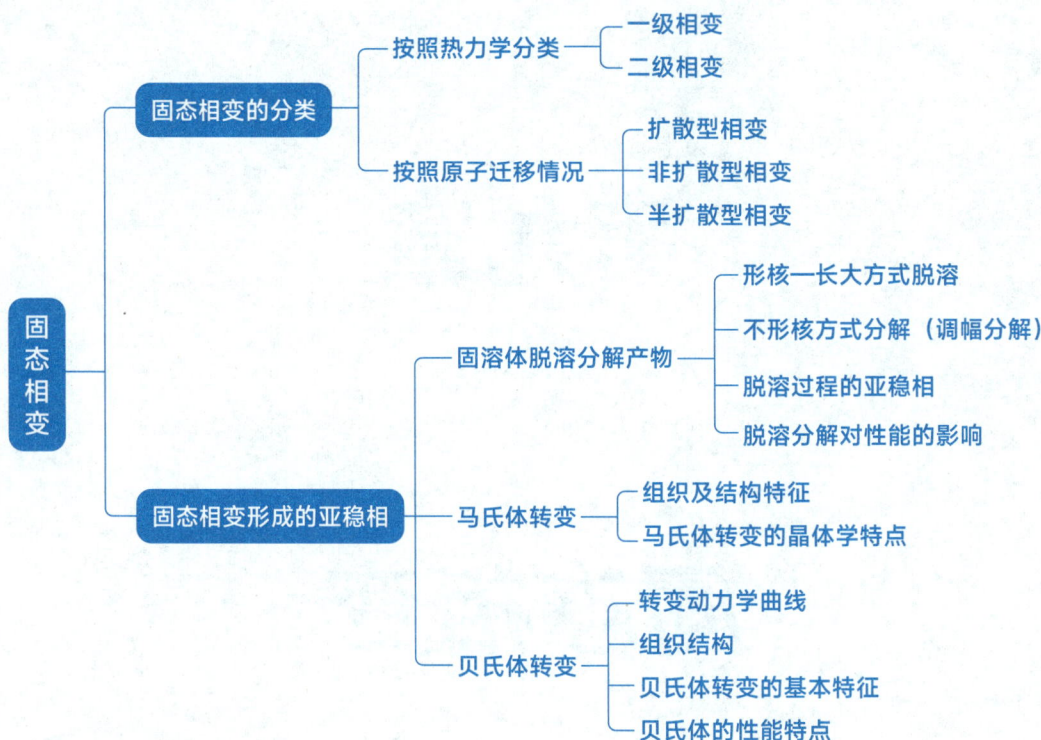

```
固态相变
├── 固态相变的分类
│   ├── 按照热力学分类
│   │   ├── 一级相变
│   │   └── 二级相变
│   └── 按照原子迁移情况
│       ├── 扩散型相变
│       ├── 非扩散型相变
│       └── 半扩散型相变
└── 固态相变形成的亚稳相
    ├── 固溶体脱溶分解产物
    │   ├── 形核—长大方式脱溶
    │   ├── 不形核方式分解（调幅分解）
    │   ├── 脱溶过程的亚稳相
    │   └── 脱溶分解对性能的影响
    ├── 马氏体转变
    │   ├── 组织及结构特征
    │   └── 马氏体转变的晶体学特点
    └── 贝氏体转变
        ├── 转变动力学曲线
        ├── 组织结构
        ├── 贝氏体转变的基本特征
        └── 贝氏体的性能特点
```

本章章节重点

✿ 9.1　固态相变的分类

相：合金中具有同一聚集状态、同一结构以及成分性质完全相同的均匀组成部分，有单相、多相之分。

固态相变：当外界条件（温度、压力、应力等）改变时，引起固体材料的组织、结构和性能发生的转变。

1. 按照热力学分类

分为一级相变和二级相变（见图 9.1）。

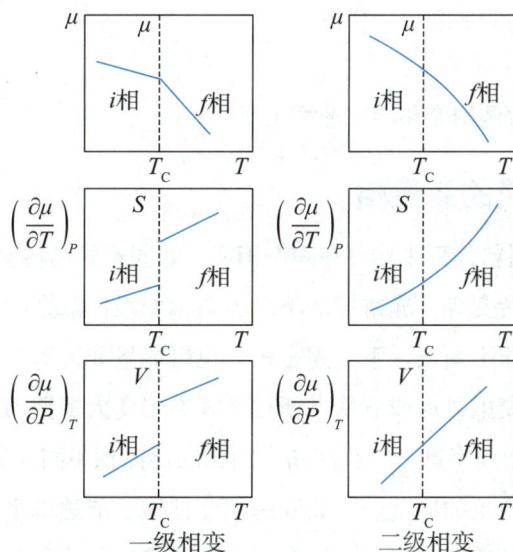

图 9.1　一级相变和二级相变自由能、熵对比

一级相变：当由 α 相转变为 β 相时，有 $\mu^{\alpha i}=\mu^{\beta i}$，但化学势的一阶偏导数不相等，称为一级相变。

$$\left(\frac{\partial \mu^{\alpha}}{\partial T}\right)_p \neq \left(\frac{\partial \mu^{\beta}}{\partial T}\right)_p, \quad \left(\frac{\partial \mu^{\alpha}}{\partial p}\right)_T \neq \left(\frac{\partial \mu^{\beta}}{\partial p}\right)_T$$

其中 α 为相变时的新相，β 为旧相。

又因为

$$\left(\frac{\partial \mu}{\partial T}\right)_p = -S, \quad \left(\frac{\partial \mu}{\partial p}\right)_T = V$$

所以 $S^{\alpha} \neq S^{\beta}$，$V^{\alpha} \neq V^{\beta}$。

一级相变有体积和熵的突变，即 $\Delta V \neq 0$，$\Delta S \neq 0$。

大多数的相变都属于一级相变，如金属及合金的结晶、固溶体的脱溶、马氏体相变等。

二级相变：若发生相变时，有 $\mu^{\alpha i}=\mu^{\beta i}$，并且其一阶偏导数也相等，但二阶偏导数不相等，称为二级相变。

$$\left(\frac{\partial \mu^{\alpha}}{\partial T}\right)_p = \left(\frac{\partial \mu^{\beta}}{\partial T}\right)_p, \quad \left(\frac{\partial \mu^{\alpha}}{\partial p}\right)_T = \left(\frac{\partial \mu^{\beta}}{\partial p}\right)_T$$

$$\left(\frac{\partial^2 \mu^{\alpha}}{\partial T^2}\right)_p \neq \left(\frac{\partial^2 \mu^{\beta}}{\partial T^2}\right)_p, \quad \left(\frac{\partial^2 \mu^{\alpha}}{\partial p^2}\right)_T \neq \left(\frac{\partial^2 \mu^{\beta}}{\partial p^2}\right)_T, \quad \frac{\partial^2 \mu^{\alpha}}{\partial T \partial p} \neq \frac{\partial^2 \mu^{\beta}}{\partial T \partial p}$$

由于

$$\left(\frac{\partial^2 \mu}{\partial T^2}\right)_p = \left(-\frac{\partial S}{\partial T}\right)_p = -\frac{c_p}{T}, \quad \left(\frac{\partial^2 \mu}{\partial p^2}\right)_T = -Vk, \quad \frac{\partial^2 \mu}{\partial T \partial p} = V\alpha$$

其中 k 为材料的压缩系数，α 为材料的热膨胀系数。

又二级相变时，无体积效应和热效应产生，因此材料的压缩系数、热膨胀系数及比定压热容均有突变。

磁性转变、有序和无序转变多为二级相变。

2. 按照原子迁移情况

分为扩散型相变，非扩散型相变和半扩散型相变。

9.2 固态相变形成的亚稳相

从相图分析可知，许多材料体系中均存在固态相变，如同素异构转变、共析转变、包析转变、固溶体脱溶分解、合金有序化转变等。通常情况下，固态相变是扩散型的，在相变过程中需通过原子的扩散来进行。但在特定的非平衡条件下，固态相变也可能是非扩散型的，在相变过程中无须通过原子的扩散来进行，仅借切变重排形成亚稳态新相。固态相变大多数为形核和生长方式，由于此过程是在固态中进行，原子扩散速率甚低，且因新、旧相的比体积不同，其形核和生长不仅有界面能，还需克服彼此间比体积差而产生的应变能。故固态相变往往不能达到平衡状态，而是通过非平衡转变形成亚稳相。又因形成时条件的不同，可能有不同的过渡相。这种非平衡的亚稳状态不仅使材料的组织结构发生变化，还对材料性能有很大的影响，甚至出现特殊的性能，恰当地予以利用，可以充分发挥材料的潜力，满足不同的使用要求。

固态相变形成的亚稳相有多种类型，这里仅介绍固溶体脱溶分解产物、马氏体转变和贝氏体转变。

9.2.1 固溶体脱溶分解产物

当固溶体因温度变化等原因而呈过饱和状态时，将自发地发生分解过程，其所含的过饱和溶质原子通过扩散而形成新相析出，此过程称为脱溶。新相的脱溶通常以形核和生长方式进行。由于固态中原子扩散速率低，尤其在温度较低时原子扩散速率更低，故脱溶过程难以达到平衡，脱溶产物往往以亚稳态的过渡相存在。

图 9.2 所示为脱溶示意图，相图中具有溶解度变化的体系，从单相区冷却经过溶解度饱和线进入两相区时，就要发生脱溶分解，如温度较高，则可发生平衡脱溶，析出平衡的第二相；如温度较低，则可能先形成亚稳的过渡相；如快速冷却至室温或低温（称为淬火或固溶处理），还可能保持原先的过饱和固溶体而不分解。但这种亚稳态的固溶体很不稳定，在一定条件下会发生脱溶析出过程（称为沉淀或时效），生成亚稳的过渡相。

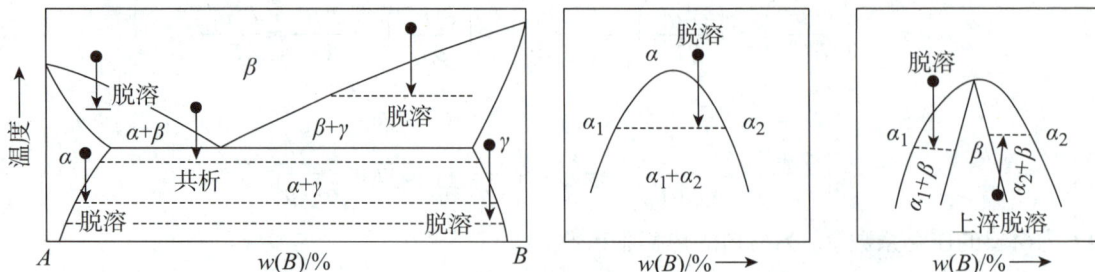

图 9.2　脱溶示意图

二元系在发生脱溶时的自由能－成分曲线如图 9.3 所示，新相脱溶会使体系自由能下降，故脱溶分解是自发过程。脱溶时新相的形成一般是通过形核和长大方式，形核需要克服能垒，通过能量起伏及浓度起伏进行。

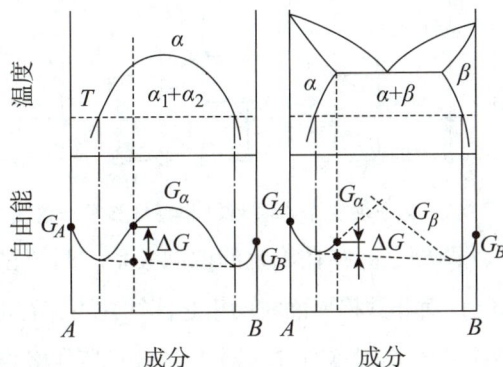

图 9.3　脱溶示意图及其自由能－成分曲线

但在图 9.4 中，成分为 s_1、s_2 之间（即在自由能曲线两个拐点之间）的合金，则不需形核而自发分解，发生后面将述的调幅分解过程。

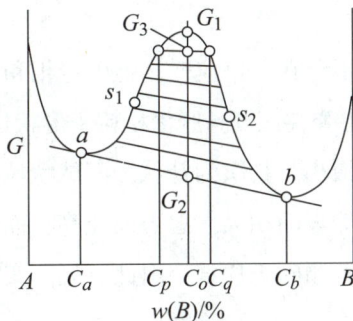

图 9.4　调幅分解示意图

1. 形核—长大方式脱溶

脱溶方式可分为连续脱溶（连续沉淀）和不连续脱溶（不连续沉淀）两类。连续脱溶又分为均匀脱溶和不均匀脱溶（或称局部脱溶）。

（1）连续脱溶。当发生连续脱溶时，新相晶核在母相中各处同时发生、随机形成，母相（基体）的浓度随之连续变化，但母相晶粒外形及位向均不改变。脱溶相（沉淀相）均匀分布于基体时称为均匀脱溶；如脱溶相优先析出于局部地区，如晶界、孪晶界、滑移带等处，则为不均匀脱溶。

当脱溶新相与基体（母相）的结构和点阵常数都很相近，即错配度甚小时，其形核和生长在界面处与基体保持共格关系，新相与基体间界面上原子同属两相晶格共有，形成连续过渡，这种共格界面的界面能很低。若错配度增大，界面处的弹性应变能也增大，这时界面将包含一些位错来调节错配以降低应变能，形成半共格界面。如新相与基体在界面处的原子排列相差很大，错配度甚大时，则形成非共格界面，界面能高。3 种相界示意图如图 9.5 所示。

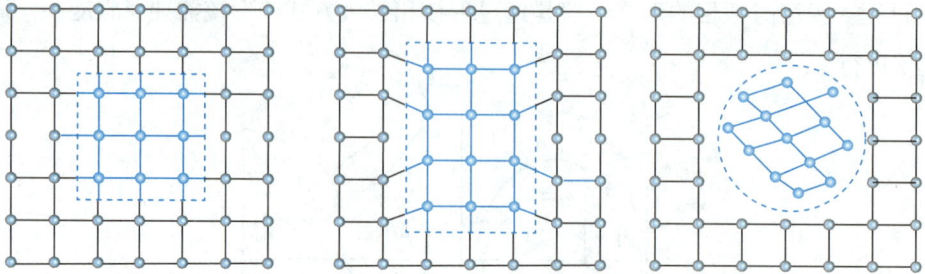

图 9.5　完全共格、半共格、非共格相界示意图

相界面为共格或半共格时，两相之间存在确定的取向关系，两相在界面处以彼此匹配较好的晶面相互平行排列，以降低界面能；而非共格界面时两相之间往往不存在取向关系。

脱溶相的**形状**与界面处的应变能等因素有关。对于共格或半共格界面的脱溶相，其应变能主要决定于两相晶格之间的错配度，错配度越大则应变能越大。当错配度甚小时，共格脱溶相趋于形成球形粒子，以求得最小界面面积，即其界面能最小；当错配度增大时，脱溶相以立方形状分布于基体，使错配度最小的晶面相匹配，减少应变能；当错配度更大时，呈薄片状，使错配度最小的晶面占到最大的界面来减小应变能。

对于非共格界面的脱溶相，虽不存在共格应变，但因母相和脱溶相两者的比体积不同，脱溶相析出时将受到周围基体的约束而产生弹性应变。脱溶相粒子形状也与应变能有关，由图 9.6 可知，片状（盘状）脱溶相所导致的应变能最小，其次为针状，而球状粒子的应变能最大。但究竟呈何形状还要考虑表面能因素，片状析出相的表面积大，总表面能高；而球状表面积最小，总表面能低，故表面能大者倾向于球状，表面能小者倾向于片状。由此可见，实际的析出相形状是由应变能和表面能综合作用的结果。

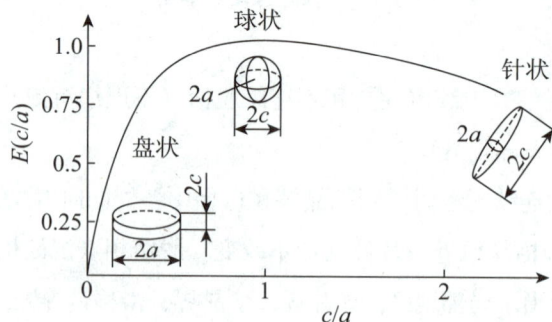

图 9.6　新相粒子的几何形状对应变能相对值的影响

连续脱溶也可呈不均匀分布，即呈局部脱溶。脱溶相优先析出在晶界、滑移带、位错线等晶体缺陷处，因为这些位置有利于新相形核，尤其在过冷度较小、形核率较低的情况下，晶格缺陷为形核提供了有利条件。

（2）不连续脱溶。当发生不连续脱溶时，从过饱和的基体中以胞状形式同时析出含有 α 与 β 两相的产物，其中 α 相是成分有所改变的基体相，β 相是脱溶新相，两者以层片状相间地分布。通常形核于晶界并向某侧晶粒生长，转变区形成的胞状领域与未转变基体有明晰的分界面，基体成分在界面处突变且晶体取向也往往有改变。图 9.7 所示为不连续脱溶示意图。

关于不连续脱溶机制，有人认为它有些类似于再结晶时的晶界迁移过程：脱溶相形核于基体的晶界，其生长是通过推动晶界向一侧晶粒弓出迁移而逐步发展的，故认为胞状脱溶分解领域前沿的界面是由晶界凸出所致。因此，胞状脱溶可借助晶界作快速的短程扩散而生长，而不像连续脱溶时需要依靠溶质原子的长程扩散，故不连续脱溶形核后的生长速率是**较快的**。

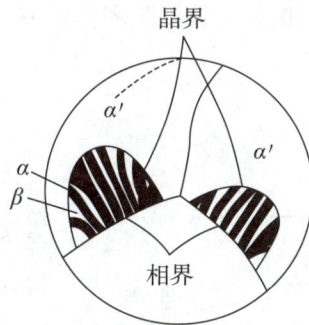

图 9.7　不连续脱溶示意图

2. 不形核方式分解（调幅分解）

调幅分解是自发的脱溶过程，它无须形核，而是通过溶质原子的上坡扩散形成结构相同而成分呈周期性波动的纳米尺度共格微畴，并以连续变化的溶质富集区与贫化区彼此交替地均匀分布于整体中。

图 9.8(a) 所示为调幅分解时其浓度变化的特点（图 9.8(b) 所示为形核—长大时的浓度变化），在分解初期，微畴之间呈共格，不存在相界面，只有浓度梯度，随后逐步增加幅度，形成亚稳态的调幅结构，在条件充分时，最终可形成平衡成分的脱溶相。调幅分解的机制是溶质原子的上坡扩散。

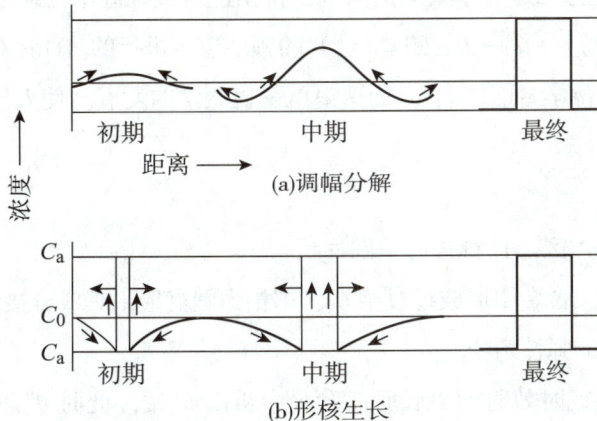

图 9.8　两种转变方式的成分变化情况示意图

3. 脱溶过程的亚稳相

过饱和固溶体脱溶分解过程是复杂多样的，因成分、温度、应力状态及加工处理条件等因素而异，通常不直接析出平衡相，而是通过亚稳态的过渡相逐步演变过来，前述的调幅分解就是一个例子。对于形核—长大型脱溶，也往往是分成几个阶段发展的，这里以典型的 Al–4.5%Cu 合金为例来进行分析。人们对固溶体脱溶（通常称作"时效析出"）的最早研究就是从这个合金开始的。Al–Cu 合金相图如图 9.9 所示，Al–4.5%Cu 合金在室温的平衡组成相应为 α 固溶体和 $CuAl_2$ 金属间化合物（θ 相）。若将合金加热到 540 ℃，使 θ 相溶入，呈单相 α 固溶体，再从该温度快速冷却（淬水）到室温，可得到单相的过饱和 α 固溶体（这称为固溶处理），此时脱溶不发生，为亚稳状态。如再加热到 100 ～ 200 ℃保温（时效处理），则过饱和 α 将发生脱溶分解，并随保温时间延长而形成不同类型的过渡相。

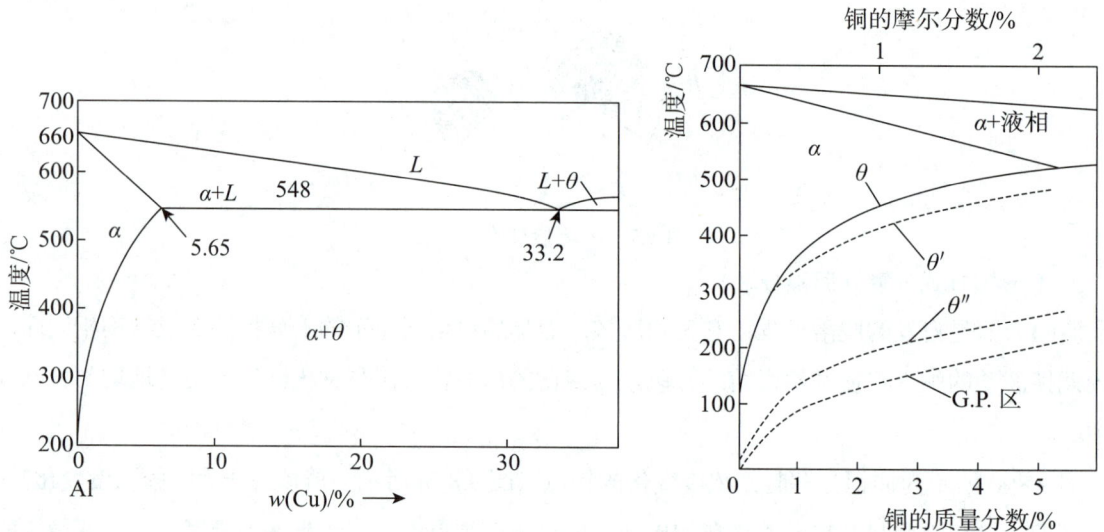

图 9.9　Al-Cu 合金相图

早期应用 X 射线衍射方法进行了大量的研究，得出此合金经固溶处理后时效时，其沉淀相是按 G.P. 区→θ''（或称 G.P. Ⅱ）→θ'→θ（即 $CuAl_2$）的顺序逐步进行的（G.P. 是为纪念最早对此作出贡献的 Guinier 和 Preston 两位学者而命名），而透射电子显微学的发展，使人们对此过程的结构和组织变化有了更直观的了解。

具体脱溶过程如下：

（1）时效初期形成 G.P. 区，且 G.P. 区呈圆片状。

（2）当时效时间延长，合金中形成过渡相 θ''，θ'' 相为圆盘形，其成分接近于 $CuAl_2$，θ'' 虽与 α 基体保持共格，但产生一定的弹性畸变。

（3）当时效温度更高或时效时间更长时，合金中析出 θ' 相，此时 θ'' 逐渐减少以至消失，θ' 为

沿 {100} 面析出的较大圆片，它们与基体之间已不能保持共格，借界面位错联系，故 θ' 周围的应变场减弱，合金的硬度开始下降，表明已经过时效了。与基体不共格，含有平衡相 θ 的 Al–Cu 合金已显著软化。

以上是 Al–Cu 合金中可能出现的脱溶相及其演变顺序，但如果时效温度发生改变或合金成分发生变化，脱溶过程及形成的过渡相也会发生变化。表 9.1 中列举了一些合金系的脱溶顺序，可见不同合金中存在着差异。

表 9.1 一些合金系的脱溶顺序

基体金属	合金	脱溶沉淀的顺序	平衡沉淀相
铝	Al–Ag	G.P. 区（球形）→ γ'（片状）	→ γ' (Ag₂Al)
	Al–Cu	G.P. 区（圆盘）→ θ''（圆盘）→ θ'	→ θ (CuAl₂)
	Al–Zn–Mg	G.P. 区（球形）→ M'（片状）	→ MgZn₂
	Al–Mg–Si	G.P. 区（棒状）→ β'	→ β (Mg₂Si)
	Al–Mg–Cu	G.P. 区（棒或球形）→ S'	→ S (Al₂CuMg)
铜	Cu–Be	G.P. 区（圆盘）→ γ'	→ γ (CuBe)
	Cu–Co	G.P. 区（球形）	→ β
铁	Fe–C	ε –碳化物（圆盘）	→ Fe₃C
	Fe–N	α''（圆盘）	→ Fe₄N
镍	Ni–Cr–Ti–Al	γ'（球形或立方体）	→ γ' [Ni₃(Ti, Al)]

4. 脱溶分解对性能的影响

一般来说，均匀脱溶对性能有利，能起到明显的强化作用，称为"时效强化"或"沉淀强化"；而局部脱溶，尤其是沿着晶界析出（包括不连续脱溶导致的胞状析出），往往对性能有害，使材料塑性下降，呈现脆化，强度也因此下降。均匀脱溶形成弥散分布的第二相微粒，造成强化。

以 Al–Cu 合金为例了解脱溶对各阶段性能的变化。图 9.10 所示为含 Cu 量为 2.0% ～ 4.5% 的 4 种 Al–Cu 合金经固溶处理后在 130 ℃时效不同时间后的硬度变化曲线。

可见，含 Cu 量为 4.0% 或 4.5% 的合金在短时时效后即可形成 G.P. 区，硬度不断提高，而在 θ'' 相充分析出时达到最高硬度，继续在 130 ℃时效会因 θ' 相的大量形成使硬度下降。

对于含 Cu 量较低的合金，如质量分数 w(Cu)=3.0%，由于脱溶相数量减少，故硬度提高较慢，所能达到的峰值也较低。含 Cu 量降低到 2% 时，析出量少且很快就转为 θ' 相，时效硬化作用甚弱。

以上情况进一步表明，在 Al-Cu 合金中，θ'' 相起主要强化作用，这不仅是因其密度高且细小弥散分布，更由于其共格弹性应变场增至最大、形成衔接的一片，对位错运动有很大的阻碍作用。

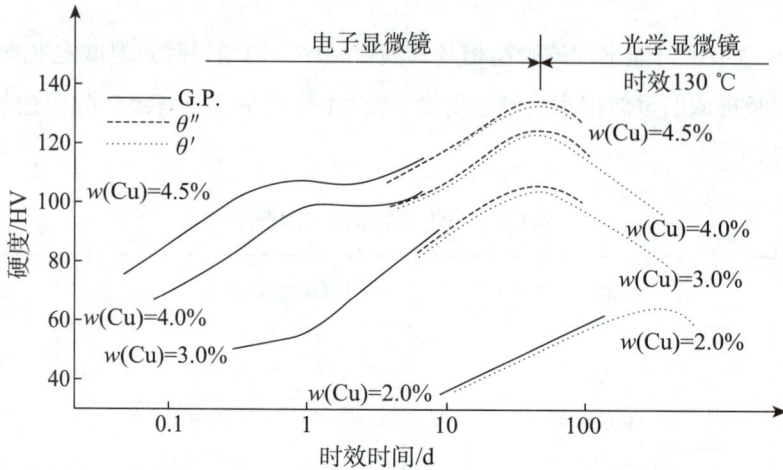

图 9.10　Al-Cu 合金的时效硬化曲线

脱溶分解也会导致材料物理性能的变化，这种变化来自时效后基体中浓度的改变、脱溶相微粒的影响和合金中应变场的作用等等。时效初期，电子散射概率增加，故合金电阻上升；但过时效则因基体中溶质原子贫化而使电阻下降。合金的磁性也因时效变化而变化；由于脱溶相阻碍了磁畴壁移动，软磁材料的磁导率会因时效变化而下降。对硬磁材料来说，因矫顽力 H_c、剩磁 B_r 也都是组织敏感的，它们与第二相的弥散度、分布情况和晶格畸变等因素有关，矫顽力的大小决定于畴壁反向运动的难易程度，故时效使 H_c 增大；脱溶相的弥散度越大，反迁移越困难，则 H_c 越大，进而 B_r 也越大。

调幅分解也会导致材料性能的变化，所形成的精细组织使硬度、强度增高。例如，Cu-Ti 合金经时效发生调幅分解后，其强度已接近于铍青铜的高强度水平。调幅分解对合金磁性的影响也是明显的。例如，铝－镍－钴永磁合金所呈现的组织是调幅分解形成的，由于在发生分解时合金已有磁性，故磁能与弹性能将联合影响脱溶组织。通过在分解时施加外磁场，使浓度波动沿着磁场方向发展而形成所需的磁性异向性（定向磁合金），从而使磁性能显著提高。

⚛ 9.2.2　马氏体转变

马氏体转变是一类非扩散型的固态相变，其转变产物（马氏体）通常为亚稳相。马氏体名称源自钢中加热至奥氏体（γ 固溶体）状态后快速淬火所形成的高硬度的针片状组织，为纪念冶金学家 Martens 而命名。

马氏体转变的主要特点是无扩散过程，原子协同作小范围位移，以类似于孪生的切变方式形成亚稳态的新相（马氏体），新旧相化学成分不变并具有共格关系。

1. 组织及结构特征

马氏体的显微组织因合金成分不同而异，以钢中马氏体为例，随含碳量不同其形貌也发生变化：低碳钢中马氏体呈板条状，成束地分布于原奥氏体晶粒内，同一束中马氏体条大致平行分布，而束与束之间则有不同位向。高碳马氏体呈片状，各片之间具有不同的位向，且大小不一。大片是先形成者，小片则分布于大片之间。

事实上，淬火钢中往往同时有条状的位错型马氏体和片状的孪晶马氏体，对碳钢来说，含碳量低于 0.6% 时，其淬火组织以条状马氏体为主，但也会含有一些片状马氏体；含碳量在 0.6% ～ 1.0% 为两类马氏体混合组织；而含碳量大于 1.0% 时，则基本上是片状马氏体。

此外，在某些高合金钢中观察到一种薄片状的马氏体，称为 ε 马氏体。它们呈平行的狭长形薄片，由于薄片很薄，故电镜观察时未能显示其亚结构，经测定，其晶体结构为密排六方型。有的有色合金（如 In–Tl 合金，Mn–Cu 合金等）中还观察到带状马氏体。它们呈宽大的平行带分布，其亚结构亦为孪晶型。

2. 马氏体转变的晶体学特点

在预先抛光表面观察马氏体转变时，可发现原先平整的表面因一片马氏体的形成而产生浮凸（见图 9.11）。如原先在抛光表面画直线 PS，则 PS 线沿倾动面改变方向（QR 线段倾斜为 QR' 线段），但仍保持连续而不发生位移（中断）或扭曲。可见，平面 $A_1A_2B_2B_1$ 在转变后仍保持原平面，没有扭曲，表明此为均匀的变形，而且新相（马氏体）与母相（奥氏体）的界面平面（即惯析面，为基体和马氏体所共有的面）$A_1B_1C_1D_1$ 及 $A_2B_2C_2D_2$ 的形状和尺寸均未改变，也未发生转动，表明在马氏体转变时惯析面是一个**不变平面**。

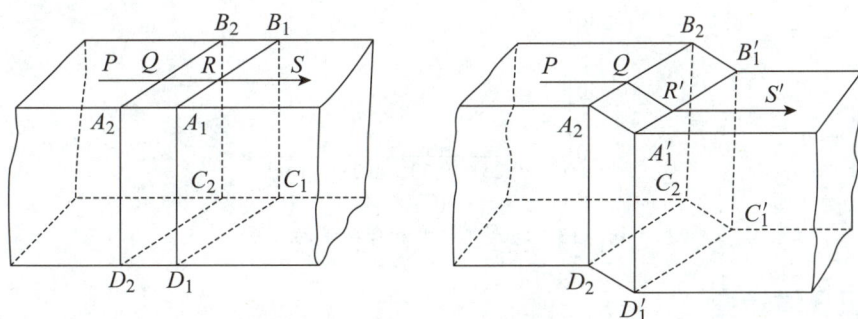

图 9.11　马氏体片形成时产生的浮凸示意图

具有不变惯析面和均匀变形的应变称为**不变平面应变**，发生这类应变时，形变区中任意点的位移是该点与不变平面之间距离的线性函数，这与孪生变形时的切变情况相似［见图 9.12(a)］，但马氏体转变时的不变平面应变还包含有少量垂直于惯析面方向的正应变分量，如图 9.12(b) 所示。

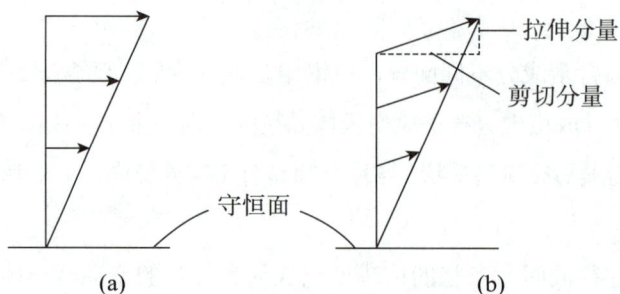

图 9.12 孪生和马氏体转变时的应变特点

马氏体的结构和亚结构特点，决定了其性能不同于同样成分的平衡组织。以碳钢为例，过饱和碳原子的固溶及位错型或孪晶型亚结构使其硬度显著提高，且随含碳量的增加而不断增高，马氏体硬度和含碳量的关系如图 9.13 所示。但马氏体的塑性、韧性却有不同的变化规律，低碳马氏体（板条状组织）具有良好的塑性、韧性；但含碳量提高则塑性、韧性下降，高碳的孪晶马氏体很脆，而且高碳的片状马氏体形成时，由于片和片之间的撞击而发生显微裂纹，使脆性进一步增加。根据其性能的不同，低、中碳马氏体钢可用作结构材料（中碳钢马氏体须进行"回火"处理——加热至适当温度使马氏体发生一定程度的分解，以提高韧性）；高碳马氏体组织的钢则用于要求高硬度的工具、刃具等，但也要经过适当的低温回火处理以降低脆性。

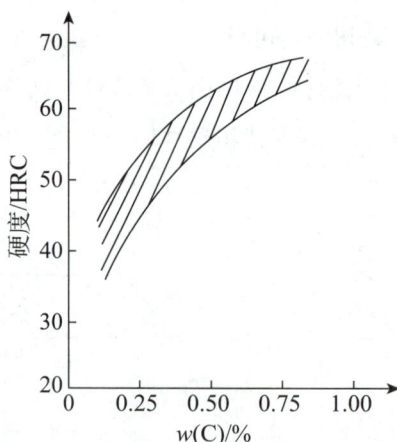

图 9.13 马氏体硬度和含碳量的关系

9.2.3 贝氏体转变

贝氏体组织原先是指钢中过冷奥氏体在中温范围转变成的亚稳产物。贝恩（Bain）和戴文博（Davenport）在 1930 年测得钢中过冷奥氏体的等温转变动力学曲线，并发现在中温保温时，会形成一种不同于珠光体或马氏体的组织，后人就命名其为贝氏体。

贝氏体的光学组织形貌与其形成温度有关，在较高温度形成的呈羽毛状；温度低时则呈针状。于是，把前者称为上贝氏体，后者称为下贝氏体。后来发现，除了钢中贝氏体组织之外，一些有色合金中也会发生贝氏体转变，形成类似的贝氏体组织。因此，研究贝氏体转变具有较普遍的意义。

1. 转变动力学曲线

将钢加热到奥氏体温度范围使之形成奥氏体，然后快速冷却到不同温度保持等温，测定过冷奥氏体在不同温度的转变开始点和转变结束点以及转变产物类型，就可作出其转变温度—转变时间—转变产物的等温转变曲线，简称 T–T–T 曲线，不同钢的等温转变曲线如图 9.14(a) 所示。可见，在 A_1 以下较高温度范围会发生珠光体转变，随着等温温度下降，珠光体转变速度加快，所形成的珠光体越细密（称为索氏体、屈氏体）；经过最快转变（曲线鼻端）后，转变速度又减慢，即是贝氏体转变范围；当温度更低达到 M_s 点，则开始发生马氏体转变，其转变随着温度下降而增加，为变温形成。碳钢的 T–T–T 曲线呈 C 字形，故也称 C 曲线，但有些合金钢由于合金元素的影响使贝氏体转变速度改变，形成如图 9.14(b) 所示的等温转变曲线。

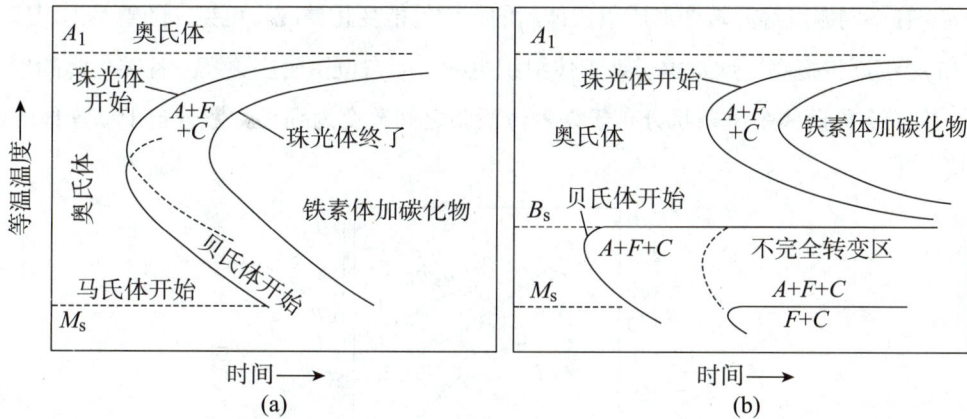

图 9.14　不同钢的等温转变曲线

2. 组织结构

贝氏体转变使样品表面产生浮凸，在上贝氏体形成时，可观察到群集的条状浮凸，而下贝氏体可观察到多向分布的针状浮凸。这与金相观察所看到的上、下贝氏体组织形貌特征相一致。

在光学显微镜下，显示为从原先奥氏体晶界向晶内生长的羽毛状组织，在电镜高倍放大下，看到它是由条状铁素体及分布于其间的不连续的细杆状碳化物所组成的，透射电镜进一步显示，上贝氏体是由平行的铁素体板条（含较高密度的位错）及分布于板条间或板条内的渗碳体所组成的，渗碳体的分布方向基本上是平行于铁素体条的生长主轴。

下贝氏体的金相组织特征是暗黑针叶状，在高倍镜下，可见其中有大量白色细小析出物。对电镜复型观察，可发现这些细小析出物与铁素体片的长轴成 $55° \sim 60°$ 交角排列，并且下贝氏体的铁素体片中，分布着高密度的位错缠结着的位错亚结构。

3. 贝氏体转变的基本特征

钢中贝氏体转变有以下基本特征：

（1）贝氏体转变发生于过冷奥氏体的中温转变区域内，转变前有一段孕育期，孕育期长短与钢种及转变温度有关。贝氏体转变往往不能进行完全，转变温度越低，则转变越不完全，未转变的奥氏体在随后冷却时形成马氏体或保留为残余奥氏体。

（2）贝氏体转变是形核和长大方式，转变过程中存在碳原子在奥氏体中的扩散（其扩散速率对贝氏体转变速率及生成的组织形态都有影响）、铁的自扩散及晶格切变。在不同转变温度下，起主导作用的因素不同，故形成不同类型的贝氏体。

（3）钢中贝氏体是铁素体和碳化物组成的两相组织，随转变温度改变和化学成分不同，贝氏体的形貌发生变化。贝氏体中铁素体与母相奥氏体之间有一定的取向关系；铁素体与碳化物之间也存在取向关系。

4. 贝氏体的性能特点

贝氏体组织的力学性能因组织形态不同而变化。图 9.15 所示为中碳铬钢（质量分数 $w(C)=0.4\%$，$w(Cr)=1.0\%$）在不同温度等温转变形成贝氏体后的力学性能变化情况。可见，随着等温温度下降，钢的强度 σ_s 和 σ_b 都逐步提高，这是由于铁素体组织更细，所含位错密度更高，且碳化物的形态、密度也在变化。由于上贝氏体中呈条状分布于铁素体板条之间改变为细小弥散分布于铁素体内部，因此强化作用增大了。

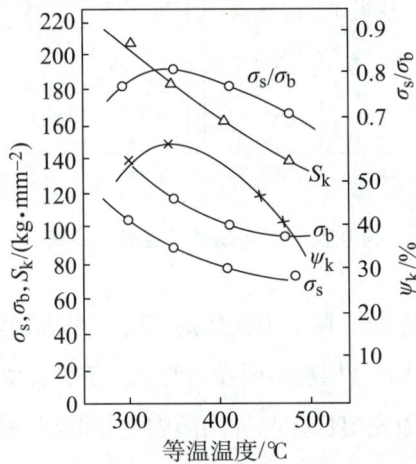

图 9.15　40Cr 中碳结构钢等温淬火的力学性能

从图 9.15 中还可看到，上贝氏体的断裂塑性也低于下贝氏体，这是因为塑性主要与铁素体和碳化物有关，上贝氏体条间分布着细长条状的碳化物，这种组织不均匀性使形变不均匀、条间易于开裂造成过早断裂。由于韧性是强度和塑性的综合作用结果，故上贝氏体的韧性也较下贝氏体差。但上贝氏体的性能还与钢的含碳量有关，含碳量低的钢其上贝氏体组织可有较好的塑性和韧性，其综合力学性能是良好的，且加入合金元素后上贝氏体可在连续冷却中形成，不像下贝氏体必须通过等温处理，因此低碳低合金的贝氏体结构钢近些年来得到开发和应用，而下贝氏组织主要用于要求高硬度、强度和韧性的工、模具制造中。总之，贝氏体的应用使钢材的成分设计、工艺制定及力学性能提高等都有了进一步的发展。

本章精选习题

一、选择题

1. 一级相变时，体积 V 和熵 S 会发生（　　）变化。

   A. $\Delta V=0$，$\Delta S \neq 0$　　　　B. $\Delta V \neq 0$，$\Delta S \neq 0$　　　　C. $\Delta V \neq 0$，$\Delta S=0$　　　　D. $\Delta V=0$，$\Delta S=0$

2. 下列不需要形核的过程也可以完成的转变是（　　）。

   A. 沉淀相变　　　　　B. 调幅分解　　　　　　　C. 共析转变　　　　　D. 马氏体转变

3. 马氏体是一种非扩散型的固态相变，请指出以下哪一项不是马氏体转变的特点？（　　）

   A. 新旧相化学成分发生变化

   B. 无扩散过程

   C. 原子协同小范围位移，以类似孪生的切变方式形成亚稳态马氏体新相

   D. 以上都不对

4. 下列发生了上坡扩散的转变过程是（　　）。

   A. 脱溶转变　　　　　B. 有序化转变　　　　　　C. 块状转变　　　　　D. 调幅分解

5. 固态相变中，形成共格或半共格结构后，并且其比体积差小，应变能小，倾向于形成（　　）。

   A. 球状　　　　　　　B. 针状　　　　　　　　　C. 层片状　　　　　　D. 方形

二、判断题

（　　）1. Fe-C 合金中出现的马氏体是一种亚稳态组织。

（　　）2. 铁碳合金中的贝氏体组织为亚稳态组织。

（　　）3. 金属材料发生固态相变时，由于母相中存在大量缺陷，使相变扩散很难进行。

（　　）4. 以界面能降低为晶粒长大驱动力时，晶界迁移总是向着晶界曲率中心方向。

（　　）5. 材料由液态转变成固态的过程称为凝固，凝固成非晶态固体不属于相变。

三、问答题

1. 固态转变。

   （1）为什么脱溶时常出现脱溶惯序？

   （2）对于 Al-4%Cu 合金，典型的时效强化工艺是什么？解释各阶段的组织特点及变化规律。

   （3）分析固溶处理后脱溶（时效处理）前施加室温大变形对脱溶行为的影响。

2. 过饱和固溶体脱溶形核长大和调幅分解。

（1）固态相变形核和长大方面有何特点？不同浓度和不同温度下的时效过程，新相的尺寸大小在母相中的相对分布还受什么因素影响？影响因素的规律是什么？

（2）分析调幅分解的热力学条件和分解过程中的成分变化特征、组织形貌特征。

3. 与液态结晶过程相比，固态相变有什么异同点？这些不同点对固态相变后形成的组织有什么影响？

精选习题参考答案

一、选择题

1.【答案】B

【解析】考查一级相变体积变化和熵变化。一级相变，熵呈不连续变化，同时有体积的突变。

2.【答案】B

【解析】调幅分解不需要形核。

3.【答案】A

【解析】马氏体相变前后成分不变。

4.【答案】D

【解析】调幅分解属于上坡扩散控制。

5.【答案】A

【解析】新相造成的应变能小，会倾向形成球状。

二、判断题

1.【答案】√

【解析】略。

2.【答案】√

【解析】略。

3.【答案】×

【解析】考查缺陷对固态相变过程的影响。缺陷为形核提供了有利条件，促进了扩散过程。

4.【答案】√

【解析】略。

5.【答案】√

【解析】略。

三、问答题

1.【解析】（1）在脱溶时会产生过渡相，过渡相是指成分或结构或两者都介于母相与平衡相之间的中间相，是为了克服相变阻力产生的中间相。过渡相都是亚稳态的，在条件合适时会逐渐向稳定相转变，因此会产生脱溶惯序。

（2）540 ℃淬火，形成固溶体后冷却到室温，然后加热到 130 ℃保温时效 16 小时。

脱溶惯序为 $\alpha \rightarrow$ G.P. 区 $\rightarrow \theta'' \rightarrow \theta' \rightarrow \theta$。

G.P. 区：在 Al–Cu 合金中，G.P. 区代表 Cu 原子的偏聚区。G.P. 区大多在过饱和度较大或过冷度较大的条件下形成；与 α 基体并没有脱离开，因而没有严格界面；结构与 α 基体相同，成分介于 α

基体和 θ 相之间；G.P. 区属于超显微结构，用光学显微镜无法观察；较均匀地分布在 α 基体中；呈圆盘状。

θ'' 相：当时效温度较高时，脱溶就会进一步向前发展，进而达到 θ'' 相。θ'' 相是 Al–Cu 合金时效过程中第一个真正脱溶出来的相；与基体呈共格关系；为四方点阵结构；呈圆片状。

θ' 相：当时效温度合适，随着时间的延续，脱溶过程将会进一步向前发展，而达到 θ' 相的形核和长大阶段。第一个靠光学显微镜就能直接观察到脱溶相；与基体为半共格界面；分布不太均匀，属于完全的非均匀形核。

θ 相：脱溶过程的进一步发展是 θ 相的形核和成长。与基体为非共格界面；分布不均匀，最易沿原晶界或相界面形核和成长。

（3）Al–Cu 合金有强塑性变形，这会诱导析出相回溶形成过饱和固溶体，变形停止后再时效析出，过程显著加速。

若加热温度足够消除变形产生的高应力，则析出顺序为过渡相→稳定相，此时对合金性能有利；若加热温度不能消除变形产生的高应力，且晶粒超细化，则再析出时过渡相被抑制，直接生成稳定相，此时对合金性能不利。

2.【解析】(1) **形核的特点**：①由于非均匀形核结构组织不均匀，缺陷分布不均匀，故能量高低也不一样，能量越高的缺陷越容易形核。过冷度大的地方可能发生均匀形核。

②核心取向关系。K–S 关系新生相 α 的某一晶面 {hkl} + 某一晶向 <uvw> 分别与母相的给定晶面平行。两种结构中最相似的晶面和晶向，相互平行，界面能最低，临界形核功和临界半径较小，阻力最小。

③共格界面及半共格界面。固态相变形成共格界面阻力最小，形成共格界面对相变更有利。

新相长大的特点：①惯习现象。固态相变为减小相变阻力，在阻力最低的晶向和晶面优先发展，具有惯习现象的组织称为魏氏组织。

②共格成长与非共格成长。对于非扩散型相变，要求必须保持共格状态，否则转变停止。对于扩散型相变，共格界面能低，界面扩散困难，破坏了共格界面就会加速生长。

新相的组织形态影响因素及规律：新生相的形态是为了适应固态介质的结构和组织特点、克服相变阻力而表现出来的综合结果。它既受应变能和界面能的影响，也受母相结构和组织的影响。应变能和总界面能对新相形状是相互矛盾的，需要具体情况具体分析。当这两个因素的作用相近时，新相成针状的机会较大；如果应变能成为相变阻力的主要因素，则新相的形状以饼状或片状为有利；若总的界面能变为相变阻力的主要因素时，则新相以球状较为有利。

（2）①热力学条件：自由能 – 成分曲线的二阶偏导数小于 0。

②成分变化特征：分解早期，微畴之间呈共格，不存在相界面，只有浓度梯度；随后逐步增加幅度，

形成亚稳态的调幅结构；最终形成平衡成分的脱溶相。

③组织形貌特征：双连续网络结构，分解形成的两相相互交织，形成类似海绵状的双连续结构，无明显的主次相之分。组织常呈现规则的条纹状、层状或胞状结构，周期尺寸通常在纳米至微米级别。

3.【解析】相同点：①都是相变，由形核、长大组成；②临界形核半径、临界形核功形式相同；③转变动力学也相同；④相变的驱动力都是新旧两相自由能。

不同点及其固态相变后形成的组织的影响：①固—固相变阻力多了应变能，导致固—固相变的临界半径和形核功增大；②新相以亚稳态方式出现，存在共格或半共格界面，特定的取向关系，非均匀形核；③生长方面出现惯习现象，形成特殊的组织形态，如片状组织，亚稳态的出现减小相变阻力。

第十章

▼

高分子材料

第十章　高分子材料

本章复习导图

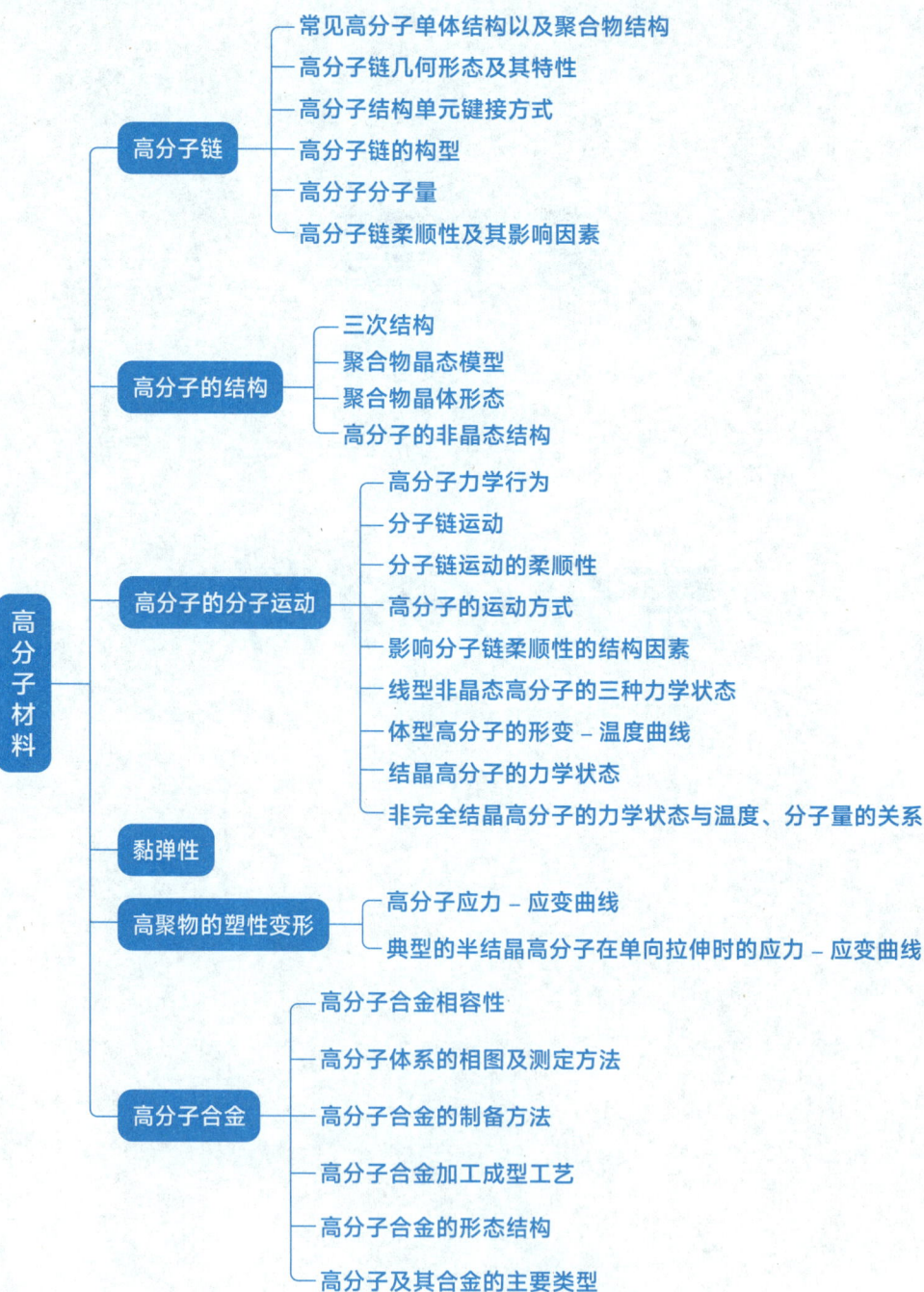

高分子材料
- 高分子链
  - 常见高分子单体结构以及聚合物结构
  - 高分子链几何形态及其特性
  - 高分子结构单元键接方式
  - 高分子链的构型
  - 高分子分子量
  - 高分子链柔顺性及其影响因素
- 高分子的结构
  - 三次结构
  - 聚合物晶态模型
  - 聚合物晶体形态
  - 高分子的非晶态结构
- 高分子的分子运动
  - 高分子力学行为
  - 分子链运动
  - 分子链运动的柔顺性
  - 高分子的运动方式
  - 影响分子链柔顺性的结构因素
  - 线型非晶态高分子的三种力学状态
  - 体型高分子的形变 – 温度曲线
  - 结晶高分子的力学状态
  - 非完全结晶高分子的力学状态与温度、分子量的关系
- 黏弹性
- 高聚物的塑性变形
  - 高分子应力 – 应变曲线
  - 典型的半结晶高分子在单向拉伸时的应力 – 应变曲线
- 高分子合金
  - 高分子合金相容性
  - 高分子体系的相图及测定方法
  - 高分子合金的制备方法
  - 高分子合金加工成型工艺
  - 高分子合金的形态结构
  - 高分子及其合金的主要类型

本章章节重点

✿✿ 10.1　高分子链

高分子链： 通常的合成高分子是由单体通过聚合反应连接而成的链状分子，这种链状分子称为高分子链，高分子链中的重复结构单元的数目称为**聚合度**。

高分子结构包括高分子链结构和聚集态结构两种。高分子链结构又分为近程结构和远程结构。近程结构包括构造与构型。"构造"研究分子链中原子的类型和排列、高分子链的化学结构分类、结构单元的键接顺序、链结构的成分、高分子的支化、交联与端基等内容；"构型"研究取代基围绕特定原子在空间的排列规律。近程结构属于化学结构，又称一次结构。远程结构又称二次结构，包括单个高分子的大小与形态、链的柔顺性及分子在各种环境中所采取的构象。

⚛ 10.1.1　常见高分子单体结构以及聚合物结构

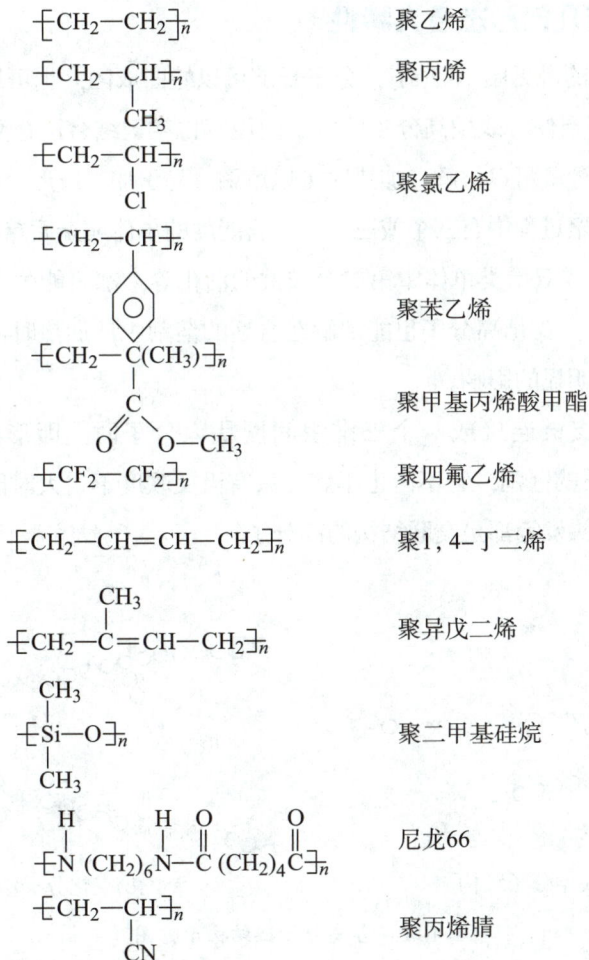

$\{CH_2-CH_2\}_n$　　　　　　　聚乙烯

$\{CH_2-\underset{\underset{CH_3}{|}}{CH}\}_n$　　　　　　　聚丙烯

$\{CH_2-\underset{\underset{Cl}{|}}{CH}\}_n$　　　　　　　聚氯乙烯

$\{CH_2-\underset{\underset{\text{苯环}}{|}}{CH}\}_n$　　　　　　　聚苯乙烯

$\{CH_2-\underset{\underset{\overset{C}{\underset{O\diagdown\ O-CH_3}{\|}}}{|}}{C(CH_3)}\}_n$　　　聚甲基丙烯酸甲酯

$\{CF_2-CF_2\}_n$　　　　　　　聚四氟乙烯

$\{CH_2-CH=CH-CH_2\}_n$　　聚1,4-丁二烯

$\{CH_2-\underset{\underset{CH_3}{|}}{C}=CH-CH_2\}_n$　　聚异戊二烯

$\{\underset{\underset{CH_3}{|}}{\overset{\overset{CH_3}{|}}{Si}}-O\}_n$　　　　　　　聚二甲基硅烷

$\{\underset{\underset{H}{|}}{N}(CH_2)_6\underset{\underset{H}{|}}{N}-\overset{\overset{O}{\|}}{C}(CH_2)_4\overset{\overset{O}{\|}}{C}\}_n$　　尼龙66

$\{CH_2-\underset{\underset{CN}{|}}{CH}\}_n$　　　　　　　聚丙烯腈

聚乙烯的链结构如图 10.1 所示。

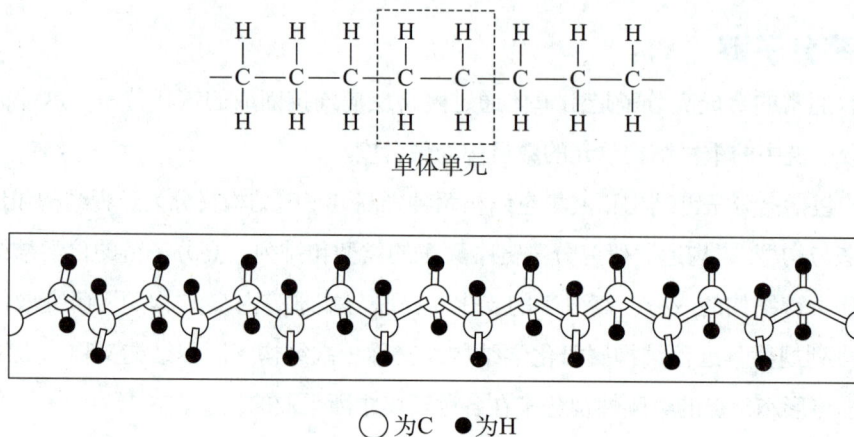

○为C ●为H

图 10.1 聚乙烯的链结构

✿ 10.1.2 高分子链几何形态及其特性

一般高分子都是线型的〔见图 10.2(a)〕，分子长链可以蜷曲成团，也可以伸展成直线，这取决于分子本身的柔顺性和外部条件。线型高分子的分子间没有化学键结合，在受热或受力情况下分子间可相互滑移，所以线型高分子可以溶解，加热时可以熔融，易于加工成形。

线型高分子如果在缩聚过程中有三个或三个以上官能度的单体或杂质存在，或在加聚过程中有自由基的链转移反应发生，或双烯类单体中第二个双键的活化等，都可能生成支化的或交联的高分子〔见图 10.2(b)，图 10.2(c)〕。支化高分子也能溶解在合适的溶剂中，加热时可熔融，但支链的存在对其聚集态结构和性能都有明显的影响。

高分子链之间通过支链连接成一个三维空间网状大分子时，即形成网状交联结构〔见图 10.2(d)〕。交联与支化有质的区别，它不溶也不熔，只有当交联度不太大时能在溶剂中溶胀。热固性树脂、硫化橡胶、羊毛和头发等都是交联结构的高分子。

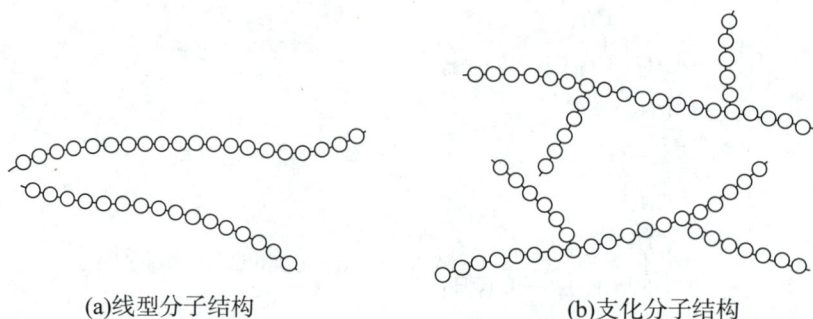

(a)线型分子结构　　　　　　　　(b)支化分子结构

图 10.2 各高分子链结构示意图

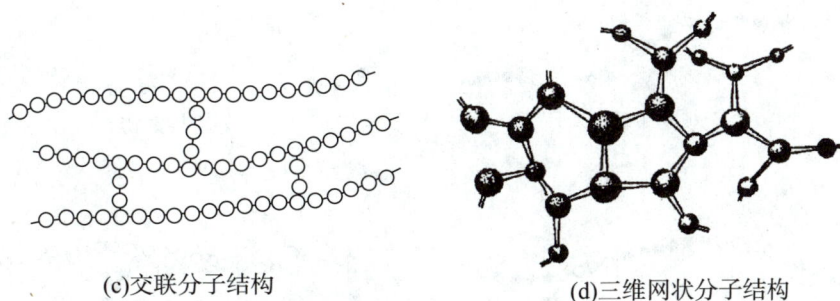

(c)交联分子结构　　　　(d)三维网状分子结构

图 10.2　各高分子链结构示意图（续）

10.1.3　高分子结构单元键接方式

1. 均聚物结构单元键接

单烯类：

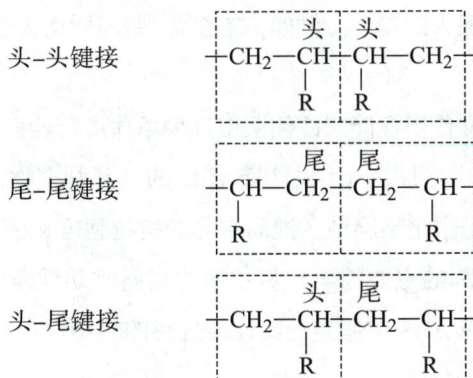

双烯类：

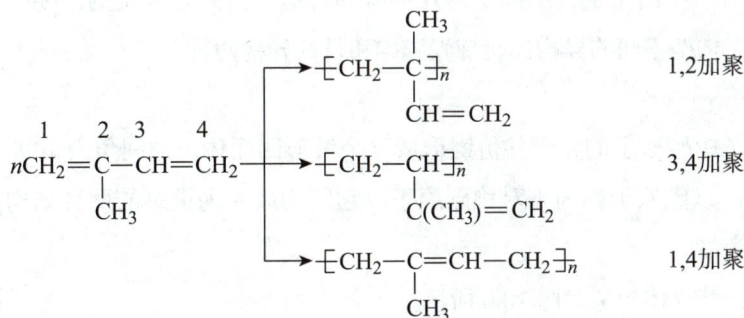

2. 共聚物的序列结构

由两种或两种以上单体单元所组成的高分子称为共聚物。

以二元共聚物为例，按其连接方式可分为无规共聚物、交替共聚物、嵌段共聚物及接枝共聚物，其示意图如图 10.3 所示，其中实心圆和空心圆分别代表两种不同的单体。嵌段共聚物和接枝共聚物是通过连续而分别进行的两步聚合反应得到的，所以称为**多步高分子**。

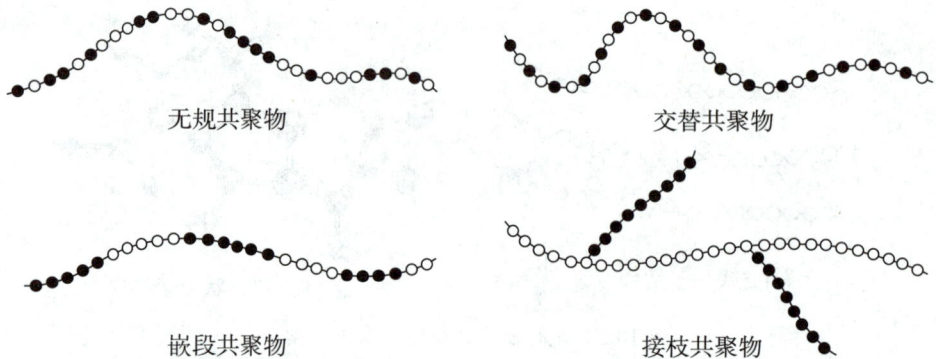

无规共聚物　　　　　　　　　　　　交替共聚物

嵌段共聚物　　　　　　　　　　　　接枝共聚物

图 10.3　各类共聚物结构示意图

共聚物结构和性能的关系：

不同的共聚物结构，对材料性能的影响也各不相同。例如，对于无规共聚物，两种单体无规则地排列，不仅改变了结构单元的相互作用，而且改变了分子间的相互作用，所以其溶液性质、结晶性质或力学性质都与均聚物有很大的差异。例如，聚乙烯、聚丙烯均为塑料，而丙烯含量较高的乙烯 – 丙烯无规共聚的产物则为橡胶。

有时为了改善高分子的某种使用性能，往往采用几种单体进行共聚的方法，使产物兼有几种均聚物的优点。例如，ABS 树脂是丙烯腈、丁二烯和苯乙烯的三元共聚物，它兼有三种组分的特性。其中丙烯腈有 CN 基，能使高分子耐化学腐蚀，提高制品的抗拉强度和硬度；丁二烯使高分子呈现橡胶状韧性，这是制品冲击韧性提高的主要因素；苯乙烯的高温流动性能好，便于加工成型，而且还可以改善制品的表面光洁度，所以 ABS 树脂是一类性能优良的热塑性塑料。

⚛ 10.1.4　高分子链的构型

链的构型是指分子中由化学键所固定的几何排列，这种排列是稳定的，要改变构型必须经过化学键的断裂和重组。构型不同的异构体有**旋光异构**和**几何异构**两种。

1. 旋光异构

碳氢化合物分子中碳原子的 4 个共价键形成一个锥形四面体，键间角为 109° 28′。当碳原子上 4 个基团都不相同时，该碳原子称为不对称碳原子。它能构成互为镜影的两种结构，表现出不同的旋光性，称为旋光异构体。

以聚丙烯为例，其立体构型如图 10.4 所示。

当全部 CH_3 取代基处于主链一边时，即全部由一种旋光异构单元连接而成的高分子称为**全同立构**。

当取代基 CH_3 交替地处于主链两侧时，即由两种旋光异构单元交替连接而成的高分子称为**间同立构**。

当取代基在主链两边不规则排列，即由两种旋光异构单元完全无规连接而成的高分子称为**无规立构**。

全同立构

间同立构

无规立构

C为碳　　●为氢　　●为CH₃

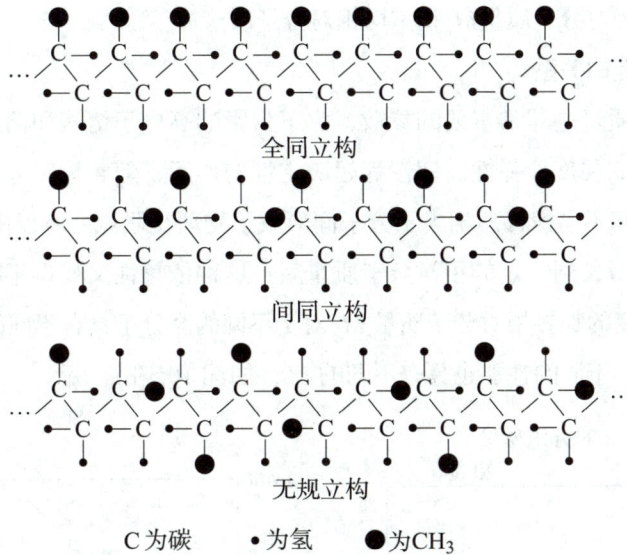

图 10.4　聚丙烯的立体构型

全同立构与间同立构的高分子也可以称为等规高分子与间规高分子。等规高分子链上的取代基在空间上是规则排列的，所以分子链之间能紧密聚集形成结晶。等规高分子都有较高的结晶度和较高的熔点，而且不易溶解。

2. 几何异构

双烯类单体 1, 4 加成时，高分子链的每一个单元中均有一个内双键，可构成顺式和反式两种构型，称为几何异构体。所形成的高分子链可能是顺式、反式或顺反两者兼有。以聚 1, 4-丁二烯为例，其顺式和反式的结构如下：

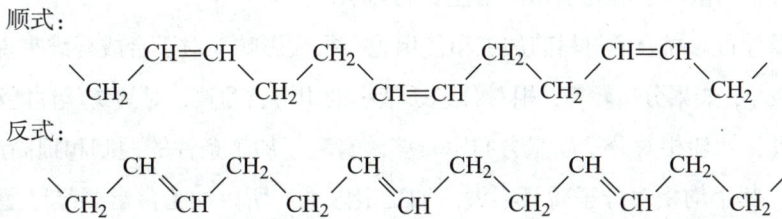

顺式：

反式：

虽然都是聚丁二烯，但由于结构的不同，性能就不完全相同，如 1, 2 加成的全同立构或间同立构的聚丁二烯，由于结构规整、容易结晶、弹性很差，因此只能作为塑料使用。顺式的聚 1, 4-丁二烯，分子链与分子链之间的距离较大，在室温下是一种弹性很好的橡胶；反式的聚 1, 4-丁二烯分子链的结构也比较规整，容易结晶，在室温下是弹性很差的塑料。

⚛ 10.1.5　高分子分子量

高分子的平均相对分子质量是将大小不等的高分子的相对分子质量进行统计，用所得的平均值来表征的，例如，数均相对分子质量$\bar{M}_n$和重均相对分子质量$\bar{M}_w$等。

高分子分子量与性能的关系：

高分子的相对分子质量是非常重要的参数。它不仅影响高分子溶液和溶体的流变性质，而且对高分子的力学性能，例如强度、弹性、韧性等起决定性的作用。随着相对分子质量的增大，分子间的范德华力增大，分子间不易滑移，相当于分子间形成了物理交联点，所以由低聚物转向高分子时，强度有规律地增大，但增长到一定的相对分子质量后，这种依赖性又变得不明显了，强度逐渐趋于一极限值。这一性能转变的临界相对分子质量M_c对于不同的高分子具有不同的数值，如图 10.5(a) 所示，而对于同一高分子，不同的性能也具有不同的M_c，如图 10.5(b) 所示。

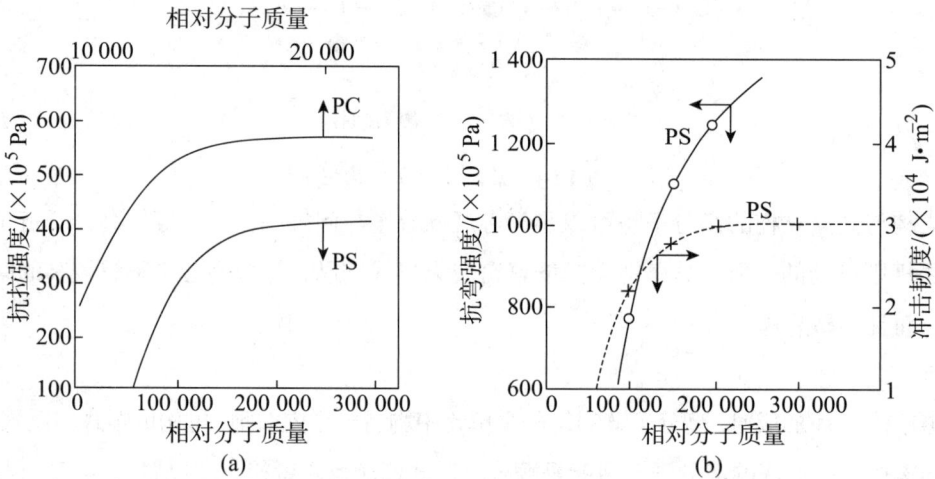

图 10.5　聚苯乙烯和聚碳酸酯的力学性能与相对分子质量的关系

高分子相对分子质量对于其加工和使用性能的影响：

相对分子质量分布对高分子材料的加工和使用也有很大影响。对于合成纤维来说，因为它的平均相对分子质量比较小，如果分布较宽，相对分子质量小的组分含量高，对其纺丝性能和机械强度不利。对于塑料也是如此，一般相对分子质量分布窄一些，有利于加工条件的控制和提高产品的使用性能。而对于橡胶来说，其平均相对分子质量很大，加工很困难，所以加工常常要经过塑炼，使相对分子质量降低并使相对分子质量分布变宽。所产生的相对分子质量较低的部分不仅本身黏度小，而且能起到增塑剂的作用，便于加工成型。

自由联结链：主链上每个单键的内旋转都是完全自由的高分子链。

顺式和反式：把视线放在 C—C 键的方向，两个碳原子上的碳氢键重合时叫作顺式，其势能达到极大值；两个碳原子上的碳氢键相差 60°时叫作反式，其在势能曲线上出现最低值，它所对应的分子中原子排布方式最稳定。

内旋转异构体：由单键的内旋转所导致的不同构象的分子。

10.1.6　高分子链柔顺性及其影响因素

柔顺性：高分子链能够改变其构象的性质。

1. 主链结构的影响

主链结构对高分子链柔顺性的影响起决定性作用。

主链中如含有芳杂环结构，由于芳杂环不能内旋转，从而这类高分子的刚性较好，因此它们的耐高温性能优良，如聚碳酸酯、聚砜、聚苯醚都可用作耐高温的工程塑料。

双烯类高分子的主链中含有双键。虽然双键本身并不能发生旋转，但它使邻近的单键的内旋转势垒减小，这是由于非键合原子间的距离增大，因而使它们之间的排斥力减弱，所以它们都具有较好的柔顺性，可作为橡胶，如聚异戊二烯、聚丁二烯等高分子。

2. 取代基的影响

取代基团的极性、取代基沿分子链排布的距离、取代基在主链上的对称性和取代基的体积等，对高分子链的柔顺性均有影响。

取代基极性的大小决定着分子内的吸引力和势垒，也决定分子间力的大小。取代基的极性越大，非键合原子间相互作用越强，分子内旋转阻力也越大，分子链的柔顺性也越差；取代基的极性越小，作用力也越小，势垒也越小，分子越容易内旋转，所以分子链柔顺性也越好。

一般来说，极性基团的数量少，则在链上间隔的距离较远，它们之间的作用力及空间位阻的影响也随之降低，内旋转比较容易，柔顺性较好。例如，氯化聚乙烯和聚氯乙烯相比，前者由于极性取代基氯原子，在主链中的数目比后者少，因此氯化聚乙烯分子链的柔顺性较大，并随氯化程度的增加而降低。

取代基的位置对分子链的柔顺性也有一定的影响，同一个碳原子上连有两个不同的取代基时会使链的柔顺性降低。

取代基团的体积大小决定着位阻的大小，如聚乙烯、聚丙烯、聚苯乙烯的侧基依次增大，空间位阻效应也相应增大，因而分子链的柔顺性依次降低。

3. 交联的影响

当高分子之间以化学键交联起来时，交联点附近的单键内旋转便受到很大的阻碍。当交联度较低时，交联点之间的分子链长远大于链段长，这时作为运动单元的链段还可能运动。

10.2　高分子的结构

10.2.1　三次结构

三次结构：聚合物的聚集态结构。三次结构分为晶态结构和非晶态（无定形）结构，其特点为：

（1）聚合物晶态总是包含一定量的非晶相。

（2）聚集态结构不仅与大分子链本身的结构有关，如聚合物的一次和二次结构规则，简单的以及分子间作用力强的大分子易于形成晶体结构，而且强烈地依赖于外界条件。

（3）与一般低分子晶体相比，聚合物晶体具有不完善、不完全确定的熔点，结晶速度慢的特点。聚合物晶体结构包括晶胞结构、晶体中大分子链的形态以及单晶和多晶的形态等。

10.2.2 聚合物晶态模型

聚合物不存在立方晶系，因平行于和垂直于大分子链方向的原子间距离是不同的，使聚合物不能以立方晶系的形式存在，其结构和晶胞参数与大分子的化学结构、构象及结晶条件有关。晶胞中，大分子链可采用不同的构象（形态）。聚乙烯、聚乙烯醇、聚丙烯腈、涤纶、聚酰胺等晶胞中，大分子链大都呈平面锯齿形态；而聚四氟乙烯、等规聚烯等晶胞中，大分子链呈螺旋形态。

晶态结构有以下模型。

（1）缨状微束模型。结晶高分子中晶区与非晶区互相穿插，同时存在。

（2）折叠链模型。它认为在聚合物晶体中，大分子链是以折叠形式堆砌而成的。

（3）伸直链模型。高分子在高温高压下结晶时，有可能获得由完全伸展的高分子链平行规则排列而成的伸直链片晶，片晶厚度与分子链的长度相当。

（4）串晶的结构模型。它是伸直链和折叠链的组合结构。

（5）球晶的结构模型。多层片晶是聚合物中常见的一种结构单元。若大量多层片晶以晶核为中心，以相同的速率辐射型生长，则形成球状多晶聚合体。

（6）Hosemann 模型。由于各种结晶模型都有其片面性，为此 R.Hosemann 综合各种结晶模型，提出了一种折中的模型。它综合了在高分子晶态结构中可能存在的各种形态，因而特别适用于描述半结晶高分子中复杂的结构形态。

10.2.3 聚合物晶体形态

聚合物的晶态多种多样，主要有单晶、片晶、球晶、树枝晶、孪晶、纤维状晶和串晶等。

1. 高分子单晶

通常只能在特殊条件下得到高分子单晶。在电镜下观察到它们的厚度通常在 10 nm 左右，大小从几个微米至几十微米，甚至更大。

2. 高分子球晶

球晶是高分子多晶体的一种主要形式，它可以从浓溶液或熔体冷却结晶时获得。当它的生长不受阻碍时，其外形呈球状。球晶的光学特征是可以在偏光显微镜下观察到黑十字消光图案，有时在消光黑十字上还重叠有一系列同心圆环状消光图案。

3. 高分子树枝晶

当结晶温度较低或溶液浓度较大，或相对分子质量过大时，高分子从溶液析出结晶时不再形成单晶，结晶的过度生长会产生较复杂的结晶形式。这时高分子的扩散成为结晶生长的控制因素，突出的棱角在几何学上将比生长面上邻近的其他点更为有利，能从更大的立体角接受结晶分子，所以在棱角处倾向于在其余晶粒前头向前生长变细变尖，更增加树枝状生长的倾向，最终形成树枝状晶。

4. 高分子串晶

串晶也称 Shish-Kabab 结构。最早是在高分子溶液边搅拌边结晶中形成的。在电子显微镜下观察，串晶貌如串珠，因而得名。这种高分子串晶具有伸直链结构的中心线，中心线周围间隔地生长着折叠链的晶片。这种晶体因具有伸直链结构的中心线，所以提供了材料的高强度、抗溶剂和耐腐蚀等优良性能。

5. 伸直链晶体

高分子在高温高压下结晶时，有可能获得由完全伸展的高分子链平行规则排列而成的伸直链片晶，片晶厚度与分子链的长度相当。现在认为伸直链结构是高分子中热力学上最稳定的一种聚集态结构。

高聚物的结晶在结构上存在两个方面的困难：

（1）大分子的结晶很少有简单的基元；

（2）已有的链段在不断开键，在不重新形成的条件下，要实现规则重排只能通过所有链段的缓慢扩散来完成。因此，细长、柔软而结构复杂的高分子链很难形成完整的晶体。大多数聚合物容易得到非晶结构，结晶只起次要作用。

⚛ 10.2.4　高分子的非晶态结构

高分子非晶态可以以液体、高弹性或玻璃体存在。它们共同的结构特点是只具有近程有序，不具有远程有序。

1. 非晶态结构（见图 10.6）主要类别

（1）折叠链缨状胶束粒子模型；

（2）塌球模型；

（3）曲棍状模型；

（4）无规线团模型。

无规线团模型要点：

①橡胶的弹性理论就是利用了链末端距高斯分布函数，假设形变具有放射性，得到了应力 – 应变关系式。当形变比较小时，理论与实验结果符合很好。这就间接证明了处于非晶态的弹性体的分子链构象为无规线团。而且实验证明，橡胶的弹性模量和应力 – 温度系数关系并不随稀释剂的加入

而有反常的改变，说明非晶态弹性体的结构是均匀的、无远程有序的。

②用高能辐射使本体和溶液中的非晶态高分子分别发生交联，实验结果并未发现本体体系中发生分子内交联的倾向比溶液中更大，说明本体中并不存在诸如紧缩的线团或折叠链那样局部的有序结构。

③人们已经用中子散射等技术测定了聚苯乙烯、聚甲基丙烯酸甲酯以及相应的氘代聚合物等非晶态高分子在 T_g 温度以下的分子尺寸。它们的旋转半径与在 θ 溶剂中测得的数值相同，第二维利系数 A_2 也等于零。说明高分子链在 T_g 以下的非晶态中具有无规线团的形态，其尺寸等于无扰尺寸，从而证实了无规线团模型。

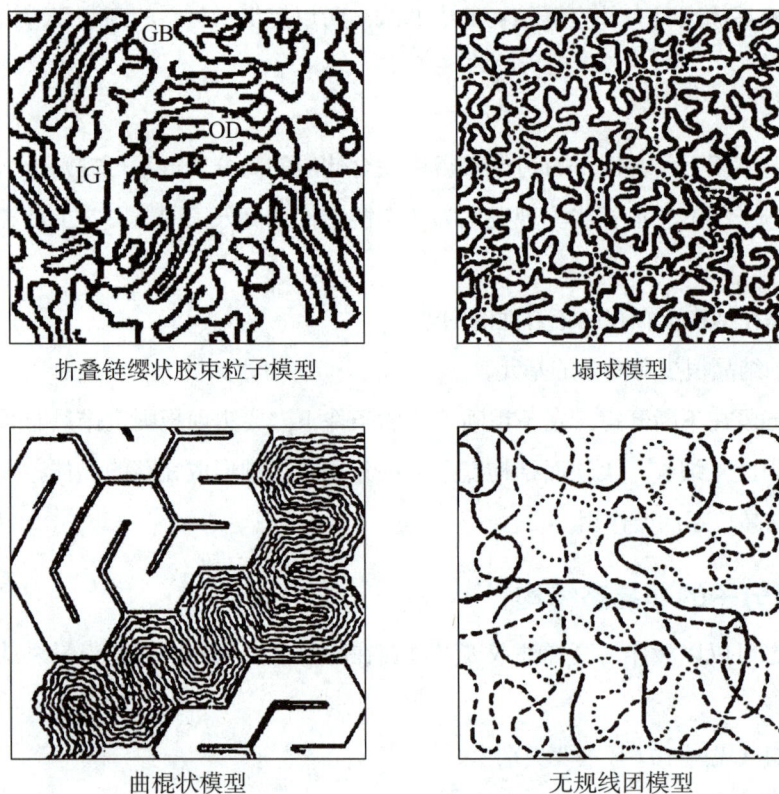

折叠链缨状胶束粒子模型　　塌球模型

曲棍状模型　　无规线团模型

图 10.6　非晶态结构模型图

2. 物质晶态和非晶态的关系

（1）固态物质虽有晶体和非晶体之分，但并不是一成不变的，在一定条件下，两者是可以相互转换的。例如，非晶态的玻璃经高温长时间加热后可获得结晶玻璃，而通常呈晶态的某些合金，若将其从液态快速冷凝下来，也可获得非晶态合金。

（2）正因为非晶态物质内的原子（或离子、分子）排列在三维空间不具有长程有序和周期性，故它在性质上是各向同性的，并且熔化时没有明显的熔点，而是存在一个软化温度范围。

✿✿ 10.3　高分子的分子运动

⚛ 10.3.1　高分子力学行为

高分子是由分子链组成的。分子链中的原子之间、链节之间的相互作用是强的共价键结合。这种结合力为分子链的主价力，它的大小取决于链的化学组成。分子链之间的相互作用是弱的范德华力和氢键。这类结合力为次价力，为主价力的 1% ~ 10%。但因为分子链特别长，故总的次价力常常超过主价力。由于高分子的结构与金属或陶瓷的结构不同，因此，影响高分子力学行为的是分子运动，而不像金属或陶瓷中影响力学行为的是原子或离子运动。

⚛ 10.3.2　分子链运动

（1）单键内旋导致分子在空间中的不同形态——构象；

（2）单键内旋越自由，高分子链可动性（柔顺性）越好；

（3）"链段"是高分子独立运动的基本单元；

（4）链段的长度（l_p）可以表征高分子链的柔顺性，有

$$l_p = l \exp\left(\frac{\Delta \varepsilon}{kt}\right)$$

式中，$\Delta \varepsilon$ 为不同构象的能垒差，l 为链节的长度。

⚛ 10.3.3　分子链运动的柔顺性

链的静态柔顺性可用链段长度与整个分子的长度之比 x 来表示：

$$x = \frac{l_p}{L} = \frac{l \exp\left(\dfrac{\Delta \varepsilon}{kt}\right)}{nl} = \frac{1}{n} \exp\left(\frac{\Delta \varepsilon}{kt}\right)$$

式中，l 为链节的长度，L 为整个链的长度，$\Delta \varepsilon$ 为不同构象的能垒差，n 为聚合度。

显然，只有当 x 很小时，分子链才能具有柔顺性行为。

⚛ 10.3.4　高分子的运动方式

高分子的分子运动大致可分为大尺寸单元的运动和小尺寸单元的运动两种。前者是指整个高分子链的运动，后者是指链段或链段以下的小运动单元的运动。有时按低分子的习惯称法，把整个高分子链的运动称为布朗运动，各种小尺寸运动单元的运动则称为微布朗运动。

在较低温度下，热能不足以激活整个高分子链或链段的运动，则可能使比链段小的一些运动单元发生运动，高分子中的几种小尺寸运动单元如图 10.7 所示。图 10.7 中显示出主链链节的运动，表示为键角和键长的略微变化，也表示出了侧基的转动和侧基内的运动。

若温度升高，热能可进一步激活部分链段的运动，尽管整个高分子链仍被冻结，这时高分子链可产生各种构象，以此对外界影响作出响应，或扩张伸直或蜷曲收缩。图 10.8 表示了一个包括

4 个碳原子的链段，在其附近正好有能容纳 4 个碳原子的自由体积空间，这时的温度使这些原子有足够的动能。通过首尾 2 个碳原子的单键内旋，从而实现了链段的扩散运动。

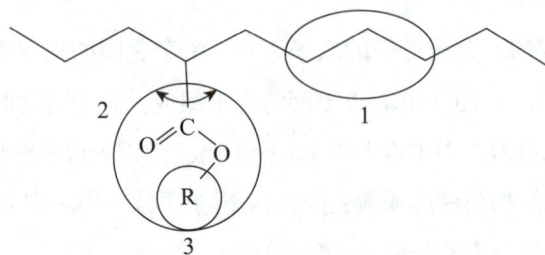

1 为主链链节的运动　2 为侧基的转动　3 为侧基内的运动

图 10.7　高分子中的几种小尺寸运动单元

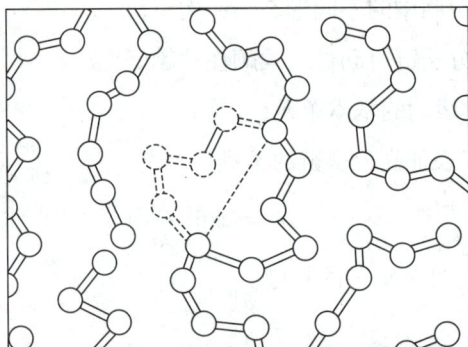

图 10.8　链段运动示意图

若温度进一步升高，分子的动能更大，在外力的影响下有可能实现整个分子的质心位移——流动，高分子化合物流动时不像低分子化合物那样以整个分子为跃迁单元，而是像蛇那样前进，通过链段的逐步跃迁来实现整个大分子链的位移，分子链质心位移前后分子构象变化示意图如图 10.9 所示。

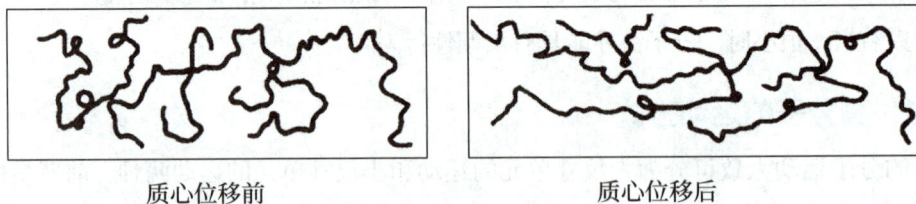

质心位移前　　　　　　　　　　　　质心位移后

图 10.9　分子链质心位移前后分子构象变化示意图

10.3.5　影响分子链柔顺性的结构因素

1. 主链结构

（1）主链全由单键组成时，因单键可内旋转，使分子链显示出很好的柔顺性。

（2）主链中含有芳杂环时，由于它不能内旋转，因此柔顺性很差，刚性较好，能耐高温。

（3）带有孤立双键的高分子链不能内旋转，但相对没有孤立双键的柔顺性增大。

2. 取代基的特性

取代基极性的强弱对高分子链的柔顺性影响很大。取代基的极性越强，高分子链的柔顺性越差。取代基的对称性对柔顺性也有显著影响，对称分布将使柔顺性增大。

3. 链的长度

高分子链的长度和分子量相关，分子量越大，分子链越长。若分子链很短，可以内旋转的单键数目很少，分子的构象很少，必然出现刚性，所以低分子物质都没有柔顺性。如果链比较长，单键数目较多，整个分子链可出现众多的构象，因而分子链显示出柔顺性。不过，当分子量增大到一定数值，也就是说，当分子的构象数服从统计规律时，分子量对柔顺性的影响就不存在了。

4. 交联的影响

若交联较少，交联点间的分子链长度大于链段的长度，则高分子链有较好的柔顺性；

若交联较多，交联点间的分子链长度小于链段的长度，则高分子链的柔顺性降低或不存在。

5. 结晶度

结晶度越高，柔顺性越差。

❀ 10.3.6 线型非晶态高分子的三种力学状态

根据试样的力学性质随温度变化的特征，可把线型非晶态高分子按温度区域划分为三种不同的力学状态：玻璃态、高弹态和黏流态，如图 10.10 所示。玻璃态与高弹态之间的转变温度称为玻璃化转变温度或玻璃化温度,用 T_g 表示；而高弹态与黏流态之间的转变温度称为黏流温度或软化温度,用 T_f 表示。

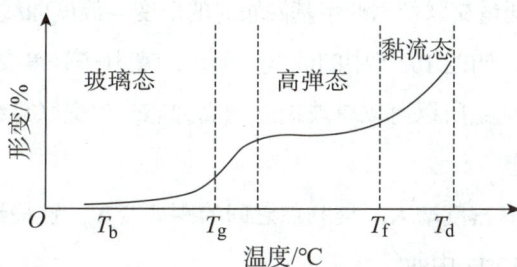

图 10.10　线型非晶态高分子的三种力学状态

1. 玻璃态

玻璃态在 T_g 温度以下，分子的动能较小，不足以克服主链内旋的能垒，因此不足以激发起链段的运动，链段被"冻结"。此时，只有比链段更小的运动单元，如链节、侧基等能运动，因此高分子链不能实现一种构象到另一种构象的变化。受外力作用时，由于链段运动被冻结，主链的键长和键角稍有改变（如果改变太大会使共价键破坏），因此外力一经去除，变形立刻回复。此时，高分子受力后的形变很小，并且应力与应变的大小成正比，满足胡克定律，称为普弹性。非晶态高分子处于普弹性的状态，称为玻璃态。

2. 高弹态

温度提高到 T_g 以上时，分子本身的动能增加，额外的膨胀使自由体积（分子无序堆砌的间隙）增多，链段的自由旋转成为可能，链段可以通过主链中单键内旋不断改变构象。然而，此时的分子动能尚不足以使高分子链发生整体运动，不能产生分子链间的相对滑动。

在高弹态下，高分子受到外力时，分子链通过单键内旋和链段的改变构象以对外力作出响应：当受力时，分子链可从蜷曲变到伸展状态，在宏观上表现出很大的形变。一旦外力去除，分子链又通过单键内旋运动回复到原来的蜷曲状态，在宏观上表现为弹性回缩。高弹态主要涉及链段运动，而链段运动是高分子所独有的，所以高弹态是高分子独有的一种力学行为。分子量越高，链段越多，高弹区范围越宽；反之，分子量越小，高弹区越小，甚至消失。

3. 黏流态

当温度超过 T_f 时，分子的动能继续增大，有可能实现许多链段同时或相继向一定方向的移动，整个大分子链质心发生相对位移，因此，受力时极易发生分子链间的相对滑动，将产生很大的不可逆形变，即黏性流动，此时高分子为黏性液体。由于黏流态主要与分子链的运动有关，因此分子链越长，分子链间的滑动阻力越大，黏度越高，T_f 也越高。

⚛ 10.3.7 体型高分子的形变 – 温度曲线

体型高分子是由分子链之间通过支链或化学键连接成一体的立体网状交联结构。分子的运动特性与交联的密度有关。

体型酚醛树脂中加入不同量交联剂六亚甲基四胺时的形变 – 温度曲线，如图 10.11 所示。

当交联剂加入量较少时，如图 10.11 中的曲线 1 所示，高分子轻度交联，因分子运动的阻力小，仍有大量链段可以进行热运动，所以可以有玻璃态和高弹态，但交联束缚了大分子链，使其不能发生质心移动，因而没有黏流态。

随着交联剂的增多，交联密度增大，交联点之间的距离变短，链段运动的阻力增大，玻璃化温度提高，高弹区缩小，如图 10.11 中曲线 2 所示。

当交联剂加入量增加到一定程度，即交联密度增大到一定程度时，链段运动消失，此时高分子只有玻璃态，如图 10.11 中的曲线 3 所示，其力学行为与低分子化合物无甚差异。

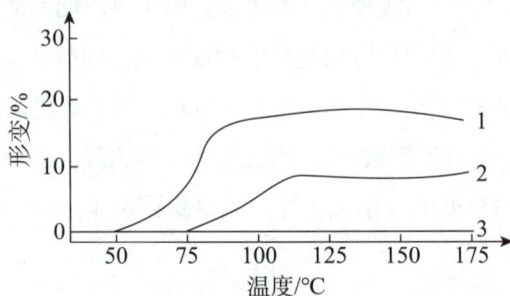

图 10.11　体型酚醛树脂的形变 – 温度曲线

10.3.8　结晶高分子的力学状态

结晶高分子材料具有比较固定和敏锐的熔点（T_m）。完全结晶的高分子在 T_m 以下，由于分子排列紧密规整，分子间相互作用力较大，链段运动受阻，**不产生高弹态，**因此高分子变形很小，始终保持强硬的晶体状态。当温度高于 T_m 之后，若高分子的分子量较低，因分子的运动陡然加剧而破坏了晶态结构，过渡为无规结构，转变为液体，进入黏流态。这种情况下的 T_m 也就是黏流温度。当高分子的分子量较大时，在 T_m 以上，虽然分子转变为无规排列，但因分子链很长，分子的动能仍不能使整个分子运动，而只能发生链段的运动，因此也出现相应的高弹态。当温度继续升高并超过 T_f 时，整个分子质心移动，分子间出现相对的滑动，于是进入黏流态。结晶高分子的形变－温度曲线如图 10.12 所示。

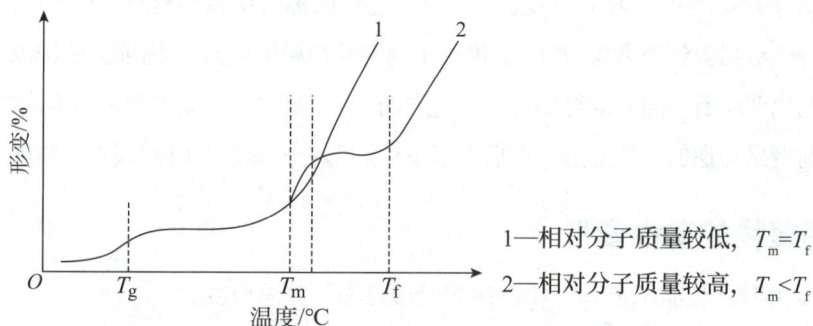

1—相对分子质量较低，$T_m = T_f$
2—相对分子质量较高，$T_m < T_f$

图 10.12　结晶高分子的形变－温度曲线

10.3.9　非完全结晶高分子的力学状态与温度、分子量的关系

实际上，完全结晶的高分子材料并不存在，都会有相当部分的非晶区。非晶部分在不同温度条件下仍有玻璃化转变和黏流转变，即存在玻璃态、高弹态和黏流态。

因此，结晶高分子的力学行为将受到晶区和非晶区的共同影响，其力学状态将随分子量的不同而发生变化，主要特点是，它的高弹态可分为皮革态和橡胶态。在 T_g 和 T_m 范围内，晶区仍处于强硬的晶态，而非晶区已转变为柔顺的高弹态，两者的综合效果使高分子在整体上表现为既硬又韧的力学状态，这种状态称为皮革态。非完全结晶高分子的力学状态与温度、分子量的关系如图 10.13 所示。

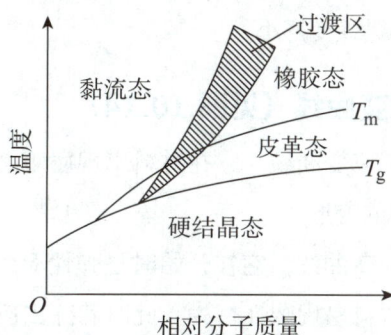

图 10.13　非完全结晶高分子的力学状态与温度、分子量的关系

✧ 10.4　黏弹性

黏性流动是指非晶态固体和液体在很小的外力作用下，会发生没有确定形状的流变，并且在外力去除后，形变不能回复。纯黏性流动满足牛顿黏性流动定律：

$$\sigma = \eta \frac{\mathrm{d}\varepsilon}{\mathrm{d}t}$$

式中，σ 为应力，$\dfrac{\mathrm{d}\varepsilon}{\mathrm{d}t}$ 为应变速率，η 为黏度系数。

一些非晶体，有时甚至多晶体，在比较小的应力时可以同时表现出弹性和黏性，这就是黏弹性现象。黏弹性变形既与时间有关，又具有可回复的弹性变形性质，具有弹性和黏性变形两方面的特征。

黏弹性是高分子材料的重要力学特性之一，故它也常被称为黏弹性材料。这主要与其分子链结构密切相关。当高分子材料受到外力作用时，不仅分子内的键角和键长，即原子间的距离要相应发生变化，顺式结构链段之间也要顺着外力方向舒展开。另一方面，分子链之间还要产生相对滑动，产生黏性变形。当外力较小时，前者是可逆的弹性变形，而后者是不可逆形变。显然，时间因素必须加以考虑。

✧ 10.5　高聚物的塑性变形

高分子材料受力时，也显示出弹性和塑性的变形行为，其总应变为

$$\varepsilon_t = \varepsilon_e + \varepsilon_p$$

弹性变形 ε_e 由两种机制组成，一是链内部键的拉伸和畸变，二是整个链段的可回复运动。高分子材料显示出独特的高弹性和黏弹性的特点。

塑性变形 ε_p 是靠黏性流动而不是靠滑移产生的。当聚合物中的链彼此相对滑动时，就产生黏性流动。当外力去除时，这些链停留在新的位置上，聚合物就产生塑性变形。

聚合物产生塑性变形的难易程度与该材料的黏度有关。黏度 η 可表示为

$$\eta = \frac{\tau}{\Delta v / \Delta x}$$

式中，τ 为使链滑动的切应力，$\Delta v/\Delta x$ 代表链的位移。如果黏度高，就要施加大的应力才能产生所要求的位移。因此，高黏度聚合物的黏性变形小。

⚛ 10.5.1　高分子应力–应变曲线（见图 10.14）

曲线 A 是脆性高分子的应力–应变曲线，它在材料出现屈服之前发生断裂，是脆性断裂。在这种情况下，材料断裂前只发生很小的变形。

曲线 B 是塑性材料的应力–应变曲线，它在开始时是弹性形变，然后出现了一个转折点，即屈服点，最后进入塑性变形区域，材料呈现塑性行为。此时若除去应力，材料不再恢复原样，而留有

永久变形。

曲线 C 是弹性体的应力 – 应变曲线。

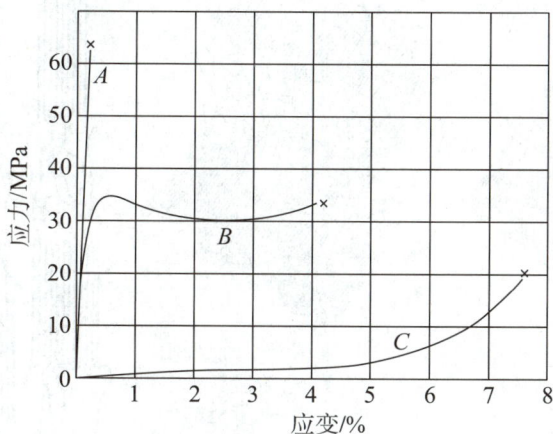

图 10.14 高分子应力 – 应变曲线

10.5.2 典型的半结晶高分子在单向拉伸时的应力 – 应变曲线

图 10.15 所示为典型的半结晶高分子在单向拉伸时的应力 – 应变曲线，整个曲线可分为三段。第一阶段，应力随应变线性增加，试样被均匀地拉长，伸长率可达百分之几到百分之十几。过了屈服点后，开始进入第二阶段，试样的截面突然变得不均匀，出现一个或几个细颈。在第二阶段，细颈与非细颈部分的截面积分别维持不变，而细颈部分不断扩展，非细颈部分逐渐缩短，直至整个试样完全变细为止。第三阶段，应力随应变的增加而增大，直到断裂点。

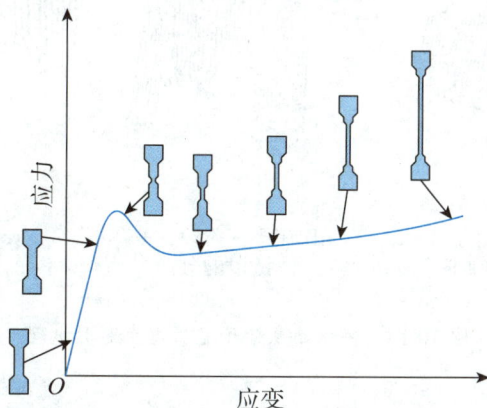

图 10.15 典型的半结晶高分子在单向拉伸时的应力 – 应变曲线

当半结晶高分子受拉发生形变时，晶体之间的非晶体部分首先发生形变，所以在施加张力的条件下，观察片晶和片晶间的无定形区域的相互作用，能很好地解释塑性变形的机理（见图 10.16）。

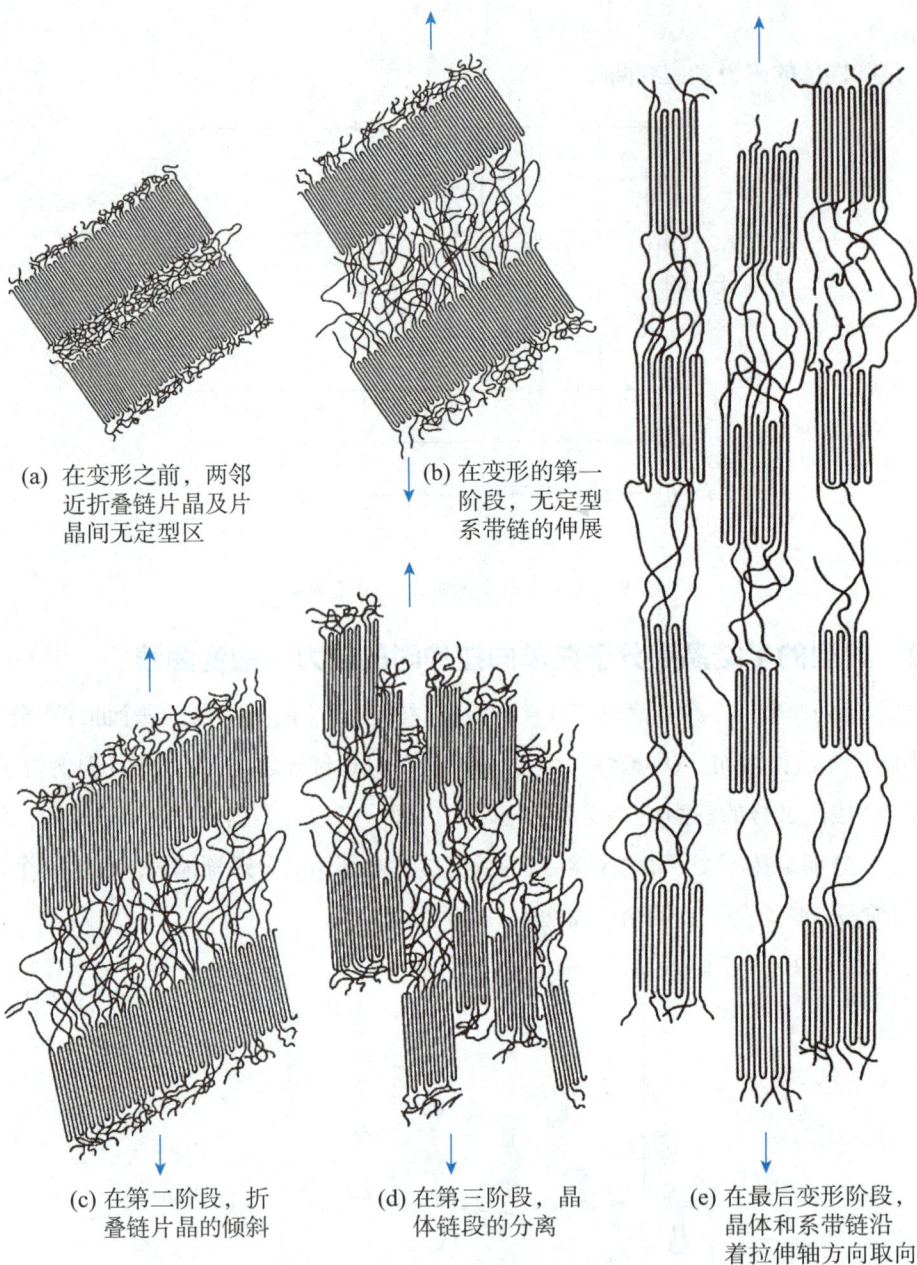

(a) 在变形之前，两邻近折叠链片晶及片晶间无定型区

(b) 在变形的第一阶段，无定型系带链的伸展

(c) 在第二阶段，折叠链片晶的倾斜

(d) 在第三阶段，晶体链段的分离

(e) 在最后变形阶段，晶体和系带链沿着拉伸轴方向取向

图 10.16 半结晶高分子受拉发生变形机理

✿ 10.6 高分子合金

高分子合金，又称多组元聚合物，指含有两种或多种高分子链的复合体系，包括嵌段共聚物、接枝共聚物，以及各种共聚物等。正如由不同金属混合制得合金一样，其目的是通过高分子间的物理、化学组合获得更多样化的高分子材料，使它们具有更高的综合性能，因此，把这种高分子复合体系形象地称为"高分子合金"。

⚛ 10.6.1　高分子合金相容性

两种高分子共混在一起能否相容的判据与小分子相容性判据相同，即混合自由能小于零：

$$\Delta G = \Delta H - T\Delta S < 0$$

式中，ΔH 和 ΔS 分别为混合热和混合熵。对于高分子体系来说，如果异种分子间没有特殊的相互作用，那么 ΔH 值总是大于零的，即溶解时吸热。因此，混合热这一项始终不利于两者的混合。由此可见，混合前后的熵增程度将决定两种高分子是否能混合。

对于两种高分子的混合，熵的增加远小于两种低分子混合的熵的增加，其原因可由图 10.17 所示混合熵示意图来直观地说明。图中小分子 A 和 B 都占据一个格子，高分子则可视为由若干个链节构成，每个链节占据一个格子。图 10.17(a) 表示出小分子 A 和 B 混合的情况。由热力学公式 $S = k\ln\omega$ 可知，熵（S）是微观组态数（ω）的函数，微观组态数越大，熵值越大。在混合物中有 N_A 个 A 分子和 N_B 个 B 分子，由于在格子模型中任何一个 A 和 B 互换位置都是一种新排列，故它们可能采取的排列方式数目为 $\omega = (N_A + N_B)!/(N_A!N_B!)$。宏观体系中的 N_A、N_B 都是很大的数目，小分子溶液的分子排列方式很多，因此溶解导致熵的增加极大。图 10.17(b) 是小分子 A 和高分子 B 相混合的情况。这时由于同一 B 链上的链节必须相互联结在一起，B 链节所处的位置就不能任意地和 A 对换。这样，比之于纯 A 和纯 B(纯组元的 $\omega = 1$，$S = 0$) 的情况，熵仍然明显增加，但比之于相同体积的小分子 A 和 B 共混的情况，ΔS 就小得多。图 10.17(c) 是高分子共混的情况，这时由于同一 A 链上的各链节和同一 B 链上的各链节都必须各自联结，互换位置从而构成新的排列方式就更少，故高分子混合后的熵增加是非常有限的。在大多数情况下，不足以克服 ΔH 的贡献，即 $T\Delta S < \Delta H$，故高分子的混合不太可能达到分子量级的混合，总是形成多相体系。这就是多组元聚合物常常是不相容的热力学原因。

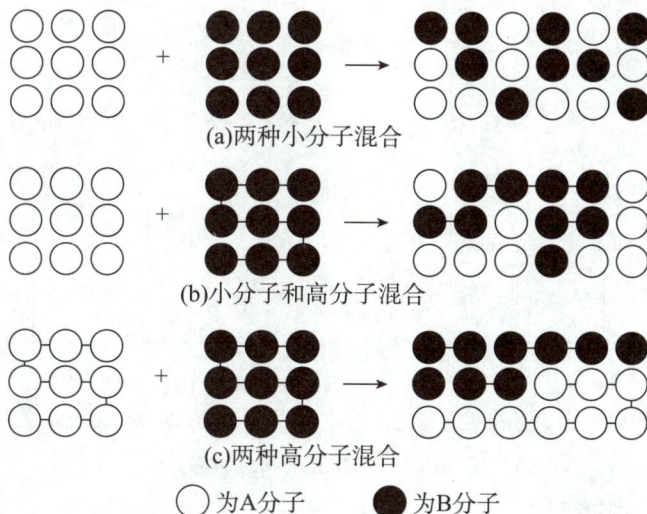

(a)两种小分子混合

(b)小分子和高分子混合

(c)两种高分子混合

○为A分子　●为B分子

图 10.17　混合熵示意图

高分子的混合一般不能完全相容来得到均相（单相），故必然出现相分离。相分离的机制与低分子一样，也有两种，分别为调幅分解和形核与长大机制。调幅分解是通过成分的上坡扩散达到最终的相分离；而形核与长大机制则是通过成分的下坡扩散最终形成两相。

10.6.2 高分子体系的相图及测定方法

高分子合金相图中的相界曲线称为双节线，有两种情况，如图 10.18 所示。

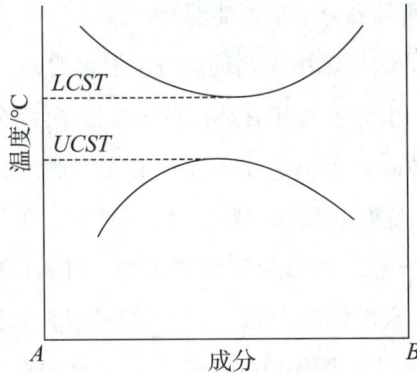

LCST为最低临界互溶温度　　UCST为最高临界互溶温度

图 10.18　高分子合金相图

从原理上讲，一切对于体系的相结构敏感的方法都可以测定相界线，如热分析方法和动态力学法。或可对相结构、形态进行直接观察的手段，如使用扫描电子显微镜和透射电子显微镜。

图 10.19(a) 给出了一个共混物散射光强 I 测定相界线的典型结果。散射光强随温度变化的曲线发生突变的温度常称为"浊点"。将不同组元的共混物的浊点对组元作图，便可得到如图 10.19(b) 所示的相界。

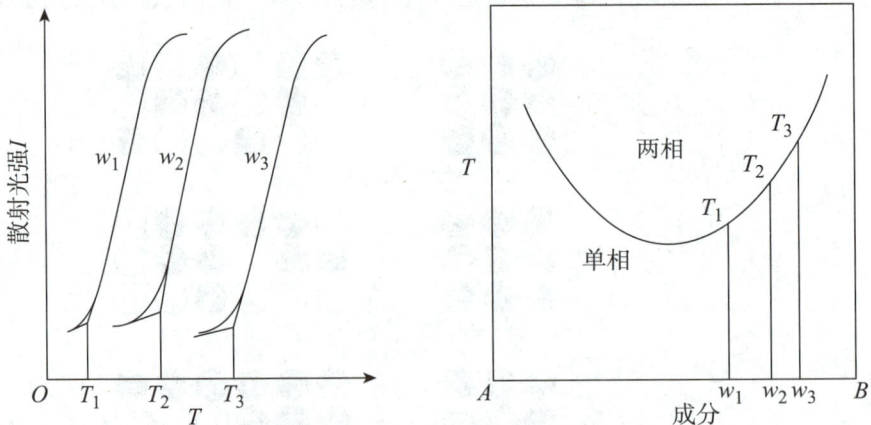

(a) 共混物散射光强 I 随温度的变化　　(b) 浊点与组元的关系

图 10.19　光散射法测定相界线

散射光强 I 测定的局限有三点：

（1）高分子组元的折光率应有较大的差异，而且还应注意折光率的温度系数，否则，若温度改变时两组元的折光率变得相等了，也会引起散射光强的剧烈下降，这有可能被误认为产生了相变；

（2）当分散相的尺寸远小于可见光波长时，如嵌段共聚物的微相分离的尺寸仅几到几十纳米，该方法就会失效；

（3）散射光强的突变还受到动力学因素的影响，例如冷却或升温速度，相区尺寸变化的速度等，故该方法测得的相界不能称为平衡相图中的溶解度限线。

因此，相界线的确定通常采用多种方法的配合。

高分子合金相图至今极少，可能有两个原因：

（1）许多不相容的体系，其 $LCST$ 或 $UCST$ 都不在容易进行实验的温度范围或高分子可能耐受的温度范围之内；

（2）实验上的困难，利用上述光散射法确定相界应用得较多，但它有许多致命的弱点，限制了其应用范围。

10.6.3　高分子合金的制备方法

1. 物理共混法

物理共混法又称为机械共混法，是将不同种类高分子在混合（或混炼）设备中实现共混的方法。共混过程一般包括混合作用和分散作用。

物理共混法包括干粉共混、熔融共混、溶液共混及乳液共混等方法，最常用的是熔融共混法。熔融共混法是将各高分子组元在黏流温度以上进行分散、混合，最终制成均匀分散的混合物，其工艺流程如图 10.20 所示。

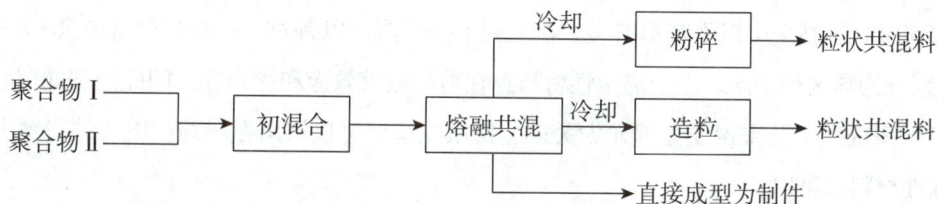

图 10.20　熔融共混工艺流程

2. 化学共混法

化学共混法主要有两种：共聚 – 共混法和互穿聚合物网络。

（1）共聚 – 共混法。

共聚 – 共混法有接枝共聚 – 共混和嵌段共聚 – 共混。

在制备高分子合金中，接枝共聚 – 共混法更为重要。该方法的特点是在高分子 A 存在的情况下，单体 B "就地"聚合制得共混物，它与高分子 A 和高分子 B 直接共混得到的产物的主要区别是：前者由高分子 A 和 B 的接枝共聚物生成，在聚合过程中对两相起了"乳化"稳定作用，也对最终产品增强两相的黏结力起了决定性作用。例如，抗冲聚苯乙烯（HIPS）就是在聚丁二烯（PB）存在下，苯乙烯单体"就地"聚合制得共混物，即聚苯乙烯（PS）是苯乙烯与丁二烯的接枝共聚物的共混物，正是由于接枝共聚物的存在，显著地提高了聚苯乙烯的抗冲性能。

（2）互穿聚合物网络（IPN）。

互穿聚合物网络是制备高分子合金的重要新方法。IPN 制备最通常的方法是，将交联高分子 A 用含有引发剂和交联剂的单体 B 溶胀（溶剂分子渗透进入高分子中，使高分子体积膨胀，称为溶胀），再行聚合，便得到 A 和 B 交互贯穿的网络，IPN 制备示意图如图 10.21 所示。如果同时将高分子 A 和 B 的单体，各自的引发剂和交联剂全部混合，然后使之分别同时聚合，这样同步产生的 IPN 共混物又特称为 SIN。这里的聚合过程应是独立进行的，通常一为加聚反应，一为缩聚反应。

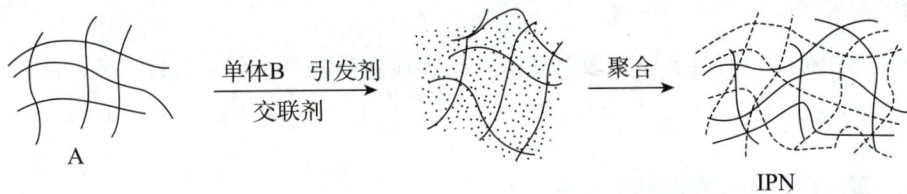

图 10.21　IPN 制备示意图

10.6.4　高分子合金加工成型工艺

1. 挤压成型［见图 10.22(a)］

这是应用最多的热塑性高分子制备工艺。它提供了连续制备简单形状材料的途径，还保证了添加剂（如炭黑、填料等）均匀混合，可与后续其他的成型工艺相结合。螺旋加工设备包含了一个或一对螺丝（配对关系），迫使加热后的热塑性材料（固态或液态）和添加剂通过模子后形成薄膜、薄板、试管状、空管状材料，甚至可以生产塑料袋。在工业上挤压器可以有 60 ～ 70 ft（1 ft=0.304 8 m）长，直径 2 ft，并划分为热区和冷区。由于热塑性材料存在剪切收缩效应和黏弹性，因此控制成型温度和材料黏稠度对于挤压成型工艺来说便显得尤为关键。挤压成型还可以被用在导线和电缆的包覆上，热塑性材料和热固性材料都可以。

2. 吹塑成型［见图 10.22(b)］

一个中空的预成型热塑性高分子材料被放入模子中，通入高压气体使其膨胀并贴合于模子表面。这种工艺用于生产塑料瓶、容器、汽车油箱和其他中空形状器件。

3. 热成型［见图 10.22(c)］

热塑性高分子薄板加热到热弹性温区后经压模可制得各种不同形状的产品，如蛋形卡纸和装饰嵌板等。产品可在真空或大气压下由匹配模子中成型而得。

4. 轧膜成型［见图 10.22(d)］

在轧膜成型中，熔融的塑料倒入开有小口的一系列轧轮中，这些轧轮可能带有浮雕花纹，可以轧挤出薄片状高分子材料（如聚氯乙烯）。典型的产品有聚氯乙烯瓦片和防雨卷帘。

5. 纺丝成型〔见图 10.22(e)〕

细丝、纤维和纱线可以通过纺丝成型的方法生产。熔融的热塑性高分子材料被强行从含有很多小孔的模子挤出。这个模子被称为喷丝板，可以旋转形成纱线。对于一些材料，包括尼龙，这些纤维可能最后被沿着平行于丝线的方向拉伸从而提高其强度。

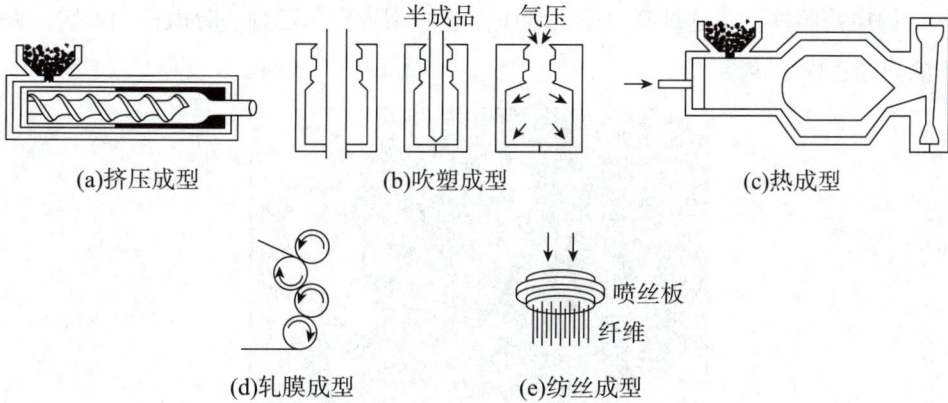

(a)挤压成型　　(b)吹塑成型　　(c)热成型

(d)轧膜成型　　(e)纺丝成型

图 10.22　典型的热塑性材料成型工艺

6. 模压成型

热固性材料成型前先将固态高分子颗粒放入模子中，然后加热，令其网状连接，并加以高压和高温，使材料熔化充满模子，然后迅速固化。小的电源箱板、挡泥板、罩子、汽车边板都可以由此工艺生产，如图 10.23(a) 所示。

7. 传递成型

传递成型设备由一个双腔体构造而成，高分子材料加热后由高压压入第一个腔体，待其熔化后高分子熔体被注入旁边的腔体，如图 10.23(b) 所示。对于热固性材料而言，传递成型的这个过程比注射成型在某些方面更有优势。

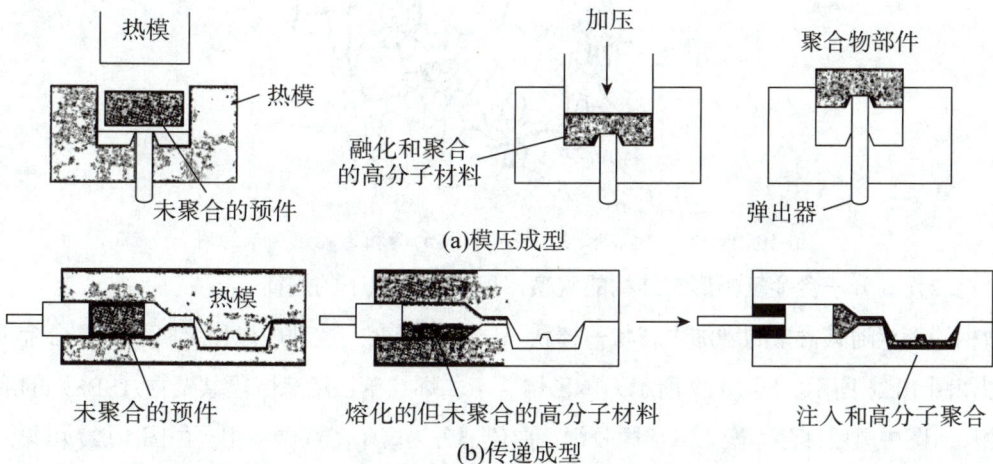

(a)模压成型

(b)传递成型

图 10.23　典型的热固性材料成型工艺

10.6.5 高分子合金的形态结构

1. 单相连续结构

单相连续结构的两相中有一相呈连续分布，此连续相称为基体，另一相分散于基体之中。根据分散相相畴的形态，又分为分散相不规则、规则和胞状三种情况。图 10.24 所示为高抗冲聚苯乙烯的典型的胞状结构电镜照片。在这种高分子合金中，连续相为聚苯乙烯，分散相为橡胶，并包含许多分散在其内的聚苯乙烯相畴。

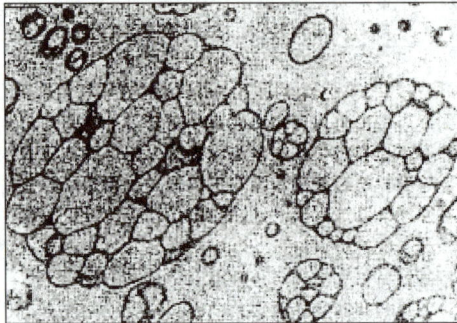

图 10.24 高抗冲聚苯乙烯的典型的胞状结构电镜照片

2. 两相连续结构

互穿网络的高分子合金具有典型的两相连续结构。如果合金中两种组元的相容性不好，则会发生一定程度的相分离。这时，两种高分子网络不是分子程度上，而是相畴程度上的互相贯穿，有一定相容性的互穿网络的两相连续结构示意图如图 10.25 所示。

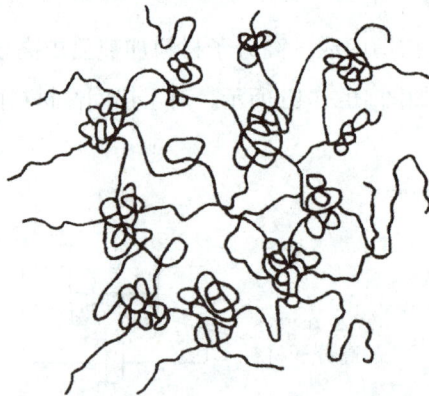

图 10.25 有一定相容性的互穿网络的两相连续结构示意图

综合对二元高分子合金复相形态结构的观察，可归纳为以下的规律。

分散相的形状随其含量的增加由球状→棒状→层状的转变，这种规律和金属的共晶合金相似。其结构模型如图 10.26 所示。图 10.27 所示为苯乙烯 – 丁二烯 – 苯乙烯三嵌段共聚物（SBS）的形态结构的电镜照片，图中黑色部分为聚丁二烯橡胶相，白色部分为聚苯乙烯塑料相。由图 10.27 可见，当丁二烯含量较少时，橡胶相为分散相，其分散在塑料相基体中。橡胶相的形状随丁二烯含量的增加依次发生由球状→棒状→层状的转变。当丁二烯的含量超过苯乙烯含量时，橡胶相将转变为连续相，成为基体，而塑料相将转变成为分散相。随着苯乙烯含量的减少，塑料相发生由层状→棒状→球状的转变。

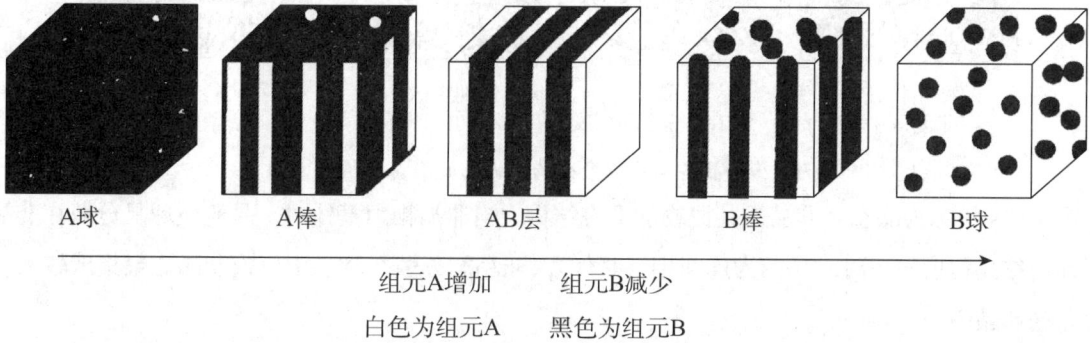

组元A增加　　　组元B减少

白色为组元A　　黑色为组元B

图 10.26　非均相高分子合金的形态结构模型

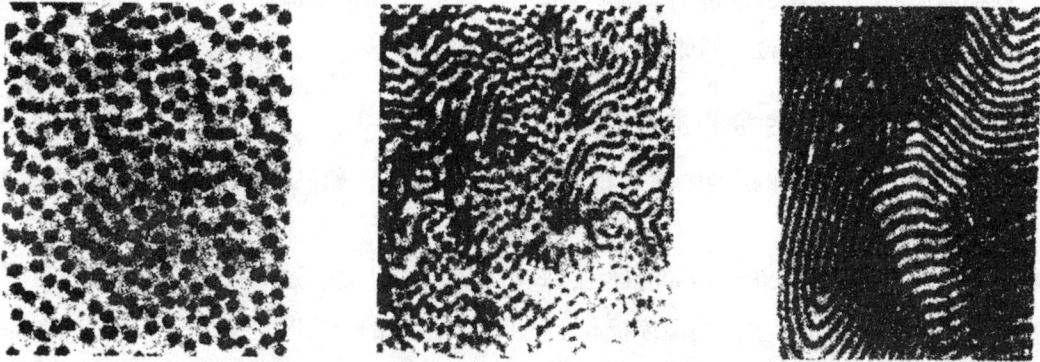

苯乙烯与丁二烯质量浓度比为80∶20　苯乙烯与丁二烯质量浓度比为60∶40　苯乙烯与丁二烯质量浓度比为50∶50

图 10.27　三嵌段共聚物的形态结构的电镜照片

高分子合金中，一种组元由连续相向分散相的转变或由分散相向连续相的转变称为**相反转**。

从广义上说，结晶高分子也是复相体系，一相是晶相，另一相是非晶相。当结晶程度较低时，晶相为分散相，非晶相为连续相；当结晶程度较高时（超过 40%），晶相为连续相，非晶相为分散相。

当二元高分子合金中有一组元能结晶，或两个组元都能结晶时，合金的形态结构的基本情况如图 10.28 和图 10.29 所示。

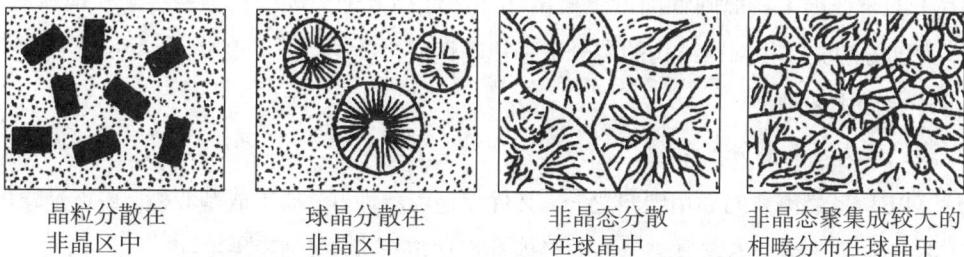

晶粒分散在　　　球晶分散在　　　非晶态分散　　　非晶态聚集成较大的
非晶区中　　　　非晶区中　　　　在球晶中　　　　相畴分布在球晶中

图 10.28　晶态 – 非晶态共混物的形态结构示意图

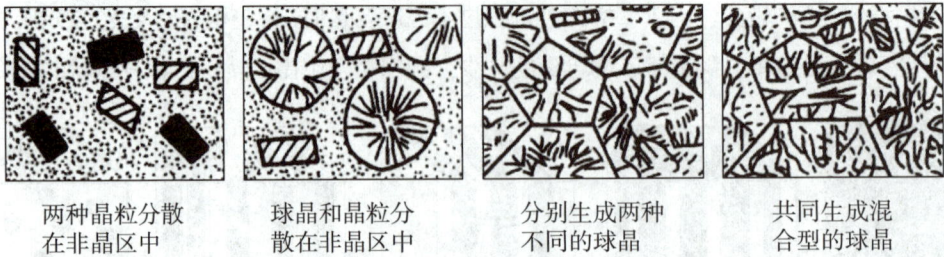

| 两种晶粒分散在非晶区中 | 球晶和晶粒分散在非晶区中 | 分别生成两种不同的球晶 | 共同生成混合型的球晶 |

图 10.29　晶态 – 晶态聚合物共混物的形态结构示意图

图 10.28 所示为晶态 – 非晶态共混物的形态结构。当非晶相为基体时，晶粒或球晶分散在非晶区中。而当结晶程度较大时，晶相为连续相（基体），非晶态分散在球晶中，或非晶态聚集成较大的相畴分布在球晶中。

图 10.29 所示为晶态 – 晶态聚合物共混物的形态结构。当两种高分子的结晶度均较低时，非晶为连续相，两种晶粒或晶粒和球晶分散在非晶区中。当两种高分子的结晶度很高时，可能生成两种不同的球晶，也可能共同生成混合型的球晶，其中分布着非晶相。

10.6.6　高分子及其合金的主要类型

根据塑料高分子在高温时的力学特征可将其分为热塑性高分子和热固性高分子两类。

1. 热塑性高分子

热塑性高分子被加热时软化，冷却时硬化，该特性可重复出现。这些材料通常是在热和压力共同作用下制备的。在分子水平上，当温度提高至使共价键破断的温度时，由于分子运动的增加使分子链之间的次键合力减小，在外力的作用下分子链之间的相对运动就变得容易，因此，热塑性材料具有相对软和良好的塑性及冲击韧性。大部分线型链和某些具有柔顺性的支链结构的高分子是热塑性聚合物。

2. 热固性高分子

热固性高分子冷却时变得永久性的硬，在随后的加热过程中也不软化。在最初的热处理过程中，相邻分子链之间的共价键交联结构已形成，这些键把链锚住，以致阻止了分子链在高温下的振动和旋转。热固性高分子有 10%～50% 的链节被交联。当温度超过使交联键断裂和高分子降解的温度时，热固性高分子的特性消失。热固性高分子通常比热塑性高分子更硬、更强和更脆，但具有更好的尺寸稳定性。大部分的交联和网络结构的高分子是热固性聚合物。

3. 高分子合金主要类型

（1）以聚乙烯为基的高分子合金。

聚乙烯（PE）是最重要的通用塑料之一，其优点是可塑性好，加工成型简便，缺点是软化温度低，强度不高，容易应力开裂，不容易染色等。采用共混法可有效地克服这些缺点。

（2）以聚丙烯为基的高分子合金。

聚丙烯（PP）耐热性优于 PE，可在 120 ℃以下长期使用，刚性好，耐折叠性好，加工性能优良。主要缺点是成型收缩率较大，低温容易脆裂，耐磨性不足，耐光性差，不容易染色等。合金化是克服这些缺点的有效途径。

（3）以聚氯乙烯为基的高分子合金。

聚氯乙烯（PVC）是一种综合性能良好、用途极广的高分子。其主要缺点是热稳定性不好，100 ℃时即开始分解，因而加工性能欠佳，聚氯乙烯本身较硬脆，抗冲强度不足，耐老化性和耐寒性差。

（4）以聚苯乙烯为基的共混物。

聚苯乙烯（PS）的特点是强度高，但缺点是脆，韧性差，容易应力开裂，不耐沸水。合金化后改性的高分子合金主要有：抗冲聚乙烯（HIPS），ABS 树脂等。

本章精选习题

一、选择题

1. 高分子柔顺性采用的表征为（　　　）。

    A. 构型   B. 构象   C. 化学键构架

2. 在高分子链中，以下键的柔顺性排序正确的是（　　　）。

    A. $Si—O>C—O>C—C$ B. $C—O>C—C>Si—O$ C. $C—O>Si—C>Si—O$

3. 高分子材料的远程结构是指单个高分子的大小与形态，又称为（　　　）。

    A. 一级结构   B. 二级结构   C. 三级结构

4. 组成高聚物大分子链的每个基本重复结构单元称为（　　　）。

    A. 单体   B. 链段   C. 链节

5. 高分子结构单元连接时，（　　　）。

    A. 链节间通常以二次分子力结合

    B. 链节间的键合有时为饱和共价键（一次键）结合，有时为二次分子力结合

    C. 大分子间或同一大分子不同链段间仅靠二次分子力结合

二、判断题

（　　　）1. 聚二甲基硅氧烷主链上不含有碳原子，而是硅和氧，所以聚二甲基硅氧烷属于杂链高分子。

（　　　）2. 若高聚物的结晶度增加，其与链运动有关的性能，如弹性、延伸率则提高。

（　　　）3. 高分子可以形成立方结构晶体。

（　　　）4. 高分子内总是包含一定数量的非晶相。

（　　　）5. 高分子链越长，越容易结晶。

三、问答题

1. 简述高分子的 3 种晶态模型。

2. 写出 1,3-丁二烯的四种加成产物，说明一次结构对结晶度的影响及哪种加成产物能作橡胶。

3. 写出聚乙烯（PE）、聚丙烯（PP）、聚氯乙烯（PVC）、聚丙烯腈（PAN）的结构式，将其按照柔顺性排列并解释原因。

4. 图示为非晶态线型高分子的受力曲线，请说明：

（1）非晶态高分子随着温度提高的运动过程。

（2）三种力学状态名称及性质。

（3）三种温度 T_g、T_f、T_d 的名称。

（4）合适的加工温度范围。

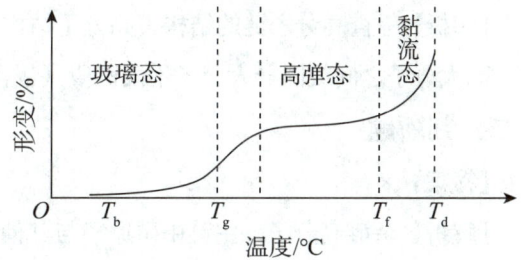

精选习题参考答案

一、选择题

1.【答案】B

【解析】考查高分子链的柔顺性。高分子链能形成的构象数越多，柔顺性越好。

2.【答案】A

【解析】键的柔顺性与键长、键角有关。Si—O 键的键长较长，键角较大，内旋转位垒较小，所以柔顺性好；C—O 键次之；C—C 键的键长较短，键角较小，内旋转位垒较大，柔顺性较差。所以键的柔顺性排序为 Si—O>C—O>C—C。

3.【答案】B

【解析】考查高分子链的结构。高分子材料的远程结构是指单个高分子的大小与形态、链的柔顺性及分子在各种环境中所采取的构象，又称为二级结构。

4.【答案】C

【解析】考查高分子链的结构。组成高聚物大分子链的每个基本重复结构单元称为链节。

5.【答案】C

【解析】考查高分子链的结构。高分子结构单元,即链节间通常是饱和共价键连接,称为一次键连接。而大分子之间或同一大分子不同链段（包含若干链节）之间仅有二次分子力的相互作用。

二、判断题

1.【答案】×

【解析】杂链高分子：主链由碳原子与其他原子以共价键连接而成的高分子化合物。

2.【答案】×

【解析】高聚物的结晶度增加，弹性、延伸率降低。

3.【答案】×

【解析】因为高分子的分子链长度不一定相等，所以长不成立方相。

4.【答案】√

【解析】略。

5.【答案】×

【解析】高分子链越长，越难规则排列。

三、问答题

1.【解析】①缨状微束模型：结晶高分子中晶区与非晶区互相穿插，同时存在；

②折叠链模型：它认为在聚合物晶体中，大分子链是以折叠形式堆砌而成的；

③伸直链模型：高分子在高温高压下结晶时，有可能获得由完全伸展的高分子链平行规则排列而

成的伸直链片晶，片晶厚度与分子链的长度相当。

2.【解析】1,2 加成产物结构：

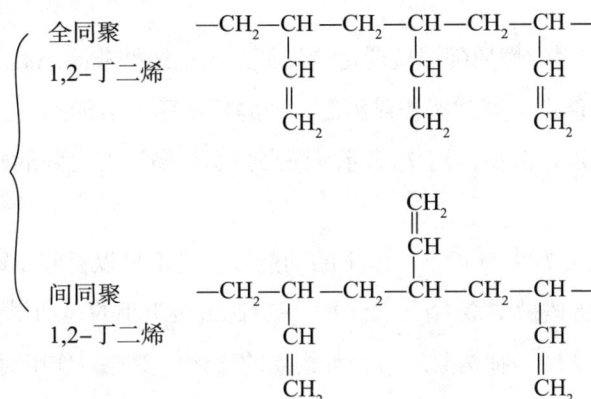

全同聚
1,2-丁二烯

间同聚
1,2-丁二烯

1, 4 加成产物结构：

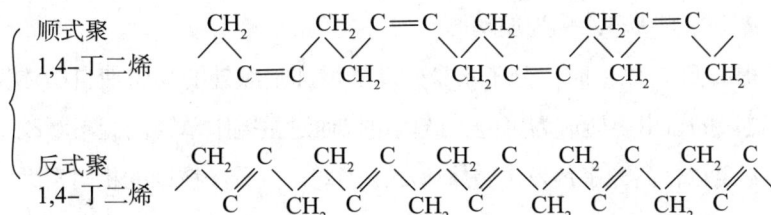

顺式聚
1,4-丁二烯

反式聚
1,4-丁二烯

由于一次结构不同，导致聚集态结构不同，因此性能不同。

顺式聚 1,4-丁二烯规整性差，不易结晶，常温下是无定形的弹性体，可作橡胶。

其余三种，由于结构规整，易结晶，使聚合物弹性变差或失去弹性，不易作橡胶。

3.【解析】①结构式分别如下。

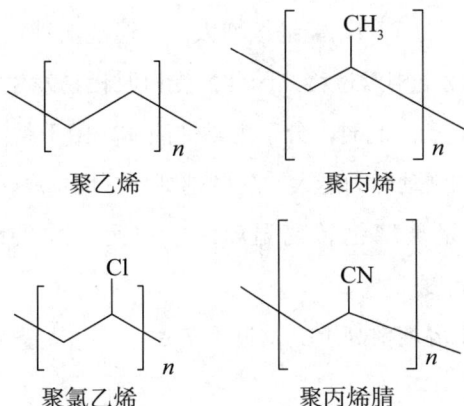

聚乙烯

聚丙烯

聚氯乙烯

聚丙烯腈

②柔顺性大小：PE>PP>PVC>PAN。

③原因：这四个高分子主链相同，唯一区别就是取代基不同。取代基的体积对高分子链的柔顺性

有影响，取代基团的体积大小决定着位阻的大小，如聚乙烯、聚丙烯、聚氯乙烯、聚丙烯腈的侧基依次增大，空间位阻效应也相应增大，因而分子链的柔顺性依次降低。因此柔顺性大小为：PE>PP>PVC>PAN。

4.【解析】（1）根据试样的力学性质随温度变化的特征，可把线型非晶态高分子按温度区域划分为三种不同的力学状态：玻璃态、高弹态和黏流态，如题图所示。玻璃态与高弹态之间的转变温度称为玻璃化转变温度或玻璃化温度，用 T_g 表示；而高弹态与黏流态之间的转变温度称为黏流温度或软化温度，用 T_f 表示。

（2）①玻璃态：玻璃态在 T_g 温度以下，分子的动能较小，不足以克服主链内旋的能垒，因此不足以激发起链段的运动，链段被"冻结"。此时，只有比链段更小的运动单元，如链节、侧基等能运动，因此高分子链不能实现一种构象到另一种构象的变化。受外力作用时，由于链段运动被冻结，主链的键长和键角稍有改变（如果改变太大会使共价键破坏），因此外力一经去除，变形立刻回复。此时，高分子受力后的形变很小，并且应力与应变的大小成正比，满足胡克定律，称为普弹性。非晶态高分子处于普弹性的状态，称为玻璃态。

②高弹态：温度提高到 T_g 以上时，分子本身的动能增加，额外的膨胀使自由体积（分子无序堆砌的间隙）增多，链段的自由旋转成为可能，链段可以通过主链中单键内旋不断改变构象。然而，此时的分子动能尚不足以使高分子链发生整体运动，不能产生分子链间的相对滑动。

在高弹态下，高分子受到外力时，分子链通过单键内旋和链段的改变构象以对外力作出响应，当受力时，分子链可从蜷曲变到伸展状态，在宏观上表现出很大的形变。一旦外力去除，分子链又通过单键内旋运动回复到原来的蜷曲状态，在宏观上表现为弹性回缩。高弹态主要涉及链段运动，而链段运动是高分子所独有的，所以高弹态是高分子独有的一种力学行为。分子量越高，链段越多，高弹区范围越宽；反之，分子量越小，高弹区越小，甚至消失。

③黏流态：当温度超过 T_f 时，分子的动能继续增大，有可能实现许多链段同时或相继向一定方向的移动，整个大分子链质心发生相对位移，因此，受力时极易发生分子链间的相对滑动，将产生很大的不可逆形变，即黏性流动，此时高分子为黏性液体。由于黏流态主要与分子链的运动有关，因此分子链越长，分子链间的滑动阻力越大，黏度越高，T_f 也越高。

（3）T_g，g 是 glass 的缩写，是玻璃化转变温度；T_f，f 是 flow 的缩写，是黏流温度；T_d，d 是 degradate 的缩写，是热分解温度。

（4）对于无定形聚合物，加工温度要高于 T_f，低于 T_d。